Integrierte Navigationssysteme

Sensordatenfusion, GPS und Inertiale Navigation

von
Dr. habil. Jan Wendel

2. überarbeitete Auflage

Oldenbourg Verlag München

Dr. habil. Jan Wendel promovierte nach dem Studium der Elektrotechnik an der Universität Karlsruhe (TH) über das Thema „Entwurfs- und Analysemethoden Integrierter Navigationssysteme". 2006 folgte die Habilitation über „Sensorfusion in Integrierten Navigationssystemen". Heute arbeitet Dr. habil. Jan Wendel bei EADS Astrium in München.

Bibliografische Information der Deutschen Nationalbibliothek

Die Deutsche Nationalbibliothek verzeichnet diese Publikation in der Deutschen Nationalbibliografie; detaillierte bibliografische Daten sind im Internet über http://dnb.d-nb.de abrufbar.

© 2011 Oldenbourg Wissenschaftsverlag GmbH
Rosenheimer Straße 145, D-81671 München
Telefon: (089) 45051-0
www.oldenbourg-verlag.de

Lektorat: Anton Schmid
Herstellung: Constanze Müller
Einbandgestaltung: hauser lacour
Gesamtherstellung: Grafik + Druck GmbH, München

Dieses Papier ist alterungsbeständig nach DIN/ISO 9706.

ISBN 978-3-486-70439-6

Vorwort

Thema dieses Buches sind integrierte Navigationssysteme, wobei der Schwerpunkt eindeutig auf der Kombination von inertialer Navigation mit Satellitennavigationssystemen liegt. Zum Einen sind diese Systeme weit verbreitet, zum Anderen können anhand dieser Thematik die meisten in der Navigation benötigten Techniken, Verfahren und Methoden behandelt werden. Dies umfasst eine detaillierte Beschreibung der eingesetzten Subsysteme und deren Sensoren sowie die Verarbeitung von Sensordaten mit Hilfe von stochastischen Filtern.

Mit der detaillierten Darstellung der Strapdown-Rechnung und den dafür benötigten Prinzipien wie Koordinatensystemstransformationen, Quaternionen und Eulerwinkeln wird in die Technik der inertialen Navigation eingeführt. Grundlegende Mechanismen wie die Schuler-Oszillationen oder die Instabilität des Höhenkanals werden ebenfalls herausgearbeitet.

Durch die Erläuterung der Signalverarbeitung in einem GPS-Empfänger wird ein Verständnis für die von einem GPS-Empfänger zur Verfügung gestellten Messgrößen vermittelt. Die angesprochenen Zusammenhänge dieser Messgrößen mit der Position und Geschwindigkeit des Empfängers ermöglichen die Entwicklung von Algorithmen zu deren Nutzung in einem integrierten Navigationssystem. Die Diskussion der in der Satellitennavigation relevanten Fehlerquellen vermittelt einen Eindruck von der zu erwartenden Genauigkeit der Navigationsinformationen.

Eine Einführung in die stochastische Filterung mit den Schwerpunkten Kalman-Filter und erweiterte sowie linearisierte Kalman-Filter vermittelt die theoretischen Kenntnisse, die für das Verständnis der Datenfusionsalgorithmen in einem integrierten Navigationssystem benötigt werden.

Dieses Buch richtet sich an Studierende der Luft- und Raumfahrt oder verwandter Gebiete, aber auch an den Systemingenieur, der zeiteffizient ein umfassendes Verständnis dieser Thematik entwickeln muss, um entscheidungsfähig zu sein. Großer Wert wurde darauf gelegt, den Bezug der erarbeiteten Theorie zur Praxis anhand von Beispielen darzulegen, die aus den Bereichen GPS/INS Integration, Transfer Alignment und Micro Aerial Vehicles gewählt wurden - nur wenn der praktische Nutzen der vermittelten Theorie erkennbar ist, kann diese vom Leser später gewinnbringend eingesetzt werden.

München   J. Wendel

Inhaltsverzeichnis

1 Einleitung

Navigationsinformationen werden bei einer Vielzahl von Anwendungen benötigt. Vor allem in der Seefahrt war man schon zu frühesten Zeiten darauf angewiesen, Position und Kurs zu kennen; fehlerhafte Navigationsinformationen führten zum Verlust unzähliger Schiffe. Eines der bekanntesten Beispiele hierfür ist der Untergang von vier englischen Kriegsschiffen am 22. Oktober 1707, die sich nach siegreicher Schlacht bei Gibraltar auf der Rückfahrt nach England befanden und aufgrund eines fehlerhaft berechneten Längengrades mit den Scilly-Inseln kollidierten, was zweitausend Menschen das Leben kostete [116]. Zur damaligen Zeit war man noch auf eine frühe Form der Koppelnavigation angewiesen, die zurückgelegte Strecke wurde mit dem Log und der Kurs mit dem Kompass bestimmt. Da sich hierbei die Fehler mit der Zeit aufsummierten, wurden Stützinformationen benötigt; so konnte bespielsweise der Breitengrad mit einem Sextant anhand des Sonnenstandes ermittelt werden, die Bestimmung des Längengrades, also die Unfallursache in der Nacht vom 22. Oktober 1707, blieb jedoch in Ermangelung genauer Uhren oder einfach durchführbarer astronomischer Beobachtungen noch lange Zeit ein Problem.

Heutzutage werden vielfach integrierte Navigationssysteme eingesetzt, die dadurch gekennzeichnet sind, dass die verschiedensten Navigationsverfahren und Sensoren kombiniert werden. Ziel ist hierbei, durch die Vorteile des einen Navigationsverfahrens die Nachteile eines anderen Navigationsverfahrens zu kompensieren und wenn möglich eine gewisse Redundanz zu schaffen. Der Grundgedanke dieser Navigationssysteme ähnelt aber häufig immer noch in erstaunlicher Weise der Koppelnavigation der Seefahrer früherer Jahrhunderte: Extrapolation der Position anhand der zurückgelegten Strecke und der Bewegungsrichtung sowie Korrektur der Navigationslösung durch Einbeziehung zusätzlicher Messungen. Die Extrapolation der Position kann heute durch ein Inertialnavigationssystem (INS), das auch als Trägheitsnavigationssystem bezeichnet wird, erfolgen. Für die Korrektur der Navigationslösung können Messungen eines GPS-Empfängers herangezogen werden. Die Leistungsfähigkeit eines solchen integrierten GPS/INS-Systems ist durchaus beeindruckend. Allerdings steigen auch ständig die Anforderungen, die an ein Navigationssystem bezüglich Genauigkeit, Zuverlässigkeit und Verfügbarkeit der Navigationsinformationen gestellt werden, dies gilt insbesondere in der Luftfahrt. Hierbei dienen Navigationsinformationen häufig als Eingangsgrößen der Flugregelung, so dass neben Positions- und Geschwindigkeitsinformationen auch Lageinformationen von besonderem Interesse sind.

Ziel dieses Buches ist es, eine umfassende Einführung in die Sensorik und Algorithmik integrierter Navigationssysteme zu geben.

In einem Inertialnavigationssystem kommen Beschleunigungssensoren und Drehratensensoren zum Einsatz. Anhand der Drehratensensoren kann die Lage in der Zeit propagiert werden. Die so gewonnenen Lageinformationen erlauben es, die gemessenen Beschleunigungen so umzurechnen, dass die Bestimmung von Geschwindigkeits- und Positionsänderungen gegenüber der Erde möglich wird. Die dabei eingesetzten Inertialsensoren nutzen unterschiedliche physikalische Effekte, die letztendlich auch die Güte der Sensoren und damit des Inertialnavigationssystems bestimmen. Neben den in der inertialen Navigation benötigten mathematischen Zusammenhängen werden daher auch die eingesetzten Sensoren und die Fehlercharakteristiken eines Inertialnavigationssystems beschrieben.

Schließlich wird auf das Navstar Global Positioning System, kurz GPS, eingegangen, das eine Stützung der Inertialnavigation ermöglicht. Hierbei werden die prinzipielle Funktionsweise eines GPS-Empfängers und die gelieferten Beobachtungsgrößen beschrieben. Eine Diskussion der Fehlerquellen bei der Positions- und Geschwindigkeitsbestimmung mittels GPS sowie ein kurzer Ausblick auf das europäische Satellitennavigationssystem Galileo schließen dieses Kapitel ab.

Einen wesentlicher Teil dieses Buches ist der stochastischen Filterung gewidmet. Prinzipiell können stochastische Filter dazu genutzt werden, den Zustand eines vorzugsweise linearen Systems anhand von vorliegenden Messungen zu schätzen. Neben einer Einführung in die Theorie linearer Systeme und einer Übersicht über einige stochastische Grundlagen wird das am häufigsten eingesetzte stochastische Filter, das Kalman-Filter, ausführlich diskutiert. Hierbei wird auch auf das erweiterte Kalman-Filter und das linearisierte Kalman-Filter eingegangen, die bei schwach nichtlinearen Systemen oder schwach nichtlinearen Zusammenhängen zwischen Messwerten und Systemzustand eingesetzt werden können. Darüber hinaus wird die Klasse der Sigma-Point-Kalman-Filter angesprochen, die bei vorliegenden Nichtlinearitäten bessere Ergebnisse als z.B. ein erweitertes Kalman-Filter liefern können. Eine Diskussion der Filterung bei zeitkorreliertem System- oder Messrauschen schließt dieses Kapitel ab.

Im verbleibenden Teil dieses Buches werden Anwendungsbeipiele integrierter Navigationssysteme detailliert betrachtet. So wird auf unterschiedliche Systemarchitekturen bei der GPS/INS-Integration eingegangen, die unter den Begriffen Loosely Coupled System und Tightly Coupled System bekannt sind. Dazu werden der systematische Entwurf entsprechender Navigationsfilter beschrieben und anhand von numerischen Simulationen die unterschiedlichen Charakteristiken dieser Integrationsansätze herausgearbeitet, die anschließend experimentell verifiziert werden. Schließlich wird auf ein Verfahren eingegangen, mit dem die Leistungsfähigkeit eines Tightly Coupled Systems durch die Verarbeitung zeitlicher Differenzen von Trägerphasenmessungen deutlich gesteigert werden kann, ohne dass wie normalerweise bei der Verarbeitung von Trägerphasenmessungen eine Differential GPS Base Station benötigt wird. Schließlich wird aufgezeigt, dass obwohl GPS/INS-Integration formal ein nichtlineares Filterproblem darstellt, der Einsatz von Sigma-Point-Kalman-Filtern hier zu keiner Steigerung von Genauigkeit oder Integrität der Navigationslösung führen kann. Die Berücksichtigung der Zeitdifferenz zwischen Gültigkeit und Verfügbarkeit von Stützinformationen wird ebenfalls thematisiert.

Als weiteres Anwendungsbeispiel wird Transfer Alignment betrachtet. Darunter versteht man die Bestimmung der initialen Navigationslösung eines Inertialnavigationssystems oder eines integrierten GPS/INS-Systems unter Verwendung der Navigationslösung eines zweiten, meist deutlich hochwertigeren Navigationssystems. Die unterschiedlichen

Ansätze zur Bestimmung einer solchen initialen Navigationslösung werden erläutert, bevor auf den Einfluss von Vibrationen eingegangen wird. Vibrationen zeigen sich als zusätzliches, zeitkorreliertes Rauschen der Inertialsensoren. Schließlich wird ein Verfahren vorgestellt, das die Berücksichtigung dieses zeitkorrelierten Rauschens erlaubt, ohne dass der Zustandsvektor des Filters erweitert werden muss. Dies ist im Hinblick auf den Rechenaufwand und die numerische Robustheit des Filters von Vorteil.

Abschließend wird noch auf ein unbemanntes, schwebeflugfähiges Fluggerät eingegangen, bei dem bezüglich des Navigationssystementwurfs einige Besonderheiten zu beachten sind: Zum Einen ist im ortsfesten Schwebeflug und im geradlinigen, gleichförmigen Flug der Yaw-Winkel, also der Winkel gegenüber der Nordrichtung, bei einem GPS/INS-System unbeobachtbar. Daher wurde zusätzlich ein Magnetometer, das Messungen des Erdmagnetfeldvektors liefert, in das Navigationssystem integriert. Zum Anderen ist aufgrund der geringen Güte der aus Platz- und Gewichtsgründen eingesetzten MEMS-Inertialsensoren die übliche Vorgehensweise der Überbrückung von GPS-Ausfällen anhand der Inertialnavigation nicht möglich, da die Lagefehler zu schnell mit der Zeit anwachsen und somit eine Stabilisierung des Fluggeräts unmöglich machen würden. Daher wird während GPS-Ausfällen ein Lagefilter verwendet, das die Langzeitgenauigkeit der Lageinformationen dadurch erzielt, dass Beschleunigunsmessungen und Magnetometerdaten als Stützinformationen verarbeitet werden. Hierbei wird ausgenutzt, dass die Messungen der Beschleunigungssensoren von der Schwerebeschleunigung dominiert sind. Auch hier wird die Leistungsfähigkeit der entwickelten Algorithmik anhand von numerischen Simulationen und den Ergebnissen von Flugversuchen aufgezeigt.

2 Lineare Systeme

Um Aussagen treffen zu können, mit welchen Ausgangsgrößen ein physikalisches System auf bestimmte Eingangsgrößen reagiert, ist eine mathematische Beschreibung des Systemverhaltens notwendig. Hierbei ist meist ein Kompromiss zwischen mathematischer Komplexität und geforderter Genauigkeit der Systembeschreibung zu treffen. Reale Systeme weisen praktisch immer in irgend einer Form Nichtlinearitäten auf. Diese müssen jedoch nicht dominant sein, häufig stellt sich das Verhalten des nichtlinearen Systems in der Nähe eines Arbeitspunktes als näherungsweise linear dar. Aufgrund der guten mathematischen Handhabbarkeit bietet sich in solchen Fällen eine lineare Systembeschreibung an.

Lineare Systeme sind dadurch gekennzeichnet, dass für Ein- und Ausgangsgrößen das Superpositionsprinzip und das Überlagerungsprinzip gelten. Ein SISO (single-input single-output) System bildet eine Eingangsgröße $u(t)$ über einen Operator $f\{\}$ auf eine Ausgangsgröße $x(t)$ ab:

$$x(t) = f\{u(t)\} \tag{2.1}$$

Reagiert dieses System auf eine beliebige Eingangsgröße $u_1(t)$ mit der Ausgangsgröße $x_1(t)$ und auf eine beliebige Eingangsgröße $u_2(t)$ mit der Ausgangsgröße $x_2(t)$, so sind Superpositionsprinzip und Verstärkungsprinzip erfüllt, wenn für beliebige Konstanten c_1 und c_2 gilt:

$$c_1 x_1(t) + c_2 x_2(t) = f\{c_1 u_1(t) + c_2 u_2(t)\} \tag{2.2}$$

Beispiel RC-Glied

Im Folgenden soll als Beispiel für ein lineares System ein RC-Glied betrachtet werden, siehe Abb. 2.1. Die Eingangsspannung ist mit $u(t)$ bezeichnet, $x(t)$ ist die Ausgangsspannung. Dieses RC-Glied realisiert einen Tiefpass 1. Ordnung. Setzt man $\omega_0 = \frac{1}{RC}$, so findet man für die Differentialgleichung des RC-Gliedes

$$\frac{dx(t)}{dt} + \omega_0 x(t) = \omega_0 u(t) \, . \tag{2.3}$$

Die zur Lösung der Differentialgleichung notwendige Randbedingung sei durch $x(0) = 0$ gegeben. Transformiert man Gl. (2.3) in den Laplace-Bereich, erhält man

$$sX(s) + \omega_0 X(s) = \omega_0 U(s) \, . \tag{2.4}$$

Die Übertragungsfunktion G(s) dieses Tiefpasses

$$X(s) = G(s)U(s) = \frac{\omega_0}{s + \omega_0} U(s) \tag{2.5}$$

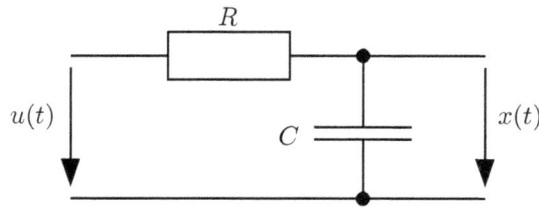

Abbildung 2.1: *RC-Glied.*

gibt Aufschlüsse über die Systemstabilität: Liegen die Pole der Übertragungsfunktion in der linken Halbebene des s-Bereichs, ist das System BIBO (bounded-input-bounded-output) stabil, d.h. endliche Eingangsgrößen haben nur endliche Ausgangsgrößen zur Folge. Die Polstelle der Übertragungsfunktion des Tiefpasses befindet sich bei $s = -\omega_0$, damit handelt es sich um ein stabiles System. Die Rücktransformation in den Zeitbereich liefert

$$X(s) = G(s)U(s) \; \bullet\!\!-\!\!\circ \; x(t) = g(t) * u(t) = \int\limits_0^t g(\tau)u(t-\tau)d\tau \tag{2.6}$$

Hierbei bezeichnet $*$ den linearen Faltungsoperator, g(t) wird als Impulsantwort bezeichnet.

Angewendet auf den Tiefpass erhält man

$$x(t) = \int\limits_0^t \omega_0 e^{-\omega_0 \tau} u(t-\tau)d\tau \; . \tag{2.7}$$

Es lässt sich nun leicht zeigen, dass für Ein- und Ausgangsgröße in Gl. (2.7) das Superpositionsprinzip und das Verstärkungsprinzip Gl. (2.2) erfüllt sind, es handelt sich folglich um ein lineares System.

Allgemein ist jedes System, dass sich im Laplace-Bereich durch eine Übertragungsfunktion charakterisieren lässt, linear. Desweiteren erkennt man, dass sich der Pol der Übertragungsfunktion in der Exponentialfunktion in Gl. (2.7) wieder findet. Damit ist anschaulich verständlich, dass ein Pol in der rechten Halbebene des s-Bereichs zu einem instabilen System führt, da in diesem Fall das Integral für $t \to \infty$ auch bei endlichen Anregungen gegen unendlich streben kann. ∎

Umfassende Einführungen in die Theorie linearer SISO-Systeme lassen sich z.B. in [23], [94], [29], [50] finden. Analoge Überlegungen lassen sich aber auch für MIMO (multiple-input-multiple-output) Systeme anstellen. Um MIMO-Systeme mathematisch zu beschreiben, bietet sich die Zustandsraumdarstellung an.

2.1 Zustandsraumdarstellung linearer Systeme

Viele physikalische Systeme lassen sich anhand von Differentialgleichungen beschreiben. Gelingt eine Systembeschreibung mit einer gewöhnlichen, linearen Differentialgleichung n-ter Ordnung,

$$\frac{d^n x(t)}{dt^n} + a_{n-1}\frac{d^{n-1}x(t)}{dt^{n-1}} + ... + a_1\frac{dx(t)}{dt} + a_0 x(t) = b_0 u(t) \qquad (2.8)$$

so spricht man von einem linearen System n-ter Ordnung.

Um zu einer Zustandsraumdarstellung dieses Systems zu gelangen, werden neue Variablen $x_1 ... x_n$ wie folgt eingeführt:

$$x_1 = x(t) \qquad (2.9)$$

$$x_2 = \frac{dx(t)}{dt} = \frac{dx_1}{dt} \qquad (2.10)$$

$$\vdots \qquad (2.11)$$

$$x_n = \frac{d^{n-1}x(t)}{dt^{n-1}} = \frac{dx_{n-1}}{dt} \qquad (2.12)$$

Damit ergibt sich aus Gl. (2.8):

$$\frac{d^n x(t)}{dt^n} = \frac{dx_n}{dt} = -a_{n-1}x_n - ... - a_1 x_2 - a_0 x_1 + b_0 u \qquad (2.13)$$

Die Zustandsraumdarstellung von Gl. (2.8) erhält man schließlich durch umschreiben der Gleichungen (2.9)–(2.13):

$$\begin{pmatrix} x_1 \\ x_2 \\ \vdots \\ x_n \end{pmatrix}^{\bullet} = \begin{pmatrix} 0 & 1 & 0 & \cdots & 0 \\ 0 & 0 & 1 & \cdots & 0 \\ & \vdots & & & \vdots \\ -a_0 & -a_1 & -a_2 & \cdots & -a_{n-1} \end{pmatrix} \begin{pmatrix} x_1 \\ x_2 \\ \vdots \\ x_n \end{pmatrix} + \begin{pmatrix} 0 \\ 0 \\ \vdots \\ b_0 \end{pmatrix} u \qquad (2.14)$$

Allgemein ist die Zustandsdifferentialgleichung eines linearen Systems, das auch durch mehrere, gekoppelte Differentialgleichungen beschrieben sein kann, gegeben durch

$$\dot{\vec{x}}(t) = \mathbf{A}\vec{x}(t) + \mathbf{B}\vec{u}(t) \,, \qquad (2.15)$$

das zugehörige Blockdiagramm ist in Abb. 2.2 dargestellt. Für die Matrizen und Vektoren in Gl. (2.15) sind folgende Bezeichnungen geläufig:

$\vec{x}(t)$: Zustandsvektor

$\dot{\vec{x}}(t)$: Zeitliche Ableitung des Zustandsvektors

$\vec{u}(t)$: Eingangsvektor

$\mathbf{A}$: Systemmatrix

$\mathbf{B}$: Eingangsmatrix

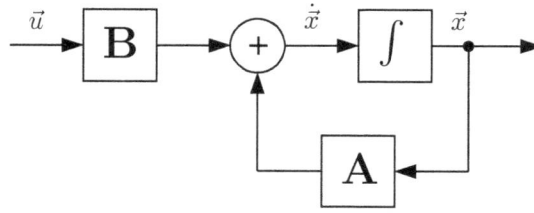

Abbildung 2.2: *Zeitkontinuierliches Zustandsraummodell.*

Sind die Systemmatrix und die Eingangsmatrix zeitlich nicht veränderlich, spricht man von einem zeitinvarianten System. In diesem Fall lässt sich die Zustandsdifferentialgleichung (2.15) lösen, indem man zunächst mit $e^{-\mathbf{A}t}$ multipliziert:

$$e^{-\mathbf{A}t}\dot{\vec{x}}(t) = e^{-\mathbf{A}t}\mathbf{A}\vec{x}(t) + e^{-\mathbf{A}t}\mathbf{B}\vec{u}(t) \tag{2.16}$$

Die Matrizen $e^{-\mathbf{A}t}$ und $\mathbf{A}$ kommutieren, wie sich anhand der Reihenentwicklung der Matrix-Exponentialfunktion verifizieren lässt:

$$
\begin{aligned}
e^{-\mathbf{A}t} \cdot \mathbf{A} &= \left(\mathbf{I} + \frac{1}{1!}\mathbf{A}t + \frac{1}{2!}\mathbf{A}^2 t^2 + \dots\right) \cdot \mathbf{A} \\
&= \mathbf{A} + \frac{1}{1!}\mathbf{A}^2 t + \frac{1}{2!}\mathbf{A}^3 t^2 + \dots \\
&= \mathbf{A} \cdot e^{-\mathbf{A}t}
\end{aligned}
\tag{2.17}
$$

Damit ergibt sich

$$e^{-\mathbf{A}t}\dot{\vec{x}}(t) - \mathbf{A}e^{-\mathbf{A}t}\vec{x}(t) = e^{-\mathbf{A}t}\mathbf{B}\vec{u}(t) \tag{2.18}$$

$$\frac{d}{dt}\left(e^{-\mathbf{A}t}\vec{x}(t)\right) = e^{-\mathbf{A}t}\mathbf{B}\vec{u}(t) \tag{2.19}$$

$$\int_{t_0}^{t} \frac{d}{d\tau}\left(e^{-\mathbf{A}\tau}\vec{x}(\tau)\right) d\tau = \int_{t_0}^{t} e^{-\mathbf{A}\tau}\mathbf{B}\vec{u}(\tau)\, d\tau \tag{2.20}$$

$$e^{-\mathbf{A}t}\vec{x}(t) - e^{-\mathbf{A}t_0}\vec{x}(t_0) = \int_{t_0}^{t} e^{-\mathbf{A}\tau}\mathbf{B}\vec{u}(\tau)\, d\tau \tag{2.21}$$

Multiplikation mit $e^{\mathbf{A}t}$ und Umstellen liefert die gesuchte Lösung der Zustandsdifferentialgleichung (2.15):

$$\vec{x}(t) = e^{\mathbf{A}(t-t_0)}\vec{x}(t_0) + \int_{t_0}^{t} e^{\mathbf{A}(t-\tau)}\mathbf{B}\vec{u}(\tau)\, d\tau \tag{2.22}$$

Die Matrix

$$\mathbf{\Phi}(t,\tau) = e^{\mathbf{A}(t-\tau)} \tag{2.23}$$

wird als Transitionsmatrix bezeichnet.

Für die Transitionsmatrix gelten folgende Zusammenhänge:

$$\mathbf{\Phi}(t,t) = \mathbf{I} \tag{2.24}$$

$$\mathbf{\Phi}(\tau,t) = \mathbf{\Phi}^{-1}(t,\tau) \tag{2.25}$$

$$\mathbf{\Phi}(\tau,\lambda)\mathbf{\Phi}(\lambda,t) = \mathbf{\Phi}(\tau,t) \tag{2.26}$$

$$\frac{\partial\mathbf{\Phi}(\tau,t)}{\tau} = \mathbf{A}\,\mathbf{\Phi}(\tau,t) \tag{2.27}$$

$$\frac{\partial\mathbf{\Phi}(\tau,t)}{t} = -\mathbf{A}\,\mathbf{\Phi}(\tau,t) \tag{2.28}$$

Ist die Zustandsdifferentialgleichung homogen, d.h.

$$\dot{\vec{x}}(t) = \mathbf{A}\vec{x}(t)\,, \tag{2.29}$$

kann mit Hilfe dieser Transitionsmatrix direkt von einem zu einem Zeitpunkt τ bekannten Systemzustand $\vec{x}(\tau)$ auf den Systemzustand zu einem beliebigen Zeitpunkt t geschlossen werden:

$$\vec{x}(t) = \mathbf{\Phi}(t,\tau)\vec{x}(\tau) \tag{2.30}$$

Hierbei ist es unerheblich, ob sich der Zeitpunkt t bezüglich τ in der Zukunft oder in der Vergangenheit befindet.

Häufig wird das dynamische Verhalten des Systems ausreichend genau erfasst, wenn die Transitionsmatrix durch einige Glieder der Reihenentwicklung der Matrix-Exponentialfunktion angenähert wird. Alternativ kann eine Berechnung mittels Laplace-Transformation von Gl. (2.15) erfolgen:

$$s\vec{X}(s) - \vec{x}(0) = \mathbf{A}\vec{X}(s) + \mathbf{B}\vec{U}(s) \tag{2.31}$$

$$(s\mathbf{I} - \mathbf{A})\,\vec{X}(s) = \vec{x}(0) + \mathbf{B}\vec{U}(s) \tag{2.32}$$

$$\vec{X}(s) = (s\mathbf{I} - \mathbf{A})^{-1}\,\vec{x}(0) + (s\mathbf{I} - \mathbf{A})^{-1}\mathbf{B}\vec{U}(s) \tag{2.33}$$

Durch Rücktransformation in den Zeitbereich ergibt sich die Transitionsmatrix zu

$$\mathbf{\Phi}(t,0)\circ\!\!-\!\!\bullet(s\mathbf{I} - \mathbf{A})^{-1}\,. \tag{2.34}$$

2.2 Eigenwerte und Eigenvektoren

Auch wenn mit Gl. (2.22) die Lösung der Zustandsdifferentialgleichung (2.15) bereits bekannt ist, kann die Berechnung von Eigenwerten und Eigenvektoren der Systemmatrix $\mathbf{A}$ wichtige Einsichten in das dynamische Verhalten des linearen Systems liefern.

Die Gleichung

$$\mathbf{A}\vec{z} = \lambda\vec{z} \tag{2.35}$$

wird als algebraisches Eigenwertproblem bezeichnet. Erfüllen ein Vektor $\vec{z}_i$ und eine skalare Größe λ_i die Gl. (2.35), so wird λ_i als Eigenwert der Matrix $\mathbf{A}$ und $\vec{z}_i$ als zugehöriger Eigenvektor bezeichnet.

Handelt es sich bei $\mathbf{A}$ um eine reelle Matrix, können nur reelle Eigenwerte und konjugiert komplexe Paare von Eigenwerten auftreten. Eigenvektoren zu verschiedenen reellen Eigenwerten sind linear unabhängig, der Eigenvektor zu einem Eigenwert eines konjugiert komplexen Paares ist konjugiert komplex zu dem Eigenvektor des konjugiert komplexen Eigenwertes. Ist $\mathbf{A}$ reell und symmetrisch, so treten nur reelle Eigenwerte und Eigenvektoren auf.

Zur Berechnung der Eigenwerte wird Gl. (2.35) umgestellt:

$$(\mathbf{A} - \lambda\mathbf{I})\,\vec{x} = \vec{0} \tag{2.36}$$

Offensichtlich können hierfür nur dann nicht-triviale Lösungen $\vec{x} \neq \vec{0}$ existieren, wenn die Matrix $(\mathbf{A} - \lambda\mathbf{I})$ nicht invertierbar ist. Dies ist der Fall, wenn die Determinante verschwindet:

$$det\,(\mathbf{A} - \lambda\mathbf{I}) = 0 \tag{2.37}$$

Die Gl. (2.37) ist ein Polynom n-ten Grades in λ und wird als charakteristisches Polynom der Matrix $\mathbf{A}$ bezeichnet. Die gesuchten Eigenwerte λ_i sind folglich gerade die Nullstellen des charakteristischen Polynoms, die Vielfachheit einer Nullstelle wird als algebraische Vielfachheit des Eigenwertes bezeichnet. Zählt man die Eigenwerte entsprechend ihrer Vielfachheit, so besitzt eine $(n \times n)$-Matrix n Eigenwerte. Da für jeden Eigenwert λ_i die Matrix $(\mathbf{A} - \lambda_i\mathbf{I})$ nicht invertierbar ist, erkennt man durch Vergleich mit Gl. (2.33), dass es sich bei den Eigenwerten auch gerade um die Polstellen der Übertragungsfunktion handelt. Liegen nur Eigenwerte mit negativem Realteil vor, so befinden sich alle Polstellen der Übertragungsfunktion in der linken Halbebene des Laplace-Bereichs und das System ist stabil.

Ist ein Eigenwert λ_i gefunden, kann der zugehörige Eigenvektor $\vec{z}_i$ anhand von Gl. (2.36) bestimmt werden. Dabei zeigt sich, dass Eigenvektoren lediglich eine Richtung im Raum festlegen, ihre Länge ist nicht festgelegt: Ist $\vec{z}_i$ ein Eigenvektor, so ist $c \cdot \vec{z}_i$ ebenfalls Eigenvektor. Die Dimension des Raumes, der von den zu einem bestimmten Eigenwert gehörenden Eigenvektoren aufgespannt wird, d.h. die Anzahl der zu einem eventuell mehrfachen Eigenwert gehörenden linear unabhängigen Eigenvektoren, wird als geometrische Vielfachheit des Eigenwertes bezeichnet. Linearkombinationen von Eigenvektoren zu einem mehrfachen Eigenwert sind ebenfalls wieder Eigenvektoren. Prinzipiell ist die geometrische Vielfachheit größer oder gleich eins, die algebraische Vielfachheit ist größer oder gleich der geometrischen Vielfachheit.

Besitzt die $(n \times n)$-Matrix $\mathbf{A}$ n linear unabhängige Eigenvektoren, so bilden diese eine Basis des zur Matrix gehörenden Vektorraumes. Es liegen dann n Gleichungen in der Form von Gl. (2.35) vor, die wie folgt geschrieben werden können:

$$\mathbf{A}\,[\vec{z}_1, \vec{z}_2, \ldots, \vec{z}_n] = [\vec{z}_1, \vec{z}_2, \ldots, \vec{z}_n]\,diag[\lambda_1, \lambda_2, \ldots, \lambda_n] \tag{2.38}$$

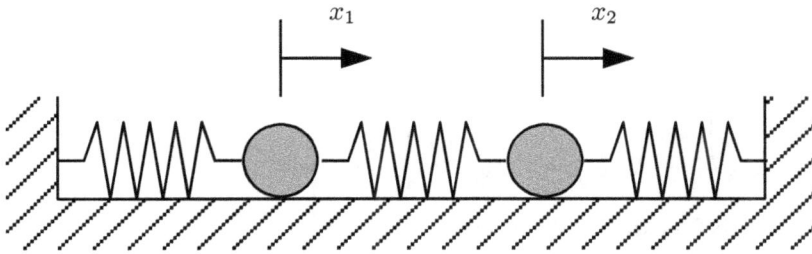

Abbildung 2.3: *Dynamisches System bestehend aus zwei gekoppelten Massen.*

Da die Eigenvektoren linear unabhängig sind, ist die Matrix $[\vec{z}_1, \vec{z}_2, \ldots, \vec{z}_n]$ invertierbar, man erhält

$$[\vec{z}_1, \vec{z}_2, \ldots, \vec{z}_n]^{-1} \mathbf{A} [\vec{z}_1, \vec{z}_2, \ldots, \vec{z}_n] = diag[\lambda_1, \lambda_2, \ldots, \lambda_n] \, . \tag{2.39}$$

Die Matrix $\mathbf{A}$ kann also mit Hilfe der Matrix der Eigenvektoren diagonalisiert werden, die Hauptdiagonale der resultierende Diagonalmatrix enthält gerade die Eigenwerte der Matrix $\mathbf{A}$.

Darüber hinaus kann gezeigt werden, dass die Lösung der homogenen Zustandsdifferentialgleichung (2.29) durch

$$\vec{x}(t) = c_1\vec{z}_1 e^{\lambda_1 t} + c_2\vec{z}_2 e^{\lambda_2 t} + \ldots + c_n\vec{z}_n e^{\lambda_n t} \tag{2.40}$$

gegeben ist[31]. Die Koeffizienten c_1–c_n hängen dabei von der Anfangsbedingung $\vec{x}(0)$ ab. Da die Eigenvektoren eine Basis bilden, ist sichergestellt, dass jeder beliebige Anfangsvektor $\vec{x}(0)$ als Linearkombination der Eigenvektoren dargestellt werden kann:

$$\vec{x}(0) = c_1\vec{z}_1 + c_2\vec{z}_2 + \ldots + c_n\vec{z}_n \tag{2.41}$$

Die Größen $\vec{z}_i e^{\lambda_i t}$ werden als Eigenmoden des Systems bezeichnet, ein Eigenvektor ist gerade diejenige Anfangsbedingung, die den zugehörigen Eigenmode anregt.

Beispiel Feder-Masse-Schwinger

Zur Veranschaulichung soll im Folgenden ein dynamisches System betrachtet werden, siehe Abb. 2.3, das aus zwei identischen Massen m, die über Federn gekoppelt sind, besteht. Die Massen sollen reibungsfrei schwingen können, die identischen Federn werden als ideal angenommen, ihre Federkonstante ist mit k bezeichnet. Die Auslenkungen der Massen aus den Ruhelagen werden mit x_1 und x_2 bezeichnet, die Geschwindigkeiten der Massen mit v_1 und v_2. Das dynamische Verhalten des Systems wird durch zwei gekoppelte Differentialgleichungen beschrieben,

$$\frac{\partial^2 x_1}{\partial t^2} = -\frac{2k}{m}x_1 + \frac{k}{m}x_2 \tag{2.42}$$

$$\frac{\partial^2 x_2}{\partial t^2} = \frac{k}{m}x_1 - \frac{2k}{m}x_2 \, . \tag{2.43}$$

Setzt man $\omega^2 = \frac{k}{m}$, so erhält man als Zustandsraumdarstellung des Systems

$$\begin{pmatrix} x_1 \\ v_1 \\ x_2 \\ v_2 \end{pmatrix}^{\bullet} = \begin{pmatrix} 0 & 1 & 0 & 0 \\ -2\omega^2 & 0 & \omega^2 & 0 \\ 0 & 0 & 0 & 1 \\ \omega^2 & 0 & -2\omega^2 & 0 \end{pmatrix} \begin{pmatrix} x_1 \\ v_1 \\ x_2 \\ v_2 \end{pmatrix} . \tag{2.44}$$

Die Systemmatrix besitzt die Eigenwerte

$$\lambda_{1/2} = \pm j\omega , \quad \lambda_{3/4} = \pm j\omega\sqrt{3} , \tag{2.45}$$

wobei j die imaginäre Einheit bezeichnet.

Da bei diesem System weder Eigenwerte mit positivem noch mit negativem Realteil vorliegen, müsste eine formale Stabilitätsaussage – es ist offensichtlich, dass das betrachtete System stabil ist – anhand des Minimalpolynoms getroffen werden: Ein nicht erregtes, zeitinvariantes, lineares System ist stabil, wenn keine mehrfachen imaginären Nullstellen des Minimalpolynoms existieren. Für weiterführende Betrachtungen hierzu sei jedoch z.B. auf [120] verwießen.

Es liegen vier linear unabhängige Eigenvektoren vor,

$$z_{1/2} = \begin{pmatrix} \mp j\omega \\ 1 \\ \mp j\omega \\ 1 \end{pmatrix} , \quad z_{3/4} = \begin{pmatrix} \pm j\sqrt{3}\omega \\ -1 \\ \mp j\sqrt{3}\omega \\ 1 \end{pmatrix} , \tag{2.46}$$

so dass mit diesen Eigenwerten und Eigenvektoren durch Gl. (2.40) die Lösung der Zustandsdifferentialgleichung (2.44) gegeben ist. Da Realteil und Imaginärteil einer komplexen Lösung ebenfalls Lösungen sind, kann die physikalische, reelle Lösung durch Realteilbildung gewonnen werden.

Da hier nur komplexe Eigenvektoren vorliegen, kann keine reelle Anregung gefunden werden, die nur einen einzelnen Eigenmode anregt. Mit physikalisch möglichen, reellen Anregungen können nur Linearkombinationen der Eigenmoden angeregt werden. Besonders hervorzuheben sind hier zwei Fälle:

1. Fall. Für die Koeffizienten

$$c_1 = j\frac{a}{2\omega} , \ c_2 = -j\frac{a}{2\omega} \quad , \quad c_3 = 0 , \ c_4 = 0 \tag{2.47}$$

erhält man die reelle Anregung

$$\vec{x}(0) = (a, 0, a, 0)^T , \tag{2.48}$$

was gerade dem gleichsinnigen Auslenken beider Massen in x-Richtung entspricht. Dadurch werden die beiden Eigenmoden zu den Eigenwerten λ_1 und λ_2 angeregt, es ergibt sich

$$x_1(t) = a\cos\omega t \tag{2.49}$$
$$x_2(t) = a\cos\omega t , \tag{2.50}$$

das gleichphasige Schwingen beider Massen mit der Kreisfrequenz ω, die als Eigenfrequenz bezeichnet wird.

2. Fall. Für die Koeffizienten

$$c_1 = 0 \ , \ c_2 = 0 \quad , \quad c_3 = j\frac{a}{2\omega\sqrt{3}} \ , \ c_4 = -j\frac{a}{2\omega\sqrt{3}} \tag{2.51}$$

erhält man ebenfalls eine reelle Anregung

$$\vec{x}(0) = (-a, 0, a, 0)^T \ , \tag{2.52}$$

was gerade dem gegensinningen Auslenken beider Massen entspricht. Nun werden die beiden Eigenmoden zu den Eigenwerten λ_3 und λ_4 angeregt, man erhält mit

$$x_1(t) = -a\cos\omega\sqrt{3}t \tag{2.53}$$
$$x_2(t) = a\cos\omega\sqrt{3}t \ , \tag{2.54}$$

ein gegenphasiges Schwingen beider Massen, diesmal mit der Kreisfrequenz $\omega\sqrt{3}$, die größer ist als im gleichsinnigen Schwingfall.

Eine weitere Möglichkeit, jeweils nur die beiden ersten oder die beiden letzten Eigenmoden anzuregen, ist die Vorgabe entsprechender gleichsinniger bzw. gegensinniger Geschwindigkeiten in den jeweiligen Ruhelagepunkten der Massen.

Neben dieser Konstruktion einer Lösung der homogenen Zustandsdifferentialgleichung können Eigenvektoren auch zu einer effizienten Berechnung von höheren Potenzen der Systemmatrix $\mathbf{A}$ verwendet werden. Anhand von Gl. (2.39) findet man nämlich folgenden Zusammenhang:

$$\mathbf{A}^k = [\vec{z}_1, \vec{z}_2, \ldots, \vec{z}_n]\, diag[\lambda_1^k, \lambda_2^k, \ldots, \lambda_n^k]\, [\vec{z}_1, \vec{z}_2, \ldots, \vec{z}_n]^{-1} \tag{2.55}$$

Zur Berechnung der k-ten Potenz genügt es also, die Diagonalmatrix der potenzierten Eigenwerte mit der Matrix der Eigenvektoren und ihrer Inversen zu multiplizieren.

Offensichtlich sind die Eigenvektoren der Systemmatrix $\mathbf{A}$ aber auch Eigenvektoren von $\mathbf{A}^k$, da $\mathbf{A}^k$ anhand dieser Eigenvektoren diagonalisiert werden kann:

$$[\vec{z}_1, \vec{z}_2, \ldots, \vec{z}_n]^{-1}\, \mathbf{A}^k\, [\vec{z}_1, \vec{z}_2, \ldots, \vec{z}_n] = diag[\lambda_1^k, \lambda_2^k, \ldots, \lambda_n^k] \tag{2.56}$$

Der Umkehrschluss ist jedoch nicht zulässig, Eigenvektoren der Matrix $\mathbf{A}^k$ müssen keine Eigenvektoren der Matrix $\mathbf{A}$ sein: Die Eigenwerte des Quadrats der in diesem Beispiel betrachteten Systemmatrix sind

$$\lambda_1^2 = -\omega^2 \qquad \lambda_3^2 = -3\omega^2 \ . \tag{2.57}$$

Es gibt zwei Eigenwerte mit der Vielfachheit zwei, vier linear unabhängige Eigenvektoren der Matrix $\mathbf{A}^2$ sind durch

$$\vec{z}_{1,\lambda_1^2} = \begin{pmatrix} 0 \\ 1 \\ 0 \\ 1 \end{pmatrix} , \quad \vec{z}_{2,\lambda_1^2} = \begin{pmatrix} 1 \\ 0 \\ 1 \\ 0 \end{pmatrix} , \quad \vec{z}_{3,\lambda_2^2} = \begin{pmatrix} 0 \\ -1 \\ 0 \\ 1 \end{pmatrix} , \quad \vec{z}_{4,\lambda_2^2} = \begin{pmatrix} 1 \\ 0 \\ -1 \\ 0 \end{pmatrix}$$

(2.58)

gegeben. Die ersten beiden und die letzten beiden Eigenvektoren spannen jeweils einen Eigenraum der Dimension zwei auf. Bei diesen Eigenvektoren handelt es sich aber nicht um Eigenvektoren der Systemmatrix $\mathbf{A}$. Wie eingangs erwähnt sind jedoch Linearkombinationen von Eigenvektoren zu einem Eigenwert ebenfalls wieder Eigenvektoren, es wird lediglich eine andere Basis des Eigenraums gewählt. Bildet man in diesem Beispiel die Linearkombinationen

$$\vec{z}_{1,\lambda_1^2}' = \vec{z}_{1,\lambda_1^2} - j\omega\vec{z}_{2,\lambda_1^2}$$

(2.59)

$$\vec{z}_{2,\lambda_1^2}' = \vec{z}_{1,\lambda_1^2} + j\omega\vec{z}_{2,\lambda_1^2}$$

(2.60)

$$\vec{z}_{3,\lambda_1^2}' = \vec{z}_{3,\lambda_1^2} + j\omega\sqrt{3}\vec{z}_{4,\lambda_1^2}$$

(2.61)

$$\vec{z}_{4,\lambda_1^2}' = \vec{z}_{3,\lambda_1^2} - j\omega\sqrt{3}\vec{z}_{4,\lambda_1^2} ,$$

(2.62)

so erhält man aus den in Gl. (2.58) angegebenen Eigenvektoren der Matrix $\mathbf{A}^2$ gerade diejenigen Eigenvektoren, die auch Eigenvektoren der Matrix $\mathbf{A}$ sind.

∎

Die Existenz einer Basis aus n linear unabhängigen Eigenvektoren ist nur im Falle n verschiedener Eigenwerte garantiert. Treten mehrfache Eigenwerte auf, kann es sein, dass – anders als im obigen Beispiel – eine solche Basis nicht existiert. In diesem Fall muss die Lösung der homogenen Zustandsdifferentialgleichung (2.29) eine andere Gestalt als Gl. (2.40) aufweisen. Dies soll anhand eines weiteren Beispiels verdeutlicht werden.

Beispiel geradlinige, gleichförmige Bewegung

Gegeben sei die Zustandsdifferentialgleichung

$$\begin{pmatrix} x \\ v \end{pmatrix}^{\bullet} = \begin{pmatrix} 0 & 1 \\ 0 & 0 \end{pmatrix} \begin{pmatrix} x \\ v \end{pmatrix} ,$$

(2.63)

die gerade eine eindimensionale Bewegung mit konstanter Geschwindigkeit beschreibt. Hier besitzt die Systemmatrix den Eigenwert null mit der Vielfachheit zwei, es existiert lediglich ein Eigenvektor $\vec{z}_1 = (1,0)^T$. Damit ist klar, dass sich beliebige Anfangsbedingungen nicht wie in Gl. (2.41) als Linearkombination der Eigenvektoren der Systemmatrix darstellen lassen, die Systemmatrix ist nicht diagonalisierbar. Für die Anfangsbedingung

$$\vec{x}(0) = \begin{pmatrix} 0 \\ v_0 \end{pmatrix}$$

(2.64)

findet man als Lösung von Gl. (2.63)

$$\begin{pmatrix} x(t) \\ v(t) \end{pmatrix} = \begin{pmatrix} v_0 \cdot t \\ v_0 \end{pmatrix} , \tag{2.65}$$

was sich formal von Gl. (2.40) unterscheidet. Für die gewählte Anregung wächst $x(t)$ für $t \to \infty$ über alle Maßen, so gesehen handelt es sich hier um kein stabiles System.

■

2.3   Lineare Systeme im Zeitdiskreten

In den vorangegangenen Abschnitten wurden lineare Systeme anhand von Differentialgleichungen beschrieben. Häufig ist es jedoch von Interesse, das Verhalten eines solchen Systems mit Hilfe eines Rechners zu simulieren – sei es als Teil eines Simulationsprogrammes, das damit ein näherungsweises Abbild der realen Welt zu schaffen versucht, oder als Teil eines Schätzalgorithmus wie dem Kalman-Filter. Eine Implementierung auf einem Rechner kann jedoch immer nur in diskreter Zeit erfolgen, daher ist die Ermittlung eines zeitdiskreten Äquivalents eines in kontinuierlicher Zeit beschriebenen, linearen Systems von zentraler Bedeutung.

Im Folgenden wird daher der Systemzustand nur zu diskreten Zeitpunkten

$$t(k) = t_k = k \cdot T \tag{2.66}$$

betrachtet, wobei die Zeitschrittweite mit T bezeichnet ist. Um von einem zum Zeitpunkt t_k bekannten Systemzustand $\vec{x}_k$ auf den Systemzustand zum nächsten Zeitschritt zu schließen, muss lediglich in Gl. (2.22) eingesetzt werden:

$$\vec{x}_{k+1} = e^{\mathbf{A}(t_{k+1}-t_k)}\vec{x}_k + \int_{t_k}^{t_{k+1}} e^{\mathbf{A}(t_{k+1}-\tau)}\mathbf{B}\vec{u}(\tau)\,d\tau \tag{2.67}$$

Unter der Annahme, dass sich die Eingangsgrößen $\vec{u}(t)$ im betrachteten Zeitintervall nicht ändern, lässt sich der Integralterm näherungsweise berechnen. Dazu wird die Schreibweise

$$e^{\mathbf{A}(t_{k+1}-t_k)} = \mathbf{\Phi}_{t_{k+1},t_k} = \mathbf{\Phi}_k \tag{2.68}$$

verwendet, man erhält

$$\int\limits_{t_k}^{t_{k+1}} e^{\mathbf{A}(t_{k+1}-\tau)}\, \mathbf{B}\vec{u}(\tau)\, d\tau = \int\limits_{t_k}^{t_{k+1}} e^{\mathbf{A}(t_{k+1}-\tau)}\, d\tau\, \mathbf{B}\vec{u}_k$$

$$= \int\limits_{t_k}^{t_{k+1}} \sum_{i=0}^{\infty} \frac{1}{i!}\mathbf{A}^i(t_{k+1}-\tau)^i\, d\tau\, \mathbf{B}\vec{u}_k$$

$$= \left[\sum_{i=0}^{\infty} \frac{1}{i!}\mathbf{A}^i\frac{-1}{i+1}(t_{k+1}-\tau)^{i+1}\right]_{t_k}^{t_{k+1}} \mathbf{B}\vec{u}_k$$

$$= \left(\sum_{i=0}^{\infty} \frac{1}{i!}\mathbf{A}^i\frac{1}{i+1}(t_{k+1}-t_k)^{i+1}\right) \mathbf{B}\vec{u}_k$$

$$= \left(\mathbf{I} + \frac{1}{2}\mathbf{A}T + \frac{1}{6}\mathbf{A}^2T^2 + ...\right)\mathbf{B}T\vec{u}_k \ . \tag{2.69}$$

Der Klammerausdruck wird bis zum linearen Glied durch $\frac{1}{2}(\mathbf{I} + \boldsymbol{\Phi}_k)$ korrekt wiedergegeben, so dass man

$$\mathbf{B}_k \approx \frac{1}{2}\Big(\mathbf{I} + \boldsymbol{\Phi}_k\Big)\mathbf{B}T \tag{2.70}$$

schreiben kann.

Man erhält daher als zeitdiskretes Äquivalent zu Gl. (2.15) die Differenzengleichung

$$\vec{x}_{k+1} = \boldsymbol{\Phi}_k\vec{x}_k + \mathbf{B}_k\vec{u}_k \ . \tag{2.71}$$

Alternative, ungenauere Näherungen der Eingangsmatrix $\mathbf{B}_k$, die an Stelle von Gl. (2.70) verwendet werden können, sind durch

$$\mathbf{B}_k = \boldsymbol{\Phi}_k\mathbf{B}T \tag{2.72}$$

und

$$\mathbf{B}_k = \mathbf{B}T \tag{2.73}$$

gegeben.

Beispiel geradlinige, beschleunigte Bewegung

Eine geradlinige, beschleunigte Bewegung wird im Zeitkontinuierlichen beschrieben durch

$$\begin{pmatrix} \dot{x} \\ \dot{v} \end{pmatrix} = \begin{pmatrix} 0 & 1 \\ 0 & 0 \end{pmatrix}\begin{pmatrix} x \\ v \end{pmatrix} + \begin{pmatrix} 0 \\ 1 \end{pmatrix}a \ . \tag{2.74}$$

Die Transitionsmatrix wird durch Reihenentwicklung berechnet; bei der Systemmatrix handelt es sich um eine nilpotente Matrix, d.h. höhere Potenzen dieser Matrix verschwinden. Dies erlaubt hier eine einfache, exakte Berechnung der Transitionsmatrix. Mit der Näherung Gl. (2.70) erhält man im Zeitdiskreten

$$\begin{pmatrix} x \\ v \end{pmatrix}_{k+1} = \begin{pmatrix} 1 & T \\ 0 & 1 \end{pmatrix} \begin{pmatrix} x \\ v \end{pmatrix}_k + \begin{pmatrix} \frac{1}{2}T^2 \\ T \end{pmatrix} a_k \; . \tag{2.75}$$

∎

Prinzipiell kann natürlich bei der Berechnung des Integrals in Gl. (2.69) zunächst auf eine Reihenentwicklung verzichtet werden, man erhält in diesem Fall

$$\int\limits_{t_k}^{t_{k+1}} e^{\mathbf{A}(t_{k+1}-\tau)} \, \mathbf{B}\vec{u}(\tau) \, d\tau = \int\limits_{t_k}^{t_{k+1}} e^{\mathbf{A}(t_{k+1}-\tau)} \, d\tau \, \mathbf{B}\vec{u}_k$$

$$= \left[-e^{\mathbf{A}(t_{k+1}-\tau)} A^{-1} \right]_{t_k}^{t_{k+1}} \mathbf{B}\vec{u}_k$$

$$= \left[e^{\mathbf{A}(t_{k+1}-t_k)} - e^{\mathbf{A}(t_{k+1}-t_{k+1})} \right] A^{-1} \, \mathbf{B}\vec{u}_k$$

$$= \left[e^{\mathbf{A}T} - \mathbf{I} \right] A^{-1} \, \mathbf{B}\vec{u}_k \; . \tag{2.76}$$

In einfachen Fällen lassen sich die Matrix-Exponentialfunktion und die Inverse der Systemmatrix analytisch berechnen, Gleichung (2.76) stellt dann eine interessante Alternative zu den zuvor angegebenen Näherungen dar.

Eine weitere Möglichkeit, um von einer zeitkontinuierlichen Differentialgleichung zu einer zeitdiskreten Differenzengleichung zu gelangen ist die z-Transformation [64], [75], [30]. Der Grundgedanke besteht hierbei darin, die Differentialgleichung zunächst in den Laplace-Bereich zu transformieren, von dort in den z-Bereich überzugehen, um anhand des Zusammenhangs

$$x_{k-n} = z^{-n} X(z) \tag{2.77}$$

schließlich eine Differenzengleichung zu erhalten. Der exakte Zusammenhang zwischen Laplace-Bereich und z-Bereich,

$$z = e^{sT} \; , \tag{2.78}$$

ist hierzu jedoch ungeeignet und muss approximiert werden.

Dies soll anhand des bereits betrachteten Tiefpasses, der durch Gl. (2.3) beschrieben ist, veranschaulicht werden.

Beispiel RC-Glied

Numerische Integration von Gl. (2.3) mit der Rechteckregel rückwärts liefert

$$x_k = x_{k-1} + \int_{t_{k-1}}^{t_k} -\omega_0 x(t) + \omega_0 u(t) \, dt$$

$$\approx x_{k-1} - \omega_0 x_k T + \omega_0 u_k T \,. \tag{2.79}$$

Die Transformation des so gewonnenen, näherungsweisen Zusammenhangs

$$x_k = \frac{1}{1 + \omega_0 T} x_{k-1} + \frac{\omega_0 T}{1 + \omega_0 T} u_k \tag{2.80}$$

anhand von Gl. (2.77) in den z-Bereich führt auf

$$X(z) = \frac{1}{1 + \omega_0 T} z^{-1} X(z) + \frac{\omega_0 T}{1 + \omega_0 T} U(z) \,, \tag{2.81}$$

so dass die Übertragungsfunktion im z-Bereich berechnet werden kann:

$$X(z) = \frac{\omega_0}{\omega_0 + \frac{1}{T}(1 - z^{-1})} U(z) \tag{2.82}$$

Durch Vergleich mit der Übertragungsfunktion im Laplace-Bereich, siehe Gl. (2.5), findet man die Transformationen

$$s = \frac{1}{T}(1 - z^{-1}) \,, \quad z = \frac{1}{1 - sT} \tag{2.83}$$

Dies ist keineswegs die einzige Möglichkeit, den Zusammenhang zwischen Laplace-Bereich und z-Bereich zu approximieren. Die Verwendung der Trapezregel zur numerischen Lösung der Differentialgleichung führt zum Beispiel auf

$$s = \frac{2}{T} \frac{z-1}{z+1} \,, \quad z = \frac{2 + sT}{2 - sT} \,. \tag{2.84}$$

Prinzipiell führt diese Approximation jedoch dazu, dass auch das tatsächliche Systemverhalten durch die zeitdiskrete Repräsentation nur approximiert wird. Durch Einsetzen des exakten Zusammenhangs Gl. (2.78) in Gl. (2.81) erhält man im Laplace-Bereich die Übertragungsfunktion der zeitdiskreten Repräsentation des Systems. Mit

$$s = j\omega \tag{2.85}$$

ist der Übergang in den Frequenzbereich möglich. Die zeitdiskrete Beschreibung des Tiefpasses Gl. (2.80) besitzt daher im Frequenzbereich die Übertragungsfunktion

$$X(\omega) = \frac{\omega_0}{\omega_0 + \frac{1}{T}(1 - e^{-j\omega T})} U(\omega) \,, \tag{2.86}$$

die sich von der tatsächlichen Übertragungsfunktion des zeitkontinuierlichen Systems,

$$X(\omega) = \frac{\omega_0}{\omega_0 + j\omega} U(\omega) \, , \tag{2.87}$$

unterscheidet. Frequenz- und Phasengang von Gl. (2.86) und (2.87) sind in Abb. 2.4 dargestellt. Hierbei wurde als Grenzfrequenz des Tiefpasses $f_0 = \frac{\omega_0}{2\pi} = 10\,\text{Hz}$ und als Abtastfrequenz $f = \frac{1}{T} = 200\,\text{Hz}$ gewählt. Man erkennt, das für Signalfrequenzen deutlich unterhalb der halben Abtastfrequenz eine sehr gute Approximation vorliegt, bei höheren Signalfrequenzen jedoch nicht. In diesem Zusammenhang ist auch das Shannonsche Abtasttheorem von Bedeutung, das besagt, dass ein zeitkontinuierliches Signal nur dann aus einer zeitdiskreten Abtastung des Signals rekonstruiert werden kann, wenn alle im Signal enthaltenen Frequenzen kleiner als die halbe Abtastfrequenz sind.

∎

Auch im z-Bereich können anhand der Lage der Polstellen der Übertragungsfunktion Stabilitätsaussagen getroffen werden. Im Laplace-Bereich ist die Stabilitätsgrenze durch die imaginäre Achse $s = j\omega$ gegeben. Durch Einsetzen in Gl. (2.78) erkennt man, dass die imaginäre Achse des Laplace-Bereichs gerade auf den Einheitskreis im z-Bereich abgebildet wird, die linke Halbebene findet sich im Inneren des Einheitskreises wieder. Ein System ist daher stabil, wenn sich die Pole der Übertragungsfunktion im z-Bereich im Inneren des Einheitskreises befinden.

Prinzipiell können also Differentialgleichungen durch Ermittlung ihrer zeitdiskreten Zustandsraumdarstellung anhand von Gl. (2.68), (2.70) und (2.71) oder durch Anwendung der z-Transformation gelöst werden. Darüber hinaus existieren natürlich noch eine Vielzahl weiterer Verfahren zur numerischen Lösung von Differentialgleichungen, die bei gegebener Zeitschrittweite genauere Ergebnisse liefern, hier seien z.B. die Simpson-Regel und das Verfahren von Heun erwähnt.

Prinzipiell wird zwischen impliziten und expliziten Verfahren unterschieden. Explizite Verfahren berechnen den Lösungswert zum nächsten Zeitschritt ausschließlich anhand von zum aktuellen Zeitschritt bekannten Informationen, wohingegen bei impliziten Verfahren Gleichungen gelöst werden müssen. Explizite Verfahren liefern jedoch nur bei kleinen Zeitschrittweiten eine gute Näherung, implizite Verfahren lassen größere Zeitschrittweiten zu.

Der Unterschied zwischen einem impliziten und einem expliziten Verfahren soll anhand der Euler-Methode veranschaulicht werden.

Die Lösung der Differentialgleichung

$$\frac{\partial x}{\partial t} = f(x,t) \, , \quad x_0 = x(0) \tag{2.88}$$

anhand des expliziten Euler-Verfahrens ist gegeben durch

$$x_{k+1} = x_k + T \cdot f(x_k, t_k) \, . \tag{2.89}$$

Beim impliziten Euler-Verfahren wird

$$x_{k+1} = x_k + T \cdot f(x_{k+1}, t_{k+1}) \tag{2.90}$$

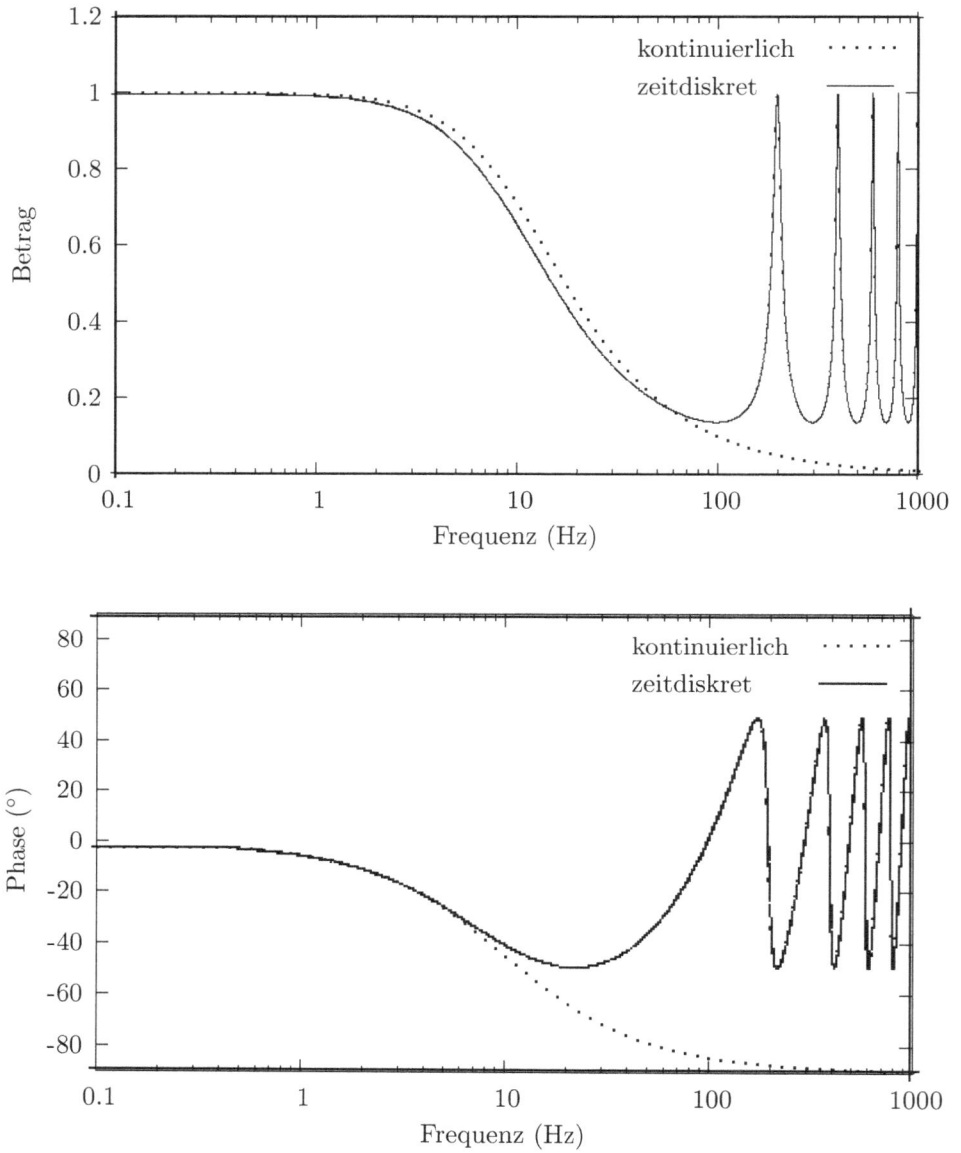

Abbildung 2.4: *Amplitudengang und Phasengang des RC-Tiefpasses.*

angesetzt, so dass die sich ergebende Gleichung erst noch nach x_{k+1} aufgelöst werden muss. Im bisher betrachteten linearen Fall stellt das keine Schwierigkeit dar, bei nichtlinearen Differentialgleichungen muss die sich ergebende Gleichung eventuell numerisch, z.B. durch Verwendung der Newton-Raphson-Methode, gelöst werden.

Ein weiteres, weit verbreitetes Verfahren zur numerischen Lösung von Differentialgleichungen ist das Runge-Kutta-Verfahren vierter Ordnung [100]. Die Grundidee der Runge-Kutta-Verfahren lässt sich wie folgt skizzieren: Es existieren verschiedene Verfahren erster Ordnung zur Integration der rechten Seite von Gl. (2.88), die sich jedoch in ihren Fehlertermen unterscheiden. Somit können Verfahren höherer Ordnung konstruiert werden, wenn diese Verfahren erster Ordnung so kombiniert werden, dass sich deren Fehlerterme – bis zu einer bestimmten Ordnung – gegenseitig wegheben.

Ein Runge-Kutta-Verfahren vierter Ordnung zu Lösung von Gl. (2.88) ist gegeben durch

$$k_1 = T \cdot f(x_k, t_k) \tag{2.91}$$

$$k_2 = T \cdot f(x_k + \frac{1}{2}k_1, t_k + \frac{T}{2}) \tag{2.92}$$

$$k_3 = T \cdot f(x_k + \frac{1}{2}k_2, t_k + \frac{T}{2}) \tag{2.93}$$

$$k_4 = T \cdot f(x_k + k_3, t_k + T) \tag{2.94}$$

$$x_{k+1} = x_k + \frac{1}{6}k_1 + \frac{1}{3}k_2 + \frac{1}{3}k_3 + \frac{1}{6}k_4 \ . \tag{2.95}$$

Die angesprochenen Verfahren sollen anhand eines einfachen Beispiels verglichen werden. Hierzu wird die Differentialgleichung

$$\frac{\partial x}{\partial t} = -\lambda x \ , \quad x_0 = 1 \tag{2.96}$$

für $\lambda = 12$ betrachtet. Der Parameter λ beeinflusst hierbei entscheidend die zulässige Zeitschrittweite, je größer λ ist, desto kleiner muss bei den expliziten Verfahren die Zeitschrittweite gewählt werden. Die analytische Lösung von Gl. (2.96) ist durch

$$x(t) = e^{-\lambda t} \tag{2.97}$$

gegeben.

Das explizite Euler-Verfahren führt auf

$$x_{k+1} = x_k - \lambda x_k T \ , \tag{2.98}$$

das implizite Euler-Verfahren liefert

$$x_{k+1} = x_k - \lambda x_{k+1} T$$
$$x_{k+1} = \frac{1}{1 + \lambda T} x_k \ . \tag{2.99}$$

Zeitschrittweite $T = 0.01s$

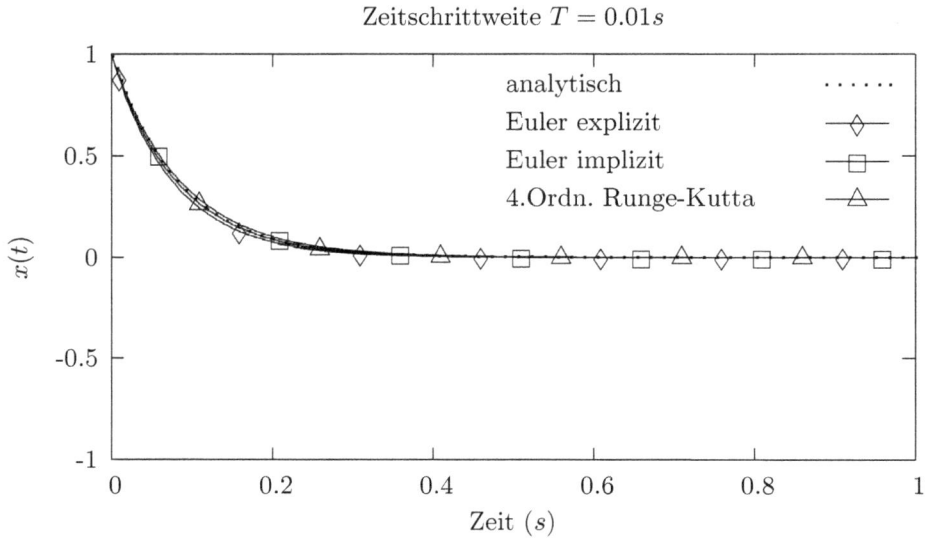

Abbildung 2.5: *Numerische Lösung der DGL (2.96) für verschiedene Lösungsverfahren, Zeitschrittweite 0.1 s, $\lambda = 12$.*

Zeitschrittweite $T = 0.15s$

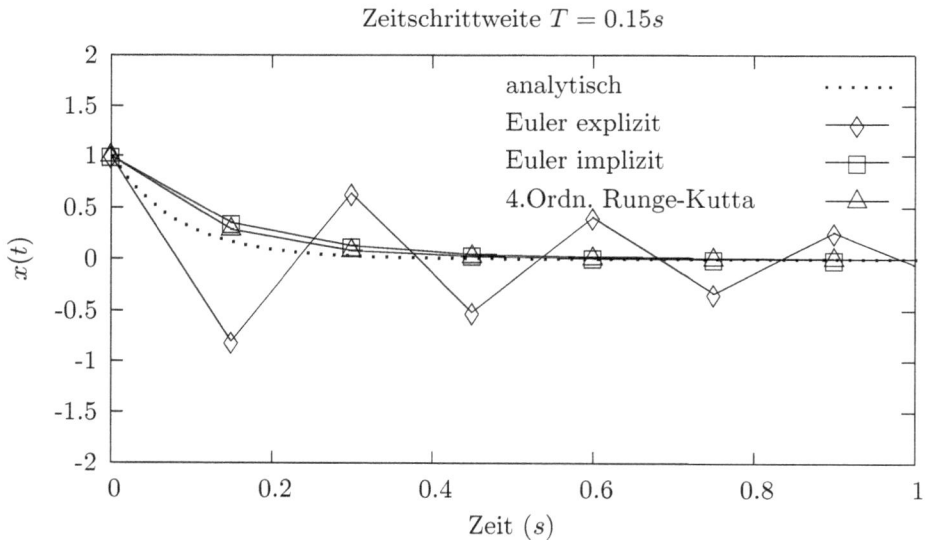

Abbildung 2.6: *Numerische Lösung der DGL (2.96) für verschiedene Lösungsverfahren, Zeitschrittweite 0.15 s, $\lambda = 12$.*

Zeitschrittweite $T = 0.25\,s$

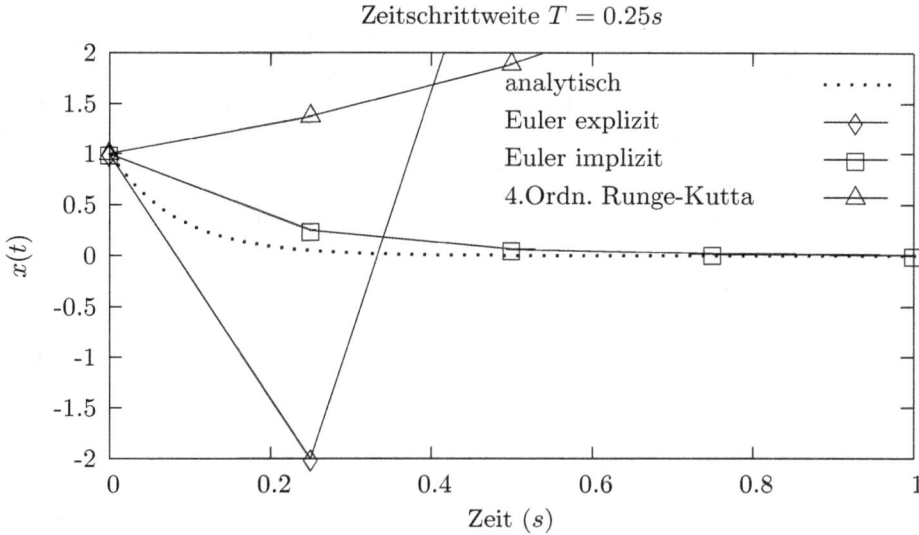

Abbildung 2.7: *Numerische Lösung der DGL (2.96) für verschiedene Lösungsverfahren, Zeitschrittweite 0.25 s, $\lambda = 12$.*

Die Lösungen der Differentialgleichung (2.96) anhand dieser beiden Verfahren und unter Verwendung des Runge-Kutta-Verfahrens vierter Ordnung sind – im Vergleich zur korrekten, analytischen Lösung und für verschiedene Zeitschrittweiten – in Abb. 2.5 bis 2.7 dargestellt.

Man erkennt, dass für eine ausreichend kleine Zeitschrittweite alle drei betrachteten Verfahren vergleichbare Ergebnisse liefern, die gut mit der exakten, analytischen Lösung übereinstimmen. Wird die Zeitschrittweite vergrößert, treten beim expliziten Euler-Verfahren Oszillationen auf, wohingegen das implizite Euler-Verfahren und das Runge-Kutta-Verfahren vierter Ordnung noch gute Ergebnisse liefern. Wird die Zeitschrittweite weiter vergrößert, divergieren beide expliziten Verfahren, lediglich das implizite Euler-Verfahren bleibt stabil. Es lässt sich zeigen, dass dies bei dieser Differentialgleichung für beliebige Zeitschrittweiten der Fall ist. Obwohl das Runge-Kutta-Verfahren vierter Ordnung fast schon als Standard-Verfahren zur numerischen Lösung von Differentialgleichungen bezeichnet werden kann, liefert hier das einfachere, implizite Euler-Verfahren bessere Ergebnisse.

Differentialgleichungen, die sich numerisch 'schwierig' lösen lassen, werden als steife Differentialgleichungen bezeichnet. Zur Lösung dieser Differentialgleichungen kommen meist implizite Verfahren zum Einsatz.

2.4   Nichtlinearitäten

In den vorangegangenen Abschnitten wurden ausschließlich lineare Systeme betrachtet. Wie eingangs erwähnt, kann ein System häufig nicht exakt als lineares System beschrieben werden. Um die bisher eingeführten Methoden, wie die Analyse des Systemverhaltens anhand der Systemmatrix oder die Berechnung einer Transitionsmatrix, auch bei nichtlinearen Systemen anwenden zu können, muss eine lineare Systembeschreibung gefunden werden, die dem tatsächlichen, nichtlinearen Systemverhalten möglichst nahe kommt. Dies kann bei nicht allzu nichtlinearen Systemen durch Linearisierung erreicht werden.

Betrachtet wird das nichtlineare System

$$\frac{\partial \vec{x}}{\partial t} = \vec{f}(\vec{x}, \vec{u}) \,. \tag{2.100}$$

Mit

$$\Delta \vec{x} = \vec{x} - \bar{\vec{x}} \,, \quad \Delta \vec{u} = \vec{u} - \bar{\vec{u}} \tag{2.101}$$

erhält man als Taylor-Reihenentwicklung der rechten Seite von (2.100) um die Linearisierungspunkte $\bar{\vec{x}}, \bar{\vec{u}}$

$$\vec{f}(\vec{x}, \vec{u}) \approx \vec{f}(\bar{\vec{x}}, \bar{\vec{u}}) + \frac{\partial \vec{f}(\vec{x}, \vec{u})}{\partial \vec{x}} \bigg|_{\vec{x}=\bar{\vec{x}}} \cdot \Delta \vec{x} + \frac{\partial \vec{f}(\vec{x}, \vec{u})}{\partial \vec{u}} \bigg|_{\vec{u}=\bar{\vec{u}}} \cdot \Delta \vec{u} \,. \tag{2.102}$$

Hierbei wurde die Reihenentwicklung nach dem linearen Glied abgebrochen. Durch Einsetzen von Gl. (2.102) und den Zusammenhängen

$$\frac{\partial \vec{x}}{\partial t} = \frac{\partial \bar{\vec{x}}}{\partial t} + \frac{\partial \Delta \vec{x}}{\partial t} \,, \quad \frac{\partial \bar{\vec{x}}}{\partial t} = \vec{f}(\bar{\vec{x}}, \bar{\vec{u}}) \tag{2.103}$$

in Gl. (2.100) ergibt sich schließlich

$$\frac{\partial \Delta \vec{x}}{\partial t} = \frac{\partial \vec{f}(\vec{x}, \vec{u})}{\partial \vec{x}} \bigg|_{\vec{x}=\bar{\vec{x}}} \cdot \Delta \vec{x} + \frac{\partial \vec{f}(\vec{x}, \vec{u})}{\partial \vec{u}} \bigg|_{\vec{u}=\bar{\vec{u}}} \cdot \Delta \vec{u} \,. \tag{2.104}$$

Bei Gl. (2.104) handelt es sich um ein lineares System in Zustandsraumdarstellung, das das Systemverhalten des nichtlinearen Systems in der Nähe der Linearisierungspunkte beschreibt. Die Matrix

$$\mathbf{F} = \frac{\partial \vec{f}(\vec{x}, \vec{u})}{\partial \vec{x}} \bigg|_{\vec{x}=\bar{\vec{x}}} = \begin{pmatrix} \frac{\partial f_1}{\partial x_1} & \cdots & \frac{\partial f_1}{\partial x_n} \\ \vdots & & \vdots \\ \frac{\partial f_n}{\partial x_1} & \cdots & \frac{\partial f_n}{\partial x_n} \end{pmatrix} \bigg|_{\vec{x}=\bar{\vec{x}}} \tag{2.105}$$

wird als Jacobi-Matrix der Funktion $\vec{f}$ im Linearisierungspunkt $\bar{\vec{x}}$ bezeichnet. Analog stellt die Jacobi-Matrix

$$\mathbf{B} = \frac{\partial \vec{f}(\vec{x}, \vec{u})}{\partial \vec{u}} \bigg|_{\vec{u}=\bar{\vec{u}}} = \begin{pmatrix} \frac{\partial f_1}{\partial u_1} & \cdots & \frac{\partial f_1}{\partial u_m} \\ \vdots & & \vdots \\ \frac{\partial f_n}{\partial x_1} & \cdots & \frac{\partial f_n}{\partial x_m} \end{pmatrix} \bigg|_{\vec{u}=\bar{\vec{u}}} \tag{2.106}$$

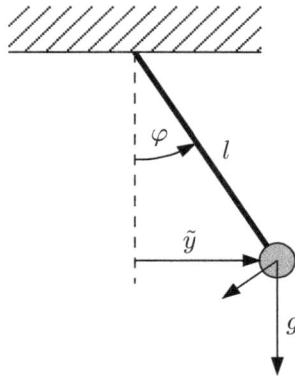

Abbildung 2.8: *Mathematisches Pendel.*

die Eingangsmatrix des linearisierten Systems dar.

Die beschriebene Vorgehensweise soll im Folgenden am Beispiel des mathematischen Pendels gezeigt werden.

Mathematisches Pendel

Das mathematische Pendel ist durch die Annahmen gekennzeichnet, dass die gesamte Pendelmasse im Schwerpunkt konzentriert ist, die Aufhängung masselos ist und das Pendel reibungsfrei schwingen kann.

Anhand der Skizze in Abb. 2.8 erkennt man, dass bei einer Auslenkung des Pendels um den Winkel φ aufgrund der angreifenden Gravitation eine rücktreibende Beschleunigung

$$\ddot{x} = -g \sin \varphi \tag{2.107}$$

resultiert. Die Geschwindigkeit des Pendels ist gegeben durch

$$\dot{x} = v = \omega l \,, \tag{2.108}$$

so dass sich mit $\dot{\varphi} = \omega$ folgende nichtlineare Differentialgleichung ergibt:

$$\begin{pmatrix} \varphi \\ \omega \end{pmatrix}^{\bullet} = \begin{pmatrix} \omega \\ -\frac{g}{l} \sin \varphi \end{pmatrix} \tag{2.109}$$

Die Jacobi-Matrix in der Nähe der Ruhelage $\varphi = 0$ berechnet sich zu

$$\mathbf{F} = \left. \frac{\partial \vec{f}(\vec{x})}{\partial \vec{x}} \right|_{\varphi=0} = \left. \begin{pmatrix} 0 & 1 \\ -\frac{g}{l} \cos \varphi & 0 \end{pmatrix} \right|_{\varphi=0} = \begin{pmatrix} 0 & 1 \\ -\frac{g}{l} & 0 \end{pmatrix} \,, \tag{2.110}$$

das Verhalten des Pendels kann für kleine Auslenkungen folglich durch das lineare System

$$\begin{pmatrix} \Delta\varphi \\ \Delta\omega \end{pmatrix}^{\bullet} = \begin{pmatrix} 0 & 1 \\ -\frac{g}{l} & 0 \end{pmatrix} \begin{pmatrix} \Delta\varphi \\ \Delta\omega \end{pmatrix} \tag{2.111}$$

beschrieben werden.

∎

Abschließend sei noch darauf hingewiesen, dass sich auch die vorgestellten numerischen Integrationsverfahren zur Lösung von Differentialgleichungen im nichtlinearen Fall anwenden lassen. Bei den expliziten Verfahren müssen dazu lediglich Funktionswerte der nichtlinearen rechten Seite berechnet werden. Bei den impliziten Verfahren muss eine nichtlineare Gleichung – eventuell numerisch – gelöst werden.

Ebenso können diese Integrationsverfahren auch auf Differentialgleichungssysteme wie Gl. (2.100) angewendet werden. Die prinzipielle Vorgehensweise bleibt dabei unverändert, es ergeben sich beispielsweise beim Runge-Kutta-Verfahren vierter Ordnung lediglich vektorielle Koeffizienten $\vec{k}_1 - \vec{k}_4$.

3 Inertiale Navigation

Die inertiale Navigation gewann ab Mitte des 20. Jahrhunderts kontinuierlich an Bedeutung. Prinzipiell handelt es sich bei inertialer Navigation um ein Koppelnavigationsverfahren. Bei der Koppelnavigation (engl. dead reckoning) werden fortlaufend die Bewegungsrichtung, die Geschwindigkeit und die seit der letzten Positionsbestimmung vergangene Zeit bestimmt. Die aktuelle Position wird ermittelt, indem anhand dieser Informationen die in dem betrachteten Zeitintervall zurückgelegte Strecke berechnet – in einigen Fällen kann diese auch direkt gemessen werden – und unter Berücksichtigung der Bewegungsrichtung zur letzten bekannten Position hinzu addiert wird. Die Grundidee eines Inertialnavigationssystems (INS) besteht darin, die für eine Koppelnavigation notwendigen Informationen durch Messung von Beschleunigungen und Drehraten zu gewinnen. Prinzipiell werden daher immer jeweils drei orthogonal zueinander angeordnete Drehratensensoren und Beschleunigungssensoren benötigt.

Bei den ersten Systemen wurden die Beschleunigungssensoren auf einer kardanisch gelagerten, stabilisierten Plattform montiert. Die sensitiven Achsen der Beschleunigungssensoren waren dadurch von den Bewegungen des Fahrzeugs[1] entkoppelt und wiesen in Richtung raumfester Achsen wie Norden, Osten und Unten. Anhand der gemessenen Beschleunigungen konnten daher direkt Geschwindigkeitsinkremente in diesen Raumrichtungen bestimmt werden, durch Integration erhielt man Geschwindigkeit und Position. Die Drehratensensoren hatten lediglich die Aufgabe, Lageänderungen der stabilisierten Plattform im Raum z.B. aufgrund von Reibung in den Lagern der kardanischen Aufhängung zu detektieren. Diese unerwünschten Lageänderungen wurden mit Hilfe von Elektromotoren korrigiert. Die hierfür benötigten Drehratensensoren mussten nur Drehungen von Bruchteilen eines Grads pro Stunde messen können, andererseits durften nur minimalste Nullpunktsfehler vorliegen. Die Lage des Fahrzeugs konnte an den Stellungen der Kardanrahmen abgelesen werden.

Mit dem Aufkommen der Ringlaserkreisel (RLG) ab Mitte der sechziger Jahre wurden Strapdown-Systeme technisch realisierbar. Bei einem Strapdown-System kommt eine Inertialsensoreinheit bestehend aus drei Beschleunigungs- und drei Drehratensensoren zum Einsatz, die fest mit dem Fahrzeug verbunden ist. Eine solche Inertialsensoreinheit wird als Inertial Measurement Unit (IMU) bezeichnet[2]. Der Unterschied zu den Plattform-Systemen besteht darin, dass anhand der Drehratensensordaten die Lageänderungen des Fahrzeugs erfasst werden und so durch Integration die Fahrzeuglage berechnet wird. Diese Lageinformationen werden verwendet, um die in körperfesten Achsen gemessenen Beschleunigungen in ein Koordinatensystem mit raumfesten Koor-

---

[1] Der Begriff Fahrzeug kann im Folgenden für ein Schiff, ein Fluggerät, ein Automobil o.Ä. stehen.

[2] Manchmal wird noch zwischen Inertial Sensor Assembly (ISA), d.h. den eigentlichen Inertialsensoren, und Inertial Measurement Unit (IMU), d.h. der Sensorik im Verbindung mit der Elektronik zur Bereitstellung einer Schnittstelle, unterschieden.

dinatenrichtungen, häufig ein Nord-Ost-Unten-Koordinatensystem, umzurechnen. Anschließend werden ebenfalls durch Integration Geschwindigkeit und Position bestimmt.

Da anhand der Drehratensensordaten die Drehbewegungen des Fahrzeugs nachvollzogen werden sollen, müssen die Drehratensensoren eines Strapdown-Systems auch Drehungen von mehreren hundert Grad pro Sekunde messen können. Andererseits ist eine wartungsintensive, komplexe Mechanik wie bei den Plattformsystemen nicht mehr nötig, was in der Regel zu Gewichtsvorteilen und einem geringeren Platzbedarf führt.

Die weiteren Abschnitte dieses Kapitels befassen sich mit der Strapdown-Rechnung, also dem mathematischen Hintergrund eines Strapdown-Systems. Plattformsysteme werden nicht betrachtet. Da bei jedem Inertialnavigationssystem die Navigationsinformationen durch Integration unvermeidlich fehlerbehafteter Messwerte gewonnen werden, wachsen die Navigationsfehler mit der Zeit an. Daher werden auch die wesentlichen Fehlercharakteristiken eines INS näher untersucht.

3.1   Koordinatensysteme

In der Strapdown-Rechnung werden eine Reihe von Koordinatensystemen benötigt. Zum Beispiel erfassen Inertialsensoren Beschleunigungen und Drehraten bezüglich eines Inertialkoordinatensystems, die Geschwindigkeit des Fahrzeugs wird häufig in den Koordinatenrichtungen Norden, Osten und Unten benötigt. Im Folgenden werden alle benötigten Koordinatensysteme, wie sie in Abb. 3.1 veranschaulicht sind, definiert.

- Die Achsen des **körperfesten Koordinatensystems (b-frame)** sind fest in Bezug zum Fahrzeug und weisen in Fahrzeuglängsrichtung (x^b), nach rechts (y^b) und nach unten (z^b). Der Ursprung befindet sich im Fahrzeug. Sind die sensitiven Achsen der Inertialsensoren exakt orthogonal ausgerichtet, fallen diese mit den Achsen des körperfesten Koordinatensystems zusammen. Die Messwerte einer IMU fallen daher in Koordinaten dieses Koordinatensystems an.

- Der Ursprung des **Inertialkoordinatensystems (i-frame)** befindet sich im Mittelpunkt des Rotationsellipsoids, der die Erdgestalt annähert. Die Koordinatenachsen sind fest in Bezug zu den Fixsternen. Die z^i-Achse des Inertialkoordinatensystems fällt mit der Rotationsachse der Erde zusammen, die x^i- und y^i-Achse liegen in der Äquatorebene. Eine IMU misst Beschleunigungen und Drehraten des körperfesten Koordinatensystems bezüglich des Inertialkoordinatensystems.

- Das **erdfeste Koordinatensystem (e-frame)** besitzt den selben Ursprung wie das Inertialkoordinatensystem. Die Koordinatenachsen sind fest im Bezug zur Erde, wobei die z^e-Achse mit der z^i-Achse zusammenfällt. Die x^e-Achse ist bestimmt durch die Schnittgerade von Äquatorebene und der Ebene des Nullmeridians. Das erdfeste Koordinatensystem rotiert bezüglich des Inertialkoordinatensystems um die z^e-Achse mit der Winkelgeschwindigkeit Ω. Dieses erdfeste Koordinatensystem wird auch als earth centered, earth fixed (ECEF) Koordinatensystem bezeichnet.

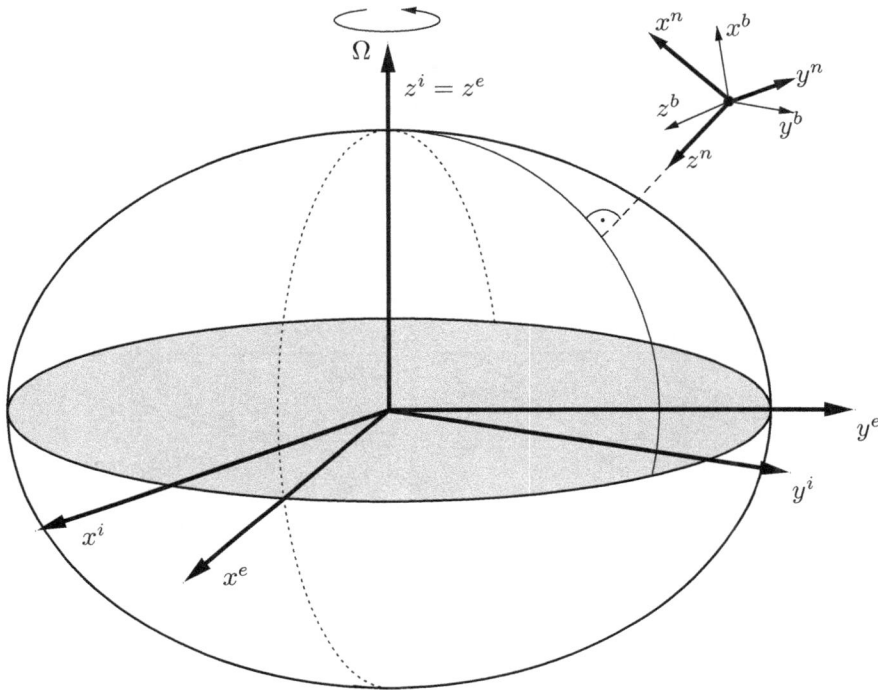

Abbildung 3.1: *Koordinatensysteme für die erdnahe Navigation.*

- Der Ursprung des **Navigationskoordinatensystems (n-frame)** fällt mit dem Ursprung des körperfesten Koordinatensystems zusammen. Die x^n- und y^n-Achse weisen in Nord- bzw. Ostrichtung und liegen in der Tangentialebene an den Erdellipsoid. Die z^n-Achse weist nach unten und ist parallel zur Schwerebeschleunigung, die sich aus der Summe von Gravitation und erdrotationsbedingter Zentripetalbeschleunigung ergibt. Einzelne Komponenten eines Vektors in Koordinaten des Navigationskoordinatensystems werden mit n, e und d (north, east, down) indiziert.

Für die Fahrzeugposition – also die Position des Ursprungs des n-frames und b-frames – ist lediglich eine Angabe bezüglich des erdfesten Koordinatensystems sinnvoll. Diese kann anhand von Breitengrad φ, Längengrad λ und Höhe h (häufig LLH für latitude, longitude, height) bezüglich des Erdellipsoids oder bezüglich der Achsen des e-frames erfolgen. Um hierbei eine eindeutige Zuordnung zwischen ECEF-Koordinaten und Breitengrad und Höhe zu erhalten, muss ein Erdmodell definiert werden.

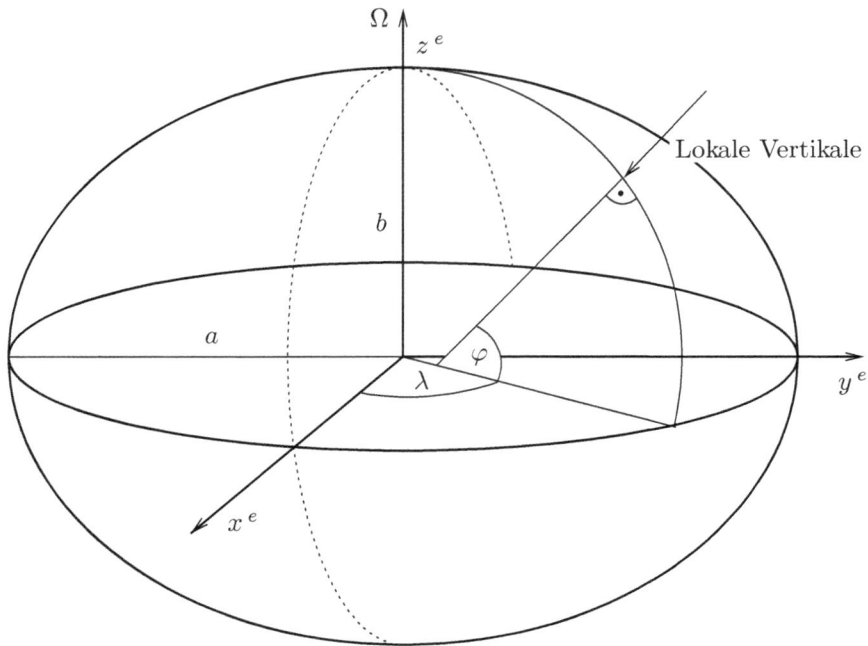

Abbildung 3.2: *Erdellipsoid*

3.1.1   WGS84-Erdmodell

Die Form der Erde lässt sich in erster Näherung als ein Rotationsellipsoid modellieren. Die Summe aus Zentripetalkraft aufgrund der Erdrotation und Massenanziehungskraft der Erde steht an jedem Punkt des Rotationsellipsoids senkrecht auf der dortigen Tangentialebene, ist also parallel zur lokalen Vertikalen. Anschaulich lässt sich das dadurch erklären, dass diese Kräfte im Laufe der Zeit die Gestalt der Erde geformt haben. Dadurch haben Schwerebeschleunigungsmodelle im Navigationskoordinatensystem eine besonders einfache Darstellung, da lediglich die z-Komponente der Schwerebeschleunigung von null verschieden ist. Im englischen Sprachgebrauch bezeichnet gravitation die Beschleunigung aufgrund der Massenanziehung der Erde, die Summe aus Zentripetalbeschleunigung und Beschleunigung aufgrund der Massenanziehung der Erde wird gravity genannt. Im Deutschen entspricht sowohl Gravitation als auch Schwerkraft dem englischen gravitation, die Schwerebeschleunigung entspricht dem englischen Ausdruck gravity. Ein gängiges, wenn auch nicht besonders genaues Schwerebeschleunigungsmo-

Tabelle 3.1: *Parameter des Erdmodells WGS84*

Bezeichnung	Symbol	Wert
Große Halbachse des Ellipsoids:	a	$6378137.0\,\mathrm{m}$
Kleine Halbachse des Ellipsoids:	b	$a(1-f) = 6356752.3142\,\mathrm{m}$
Abflachung des Ellipsoids:	f	$\frac{a-b}{a} = \frac{1}{298.257223563}$
Exzentrizität des Ellipsoids:	e	$\sqrt{f(2-f)} = 0.0818191908426$
Durchschnittlicher Krümmungsradius:	R_0	$\sqrt{R_e R_n}$
Nord-Süd-Krümmungsradius	R_n	$a\frac{1-e^2}{(1-e^2\sin^2\varphi)^{3/2}}$
Ost-West-Krümmungsradius	R_e	$\frac{a}{\sqrt{1-e^2\sin^2\varphi}}$
Erddrehrate:	Ω	$7.292115 \times 10^{-5}\,\frac{\mathrm{rad}}{\mathrm{s}}$

dell ist gegeben durch[3]

$$\vec{g}_l^{\,n} = \begin{pmatrix} 0 \\ 0 \\ g_0\left(1 + g_1\sin^2\varphi + g_2\sin^2 2\varphi\right)\left(\frac{R0}{R0-h}\right)^2 \end{pmatrix} \tag{3.1}$$

mit $g_0 = 9.780318\,\mathrm{m/s^2}$, $g_1 = 5.3024 \times 10^{-3}$, $g_2 = 5.9 \times 10^{-6}$. Für hochgenaue Anwendungen müssen die in der Realität auftretenden Abweichungen der Schwerebeschleunigung von der lokalen Vertikalen jedoch berücksichtigt werden.

Die Parameter des Erdellipsoids nach dem 'World Geodetic System of 1984' (WGS84) sind in Tabelle 3.1 angegeben[4].

Die geographische Breite φ eines Ortes ist der Winkel, unter dem die lokale Vertikale die Äquatorebene schneidet. Aufgrund der Elliptizität der Erde weist die lokale Vertikale und somit auch die Schwerebeschleunigung nicht zum Erdmittelpunkt. Diese Zusammenhänge sind in Abb. 3.2 verdeutlicht.

Die Höhe über dem Erdellipsoid wird im Folgenden stets negativ angegeben. Diese Konvention wird häufig gewählt, da eine Bewegung nach oben weg vom Erdellipsoid in Richtung Weltall in negativer Richtung der vertikalen Achse des Navigationskoordinatensystems erfolgt. Eine weitere, gebräuchliche Höhenangabe anstelle der Höhe über dem Erdellipsoid ist die Höhe über dem Geoid, was vereinfacht gesagt der Höhe über dem Meeresspiegel entspricht. Der Geoid soll im weiteren keine Rolle spielen.

---

[3] Die Höhe geht hier mit negativem Vorzeichen ein, da die Höhe nach Unten positiv gezählt wird.
[4] Gerüchteweise ist die Jahreszahl 1984 der einzige Parameter, der seitdem nicht geändert wurde.

3.1.2   Transformationen

Um LLH-Positionsangaben und ECEF-Positionsangaben ineinander umrechnen zu können, sind entsprechende Transformationsformeln nötig. Diese werden im Folgenden angegeben.

LLH → ECEF

Die Umrechnung von Breitengrad, Längengrad und Höhe in ECEF-Koordinaten ist nach [26] gegeben durch

$$N(\varphi) = \frac{a}{\sqrt{1 - e^2 \cdot \sin(\varphi)^2}} \qquad (3.2)$$

$$x = (N - h) \cdot \cos(\varphi) \cdot \cos(\lambda) \qquad (3.3)$$
$$y = (N - h) \cdot \cos(\varphi) \cdot \sin(\lambda) \qquad (3.4)$$
$$z = \left(N \cdot (1 - e^2) - h\right) \cdot \sin(\varphi) \,. \qquad (3.5)$$

ECEF → LLH

Um eine Transformationsvorschrift zu erhalten, die eine Umrechnung von ECEF-Koordinaten in Breitengrad, Längengrad und Höhe erlaubt, müssen prinzipiell nur die Gl. (3.2)–(3.5) nach den gesuchten Größen aufgelöst werden. Aufgrund der Nichtlinearität dieser Gleichungen ist das jedoch durchaus anspruchsvoll. In [52], [65] und [26] findet man folgende Lösung:

$$p = \sqrt{x^2 + y^2} \qquad (3.6)$$
$$E^2 = a^2 - b^2 \qquad (3.7)$$
$$F = 54b^2z^2 \qquad (3.8)$$
$$G = p^2 + (1 - e^2)z^2 - e^2E^2 \qquad (3.9)$$
$$c = \frac{e^4Fp^2}{G^3} \qquad (3.10)$$
$$s = \left(1 + c + \sqrt{c^2 + 2c}\right)^{\frac{1}{3}} \qquad (3.11)$$
$$P = \frac{F}{3(s + \frac{1}{s} + 1)^2G^2} \qquad (3.12)$$
$$Q = \sqrt{1 + 2e^4P} \qquad (3.13)$$

$$r_0 = -\frac{Pe^2p}{1+Q} + \sqrt{\frac{1}{2}a^2\left(1+\frac{1}{Q}\right) - \frac{P(1-e^2)z^2}{Q(1+Q)} - \frac{1}{2}Pp^2} \tag{3.14}$$

$$U = \sqrt{(p-e^2r_0)^2 + z^2} \tag{3.15}$$

$$V = \sqrt{(p-e^2r_0)^2 + (1-e^2)z^2} \tag{3.16}$$

$$z_0 = \frac{b^2z}{aV} \tag{3.17}$$

$$e' = e\frac{a}{b} \tag{3.18}$$

$$\varphi = \arctan\frac{z+(e')^2z_0}{p} \tag{3.19}$$

$$\lambda = \arctan 2(y,x) \tag{3.20}$$

$$h = U\left(\frac{b^2}{aV}-1\right) \tag{3.21}$$

In [26] wird zusätzlich noch eine wesentlich einfachere Näherungslösung angegeben, die bis zum Low Earth Orbit[5] Gültigkeit besitzt:

$$N(\varphi) = \frac{a}{\sqrt{1-e^2\cdot\sin(\varphi)^2}} \tag{3.22}$$

$$p = \sqrt{x^2+y^2} \tag{3.23}$$

$$\theta = \arctan\left(\frac{za}{pb}\right) \tag{3.24}$$

$$(e')^2 = \frac{a^2-b^2}{b^2} \tag{3.25}$$

$$\varphi = \arctan\left(\frac{z+(e')^2b\sin^3\theta}{p-e^2a\cos^3\theta}\right) \tag{3.26}$$

$$\lambda = \arctan 2(y,x) \tag{3.27}$$

$$h = \frac{p}{\cos\varphi} - N(\varphi) \tag{3.28}$$

Alternativ zu diesen geschlossenen Transformationsformeln können Breitengrad und Höhe auch iterativ bestimmt werden, dies soll hier jedoch nicht näher betrachtet werden.

Während Positionsangaben wenig Raum für Mehrdeutigkeiten und Unklarheiten lassen, kann das bei anderen Größen wie Geschwindigkeiten oder Drehraten nur durch eine exakte Nomenklatur erreicht werden.

---

[5]Der Low Earth Orbit reicht von ca. 200 km bis 2000 km Höhe.

3.1.3   Nomenklatur

Zur eindeutigen Bezeichnung von Geschwindigkeiten $\vec{v}$, Beschleunigungen $\vec{a}$ und Drehraten $\vec{\omega}$ werden drei Indizes benötigt, die beispielhaft anhand des Geschwindigkeitsvektors

$$\vec{v}_{eb}^{\,n}$$

eingeführt werden sollen: Der obere Index gibt an, in Koordinaten welchen Koordinatensystems die Größe gegeben ist. Bei diesem Beispiel steht der obere Index n für Navigationskoordinatensystem, die so bezeichnete Geschwindigkeit ist also in den Koordinatenrichtungen Norden, Osten und Unten angegeben. Die beiden unteren Indizes geben an, dass es sich um die Geschwindigkeit des körperfesten Koordinatensystems (Index b für body) bezüglich des erdfesten Koordinatensystems (Index e) handelt.

Auf Grundlage dieser Nomenklatur können eine Reihe hilfreicher Rechenregeln angegeben werden. Diese werden hier anhand von konkreten Beispielen eingeführt, diese Rechenregeln gelten jedoch in der selben Art und Weise auch für beliebige andere Koordinatensysteme.

Für Geschwindigkeiten $\vec{v}$ gilt

$$\vec{v}_{eb}^{\,n} = -\vec{v}_{be}^{\,n}\,, \tag{3.29}$$

ebenso für Drehraten $\vec{\omega}$, die auch verkettet werden können:

$$\vec{\omega}_{eb}^{\,n} = -\vec{\omega}_{be}^{\,n}$$
$$\vec{\omega}_{eb}^{\,n} = \vec{\omega}_{ei}^{\,n} + \vec{\omega}_{ib}^{\,n}\,.$$

Mit Hilfe einer schiefsymmetrischen Matrix (engl. skew symmetric matrix) kann das Kreuzprodukt zweier Vektoren als Matrix-Vektor-Multiplikation dargestellt werden. Gegeben sind zwei Vektoren

$$\vec{a} = \begin{pmatrix} a_x \\ a_y \\ a_z \end{pmatrix}\,, \quad \vec{b} = \begin{pmatrix} b_x \\ b_y \\ b_z \end{pmatrix}\,. \tag{3.30}$$

Dann gilt

$$\vec{a} \times \vec{b} = \mathbf{A}\vec{b} \tag{3.31}$$

mit

$$\mathbf{A} = \begin{pmatrix} 0 & -a_z & a_y \\ a_z & 0 & -a_x \\ -a_y & a_x & 0 \end{pmatrix} \tag{3.32}$$

Die kreuzproduktbildende Matrix wird mit dem fettgedruckten Großbuchstaben des zugehörigen Vektors bezeichnet. Alternativ sind auch folgende Schreibweisen üblich:

$$\mathbf{A} = [\vec{a}\times] = skew(\vec{a}) \tag{3.33}$$

Für die kreuzproduktbildenden Matrizen von Drehraten sind die bisher vorgestellten Rechenregeln gültig:

$$\boldsymbol{\Omega}_{eb}^{\,n} = [\vec{\omega}_{eb}^{\,n} \times] \tag{3.34}$$

$$\boldsymbol{\Omega}_{eb}^{\,n} = -\boldsymbol{\Omega}_{be}^{\,n} \tag{3.35}$$

$$\boldsymbol{\Omega}_{eb}^{\,n} = \boldsymbol{\Omega}_{ei}^{\,n} + \boldsymbol{\Omega}_{ib}^{\,n} \tag{3.36}$$

Die Umrechnung eines Vektors in ein anderes Koordinatensystem kann mit Hilfe der Richtungskosinusmatrix erfolgen, siehe hierzu auch Abschnitt 3.2.3.

Für die Transformation von Vektoren gilt

$$\vec{\omega}_{ei}^{\,n} = \mathbf{C}_b^n \cdot \vec{\omega}_{ei}^{\,b} \,, \tag{3.37}$$

wohingegen kreuzproduktbildende Matrizen von Vektoren wie folgt transformiert werden müssen:

$$\boldsymbol{\Omega}_{ei}^{\,n} = \mathbf{C}_b^n \cdot \boldsymbol{\Omega}_{ei}^{\,b} \cdot \mathbf{C}_n^b \tag{3.38}$$

Dies gilt auch für die Umrechnung beliebiger Matrizen: In Koordinaten des körperfesten Koordinatensystems sei mit einer beliebigen Matrix $\mathbf{A}^b$ der Zusammenhang

$$\vec{y}^b = \mathbf{A}^b \cdot \vec{x}^b \tag{3.39}$$

gegeben. Durch Einsetzen der Transformationsgleichungen für die Vektoren $\vec{x}^{\,b}, \vec{y}^{\,b}$ findet man

$$\mathbf{C}_n^b \vec{y}^n = \mathbf{A}^b \cdot \mathbf{C}_n^b \vec{x}^n \tag{3.40}$$

$$\vec{y}^n = \mathbf{C}_b^n \mathbf{A}^b \mathbf{C}_n^b \vec{x}^n \,. \tag{3.41}$$

Da der Gl. (3.39) entsprechende Zusammenhang in Koordinaten des Navigationskoordinatensystems

$$y^n = \mathbf{A}^n \cdot x^n \tag{3.42}$$

lauten muss, findet man durch Koeffizientenvergleich mit Gl. (3.41) für die Transformation der Matrix $\mathbf{A}$

$$\mathbf{A}^n = \mathbf{C}_b^n \mathbf{A}^b \mathbf{C}_n^b \,. \tag{3.43}$$

Bei der Richtungskosinusmatrix handelt es sich um eine orthonormale Matrix, ihre Inverse ist gleich der Transponierten. Man kann daher schreiben:

$$\mathbf{C}_b^{\,n} = \mathbf{C}_n^{\,b,-1} = \mathbf{C}_n^{\,b,T} \tag{3.44}$$

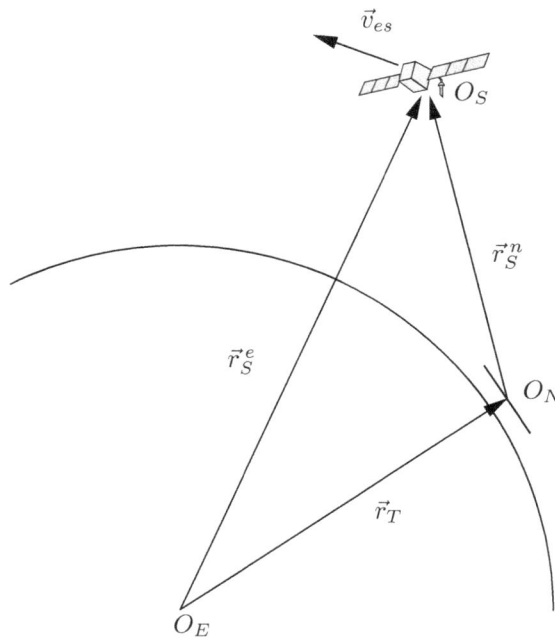

Abbildung 3.3: *Transformation von Vektoren.*

Auch eine Verkettung von Richtungskosinusmatrizen, die manchmal auch kurz als Dreh- oder Rotationsmatrizen bezeichnet werden, ist zulässig:

$$\mathbf{C}_b^n = \mathbf{C}_e^n \mathbf{C}_b^e \tag{3.45}$$
$$\mathbf{C}_e^n \mathbf{C}_e^{n,T} = \mathbf{C}_e^n \mathbf{C}_n^e = \mathbf{C}_n^n = \mathbf{I} \tag{3.46}$$

Richtungskosinusmatrizen sind nicht die einzige Möglichkeit, die Lage zweier Koordinatensysteme zueinander zu beschreiben.

3.2   Lagedarstellungen

Um einen Vektor von einem Koordinatensystem in ein anderes umrechnen zu können, muss zwischen zwei Fällen unterschieden werden:

1. Es handelt sich um einen Vektor, der vom Ursprung des Koordinatensystems zu einem festen Punkt im Raum weisen soll. Fallen nun die Ursprünge der beiden beteiligten Koordinatensysteme nicht zusammen, ändert sich auch der Fußpunkt des

Vektors. Die Transformation in ein anderes Koordinatensystem kann daher nicht durch eine bloße Rotation erfolgen, vielmehr muss die Translation des Vektorfußpunktes berücksichtigt werden. Ein Beispiel hierfür wäre der Ortsvektor $\vec{r}_S^{\,e}$ zur Position eines Satelliten, der im ECEF-Koordinatensystem vom Erdmittelpunkt O_E zum Satelliten weißt, siehe Abb. 3.3. Im Navigationskoordinatensystem weißt der entsprechende Vektor $\vec{r}_S^{\,n}$ nun aber von der Fahrzeugposition, also dem Ursprung des Navigationskoordinatensystems O_N zum Satelliten, besitzt also einen anderen Fußpunkt, man erhält

$$\vec{r}_S^{\,n} = \mathbf{C}_e^n \left(\vec{r}_S^{\,e} - \vec{r}_T^{\,e} \right) . \tag{3.47}$$

Für den Sonderfall, dass zwar ein Ursprungsvektor zu einem festen Punkt im Raum gemeint ist, die Ursprünge der beteiligten Koordinatensysteme jedoch zusammenfallen, gilt $\vec{r}_T = \vec{0}$ und die Umrechnung erfolgt durch eine reine Rotation. Ein Beispiel hierfür wäre der Ortsvektor zu einem Satelliten, der von Koordinaten des Inertialkoordinatensystems in ECEF-Koordinaten umgerechnet werden soll:

$$\vec{r}_S^{\,e} = \mathbf{C}_i^e \vec{r}_S^{\,i} \tag{3.48}$$

2. Der Vektor beschreibt eine Richtung im Raum und eine bestimmte Länge. Hier erfolgt die Transformation in ein anderes Koordinatensystem durch eine reine Rotation, auch wenn die Ursprünge der Koordinatensysteme nicht zusammenfallen. Ein Beispiel hierfür wäre der Vektor der Relativgeschwindigkeit von Satellit und Erde $\vec{v}_{es}^{\,e}$, der von ECEF-Koordinaten ins Navigationskoordinatensystem umgerechnet werden soll:

$$\vec{v}_{es}^{\,n} = \mathbf{C}_e^n \vec{v}_{es}^{\,e} \tag{3.49}$$

Dabei ist es unerheblich, ob das Navigationskoordinatensystem bezüglich des erdfesten Koordinatensystems bewegt ist: Der Geschwindigkeitsvektor wird durch die Rotation nur auf andere Koordinatenachsen bezogen, beschreibt aber auch im Navigationskoordinatensystem noch die Geschwindigkeit des Satelliten bezüglich des erdfesten Koordinatensystems.

Im Folgenden wird die Lage zweier Koordinatensysteme betrachtet. Gemeint ist hierbei, wie das eine Koordinatensystem rotiert werden müsste, um seine Achsen parallel zu den Achsen des anderen Koordinatensystems auszurichten. Ohne Beschränkung der Allgemeingültigkeit werden für diese Betrachtungen das Navigationskoordinatensystem und das körperfeste Koordinatensystem gewählt. Die Lage der Koordinatensysteme kann durch Eulerwinkel, eine Richtungskosinusmatrix, einen Orientierungsvektor oder ein Quaternion beschrieben werden.

3.2.1 Eulerwinkel

Durch die drei Eulerwinkel roll, pitch und yaw werden drei Drehungen beschrieben, die nacheinander ausgeführt das Navigationskoordinatensystem in das körperfeste Koordinatensystem überführen. Hierbei beschreibt der yaw-Winkel ψ, der auch als Azimuth

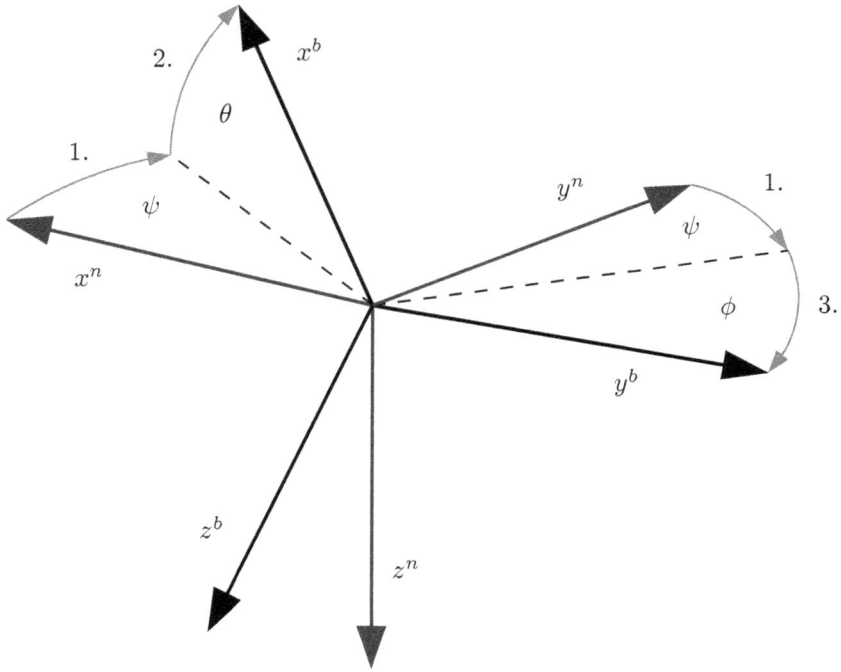

Abbildung 3.4: *Eulerwinkel.*

bezeichnet wird, die erste Drehung um die z-Achse des Navigationskoordinatensystems, also um die lokale Vertikale. Anschließend wird um die neue y-Achse des rotierten Koordinatensystems um den pitch-Winkel θ gedreht. In der deutschsprachigen Literatur wird der pitch-Winkel manchmal auch als Nickwinkel bezeichnet. Die letzte Drehung um den roll-Winkel ϕ erfolgt schließlich um die neue x-Achse, die sich nach Drehung um yaw und pitch ergeben hat. Diese drei Drehungen sind in Abb. 3.4 veranschaulicht.

Die Richtungskosinusmatrix $\mathbf{C}_b^n$ kann als Funktion der Eulerwinkel angegeben werden

$$\mathbf{C}_b^n = \begin{pmatrix} c\theta\,c\psi & -c\phi\,s\psi + s\phi\,s\theta\,c\psi & s\phi\,s\psi + c\phi\,s\theta\,c\psi \\ c\theta\,s\psi & c\phi\,c\psi + s\phi\,s\theta\,s\psi & -s\phi\,c\psi + c\phi\,s\theta\,s\psi \\ -s\theta & s\phi\,c\theta & c\phi\,c\theta \end{pmatrix} , \tag{3.50}$$

hierbei bezeichnet $cx = \cos x$, $sx = \sin x$. Eine Herleitung dieses Zusammenhangs ist in [117] zu finden.

Umgekehrt können die Eulerwinkel auch als Funktionen der Koeffizienten der Richtungskosinusmatrix dargestellt werden:

$$\phi = \arctan2(c_{32}, c_{33}) \tag{3.51}$$

$$\theta = \arcsin(-c_{31}) \tag{3.52}$$

$$\psi = \arctan2(c_{21}, c_{11}) \tag{3.53}$$

Die zeitliche Änderung der Eulerwinkel aufgrund von Drehraten $\vec{\omega}_{nb}^{b}$ wird durch die Differentialgleichungen

$$\dot{\phi} = (\omega_{nb,y}^{b} \sin\phi + \omega_{nb,z}^{b} \cos\phi) \tan\theta + \omega_{nb,x}^{b} \tag{3.54}$$

$$\dot{\theta} = \omega_{nb,y}^{b} \cos\phi - \omega_{nb,z}^{b} \sin\phi \tag{3.55}$$

$$\dot{\psi} = (\omega_{nb,y}^{b} \sin\phi + \omega_{nb,z}^{b} \cos\phi)/\cos\theta \tag{3.56}$$

beschrieben, eine Herleitung ist ebenfalls in [117] zu finden.

Eulerwinkel sind vor allem aufgrund ihrer Anschaulichkeit attraktiv. Nachteilig ist jedoch, dass bei ± 90 Grad pitch Singularitäten auftreten: In Gl. (3.56) erfolgt hier eine Division durch Null. Auch die Berechnung von roll und yaw aus Komponenten der Richtungskosinusmatrix anhand von Gl. (3.51) und Gl. (3.53) scheitert. Diese Singularitäten sind wie folgt erklärbar: Der yaw-Winkel beschreibt die Drehung um die lokale Vertikale. Wird anschließend um einen pitch-Winkel von ± 90 Grad gedreht, ist die durch den roll-Winkel beschriebene Drehung ebenfalls eine Drehung um die lokale Vertikale, die Eulerwinkel sind in diesem Fall daher nicht eindeutig. Diese Mehrdeutigkeit ist die Ursache für die Singularitäten in den Eulerwinkel-Differentialgleichungen. Interessanterweise tritt dieses Problem unvermeidlich auch bei Plattform-Systemen auf und wird als gimbal-lock bezeichnet.

3.2.2 Orientierungsvektor und Quaternion

Die Lage zweier Koordinatensysteme kann anhand des Orientierungsvektors $\vec{\sigma}$ beschrieben werden. Der Orientierungsvektor legt dabei diejenige Achse im Raum fest, um die gedreht werden muss, um mit einer einzigen Drehung die beiden Koordinatensysteme ineinander zu überführen. Die Länge des Orientierungsvektors gibt dabei den Winkel an, um den gedreht werden muss. Dabei gibt es prinzipiell zwei Möglichkeiten: Beschreibt der Orientierungsvektor

$$\vec{\sigma}_1 = \begin{pmatrix} \sigma_{1,x} & \sigma_{1,y} & \sigma_{1,z} \end{pmatrix}^T \tag{3.57}$$

mit der Länge $\sigma_1 = |\vec{\sigma}|$ die Lage zweier Koordinatensysteme, so beschreibt der Orientierungsvektor

$$\vec{\sigma}_2 = -\frac{\vec{\sigma}_1}{\sigma_1}(2\pi - \sigma_1) \tag{3.58}$$

die selbe Situation. Hintergrund hierbei ist, dass man sowohl durch eine Rechtsdrehung um den Winkel σ_1 als auch durch eine Linksdrehung um den Winkel $2\pi - \sigma_1$ die Koordinatensysteme ineinander überführen kann.

Um die Änderung des Orientierungsvektors in Abhängigkeit von Drehraten $\vec{\omega}_{nb}^{\,b}$ zu erfassen, muss die Bortzsche Orientierungsvektordifferentialgleichung

$$\dot{\vec{\sigma}} = \vec{\omega}_{nb}^{\,b} + \frac{1}{2}\vec{\sigma} \times \vec{\omega}_{nb}^{\,b} + \frac{1}{\sigma^2}\left(1 - \frac{\sigma\sin(\sigma)}{2(1-\cos\sigma)}\right)\vec{\sigma} \times (\vec{\sigma} \times \vec{\omega}_{nb}^{\,b}) \qquad (3.59)$$

gelöst werden. Diese wird in Abschnitt 3.3.1 bei der Entwicklung der Strapdown-Rechnung eine zentrale Rolle spielen. Die Herleitung dieser Gleichung ist vergleichsweise umfangreich, siehe hierzu [16].

Der Orientierungsvektor wird meist vorteilhaft als auf die Länge $|\mathbf{q}| = 1$ normiertes Quaternion gespeichert:

$$\mathbf{q}_b^n = \begin{pmatrix} a \\ b \\ c \\ d \end{pmatrix} = \begin{pmatrix} \cos(\sigma/2) \\ (\sigma_x/\sigma)\sin(\sigma/2) \\ (\sigma_y/\sigma)\sin(\sigma/2) \\ (\sigma_z/\sigma)\sin(\sigma/2) \end{pmatrix} \qquad (3.60)$$

Bildet man die Quaternionen zu den Orientierungsvektoren Gl. (3.57) und (3.58), so findet man

$$\mathbf{q}_2 = -\mathbf{q}_1 \ . \qquad (3.61)$$

Die Lage zweier Koordinatensysteme wird also sowohl durch $\mathbf{q}$ als auch durch $-\mathbf{q}$ beschrieben, im einen Fall entspricht dies einer Überführung des einen Koordinatensystems in das andere über eine Rechtsdrehung, im anderen Fall über eine Linksdrehung.

Wie bei Richtungskosinusmatrizen ist auch mit Quaternionen eine Verkettung von Drehungen möglich:

$$\mathbf{q}_b^n = \mathbf{q}_e^n \bullet \mathbf{q}_b^e \qquad (3.62)$$

Die dafür benötigte Quaternionenmultiplikation lässt sich für zwei Quaternionen $\mathbf{q}_1(a,b,c,d)$, $\mathbf{q}_2(e,f,g,h)$ als Matrix-Vektor-Multiplikation darstellen:

$$\vec{q}_1 \bullet \vec{q}_2 = \begin{pmatrix} a & -b & -c & -d \\ b & a & -d & c \\ c & d & a & -b \\ d & -c & b & a \end{pmatrix} \cdot \begin{pmatrix} e \\ f \\ g \\ h \end{pmatrix} \qquad (3.63)$$

Die entsprechende inverse Transformation zum Quaternion $\mathbf{q}_b^n$ erhält man durch Einsetzen des negierten Orientierungsvektors in Gl. (3.60):

$$\mathbf{q}_n^b = \begin{pmatrix} a \\ -b \\ -c \\ -d \end{pmatrix} \qquad (3.64)$$

Das Quaternion kann auch direkt zur Transformation eines Vektors in ein anderes Koordinatensystem genutzt werden:

$$\begin{pmatrix} 0 \\ \vec{x}^n \end{pmatrix} = \mathbf{q}_b^n \bullet \begin{pmatrix} 0 \\ \vec{x}^b \end{pmatrix} \bullet \mathbf{q}_n^b \qquad (3.65)$$

Alternativ hierzu kann eine solche Transformation auch realisiert werden, indem zunächst aus dem Quaternion eine Richtungskosinusmatrix berechnet wird und dann der Vektor mit Hilfe dieser Richtungskosinusmatrix umgerechnet wird. Der dafür benötigte Zusammenhang zwischen Quaternion und Richtungskosinusmatrix ist gegeben durch

$$\mathbf{C}_b^n = \begin{pmatrix} (a^2 + b^2 - c^2 - d^2) & 2(bc - ad) & 2(bd + ac) \\ 2(bc + ad) & (a^2 - b^2 + c^2 - d^2) & 2(cd - ab) \\ 2(bd - ac) & 2(cd + ab) & (a^2 - b^2 - c^2 + d^2) \end{pmatrix} . \qquad (3.66)$$

Umgekehrt ist bei der Berechnung eines Quaternions aus einer Richtungskosinusmatrix zwischen vier verschiedenen Möglichkeiten zu wählen:

1. Fall.

$$\zeta = \frac{1}{2}\sqrt{1 + c_{11} + c_{22} + c_{33}} \qquad (3.67)$$

$$a = \zeta \qquad (3.68)$$

$$b = \frac{1}{4\zeta}(c_{32} - c_{23}) \qquad (3.69)$$

$$c = \frac{1}{4\zeta}(c_{13} - c_{31}) \qquad (3.70)$$

$$d = \frac{1}{4\zeta}(c_{21} - c_{12}) \qquad (3.71)$$

2. Fall.

$$\zeta = \frac{1}{2}\sqrt{1 + c_{11} - c_{22} - c_{33}} \qquad (3.72)$$

$$a = \frac{1}{4\zeta}(c_{32} - c_{23}) \qquad (3.73)$$

$$b = \zeta \qquad (3.74)$$

$$c = \frac{1}{4\zeta}(c_{21} + c_{12}) \qquad (3.75)$$

$$d = \frac{1}{4\zeta}(c_{13} + c_{31}) \qquad (3.76)$$

3. Fall.

$$\zeta = \frac{1}{2}\sqrt{1 - c_{11} + c_{22} - c_{33}} \tag{3.77}$$

$$a = \frac{1}{4\zeta}(c_{13} - c_{31}) \tag{3.78}$$

$$b = \frac{1}{4\zeta}(c_{21} + c_{12}) \tag{3.79}$$

$$c = \zeta \tag{3.80}$$

$$d = \frac{1}{4\zeta}(c_{32} + c_{23}) \tag{3.81}$$

4. Fall.

$$\zeta = \frac{1}{2}\sqrt{1 - c_{11} - c_{22} + c_{33}} \tag{3.82}$$

$$a = \frac{1}{4\zeta}(c_{21} - c_{12}) \tag{3.83}$$

$$b = \frac{1}{4\zeta}(c_{13} + c_{31}) \tag{3.84}$$

$$c = \frac{1}{4\zeta}(c_{32} + c_{23}) \tag{3.85}$$

$$d = \zeta \tag{3.86}$$

Prinzipiell kann jede dieser vier Varianten gewählt werden, solange darauf geachtet wird, dass keine Division durch Null erfolgt und ζ reell ist. So erhält man beispielsweise für die Eulerwinkel $\phi = 180°, \theta = 0°, \psi = 90°$ die Richtungskosinusmatrix

$$\mathbf{C}_b^n(180°, 0°, 90°) = \begin{pmatrix} 0 & 1 & 0 \\ 1 & 0 & 0 \\ 0 & 0 & -1 \end{pmatrix}. \tag{3.87}$$

Hierbei würde die Berechnung des Quaternions nach 1. und nach 4. aufgrund einer Division durch Null scheitern. In [111] wird vorgeschlagen, diejenige Variante zu wählen, bei der der Koeffizient ζ am größten ist.

Bei der Berechnung des Quaternions aus Eulerwinkeln sind solche Fallunterscheidungen nicht notwendig, der Zusammenhang ist gegeben durch

$$a = \cos\frac{\phi}{2}\cos\frac{\theta}{2}\cos\frac{\psi}{2} + \sin\frac{\phi}{2}\sin\frac{\theta}{2}\sin\frac{\psi}{2} \tag{3.88}$$

$$b = \sin\frac{\phi}{2}\cos\frac{\theta}{2}\cos\frac{\psi}{2} - \cos\frac{\phi}{2}\sin\frac{\theta}{2}\sin\frac{\psi}{2} \tag{3.89}$$

$$c = \cos\frac{\phi}{2}\sin\frac{\theta}{2}\cos\frac{\psi}{2} + \sin\frac{\phi}{2}\cos\frac{\theta}{2}\sin\frac{\psi}{2} \tag{3.90}$$

$$d = \cos\frac{\phi}{2}\cos\frac{\theta}{2}\sin\frac{\psi}{2} - \sin\frac{\phi}{2}\sin\frac{\theta}{2}\cos\frac{\psi}{2}. \tag{3.91}$$

Umgekehrt lassen sich Eulerwinkel aus einem Quaternion am einfachsten berechnen, indem zunächst mit Gl. (3.66) die zum Quaternion gehörende Richtungskosinusmatrix gebildet wird und anschließend die Gl. (3.51)–(3.53) ausgewertet werden.

Die Änderung des Quaternions aufgrund von Drehraten $\vec{\omega}_{nb}^{b}$ wird durch eine Differentialgleichung beschrieben, die im Folgenden hergeleitet werden soll. Zum Zeitpunkt $t = 0$ sei die Lage der Koordinatensysteme durch das Quaternion $\mathbf{q}_{b}^{n}(0)$ gegeben. Vom Zeitpunkt $t = 0$ bis zum Zeitpunkt $t = \tau$ erfolgt eine Rotation, die durch den Orientierungsvektor $\vec{\sigma} = \vec{\omega}_{nb}^{b}\tau$ beschrieben wird. Man kann daher schreiben:

$$\mathbf{q}_{b}^{n}(\tau) = \mathbf{q}_{b}^{n}(0) \bullet \begin{pmatrix} \cos \frac{|\vec{\omega}_{nb}^{b}|\tau}{2} \\ \frac{\vec{\omega}_{nb}^{b}}{|\vec{\omega}_{nb}^{b}|} \sin \frac{|\vec{\omega}_{nb}^{b}|\tau}{2} \end{pmatrix} \tag{3.92}$$

Die zeitliche Ableitung von Gl. (3.92) ergibt sich zu

$$\dot{\mathbf{q}}_{b}^{n}(\tau) = \mathbf{q}_{b}^{n}(0) \bullet \begin{pmatrix} -\frac{|\vec{\omega}_{nb}^{b}|}{2} \sin \frac{|\vec{\omega}_{nb}^{b}|\tau}{2} \\ \frac{\vec{\omega}_{nb}^{b}}{2} \cos \frac{|\vec{\omega}_{nb}^{b}|\tau}{2} \end{pmatrix} . \tag{3.93}$$

Um zur gesuchten Differentialgleichung zu gelangen, muss der Grenzwert $\tau \to 0$ gebildet werden, man erhält

$$\dot{\mathbf{q}}_{b}^{n}(0) = \mathbf{q}_{b}^{n}(0) \bullet \begin{pmatrix} 0 \\ \frac{\vec{\omega}_{nb}^{b}}{2} \end{pmatrix} . \tag{3.94}$$

Diese Differentialgleichung kann in die übliche Darstellung der Quaternionendifferentialgleichung umgeschrieben werden:

$$\dot{\mathbf{q}}_{b}^{n} = \frac{1}{2}\mathbf{q}_{b}^{n} \bullet \begin{pmatrix} 0 \\ \vec{\omega}_{nb}^{b} \end{pmatrix} \tag{3.95}$$

Häufig wird das Quaternion auch mit Hilfe von imaginären Einheiten $\mathbf{i}, \mathbf{j}, \mathbf{k}$ dargestellt, für die die folgenden Multiplikationsregeln gelten:

$$\mathbf{i} \cdot \mathbf{i} = \mathbf{j} \cdot \mathbf{j} = \mathbf{k} \cdot \mathbf{k} = -1 \tag{3.96}$$

$$\mathbf{i} \cdot \mathbf{j} = -\mathbf{j} \cdot \mathbf{i} = \mathbf{k} \tag{3.97}$$

$$\mathbf{j} \cdot \mathbf{k} = -\mathbf{k} \cdot \mathbf{j} = \mathbf{i} \tag{3.98}$$

$$\mathbf{k} \cdot \mathbf{i} = -\mathbf{i} \cdot \mathbf{k} = \mathbf{j} \tag{3.99}$$

Mit der Quaternionendarstellung

$$\mathbf{q} = a + \mathbf{i}b + \mathbf{j}c + \mathbf{k}d \tag{3.100}$$

und obigen Multiplikationsregeln können dann ebenfalls Quaternionenmultiplikationen und Vektortransformationen durchgeführt werden. Dieser Formalismus wird jedoch im weiteren keine Rolle spielen.

Abschließend soll noch eine wichtige Eigenschaft des Orientierungsvektors hergeleitet werden. Anhand von Gl. (3.66) lässt sich zeigen, dass die Richtungskosinusmatrix einen Eigenvektor

$$\vec{z}_{\mathbf{C}_b^n} = \begin{pmatrix} b \\ c \\ d \end{pmatrix} .$$
(3.101)

besitzt. Durch Vergleich mit Gl. (3.60) erkennt man, dass dieser Eigenvektor und der Orientierungsvektor parallel sind. Da der zum Eigenvektor gehörende Eigenwert 1 ist, kann man schreiben:

$$\mathbf{C}_b^n \, \vec{\sigma} = 1 \cdot \vec{\sigma}$$
(3.102)

Es stellt sich also nicht die Frage, in Koordinaten welchen Koordinatensystems der Orientierungsvektor angegeben wird, der Orientierungsvektor besitzt in beiden beteiligten Koordinatensystemen die gleichen Komponenten.

3.2.3   Richtungskosinusmatrix

Die Transformation eines Vektors in ein anderes Koordinatensystem mit Hilfe der Richtungskosinusmatrix wurde in den vorherigen Abschnitten bereits eingeführt. Von besonderer Bedeutung ist die Näherung der Richtungskosinusmatrix für kleine Drehungen, diese spielt z.B. bei der Schätzung von Lagefehlern mit einem Kalman-Filter eine zentrale Rolle.

Im Folgenden sollen kleine Drehungen betrachtet werden, so dass für die Drehwinkel die Näherungen

$$\sin \delta \approx \delta$$
(3.103)

$$\cos \delta \approx 1$$
(3.104)

$$\delta \cdot \delta \approx 0$$
(3.105)

gerechtfertigt sind.

Für das Quaternion erhält man unter diesen Voraussetzungen aus Gl. (3.60)

$$\mathbf{q}_b^n = \begin{pmatrix} \cos(\sigma/2) \\ (\sigma_x/\sigma)\sin(\sigma/2) \\ (\sigma_y/\sigma)\sin(\sigma/2) \\ (\sigma_z/\sigma)\sin(\sigma/2) \end{pmatrix} \approx \begin{pmatrix} 1 \\ \sigma_x/2 \\ \sigma_y/2 \\ \sigma_z/2 \end{pmatrix} .$$
(3.106)

Berechnet man hierzu die Richtungskosinusmatrix anhand von Gl. (3.66), erhält man mit der Näherung (3.105)

$$\mathbf{C}_b^n \approx \begin{pmatrix} 1 & -\sigma_z & \sigma_y \\ \sigma_z & 1 & -\sigma_x \\ -\sigma_y & \sigma_x & 1 \end{pmatrix} = \mathbf{I} + [\vec{\sigma}\times] .$$
(3.107)

Für kleine Eulerwinkel ϕ, θ, ψ erhält man anhand von Gl. (3.50) in analoger Weise

$$\mathbf{C}_b^n \approx \begin{pmatrix} 1 & -\psi & \theta \\ \psi & 1 & -\phi \\ -\theta & \phi & 1 \end{pmatrix} = \mathbf{I} + \left[\begin{pmatrix} \phi \\ \theta \\ \psi \end{pmatrix} \times \right] . \tag{3.108}$$

In dieser Näherung für kleine Winkel besteht offensichtlich kein Unterschied mehr zwischen den Komponenten des Orientierungsvektors und den Eulerwinkeln.

Auch für die Richtungskosinusmatrix lässt sich eine Differentialgleichung angeben. Hierzu wird wieder davon ausgegangen, dass vom Zeitpunkt $t = 0$ bis zum Zeitpunkt $t = \tau$ eine Rotation stattfindet, die sich durch den Orientierungsvektor $\vec{\sigma} = \vec{\omega}_{nb}^b \tau$ beschreiben lässt. Damit erhält man den Zusammenhang

$$\mathbf{C}_b^n(\tau) = \mathbf{C}_b^n(0) \left(\mathbf{I} + [\vec{\sigma} \times] \right) . \tag{3.109}$$

Durch zeitliche Ableitung und bilden des Grenzwertes $\tau \to 0$ erhält man die gesuchte Richtungskosinusmatrixdifferentialgleichung

$$\dot{\mathbf{C}}_b^n = \mathbf{C}_b^n [\vec{\omega}_{nb}^b \times] . \tag{3.110}$$

Alternative Herleitungen über den Differenzenquotienten der Richtungskosinusmatrix sind in [117] und [57] zu finden.

3.3 Strapdown-Rechnung

Unter einem Strapdown-Algorithmus versteht man eine Rechenvorschrift, die angibt, wie anhand von gemessenen Beschleunigungen und Drehraten aus der Navigationslösung zum vorherigen Zeitschritt die Navigationslösung zum aktuellen Zeitschritt berechnet wird. Die Strapdown-Rechnung lässt sich grob in drei Schritte einteilen: Propagation der Lage durch Integration der Drehraten, Propagation der Geschwindigkeit durch Integration der Beschleunigungen und Propagation der Position durch Integration der Geschwindigkeit. Ein Blockdiagramm eines Strapdown-Algorithmus ist in Abb. 3.5 dargestellt.

Häufig liefern IMUs anstelle von Beschleunigungen und Drehraten Geschwindigkeits- und Winkelinkremente. Da in der hier dargestellten Strapdown-Rechnung Beschleunigungen und Drehraten immer als Produkt mit der Zeitschrittweite auftreten, spielt das für die folgenden Betrachtungen keine Rolle.

3.3.1 Lage

Die Änderung der Lage kann durch Lösung der Bortzschen Orientierungsvektordifferentialgleichung 3.59 ermittelt werden[6]. Da eine IMU immer nur zu diskreten Zeitpunkten

---

[6]Die Quaternionen-Differentialgleichung Gl. (3.95), bei der es sich um eine exakte, d.h. näherungsfreie Gleichung handelt, eignet sich zur Propagation der Lage ebenfalls hervorragend.

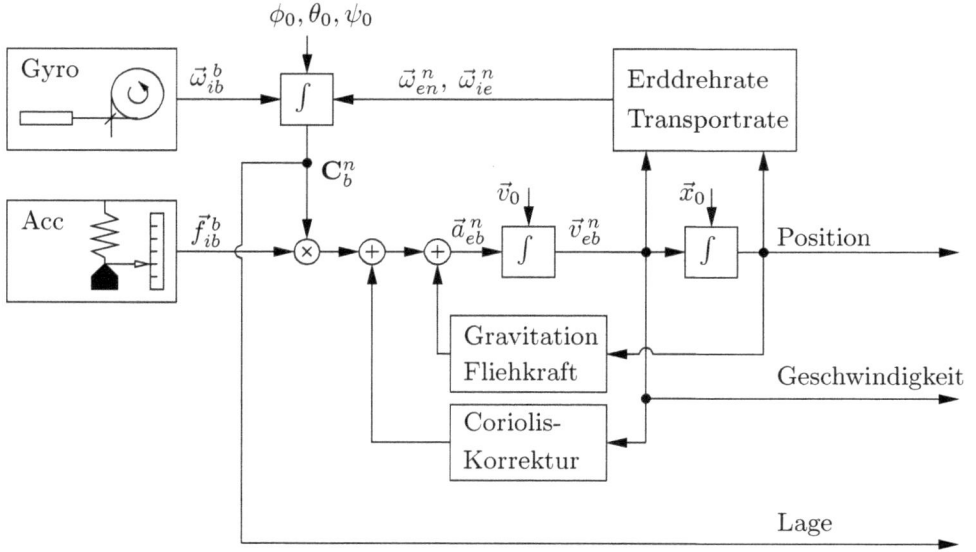

Abbildung 3.5: *Strapdown-Algorithmus.*

Messwerte liefern kann und eine Lageberechnung immer zeitdiskret in einem Navigationscomputer implementiert werden muss, ist nur eine numerische, näherungsweise Lösung dieser Differentialgleichung möglich. Um hierbei eine Auswertung trigonometrischer Funktionen zu vermeiden, kann der trigonometrische Funktionen enthaltende Term der Orientierungsvektordifferentialgleichung für kleine Drehungen mit Hilfe einer Reihenentwicklung als konstanter Faktor angenähert werden:

$$
\begin{aligned}
\frac{1}{\sigma^2}\left(1 - \frac{\sigma\sin(\sigma)}{2(1-\cos\sigma)}\right) &= \frac{1}{\sigma^2}\left(1 - \frac{\sigma(\sigma - \frac{1}{3!}\sigma^3 + ...)}{2(1-(1-\frac{1}{2!}\sigma^2 + \frac{1}{4!}\sigma^4 - ...))}\right) \\
&\approx \frac{1}{\sigma^2}\left(\frac{2(\frac{1}{2!}\sigma^2 - \frac{1}{4!}\sigma^4) - (\sigma^2 - \frac{1}{3!}\sigma^4)}{2(\frac{1}{2!}\sigma^2 - \frac{1}{4!}\sigma^4)}\right) \\
&= \frac{1}{\sigma^2}\left(\frac{-\frac{1}{12}\sigma^4 + \frac{1}{6}\sigma^4}{\sigma^2 - \frac{1}{12}\sigma^4}\right) \approx \frac{1}{\sigma^2}\left(\frac{-\frac{1}{12}\sigma^4 + \frac{1}{6}\sigma^4}{\sigma^2}\right) \\
&= \frac{1}{12}
\end{aligned}
\tag{3.111}
$$

Man erhält die vereinfachte Differentialgleichung

$$
\dot{\vec{\sigma}} \approx \vec{\omega}_{nb}^{\,b} + \frac{1}{2}\vec{\sigma} \times \vec{\omega}_{nb}^{\,b} + \frac{1}{12}\vec{\sigma} \times (\vec{\sigma} \times \vec{\omega}_{nb}^{\,b})\,.
\tag{3.112}
$$

Es lässt sich leicht überlegen, dass der zweite Kreuzprodukt-Term einen kleineren Beitrag liefert als der erste, so dass dieser zweite Term häufig komplett vernachlässigt wird:

$$\dot{\vec{\sigma}} \approx \vec{\omega}_{nb}^{b} + \frac{1}{2}\vec{\sigma} \times \vec{\omega}_{nb}^{b} \qquad (3.113)$$

Voraussetzung für diese Vereinfachungen ist, dass die Lageberechnung mit einer ausreichend hohen Update-Rate ausgeführt wird. Dadurch wird sichergestellt, dass die in einem Zeitschritt stattfindenden Drehungen klein sind. Das ist sowieso notwendig, da Drehungen nicht kommutativ sind: Werden Drehungen verkettet, so hängt die finale Orientierung nicht nur von den einzelnen Drehungen, sondern auch von der Reihenfolge der Drehungen ab. Eine IMU kann aber niemals Informationen über die Reihenfolge der in einem Zeitintervall aufgetretenen Drehungen liefern, die zeitliche Abfolge der in dem Zeitintervall aufgetretenen Drehbewegungen kann daher prinzipiell nicht berücksichtigt werden. Je größer die Update-Rate der Lage-Berechnung ist, desto kleiner ist der aus der Nichtkommutativität von Drehungen resultierende Fehler.

Die Lageänderung im Zeitintervall von t_{k-1} bis t_k ist anhand von Gl. 3.113 näherungsweise gegeben durch

$$\Delta\vec{\sigma}_k \approx \int_{t_{k-1}}^{t_k} \vec{\omega}_{nb}^{b}\, dt + \frac{1}{2}\int_{t_{k-1}}^{t_k} \left(\int_{t_{k-1}}^{t} \vec{\omega}_{nb}^{b}\, d\tau \right) \times \vec{\omega}_{nb}^{b}\, dt \;. \qquad (3.114)$$

Der Kreuzprodukt-Term wird als Coning-Term bezeichnet. Wenn sich die Richtung des Vektors $\vec{\omega}_{nb}^{b}$ im betrachteten Zeitintervall nicht ändert, verschwindet dieser Term und man erhält

$$\Delta\vec{\sigma}_k \approx \vec{\omega}_{nb,k}^{b} \cdot T \;. \qquad (3.115)$$

Ist die Änderung des Orientierungsvektors berechnet, muss das Lagequaternion entsprechend angepasst werden. Hierzu berechnet man ein Quaternion $\mathbf{r}_k$, das die im betrachteten Zeitintervall erfolgte Drehbewegung repräsentiert:

$$\mathbf{r}_k = \begin{pmatrix} \cos\dfrac{\Delta\sigma_k}{2} \\ \dfrac{\Delta\vec{\sigma}_k}{\Delta\sigma_k}\sin\dfrac{\Delta\sigma_k}{2} \end{pmatrix}, \quad \Delta\sigma_k = |\Delta\vec{\sigma}_k| \qquad (3.116)$$

Bei der Implementierung im Navigationscomputer muss darauf geachtet werden, dass beim Aufbau des Quaternions $\mathbf{r}_k$ für $\Delta\sigma_k = 0$ keine Division durch Null erfolgt. Dies kann zum Beispiel erreicht werden, indem die Reihenentwicklungen der trigonometrischen Funktionen verwendet werden:

$$\mathbf{r}_k = \begin{pmatrix} 1 - \frac{1}{2!\cdot2^2}\Delta\sigma_k^2 + \frac{1}{4!\cdot2^4}\Delta\sigma_k^4 - \frac{1}{6!\cdot2^6}\Delta\sigma_k^6 + \dots \\ \Delta\vec{\sigma}_k \left(\frac{1}{2} - \frac{1}{3!\cdot2^3}\Delta\sigma_k^2 + \frac{1}{5!\cdot2^5}\Delta\sigma_k^4 - \frac{1}{7!\cdot2^7}\Delta\sigma_k^6 + \dots \right) \end{pmatrix} \qquad (3.117)$$

Das aktuelle Quaternion erhält man schließlich durch

$$\mathbf{q}_{b,k}^{n} = \mathbf{q}_{b,k-1}^{n}\mathbf{r}_k \;. \qquad (3.118)$$

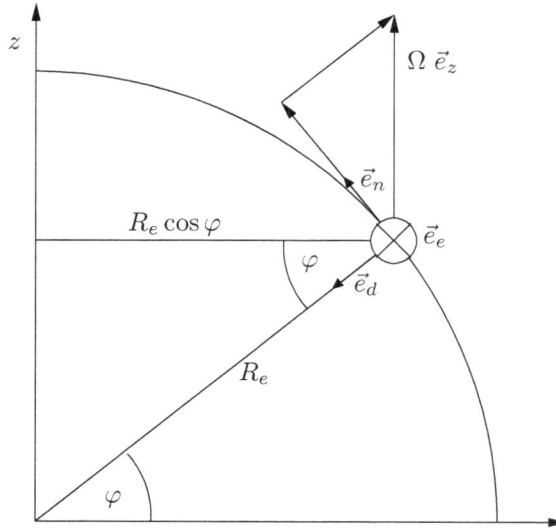

Abbildung 3.6: *Geometrische Zusammenhänge zur Bestimmung von Erddrehrate und Transportrate.*

In der gewählten Formulierung der Lageberechnung wird die Drehrate $\vec{\omega}_{nb}^{\,b}$ benötigt. Diese kann aus der von der IMU gelieferten Drehrate $\vec{\omega}_{ib}^{\,b}$ wie folgt berechnet werden:

$$\vec{\omega}_{nb}^{\,b} = \vec{\omega}_{ib}^{\,b} - \mathbf{C}_b^{n,T} \left(\vec{\omega}_{ie}^{\,n} + \vec{\omega}_{en}^{\,n} \right) \tag{3.119}$$

Die dafür benötigte Drehrate $\vec{\omega}_{ie}^{\,n}$ ist die Erddrehrate in Koordinaten des Navigations-koordinatensystems. Sie hängt nur vom Breitengrad φ ab und ist gegeben durch

$$\vec{\omega}_{ie}^{\,n} = \begin{pmatrix} \Omega \cos \varphi \\ 0 \\ -\Omega \sin \varphi \end{pmatrix} , \tag{3.120}$$

siehe Abb. 3.6. Die Drehrate $\vec{\omega}_{en}^{\,n}$ wird als Transportrate bezeichnet. Diese resultiert daraus, dass sich bei einer Bewegung gegenüber der Erde in Nord- oder Ostrichtung aufgrund der Erdkrümmung das Navigationskoordinatensystem drehen muss, damit die Unten-Koordinatenachse immer in Richtung der lokalen Vertikalen weist. Folglich hängt die Transportrate von der Geschwindigkeit des Fahrzeugs ab. Bezeichnet man mit ω_{v_n} und ω_{v_e} die Drehraten aufgrund von Geschwindigkeitskomponenten in Nord-

und Ostrichtung, findet man mit Abb. 3.6 die Transportrate zu

$$\vec{\omega}_{en}^{\,n} = \begin{pmatrix} \omega_{v_e}\cos\varphi \\ \omega_{v_n} \\ -\omega_{v_e}\sin\varphi \end{pmatrix} = \begin{pmatrix} \frac{v_e}{(R_e-h)\cos\varphi}\cos\varphi \\ \omega_{v_n} \\ -\frac{v_e}{(R_e-h)\cos\varphi}\sin\varphi \end{pmatrix} = \begin{pmatrix} \frac{v_{eb,e}^{\,n}}{R_e-h} \\ -\frac{v_{eb,n}^{\,n}}{R_n-h} \\ -\frac{v_{eb,e}^{\,n}\tan\varphi}{R_e-h} \end{pmatrix}.$$

(3.121)

Alternativ zur hier beschriebenen Formulierung können Algorithmen zur Lageberechnung auch mit der Drehrate $\vec{\omega}_{ib}^{\,b}$ formuliert werden, der Einfluss von Erddrehrate und Transportrate wird dann an anderer Stelle, meist mit einer deutlich geringeren Update-Rate, berücksichtigt.

Abschließend soll noch der Fall betrachtet werden, dass sich in Gl. (3.114) die Richtung des Vektors $\vec{\omega}_{nb}^{\,b}$ im betrachteten Zeitintervall ändert und der Coning-Term einen signifikanten Beitrag zur Änderung des Orientierungsvektors liefert. Hier ist ein besonderes Bewegungsmuster hervorzuheben, Coning Motion, das z.B. aufgrund von Vibrationen vorliegen kann. Als Coning Motion werden Drehbewegungen bezeichnet, bei denen phasenverschobene, oszillatorische Drehbewegungen um zwei orthogonale Achsen vorliegen. Prinzipiell kann einem beschleunigten Anwachsen von Lagefehlern mit der Zeit bei Coning Motion aufgrund der Nichtkommutativität von Drehungen nur durch eine hohe Datenrate der IMU begegnet werden. In der Praxis kann der Fall auftreten, dass die IMU zwar eine ausreichend hohe Datenrate aufweist, die Rechenlast durch eine vollständige Neuberechnung der Lage mit dieser hohen Datenrate jedoch vermieden werden muss. Dies kann mit Coning-Kompensationsalgorithmen erreicht werden, deren Grundidee im Folgenden skizziert werden soll.

Coning-Kompensation

Ziel eines Coning-Kompensationsalgorithmus ist, den Coning-Term mit den zwischen zwei Lage-Updates zur Verfügung stehenden Messdaten bestmöglich zu approximieren. Lage-Updates sollen nach wie vor im Zeitabstand $T = t_k - t_{k-1}$ erfolgen, IMU-Daten stehen im Zeitabstand δt zur Verfügung, siehe Abb. 3.7.

Zur Herleitung eines Coning-Kompensationsalgorithmus wird Coning Motion gemäß

$$\vec{\omega}_{nb}^{\,b}(t) = \begin{pmatrix} 0 \\ 2\pi f\beta\cos(2\pi ft) \\ 2\pi f\beta\sin(2\pi ft) \end{pmatrix}$$

(3.122)

betrachtet. Da die Drehrate $\vec{\omega}_{nb}^{\,b}(t)$ in diesem Fall analytisch gegeben ist, kann der Coning-Term

$$\Delta\vec{\sigma}_c = \frac{1}{2}\int\limits_{t_{k-1}}^{t_k}\left(\int\limits_{t_{k-1}}^{t}\vec{\omega}_{nb}^{\,b}dt\right)\times\vec{\omega}_{nb}^{\,b}\,dt$$

(3.123)

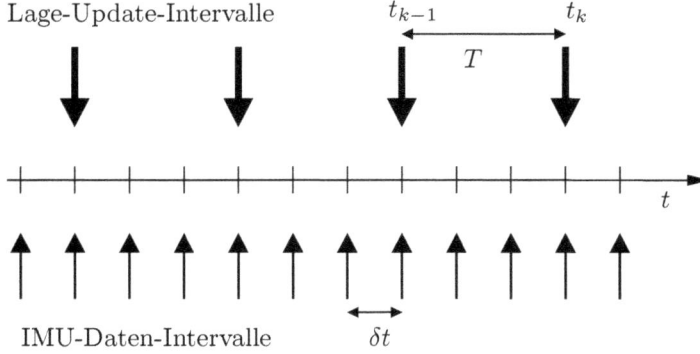

Abbildung 3.7: *IMU-Daten- und Lage-Update-Intervalle.*

exakt berechnet werden. Man erhält

$$\Delta\vec{\sigma}_c = \frac{1}{2} \int_{t_{k-1}}^{t_k} \begin{pmatrix} 0 \\ \beta(\sin(2\pi ft) - \sin(2\pi ft_{k-1})) \\ -\beta(\cos(2\pi ft) - \cos(2\pi ft_{k-1})) \end{pmatrix} \times \vec{\omega}_{nb}^b(t)\, dt$$

$$= \frac{1}{2} \int_{t_{k-1}}^{t_k} \begin{pmatrix} 2\pi f\beta^2(1 - \cos(2\pi f(t - t_{k-1}))) \\ 0 \\ 0 \end{pmatrix} dt$$

$$\Delta\vec{\sigma}_c = \pi f\beta^2 [T - \frac{1}{2\pi f}\sin(2\pi fT)]\vec{e}_x \ . \tag{3.124}$$

Dieser Coning-Term soll mit Hilfe der IMU-Daten approximiert werden. Innerhalb eines Lage-Update-Intervalls sollen N IMU-Daten-Intervalle vorliegen, die Änderung des Orientierungsvektors innerhalb des IMU-Daten-Intervalls i ist mit $\delta\vec{\sigma}_i$ bezeichnet. Eine Approximation des Coning-Terms aus Gl. (3.123) lässt sich dann allgemein in der Form

$$\Delta\hat{\vec{\sigma}}_c = \sum_{i=1}^{N-1} \sum_{j=i+1}^{N} k_{ij}\delta\vec{\sigma}_i \times \delta\vec{\sigma}_j \tag{3.125}$$

darstellen. Diese Approximation kann vereinfacht werden. Nach durchaus umfangreicher Rechnung, siehe hierzu auch [54], findet man

$$\delta\vec{\sigma}_i \times \delta\vec{\sigma}_j = \beta^2 \left[2\sin((j-i)\lambda) - \sin((j-i+1)\lambda) - \sin((j-i-1)\lambda) \right] \vec{e}_x \ . \tag{3.126}$$

Hierbei wurde $\lambda = 2\pi f\delta t$ gesetzt. Da in diesem Kreuzprodukt nur Terme mit der Differenz $j - i$ auftreten, ist nur die zeitliche Differenz von $\delta\vec{\sigma}_i$ und $\delta\vec{\sigma}_j$ relevant, nicht jedoch der absolute Zeitpunkt innerhalb des Lage-Update-Intervalls. Damit vereinfacht sich Gl. (3.125) zu

$$\Delta\hat{\vec{\sigma}}_c = \left(\sum_{i=1}^{N-1} k_i \delta\vec{\sigma}_i\right) \times \delta\vec{\sigma}_N \; . \tag{3.127}$$

Die Koeffizienten k_i werden bestimmt, indem man die Reihenentwicklung des analytisch berechneten Coning-Terms (3.124) mit der Reihenentwicklung der Approximation (3.127) vergleicht.

Beispielhaft soll der Fall betrachtet werden, dass innerhalb eines Lage-Update-Intervalls drei IMU-Daten-Intervalle vorliegen:

$$\Delta\hat{\vec{\sigma}}_c = [k_1 \delta\vec{\sigma}_1 + k_2 \delta\vec{\sigma}_2] \times \delta\vec{\sigma}_3 \tag{3.128}$$

Mit Gl. (3.126) erhält man so

$$\Delta\hat{\vec{\sigma}}_c = k_1\beta^2[2\sin(2\lambda) - \sin(\lambda) - \sin(3\lambda)]\vec{e}_x + k_2\beta^2[2\sin(\lambda) - \sin(2\lambda)]\vec{e}_x \; . \tag{3.129}$$

Ersetzt man die Sinus-Funktionen durch ihre Reihenentwicklung,

$$\sin x = x - \frac{x^3}{3!} + \frac{x^5}{5!} - \frac{x^7}{7!} + \cdots + (-1)^n \frac{x^{2n+1}}{(2n+1)!} \; , \tag{3.130}$$

so ergibt sich nach Zusammenfassen:

$$\Delta\hat{\vec{\sigma}}_c = \beta^2 \left[k_1 \left(2\lambda^3 - \frac{3}{2}\lambda^5 + \frac{161}{420}\lambda^7 - \cdots \right) \right. \\ \left. + k_2 \left(\lambda^3 - \frac{1}{4}\lambda^5 + \frac{63}{2520}\lambda^7 - \cdots \right) \right] \vec{e}_x \tag{3.131}$$

Ebenfalls durch Einsetzen der Reihenentwicklung der Sinus-Funktion in den exakten Coning-Term (3.124) erhält man mit $2\pi fT = 3\lambda$

$$\Delta\vec{\sigma}_c = \pi f \beta^2 \left[T - \frac{1}{2\pi f} \left(2\pi fT - \frac{(2\pi fT)^3}{3!} \right. \right. \\ \left. \left. + \frac{(2\pi fT)^5}{5!} - \frac{(2\pi fT)^7}{7!} + \cdots \right) \right] \vec{e}_x \\ = \frac{\beta^2}{2} \left[\frac{(3\lambda)^3}{3!} - \frac{(3\lambda)^5}{5!} + \frac{(3\lambda)^7}{7!} - \cdots \right] \; . \tag{3.132}$$

Vergleicht man nun in (3.131) und (3.132) die Terme der dritten und fünften Potenzen von λ, so ergeben sich zwei Gleichungen zur Bestimmung der Koeffizienten k_1 und k_2,

$$2k_1\lambda^3 + k_2\lambda^3 \overset{!}{=} \frac{(3\lambda)^3}{2 \cdot 3!} \tag{3.133}$$

$$-k_1\frac{3}{2}\lambda^5 - k_2\frac{1}{4}\lambda^5 \overset{!}{=} \frac{(3\lambda)^5}{2 \cdot 5!} \, , \tag{3.134}$$

man erhält schließlich

$$k_1 = \frac{9}{20} \, , \quad k_2 = \frac{27}{20} \, . \tag{3.135}$$

Der Coning-Term lässt sich also für den Fall, dass drei IMU-Daten-Intervalle pro Lage-Update-Intervall vorliegen, anhand von

$$\Delta\hat{\vec{\sigma}}_c = \left[\frac{9}{20}\delta\vec{\sigma}_1 + \frac{27}{20}\delta\vec{\sigma}_2\right] \times \delta\vec{\sigma}_3 \tag{3.136}$$

approximieren, wobei $\delta\vec{\sigma}_i$ das Orientierungsvektorinkrement des i-ten IMU-Daten-Intervalls bezeichnet.

Der Nutzen eines solchen Coning-Kompensationsalgorithmus wird in Abb. 3.8 verdeutlicht. In diesem Beispiel wurde eine IMU-Datenrate von $1000\,\mathrm{Hz}$ angenommen, es lag Coning Motion mit einer Frequenz von $f = 50\,\mathrm{Hz}$ und $\beta = 0.1°$ vor. Abb. 3.8 zeigt nun die Lagefehler, die sich ergeben, wenn alle drei IMU-Daten-Intervalle eine Neuberechnung der Lage erfolgt. Im einen Fall wurde hierbei der Coning-Term vernachlässigt, im anderen Fall anhand von Gl. (3.136) approximiert. Als Referenz wurde die Lage verwendet, die sich bei einer Neuberechnung der Lage mit der vollen IMU-Datenrate ergibt, als Lagefehler wurde der rms-Wert der Eulerwinkel-Abweichungen angesetzt. Man erkennt, dass auch bei Verwendung des Coning-Kompensationsalgorithmus ein Anwachsen der Lagefehler mit der Zeit stattfindet, die Lagefehler wachsen jedoch ohne Verwendung eines solchen Algorithmus deutlich schneller an.

3.3.2   Geschwindigkeit

Die Formulierung der Strapdown-Rechnung in Koordinaten des Navigationskoordinatensystems hat Vorteile: Die Koordinatenrichtungen Norden, Osten und Unten sind intuitiv leicht zu fassen, außerdem resultieren vergleichsweise einfache Schwerebeschleunigungsmodelle. Andererseits handelt es sich beim Navigationssystem um kein Inertialsystem, so dass bei der Integration von Beschleunigungen Coriolis-Beschleunigung und Schwerebeschleunigung berücksichtigt werden müssen, um auf Geschwindigkeitsänderungen des Fahrzeugs schließen zu können. Daher soll zunächst die Differentialgleichung hergeleitet werden, die den Zusammenhang zwischen Beschleunigung und Geschwindigkeit im Navigationskoordinatensystem beschreibt.

Im Inertialkoordinatensystem gilt

$$\dot{\vec{v}}^i_{ib} = \vec{a}^i_{ib} = \vec{f}^i_{ib} + \vec{g}^i \, . \tag{3.137}$$

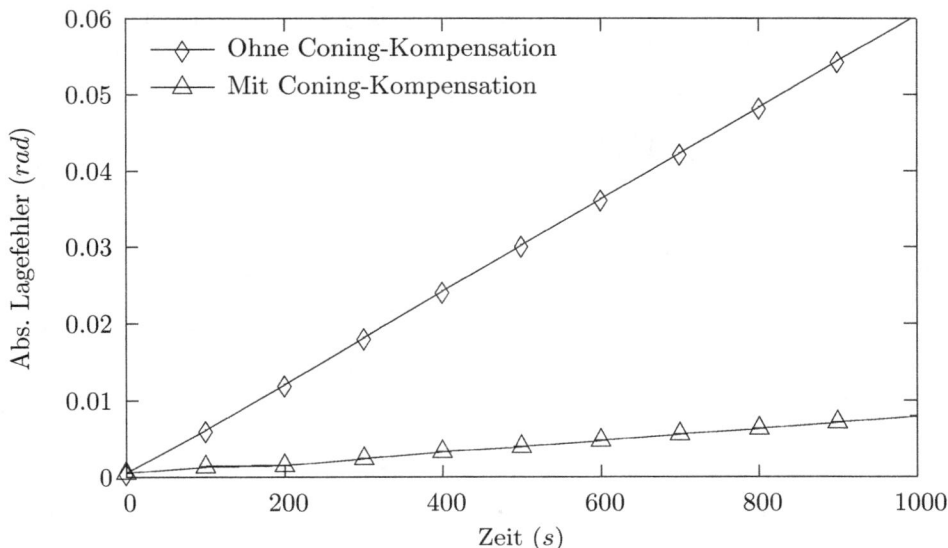

Abbildung 3.8: *Coning-Kompensation.*

Hierbei bezeichnen $\vec{v}_{ib}^{\;i}$ und $\vec{a}_{ib}^{\;i}$ die Geschwindigkeit und Beschleunigung des Fahrzeugs bezüglich des Inertialkoordinatensystems, $\vec{f}_{ib}^{\;i}$ ist die sog. specific force angegeben in Koordinaten des Inertialkoordinatensystems und $\vec{g}^{\,i}$ ist die Beschleunigung aufgrund der Massenanziehung der Erde.

Die specific force in körperfesten Koordinaten,

$$\vec{f}_{ib}^{\;b} = \vec{a}_{ib}^{\;b} - \vec{g}^{\,b}, \tag{3.138}$$

ist gerade diejenige Größe, die von den Beschleunigungsmessern der IMU gemessen wird. Um auf die Beschleunigung des Fahrzeugs schließen zu können, muss die in den Messungen der Beschleunigungsmesser enthaltene, mitgemessene Beschleunigung aufgrund der Massenanziehung der Erde kompensiert werden.

Mit $\vec{r}$ wird der Vektor vom Ursprung des Inertialkoordinatensystems zum Ursprung des Navigationskoordinatensystems bezeichnet. Diesen kann man vom Inertialkoordinatensystem ins erdfeste Koordinatensystem umrechnen:

$$\vec{r}^{\,e} = \mathbf{C}_i^e \vec{r}^{\,i} \tag{3.139}$$

Durch Differentiation nach der Zeit erhält man

$$\begin{aligned}
\dot{\vec{r}}^{\,e} &= \dot{\mathbf{C}}_i^e \vec{r}^{\,i} + \mathbf{C}_i^e \dot{\vec{r}}^{\,i} \\
\dot{\vec{r}}^{\,e} &= \mathbf{C}_i^e \left(\mathbf{\Omega}_{ei}^{\;i} \vec{r}^{\,i} + \dot{\vec{r}}^{\,i} \right) \\
\vec{v}_{eb}^{\;e} &= \mathbf{C}_i^e \left(\mathbf{\Omega}_{ei}^{\;i} \vec{r}^{\,i} + \vec{v}_{ib}^{\;i} \right) \; .
\end{aligned} \tag{3.140}$$

Hierbei wurde die Richtungskosinusmatrixdifferentialgleichung eingesetzt, siehe Gl. (3.110), $\boldsymbol{\Omega}_{ei}^{\,i}$ ist die kreuzproduktbildende Matrix der negativen Erddrehrate.

Multiplikation von links mit $\mathbf{C}_e^{\,n}$ liefert

$$\begin{aligned} \vec{v}_{eb}^{\,n} &= \mathbf{C}_e^{\,n}\mathbf{C}_i^{\,e}\left(\boldsymbol{\Omega}_{ei}^{\,i}\vec{r}^{\,i}+\vec{v}_{ib}^{\,i}\right) \\ \vec{v}_{eb}^{\,n} &= \mathbf{C}_i^{\,n}\left(\boldsymbol{\Omega}_{ei}^{\,i}\vec{r}^{\,i}+\vec{v}_{ib}^{\,i}\right)\;. \end{aligned} \tag{3.141}$$

Diesen Zusammenhang kann man nach $\vec{v}_{ib}^{\,i}$ auflösen,

$$\vec{v}_{ib}^{\,i}=\mathbf{C}_n^{\,i}\vec{v}_{eb}^{\,n}-\boldsymbol{\Omega}_{ei}^{\,i}\vec{r}^{\,i}\;, \tag{3.142}$$

Differentiation nach der Zeit liefert

$$\begin{aligned} \dot{\vec{v}}_{ib}^{\,i} &= \mathbf{C}_n^{\,i}\left(\boldsymbol{\Omega}_{in}^{\,n}\vec{v}_{eb}^{\,n}+\dot{\vec{v}}_{eb}^{\,n}\right)-\dot{\boldsymbol{\Omega}}_{ei}^{\,i}\vec{r}^{\,i}-\boldsymbol{\Omega}_{ei}^{\,i}\dot{\vec{r}}^{\,i} \\ \dot{\vec{v}}_{ib}^{\,i} &= \mathbf{C}_n^{\,i}\left(\boldsymbol{\Omega}_{in}^{\,n}\vec{v}_{eb}^{\,n}+\dot{\vec{v}}_{eb}^{\,n}\right)+\dot{\boldsymbol{\Omega}}_{ie}^{\,i}\vec{r}^{\,i}+\boldsymbol{\Omega}_{ie}^{\,i}\dot{\vec{r}}^{\,i}\;. \end{aligned} \tag{3.143}$$

Durch Vergleich von Gl. (3.137) mit Gl. (3.143) findet man

$$\mathbf{C}_n^{\,i}\left(\boldsymbol{\Omega}_{in}^{\,n}\vec{v}_{eb}^{\,n}+\dot{\vec{v}}_{eb}^{\,n}\right)+\dot{\boldsymbol{\Omega}}_{ie}^{\,i}\vec{r}^{\,i}+\boldsymbol{\Omega}_{ie}^{\,i}\dot{\vec{r}}^{\,i}=\vec{f}_{ib}^{\,i}+\vec{g}^{\,i} \tag{3.144}$$

und schließlich durch Multiplikation mit $\mathbf{C}_i^{\,n}$

$$\boldsymbol{\Omega}_{in}^{\,n}\vec{v}_{eb}^{\,n}+\dot{\vec{v}}_{eb}^{\,n}+\mathbf{C}_i^{\,n}\dot{\boldsymbol{\Omega}}_{ie}^{\,i}\vec{r}^{\,i}+\mathbf{C}_i^{\,n}\boldsymbol{\Omega}_{ie}^{\,i}\dot{\vec{r}}^{\,i}=\vec{f}_{ib}^{\,n}+\vec{g}^{\,n}\;. \tag{3.145}$$

Da $\mathbf{C}_n^{\,i}\mathbf{C}_i^{\,n}=\mathbf{I}$ gilt, kann man dieses Matrizenprodukt einfügen, um die kreuzprodukt-bildenden Matrizen der Drehrate und ihrer Ableitung ins Navigationskoordinatensystem umzurechnen:

$$\begin{aligned} \boldsymbol{\Omega}_{in}^{\,n}\vec{v}_{eb}^{\,n}+\dot{\vec{v}}_{eb}^{\,n}+\mathbf{C}_i^{\,n}\dot{\boldsymbol{\Omega}}_{ie}^{\,i}\mathbf{C}_n^{\,i}\mathbf{C}_n^{\,n}\vec{r}^{\,i}+\mathbf{C}_i^{\,n}\boldsymbol{\Omega}_{ie}^{\,i}\mathbf{C}_n^{\,i}\mathbf{C}_n^{\,n}\vec{v}_{ib}^{\,i} &= \vec{f}_{ib}^{\,n}+\vec{g}^{\,n} \\ \boldsymbol{\Omega}_{in}^{\,n}\vec{v}_{eb}^{\,n}+\dot{\vec{v}}_{eb}^{\,n}+\dot{\boldsymbol{\Omega}}_{ie}^{\,n}\mathbf{C}_i^{\,n}\vec{r}^{\,i}+\boldsymbol{\Omega}_{ie}^{\,n}\mathbf{C}_i^{\,n}\vec{v}_{ib}^{\,i} &= \vec{f}_{ib}^{\,n}+\vec{g}^{\,n} \end{aligned} \tag{3.146}$$

Durch Einsetzen von (3.142) erhält man

$$\boldsymbol{\Omega}_{in}^{\,n}\vec{v}_{eb}^{\,n}+\dot{\vec{v}}_{eb}^{\,n}+\dot{\boldsymbol{\Omega}}_{ie}^{\,n}\vec{r}^{\,n}+\boldsymbol{\Omega}_{ie}^{\,n}\mathbf{C}_i^{\,n}\left(\mathbf{C}_n^{\,i}\vec{v}_{eb}^{\,n}-\boldsymbol{\Omega}_{ei}^{\,i}\vec{r}^{\,i}\right)=\vec{f}_{ib}^{\,n}+\vec{g}^{\,n}\;. \tag{3.147}$$

Auflösen nach $\dot{\vec{v}}_{eb}^{\,n}$ liefert schließlich

$$\begin{aligned} \dot{\vec{v}}_{eb}^{\,n} &= \vec{f}_{ib}^{\,n}-\boldsymbol{\Omega}_{in}^{\,n}\vec{v}_{eb}^{\,n}-\dot{\boldsymbol{\Omega}}_{ie}^{\,n}\vec{r}^{\,n}-\boldsymbol{\Omega}_{ie}^{\,n}\mathbf{C}_i^{\,n}\left(\mathbf{C}_n^{\,i}\vec{v}_{eb}^{\,n}-\boldsymbol{\Omega}_{ei}^{\,i}\vec{r}^{\,i}\right)+\vec{g}^{\,n} \\ \dot{\vec{v}}_{eb}^{\,n} &= \vec{f}_{ib}^{\,n}-\boldsymbol{\Omega}_{in}^{\,n}\vec{v}_{eb}^{\,n}-\dot{\boldsymbol{\Omega}}_{ie}^{\,n}\vec{r}^{\,n}-\boldsymbol{\Omega}_{ie}^{\,n}\vec{v}_{eb}^{\,n}+\boldsymbol{\Omega}_{ie}^{\,n}\mathbf{C}_i^{\,n}\boldsymbol{\Omega}_{ei}^{\,i}\vec{r}^{\,i}+\vec{g}^{\,n}\;. \end{aligned} \tag{3.148}$$

Dieser Ausdruck lässt sich durch erneutes Einfügen von $\mathbf{C}_n^i\mathbf{C}_i^n$ und Zusammenfassen weiter vereinfachen:

$$\dot{\vec{v}}_{eb}^n = \vec{f}_{ib}^n - \mathbf{\Omega}_{in}^n\vec{v}_{eb}^n - \dot{\mathbf{\Omega}}_{ie}^n\vec{r}^n - \mathbf{\Omega}_{ie}^n\vec{v}_{eb}^n + \mathbf{\Omega}_{ie}^n\mathbf{C}_i^n\mathbf{\Omega}_{ei}^i\mathbf{C}_n^i\mathbf{C}_i^n\vec{r}^i + \vec{g}^n$$

$$\dot{\vec{v}}_{eb}^n = \vec{f}_{ib}^n - \mathbf{\Omega}_{in}^n\vec{v}_{eb}^n - \dot{\mathbf{\Omega}}_{ie}^n\vec{r}^n - \mathbf{\Omega}_{ie}^n\vec{v}_{eb}^n + \mathbf{\Omega}_{ie}^n\mathbf{\Omega}_{ei}^n\mathbf{C}_i^n\vec{r}^i + \vec{g}^n$$

$$\dot{\vec{v}}_{eb}^n = \vec{f}_{ib}^n - \mathbf{\Omega}_{in}^n\vec{v}_{eb}^n - \dot{\mathbf{\Omega}}_{ie}^n\vec{r}^n - \mathbf{\Omega}_{ie}^n\vec{v}_{eb}^n - \mathbf{\Omega}_{ie}^n\mathbf{\Omega}_{ie}^n\vec{r}^n + \vec{g}^n$$

$$\dot{\vec{v}}_{eb}^n = \vec{f}_{ib}^n - \left(\mathbf{\Omega}_{ie}^n + \mathbf{\Omega}_{en}^n\right)\vec{v}_{eb}^n - \dot{\mathbf{\Omega}}_{ie}^n\vec{r}^n - \mathbf{\Omega}_{ie}^n\vec{v}_{eb}^n - \mathbf{\Omega}_{ie}^n\mathbf{\Omega}_{ie}^n\vec{r}^n + \vec{g}^n$$

$$\dot{\vec{v}}_{eb}^n = \vec{f}_{ib}^n - \left(2\mathbf{\Omega}_{ie}^n + \mathbf{\Omega}_{en}^n\right)\vec{v}_{eb}^n - \dot{\mathbf{\Omega}}_{ie}^n\vec{r}^n - \mathbf{\Omega}_{ie}^n\mathbf{\Omega}_{ie}^n\vec{r}^n + \vec{g}^n \tag{3.149}$$

Bei $\dot{\mathbf{\Omega}}_{ie}^n\vec{r}^n$ handelt es sich um die Euler-Beschleunigung. Da die Erddrehrate als näherungsweise konstant angenommen werden kann, verschwindet dieser Term. Durch Übergang zur Darstellung ohne kreuzproduktbildende Matrizen und Zusammenfassen von Beschleunigung durch Massenanziehung und Zentrifugalbeschleunigung ergibt sich

$$\dot{\vec{v}}_{eb}^n = \vec{f}_{ib}^n - \left(2\vec{\omega}_{ie}^n + \vec{\omega}_{en}^n\right)\times\vec{v}_{eb}^n + \vec{g}^n - \vec{\omega}_{ie}^n\times\left(\vec{\omega}_{ie}^n\times\vec{r}^n\right)$$

$$\dot{\vec{v}}_{eb}^n = \vec{f}_{ib}^n - \left(2\vec{\omega}_{ie}^n + \vec{\omega}_{en}^n\right)\times\vec{v}_{eb}^n + \vec{g}_l^n . \tag{3.150}$$

Eine IMU misst die specific force $\vec{f}_{ib}^b$, so dass die gesuchte Differentialgleichung durch

$$\dot{\vec{v}}_{eb}^n = \mathbf{C}_b^n\vec{f}_{ib}^b - \left(2\vec{\omega}_{ie}^n + \vec{\omega}_{en}^n\right)\times\vec{v}_{eb}^n + \vec{g}_l^n \tag{3.151}$$

gegeben ist.

Bei der Kompensation der Schwerebeschleunigung fällt auf, dass diese addiert und nicht, wie man zunächst vermuten könnte, durch Subtraktion aus der gemessenen Beschleunigung herausgerechnet wird. Wie man anhand von Abb. 3.9 erkennt, misst eine IMU die Schwerebeschleunigung als eine scheinbare Beschleunigung nach oben, also entgegen der Koordinatenrichtung Unten. Die gemessene Schwerebeschleunigung ist demnach $(0, 0, -g_l^n)^T$ und wird daher durch Addition von $(0, 0, g_l^n)^T$ kompensiert.

Um die Geschwindigkeit des Fahrzeugs in der Zeit zu propagieren, wird die rechte Seite von Gl. (3.151) numerisch integriert. Während der Kreuzprodukt-Term und die Schwerebeschleunigung in der Regel als konstant im betrachteten Zeitintervall angenommen werden können, muss der Term $\mathbf{C}_b^n\vec{a}_{ib}^b$ näher betrachtet werden. Problematisch hierbei ist, dass zur exakten Integration die Richtungskosinusmatrix als Funktion der Zeit bekannt sein müsste, diese aber von der Lageberechnung nur zu diskreten Zeitpunkten bestimmt werden kann. Die Herleitung einer geeigneten Approximation wird im Folgenden skizziert.

Es lässt sich durch Differentiation verifizieren, dass die Lösung der Richtungskosinusmatrixdifferentialgleichung (3.110) durch

$$\mathbf{C}_b^n(t) = \mathbf{C}_{b,k-1}^n \cdot e^{\int_{t_{k-1}}^t \mathbf{\Omega}_{nb}^b \, d\tau} \tag{3.152}$$

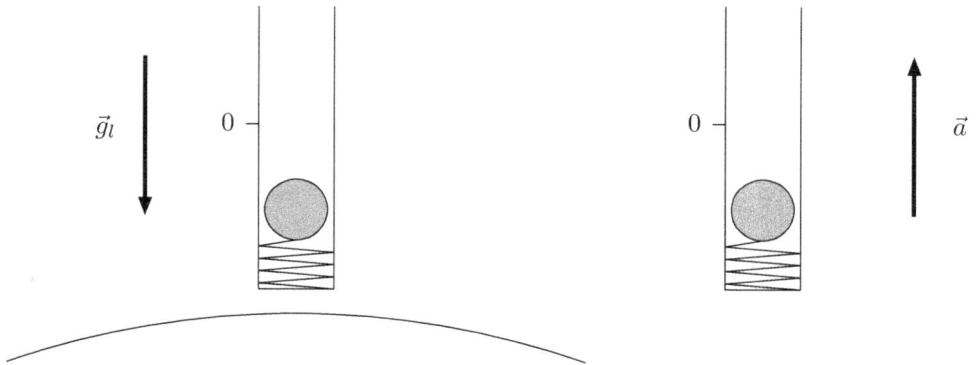

Abbildung 3.9: *Links: B.-Messer in Ruhe, im Schwerefeld der Erde. Rechts: B.-Messer nach oben beschleunigt, kein Schwerefeld.*

gegeben ist. Zunächst werden die Größen $\vec{\sigma}(t)$ und $\delta\vec{v}$ gemäß

$$\delta\vec{\sigma}(t) = \int\limits_{t_{k-1}}^{t} \vec{\omega}_{nb}^{\,b}\, dt \approx \vec{\omega}_{nb}^{\,b}(t - t_{k-1}) \tag{3.153}$$

$$\delta\vec{v} = \int\limits_{t_{k-1}}^{t} \vec{f}_{ib}^{\,b}\, dt \approx \vec{f}_{ib}^{\,b}(t - t_{k-1}) \tag{3.154}$$

eingeführt, dies führt sofort auf die Zusammenhänge

$$\delta\vec{\sigma}(t_k) = \Delta\vec{\sigma}_k \tag{3.155}$$

$$\delta\dot{\vec{\sigma}}(t) = \vec{\omega}_{nb}^{\,b} \tag{3.156}$$

$$\delta\dot{\vec{v}} = \vec{f}_{ib}^{\,b}\,. \tag{3.157}$$

Mit Gl. (3.152) erhält man so

$$\int\limits_{t_{k-1}}^{t_k} \mathbf{C}_b^{\,n}(t) \cdot \vec{f}_{ib}^{\,b} dt = \mathbf{C}_{b,k-1}^{\,n} \cdot \int\limits_{t_{k-1}}^{t_k} e^{\int\limits_{t_{k-1}}^{t} \boldsymbol{\Omega}_{nb}^{\,b}\, d\tau} \cdot \vec{f}_{ib}^{\,b}\, dt$$

$$\approx \mathbf{C}_{b,k-1}^{\,n} \cdot \int\limits_{t_{k-1}}^{t_k} \left(\mathbf{I} + \boldsymbol{\Omega}_{nb}^{\,b}(t - t_{k-1})\right) \cdot \vec{f}_{ib}^{\,b}\, dt$$

$$= \mathbf{C}_{b,k-1}^{\,n} \cdot \int\limits_{t_{k-1}}^{t_k} \left(\vec{f}_{ib}^{\,b} + \delta\vec{\sigma}(t) \times \vec{f}_{ib}^{\,b}\right)\, dt \tag{3.158}$$

Um den Integranden Gl. (3.154) geeignet zerlegen zu können, sind einige Zwischenüberlegungen notwendig. Es gilt

$$\frac{d}{dt}(\delta\vec{\sigma} \times \delta\vec{v}) = \delta\dot{\vec{\sigma}} \times \delta\vec{v} + \delta\vec{\sigma} \times \delta\dot{\vec{v}} = -\delta\vec{v} \times \delta\dot{\vec{\sigma}} + \delta\vec{\sigma} \times \delta\dot{\vec{v}}, \qquad (3.159)$$

Umstellen liefert

$$\delta\vec{\sigma} \times \delta\dot{\vec{v}} = \frac{d}{dt}(\delta\vec{\sigma} \times \delta\vec{v}) + \delta\vec{v} \times \delta\dot{\vec{\sigma}}. \qquad (3.160)$$

Desweiteren kann man schreiben

$$\delta\vec{\sigma} \times \delta\dot{\vec{v}} = \frac{1}{2}\delta\vec{\sigma} \times \delta\dot{\vec{v}} + \frac{1}{2}\delta\vec{\sigma} \times \delta\dot{\vec{v}}. \qquad (3.161)$$

Setzt man nun Gl. (3.160) für einen der beiden Terme auf der rechten Seite von Gl. (3.161) ein, erhält man

$$\delta\vec{\sigma} \times \delta\dot{\vec{v}} = \frac{1}{2}\left(\frac{d}{dt}(\delta\vec{\sigma} \times \delta\vec{v}) + \delta\vec{v} \times \delta\dot{\vec{\sigma}}\right) + \frac{1}{2}\delta\vec{\sigma} \times \delta\dot{\vec{v}}$$

$$\delta\vec{\sigma} \times \vec{f}_{ib}^{\,b} = \frac{1}{2}\left(\frac{d}{dt}(\delta\vec{\sigma} \times \delta\vec{v})\right) + \frac{1}{2}\delta\vec{v} \times \vec{\omega}_{nb}^{\,b} + \frac{1}{2}\delta\vec{\sigma} \times \vec{f}_{ib}^{\,b}. \qquad (3.162)$$

Durch Substitution von Gl. (3.162) in Gl. (3.158) erhält man

$$\int_{t_{k-1}}^{t_k} \mathbf{C}_b^{\,n}(t) \cdot \vec{f}_{ib}^{\,b} dt = \mathbf{C}_{b,k-1}^{\,n} \cdot \int_{t_{k-1}}^{t_k} \left[\vec{f}_{ib}^{\,b} + \frac{1}{2}\left(\frac{d}{dt}(\delta\vec{\sigma} \times \delta\vec{v})\right) \right.$$

$$\left. + \frac{1}{2}\delta\vec{v} \times \vec{\omega}_{nb}^{\,b} + \frac{1}{2}\delta\vec{\sigma} \times \vec{f}_{ib}^{\,b} \right] dt \qquad (3.163)$$

und schließlich

$$
\int\limits_{t_{k-1}}^{t_k} \mathbf{C}_b^n(t) \cdot \vec{f}_{ib}^{\,b} dt = \mathbf{C}_{b,k-1}^n \left[\int\limits_{t_{k-1}}^{t_k} \vec{f}_{ib}^{\,b}\, dt + \frac{1}{2}\Delta\vec{\sigma}_k \times \int\limits_{t_{k-1}}^{t_k} \vec{f}_{ib}^{\,b}\, dt \right.
$$

$$
\left. + \frac{1}{2}\int\limits_{t_{k-1}}^{t_k} \left(\delta\vec{\sigma} \times \vec{f}_{ib}^{\,b} - \vec{\omega}_{nb}^{\,b} \times \delta\vec{v} \right) dt \right]
$$

$$
= \mathbf{C}_{b,k-1}^n \left[\int\limits_{t_{k-1}}^{t_k} \vec{f}_{ib}^{\,b}\, dt + \frac{1}{2}\Delta\vec{\sigma}_k \times \int\limits_{t_{k-1}}^{t_k} \vec{f}_{ib}^{\,b}\, dt \right.
$$

$$
\left. + \frac{1}{2}\int\limits_{t_{k-1}}^{t_k} \left(\int\limits_{t_{k-1}}^{t} \vec{\omega}_{nb}^{\,b} d\tau \times \vec{f}_{ib}^{\,b} - \vec{\omega}_{nb}^{\,b} \times \int\limits_{t_{k-1}}^{t} \vec{f}_{ib}^{\,b} d\tau \right) dt \right],
$$

$$
(3.164)
$$

siehe hierzu auch [107]. Der zweite Summand in der eckigen Klammer wird als Rotationsterm bezeichnet, der letzte Summand ist der Sculling-Term. Der Sculling-Term verschwindet, wenn im betrachteten Zeitintervall konstante Drehraten und Beschleunigungen vorliegen. Andererseits kann insbesondere bei Sculling Motion dieser Term einen signifikanten Beitrag liefern. Unter Sculling Motion versteht man das Vorliegen rotatorischer und translatorischer Oszillationen bezüglich zweier orthogonaler Achsen. Für den Fall, das die IMU in der Lage ist mit einer ausreichenden Datenrate Messwerte zur Verfügung zu stellen, die Berechnung einer neuen Fahrzeuggeschwindigkeit aber mit einer niedrigeren Taktrate erfolgen muss, sollten – analog zur Coning-Kompensation – Sculling-Kompensationsalgorithmen verwendet werden.

Sculling-Kompensation

Zur Herleitung eines Sculling-Kompensationsalgorithmus wird wieder angenommen, dass IMU-Daten im Zeitabstand δt zur Verfügung stehen, Geschwindigkeits-Updates finden im Zeitabstand $T = t_k - t_{k-1}$ statt. Das Bewegungsmuster Sculling Motion sei durch

$$
\vec{a}_{ib}^{\,b} = \begin{pmatrix} 0 \\ A\sin(2\pi f t) \\ 0 \end{pmatrix}; \quad \vec{\omega}_{nb}^{\,b} = \begin{pmatrix} 2\pi f \beta \cos(2\pi f t) \\ 0 \\ 0 \end{pmatrix}
\qquad (3.165)
$$

gegeben. Anhand von Gl. (3.158) erkennt man, dass der Sculling-Kompensationsalgorithmus den Term

$$
\Delta\vec{v}_{s+r} = \int\limits_{t_{k-1}}^{t_k} \delta\vec{\sigma}(t) \times \vec{a}_{ib}^{\,b}\, dt
\qquad (3.166)
$$

bestmöglich approximieren muss.

Als analytische, exakte Lösung findet man durch Einsetzen von (3.165):

$$\Delta \vec{v}_{s+r} = \int\limits_{t_{k-1}}^{t_k} \left(\int\limits_{t_{k-1}}^{t} \vec{\omega}_{nb}^b dt \right) \times \vec{a}_{ib}^b dt$$

$$= A\beta \left[\int\limits_{t_{k-1}}^{t_k} \sin^2(2\pi ft)dt - \sin(2\pi ft_{k-1}) \int\limits_{t_{k-1}}^{t_k} \sin(2\pi ft)dt \right] \vec{e}_z \quad (3.167)$$

Nach einiger Rechnung, siehe hierzu auch [55], erhält man als Mittelwert dieses Ausdrucks

$$\overline{\Delta \vec{v}_{s+r}} = \frac{A\beta}{4\pi f}[2\pi fT - \sin(2\pi fT)]\vec{e}_z . \quad (3.168)$$

Für die Approximation des Sculling- und Rotationsterms ersetzt man die Integrale der Rotations- und Sculling-Terme in Gl. (3.164) durch Summen und erhält so

$$\Delta \hat{\vec{v}}_{s+r} = \frac{1}{2} \sum_{i=1}^{N} \delta\vec{\sigma}_i \times \delta\vec{v}_i + \sum_{i=1}^{N} \sum_{j=i+1}^{N} k_{ij} \left[\delta\vec{\sigma}_i \times \delta\vec{v}_j + \delta\vec{v}_i \times \delta\vec{\sigma}_j \right] , \quad (3.169)$$

wobei der Faktor $\frac{1}{2}$ den Koeffizienten k_{ij} zugeschlagen wurde. Erneut nach aufwändiger Rechnung erhält man mit $\lambda = 2\pi f\delta t$ als Mittelwert der auftretenden Kreuzprodukte

$$\overline{\delta\vec{\sigma}_i \times \delta\vec{v}_{i+j}} = \overline{\delta\vec{v}_i \times \delta\vec{\sigma}_{i+j}} \quad (3.170)$$

$$= \left(\frac{A\beta}{4\pi f} \right) [2\sin(j\lambda) - \sin((j+1)\lambda) - \sin((j-1)\lambda)]\vec{e}_z . \quad (3.171)$$

Zusammen mit $\overline{\delta\vec{\sigma}_i \times \delta\vec{v}_i} = 0$ lässt sich Gl. (3.169) daher vereinfachen zu

$$\overline{\Delta \hat{\vec{v}}_{s+r}} = \left[\sum_{i=1}^{N-1} k_i \delta\vec{\sigma}_i \right] \times \delta\vec{v}_N + \left[\sum_{i=1}^{N-1} k_i \delta\vec{v}_i \right] \times \delta\vec{\sigma}_N . \quad (3.172)$$

Die Koeffizienten k_i werden genau wie bei der Herleitung des Coning-Kompensationsalgorithmus bestimmt, indem die Reihenentwicklung der exakten Lösung Gl. (3.168) mit der Reihenentwicklung der Approximation Gl. (3.172) verglichen wird.

Auch hier soll exemplarisch der Fall betrachtet werden, dass innerhalb eines Geschwindigkeits-Update-Intervalls drei IMU-Daten-Intervalle vorliegen. Damit erhält man aus Gl. (3.172)

$$\overline{\Delta \hat{\vec{v}}_{s+r}} = \frac{A\beta}{4\pi f} \left[2k_1 \left(2\lambda^3 - \frac{3\lambda^5}{2} + \frac{161\lambda^7}{420} - \cdots \right) \right.$$

$$\left. + 2k_2 \left(\lambda^3 - \frac{\lambda^5}{4} + \frac{63\lambda^7}{2520} - \cdots \right) \right] , \quad (3.173)$$

aus Gl. (3.168) folgt mit $2\pi f T = 3\lambda$

$$\overline{\Delta\vec{v}}_{s+r} = \frac{A\beta}{4\pi f}\left[\frac{(3\lambda)^3}{6} - \frac{(3\lambda)^5}{120} + \frac{(3\lambda)^7}{5040} - \cdots\right]\vec{e}_z \ . \qquad (3.174)$$

Durch Koeffizientenvergleich erhält man schließlich

$$k_1 = \frac{9}{20}\ , \quad k_2 = \frac{27}{20}\ , \qquad (3.175)$$

die identischen Koeffizienten wie bei dem Coning-Kompensationsalgorithmus. Für eine ausführliche Diskussion dieser Tatsache sei auf [55] verwiesen.

Sculling- und Rotationsterm lassen sich also für den Fall, dass drei IMU-Daten-Intervalle pro Geschwindigkeits-Update-Intervall vorliegen, anhand von

$$\overline{\Delta\hat{\vec{v}}}_{s+r} = \left(\frac{9}{20}\delta\vec{\sigma}_1 + \frac{27}{20}\delta\vec{\sigma}_2\right)\times\delta\vec{v}_N + \left(\frac{9}{20}\delta\vec{v}_1 + \frac{27}{20}\delta\vec{v}_2\right)\times\delta\vec{\sigma}_N \qquad (3.176)$$

approximieren. Hierbei bezeichnet $\delta\vec{\sigma}_i$ wiederum das Orientierungsvektorinkrement des i-ten IMU-Daten-Intervalls, $\delta\vec{v}_i$ ist das Integral über $\vec{a}_{ib}^b$ in diesem IMU-Daten-Intervall. Neben der beschriebenen Vorgehensweise existieren noch eine Vielzahl weiterer Ansätze zur Approximation des Integrals (3.166), siehe z.B. [107].

Abschließend soll der Nutzen des Sculling-Kompensationsalgorithmus Gl. (3.176) verdeutlicht werden. Hierzu wurde bei einer IMU-Datenrate von $1000\,\mathrm{Hz}$ die Frequenz der Sculling Motion zu $f = 50\,\mathrm{Hz}$ angenommen, ferner wurden $\beta = 0.1°$ und $A = 9.81\,\mathrm{m/s^2}$ gewählt. Abb. 3.10 zeigt den rms-Wert des Geschwindigkeitsfehlers gegenüber einer Neuberechnung der Geschwindigkeit mit jedem IMU-Daten-Intervall, einmal bei Verwendung des Kompensationsterms Gl. (3.176), einmal bei Berücksichtigung des Rotationsterms, aber Vernachlässigung des Sculling-Terms. Man erkennt, dass die Vernachlässigung des Sculling-Terms zu einem beschleunigten Anwachsen der Geschwindigkeitsfehler führt.

3.3.3 Position

Zur Propagation der Position müssen die Differentialgleichungen

$$\dot{\varphi} = \frac{v_{eb,n}^n}{R_n(\varphi) - h} \qquad (3.177)$$

$$\dot{\lambda} = \frac{v_{eb,e}^n}{(R_e(\varphi) - h)\cos\varphi} \qquad (3.178)$$

$$\dot{h} = v_{eb,d}^n \qquad (3.179)$$

numerisch gelöst werden. Die Krümmungsradien der Erde in Nord- und Ostrichtung, R_n und R_e, variieren nur sehr langsam mit der Änderung des Breitengrades. Daher kann deren Berechnung mit einer deutlich niedrigeren Update-Rate erfolgen als die restliche Strapdown-Rechnung.

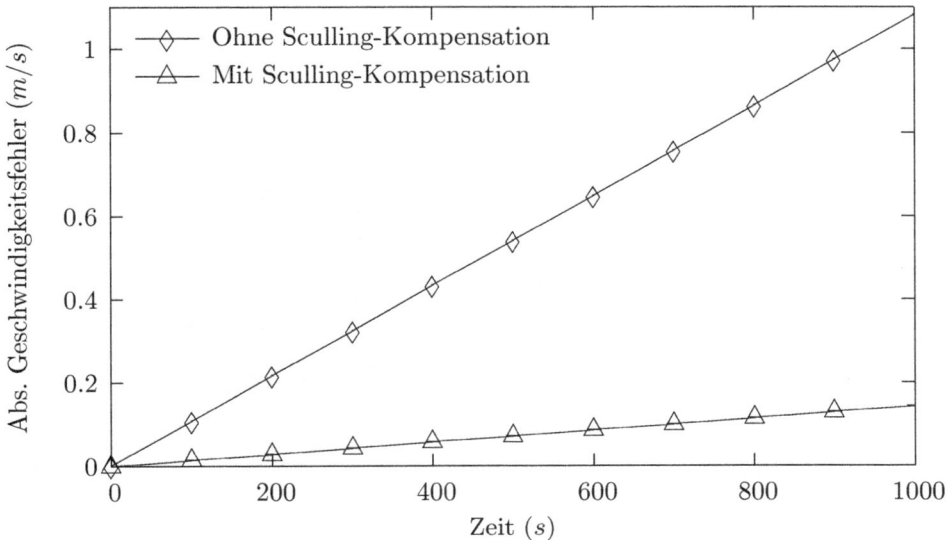

Abbildung 3.10: *Numerische Lösung.*

3.4 Fehlercharakteristik eines Inertialnavigationssystems

Inertiale Navigation ist ein kurzzeitgenaues Navigationsverfahren, d.h. ohne geeignete Gegenmaßnahmen wachsen die Navigationsfehler mit der Zeit an. Ursache dafür sind – neben numerischen Fehlern und den in den vorherigen Abschnitten angesprochenen Problemen aufgrund der endlichen Abtastrate der Inertialsensoren – Initialisierungsfehler und Messfehler der Sensoren. Ein Strapdown-Algorithmus propagiert eine Navigationslösung, damit muss zu Beginn der Strapdown-Rechnung folglich eine initiale Navigationslösung bekannt sein. Die Fehler dieser initialen Navigationslösung werden natürlich ebenfalls propagiert. Fehlerhaft gemessene Drehraten bzw. Winkelinkremente führen direkt zu Lagefehlern, fehlerhaft gemessene Beschleunigungen bzw. Geschwindigkeitsinkremente führen direkt zu Geschwindigkeitsfehlern, die ebenso propagiert werden.

In den folgenden Abschnitten soll daher zunächst ein Überblick über Inertialsensoren und deren Fehler vermittelt werden, bevor die Auswirkungen von Mess- und Initialisierungsfehlern auf ein Inertialnavigationssystem diskutiert werden.

3.4.1 Drehratensensoren

Drehratensensoren werden auch als Kreisel oder Gyroskope bezeichnet. Zu den gängigsten Drehratensensoren zählen MEMS-Kreisel, Faserkreisel (FOG) und Ringlaserkreisel (RLG). Daneben existieren noch eine Vielzahl weiterer Ansätze zur Messung von

erzwungene Schwingung $v_a(t)\vec{e}_x$ $\omega\vec{e}_y$ flexible Halterung

durch Koriolis-Kraft angeregte Schwingung $v_c(t)\vec{e}_z$

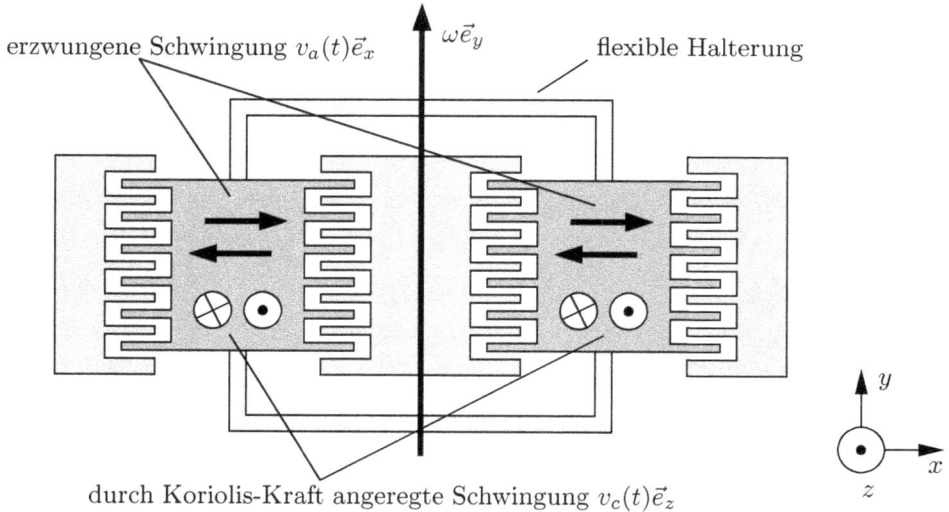

Abbildung 3.11: *Koordinatensysteme für die erdnahe Navigation.*

Drehraten, z.B. der mechanische Wendekreisel oder das dynamically tuned gyroscope, die hier nicht betrachtet werden sollen. Eine umfassende Beschreibung einer Vielzahl von Drehratensensoren ist in [117] zu finden.

MEMS-Kreisel

MEMS-Kreisel[7] zählen zu den kostengünstigsten Drehratensensoren. Dafür weisen sie in der Regel auch eine geringere Güte auf als z.B. Faserkreisel. Der Begriff MEMS-Kreisel ist als Oberbegriff zu verstehen, es gibt verschiedene Ansätze und Realisierungen. Exemplarisch soll hier lediglich ein Sensortyp beschrieben werden, der die Coriolis-Kraft ausnutzt.

Eine Prinzipskizze dieses Sensors ist Abb. 3.11 zu sehen. Durch elektrostatische Anregung werden zwei flache Probemassen zu gegenphasigen Schwingungen in x-Richtung gezwungen. Liegt nun eine Drehrate $\omega\vec{e}_y$ vor, so resultiert aufgrund der Coriolis-Kraft eine Beschleunigung

$$\vec{a}_c = 2\omega\vec{e}_y \times v_a(t)\vec{e}_x = -2v_a(t)\omega\vec{e}_z \; , \tag{3.180}$$

die ein Schwingen der Massen in z-Richtung verursacht. Die damit verbundene Auslenkung kann kapazitiv gemessen werden und ist ein Maß für die Drehrate ω. Detailliertere Betrachtungen zu MEMS-Kreiseln sind z.B. in [72],[10] zu finden.

---

[7]MEMS = micro electro-mechanical system

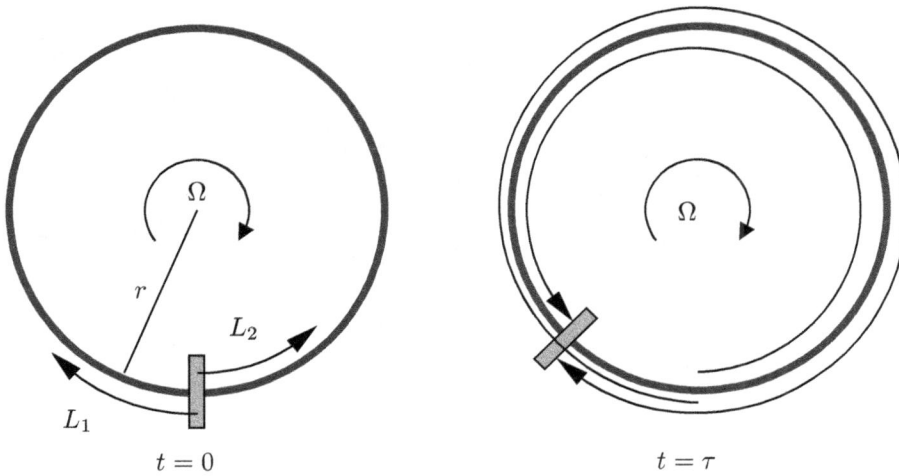

Abbildung 3.12: *Sagnac-Effekt.*

Faserkreisel

Faserkreisel basieren auf dem Sagnac-Effekt, der anhand von Abb. 3.12 beschrieben werden soll. Eine Glasfaser sei zu einem Ring gebogen, an der Verbindungsstelle soll es die Möglichkeit geben, Laserstrahlen sowohl aus- als auch einzukoppeln. Zum Zeitpunkt $t = 0$ beginnt ein Laserstrahl im Uhrzeigersinn, ein anderer im Gegenuhrzeigersinn die Glasfaser zu durchlaufen. Während des Durchlaufs wird die Anordnung mit der Drehrate Ω gedreht, so dass sich zu einem späteren Zeitpunkt $t = \tau$ der Auskopplungspunkt weitergedreht hat. Die Laserstrahlen L_1 und L_2 müssen daher die Strecken

$$L_1 = 2\pi r + r\Omega t_1 \,, \quad L_2 = 2\pi r - r\Omega t_2 \tag{3.181}$$

zurücklegen, wofür sie die Zeiten

$$t_1 = \frac{L_1}{u_1} \,, \quad t_2 = \frac{L_2}{u_2} \tag{3.182}$$

benötigen. Hierbei bezeichnen u_1 und u_2 die Ausbreitungsgeschwindigkeiten der Laserstrahlen im und entgegen dem Uhrzeigersinn. Diese können mit dem relativistischen Geschwindigkeitsadditionsgesetz

$$v_{a+b} = \frac{v_a + v_b}{1 + \frac{v_a v_b}{c^2}} \tag{3.183}$$

berechnet werden. Gegenüber einem nichtrotierenden Bezugssystem hat jeder Punkt der Glasfaser die Geschwindigkeit $v_a = r\omega$, die Ausbreitungsgeschwindigkeit in einer ruhenden Glasfaser ist $v_b = \frac{c}{n}$, wobei n die Brechzahl der Glasfaser ist. Damit erhält man

$$u_1 = \frac{\frac{c}{n} + r\Omega}{1 + \frac{\frac{c}{n} \cdot r\Omega}{c^2}} \,, \quad u_2 = \frac{\frac{c}{n} - r\Omega}{1 - \frac{\frac{c}{n} \cdot r\Omega}{c^2}} \,. \tag{3.184}$$

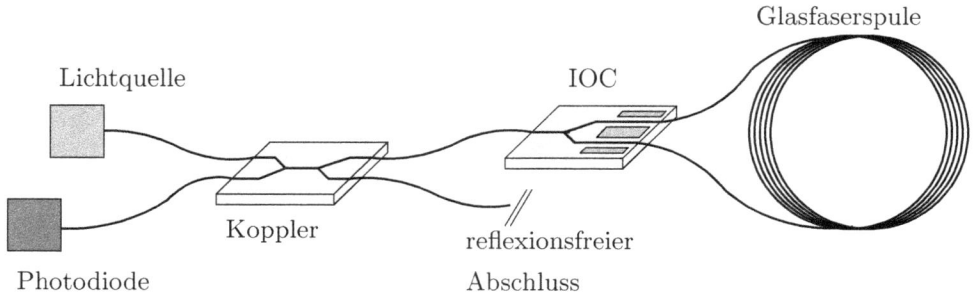

Abbildung 3.13: *Aufbau eines aktiven Faserkreisels.*

Mit den Wellenzahlen $k_1 = \frac{\omega}{u_1}$ und $k_2 = \frac{\omega}{u_2}$ erhält man für die Phasenverschiebung der beiden Laserstrahlen:

$$\Delta\phi = k_1 L_1 - k_2 L_2 = \ldots \approx 4\pi r^2 \omega \Omega \frac{1}{c^2 - r^2\Omega^2} \approx \frac{4\pi r^2 \omega \Omega}{c^2} \tag{3.185}$$

Mit der Spulenlänge $L_s = 2\pi r$, der Wellenlänge $\lambda = \frac{c}{f}$ und $\omega = 2\pi f$ folgt

$$\Omega = \frac{\lambda c}{4\pi L_s r}\Delta\phi \; . \tag{3.186}$$

Die Drehrate Ω verursacht also eine Phasenverschiebung zwischen den gegensinnig umlaufenden Laserstrahlen, die von der Brechzahl n der Glasfaser unabhängig ist. Dieser Sachverhalt wird als Sagnac-Effekt bezeichnet. Der Sagnac-Effekt ist ein relativistischer Effekt: Verwendet man anstelle des Geschwindigkeitsadditionsgesetzes der speziellen Relativitätstheorie Gl. 3.183 das Geschwindigkeitsadditionsgesetz der klassischen Physik $v_{a+b} = v_a + v_b$, wäre die in der Realität vorhandene Phasenverschiebung nicht vorhergesagt worden.

Bei der technischen Nutzung des Sagnac-Effektes im Faserkreisel unterscheidet man zwischen aktiven und passiven Faserkreiseln, beim aktiven Faserkreisel wird noch zusätzlich zwischen open- und closed-loop-Betrieb unterschieden. Prinzipiell wird die Phasenverschiebung der Laserstrahlen ermittelt, indem sie nach dem Auskoppeln aus der Glasfaserspule zur Interferenz gebracht werden. Tatsächlich gemessen wird die Intensität I des Interferenzergebnisses, es gilt

$$I = I_1 + I_2 + 2\sqrt{I_1 I_2}\cos\Delta\phi \; , \tag{3.187}$$

wobei I_1 und I_2 die Intensitäten der einzelnen Laserstrahlen bezeichnen. Wird die Anordnung nicht gedreht, wäre ohne weitere Maßnahmen der Lichtweg für beide Laserstrahlen identisch, es käme zu konstruktiver Interferenz, die Intensität am Detektor wäre maximal. Das ist nicht wünschenswert, da in diesem Fall die Empfindlichkeit am geringsten ist – die Steigung der Cosinus-Funktion ist an dieser Stell Null – und nicht

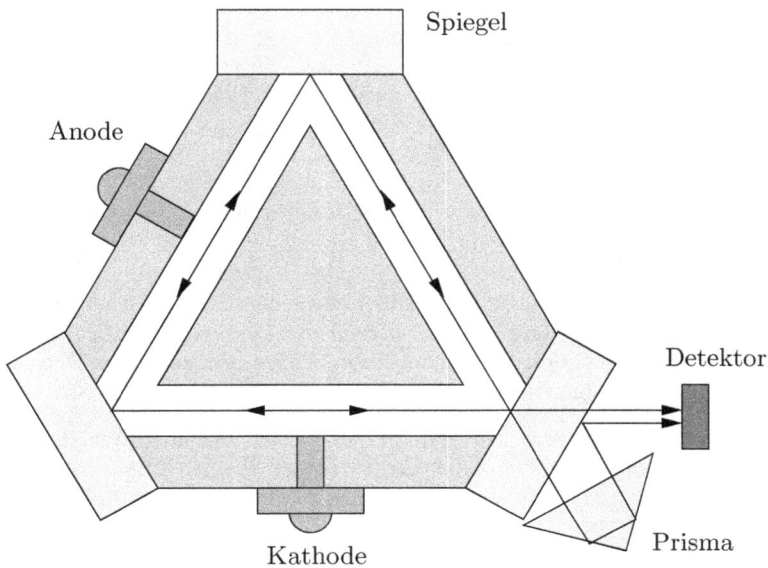

Abbildung 3.14: *Aufbau eines Ringlaserkreisels.*

zwischen Rechts- und Linksdrehung unterschieden werden könnte: Beides wäre lediglich mit einer Abnahme der Intensität verbunden.

Bei einem passiven FOG wird beim Auskoppeln der Laserstrahlen aufgrund des verwendeten Kopplers eine zusätzliche Phasenverschiebung von 60° erzielt. Bei einem aktiven FOG erhält man eine zusätzliche Phasenverschiebung durch Modulation mit einem integrierten optischen Chip. Der prinzipielle Aufbau eines aktiven FOGs ist in Abb. 3.13 zu sehen. Während im open-loop-Betrieb die aufgrund des Sagnac-Effektes resultierende Phasenverschiebung gemessen wird, wird im closed-loop-Betrieb die Modulation so angepasst, dass diese Phasenverschiebung aufgrund des Sagnac-Effektes gerade kompensiert wird. Umfassende Beschreibungen sind in [80], [110] zu finden.

Ringlaser-Kreisel

Auch der Ringlaser-Kreisel basiert auf dem Sagnac-Effekt. Der benötigte geschlossene Lichtweg wird hier jedoch durch drei[8] geeignet angeordnete Spiegel hergestellt, siehe Abb. 3.14. In dem Lichtweg befindet sich ein Helium-Neon-Gasgemisch, das als Lasermedium dient. Durch geeignetes Pumpen bilden sich ein im und ein entgegen dem Uhrzeigersinn umlaufender Laserstrahl aus. Hierbei handelt es sich um stehende Wellen, deren Frequenz mit von der Länge des Lichtweges abhängt. Befindet sich die Anordnung in Ruhe, ist der Lichtweg für beide Laserstrahlen identisch, beide Laserstrahlen haben somit die selbe Frequenz. Wird die Anordnung in Rotation versetzt, verlängert

---

[8]Prinzipiell können natürlich auch mehr als drei Spiegel eingesetzt werden.

sich der Lichtweg für den einen und verkürzt sich der Lichtweg für den anderen Laser-strahl. Ein längerer Lichtweg bedeutet aber, dass sich die Wellenlänge vergößern und somit die Frequenz verringern muss, damit nach wie vor eine stehende Welle vorliegt. Die beiden Laserstrahlen haben nun unterschiedliche Frequenzen, die Frequenzdifferenz hängt von der Drehrate ab. Um diese Frequenzdifferenz zu detektieren, ist einer der Spiegel halbdurchlässig ausgeführt, so dass die Laserstrahlen ausgekoppelt und zur In-terferenz gebracht werden können. Im Detektor ergibt sich ein Interferenzmuster, das mit zwei Photodioden ausgewertet wird: Bei identischer Frequenz der Laserstrahlen ist das Interferenzmuster ortsfest, bei unterschiedlicher Frequenz beginnen die Interferenz-streifen zu wandern, die Richtung in der sich die Interferenzstreifen bewegen hängt von der Drehrichtung der Anordnung ab. Die Frequenz, mit der die Maxima des Interfe-renzmusters an den Photodioden vorbeistreichen hängt von der Drehrate ab und wird als Beat-Frequenz bezeichnet. Zwei Photodioden sind nötig, um die Bewegungsrichtung der Interferenzstreifen und damit die Drehrichtung erkennen zu können.

Eine Schwierigkeit bei diesem Messprinzip stellt der Lock-in-Effekt dar. Darunter ver-steht man, dass sich die Frequenz der Laserstrahlen erst ab einer bestimmten Mindest-drehrate ändert, kleinere Drehraten können nicht gemessen werden. Dieses Problem wird meist durch einen mechanischen Dither gelöst, d.h. die Anordnung wird mechanisch in oszillatorische Rotationsbewegungen versetzt, um so außerhalb des Lock-in-Bereichs zu arbeiten.

Ringlaser-Kreisel sind die hochwertigsten der hier beschriebenen Drehratensensoren, eine detaillierte Betrachtung dieses Sensortyps ist in [11] zu finden.

3.4.2   Beschleunigungsmesser

Beschleunigungsmesser verfügen in der Regel über eine oder mehrere Probemassen, die unter dem Einfluss der zu messenden Beschleunigung ausgelenkt werden. Bei einem open-loop-Beschleunigungsmesser wird diese Auslenkung direkt gemessen, während im closed-loop-Betrieb die Probemasse in ihre Ruhelage zurückgestellt und die dafür benö-tigten Stellgrößen ermittelt werden. Im Folgenden werden der Pendel-Beschleunigungs-messer und der vibrating-beam-Beschleunigungsmesser näher beschrieben.

Pendel-Beschleunigungsmesser

Bei Pendel-Beschleunigungsmessern kommen häufig Techniken aus der Chip-Herstellung zum Einsatz, die elastisch aufgehängte Probemasse wird sehr exakt aus einem Silizium-Waver ausgeätzt und auf Ober- und Unterseite metallisiert. Damit kann eine Doppel-Kondensator-Struktur aufgebaut werden, wie sie in Abb. 3.15 dargestellt ist. Im open-loop-Betrieb wird die beschleunigungsbedingte Auslenkung der Probemasse kapazitiv gemessen. Diese Vorgehensweise hat den Nachteil, dass der Zusammenhang zwischen Krafteinwirkung und Auslenkung der Probemasse bestenfalls für sehr kleine Auslen-kungen linear ist. Dieses Problem wird im closed-loop-Betrieb umgangen, bei dem die Probemasse in ihrer Ruhelage gehalten wird. In der Ruhelage besitzen beide Konden-satoren die gleiche Kapazität $C_1 = C_2$, so dass man mit

$$Q_1 = C_1 U_1 \, , \quad Q_2 = C_2 U_2 \tag{3.188}$$

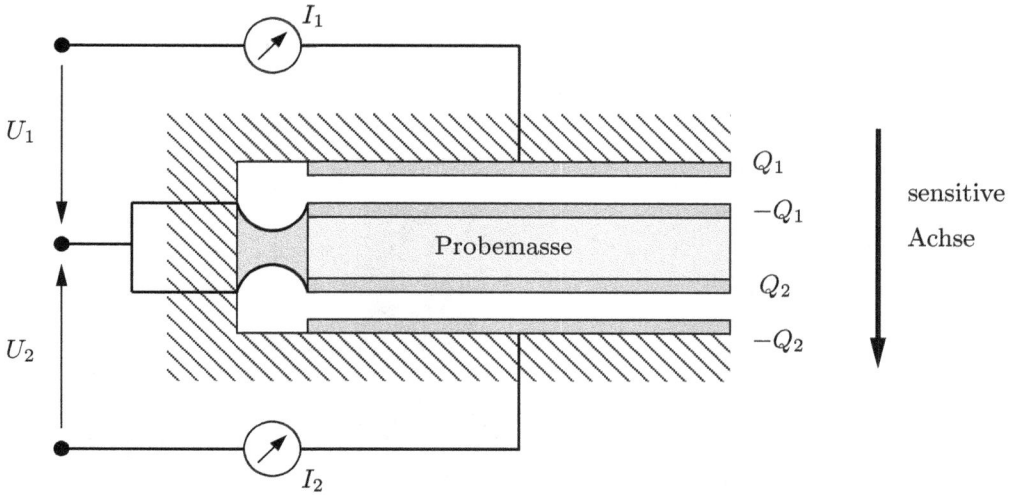

Abbildung 3.15: *Aufbau eines Pendel-Beschleunigungsmessers.*

als Ruhelagebedingung

$$\frac{Q_1}{U_1} \overset{!}{=} \frac{Q_2}{U_2} \tag{3.189}$$

erhält. Wird die Probemasse durch eine einwirkende Beschleunigung a ausgelenkt, ändern sich die Kapazitäten und damit die Spannungen U_1 und U_2, die gemessen werden. Um die Ruhelagebedingung Gl. (3.189) wieder zu erfüllen, werden gezielt Ladungen $\Delta q = I \Delta t$ auf die Kondensatorplatten aufgebracht: Bei unterschiedlichen Ladungen Q_1 und Q_2 wird eine elektrostatische Kraft

$$F = \frac{Q_1^2}{2\epsilon_0 A} - \frac{Q_2^2}{2\epsilon_0 A} \tag{3.190}$$

auf die Probemasse ausgeübt, A bezeichnet die Kondensatorfläche, ϵ_0 ist die Dielektrizitätskonstante. Diese elektrostatische Kraft kompensiert gerade die einwirkende Beschleunigung. Durch Einsetzen von

$$Q_1 = Q + \Delta q \,, \quad Q_2 = Q - \Delta q \tag{3.191}$$

erhält man mit $F = ma$ den gesuchten Zusammenhang zwischen aufgebrachter Ladung Δq und Beschleunigung a:

$$a = \frac{4\Delta q Q}{2m\epsilon_0 A} \tag{3.192}$$

Hierbei bezeichnet m die Masse der Probemasse. Prinzipiell ist davon auszugehen, dass bei einem Pendel-Beschleunigungsmesser im closed-loop-Betrieb bessere Ergebnisse erzielt werden können als im open-loop-Betrieb.

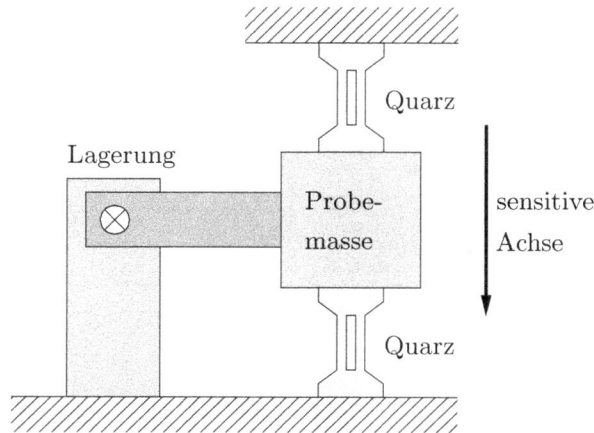

Abbildung 3.16: *Aufbau eines Vibrating-Beam-Beschleunigungsmessers.*

Vibrating-Beam-Beschleunigungsmesser

Die Schwingungsfrequenz eines Quarzes ändert sich – vergleichbar mit einer Gitarrensaite – unter Zug- oder Druckbelastung. Bei einem vibrating-beam-Beschleunigungsmesser werden nun zwei Quarze so angeordnet, dass einer der Quarze bei Einwirkung einer Beschleunigung von einer Probemasse gestaucht und der andere Quarz gedehnt wird. Es kann wie in Abb. 3.16 eine Probemasse zum Einsatz kommen, häufig besitzt aber jeder Quarz seine eigene Probemasse. Während im beschleunigungsfreien Fall beide Quarze mit der identischen Resonanzfrequenz schwingen, erhöht bzw. verringert sich die Schwingungsfrequenz der Quarze bei Einwirkung einer Beschleunigung. Die Beschleunigung wird anhand der Schwebungsfrequenz[9] bestimmt, die sehr genau gemessen werden kann. Details zu diesem Sensortyp können [81] entnommen werden.

3.4.3 Generische Inertialsensorfehlermodelle

Drehratensensoren

Die Messung von Drehraten und Beschleunigungen bzw. Winkel- und Geschwindigkeitsinkrementen ist immer mit Fehlern behaftet. Ein generisches Fehlermodell einer Drehratensensor-Triade ist gegeben durch

$$\tilde{\vec{\omega}}_{ib}^{b} = \mathbf{M}_{Gyro} \cdot \vec{\omega}_{ib}^{b} + \vec{b}_{\omega} + \vec{n}_{\omega} \ . \tag{3.193}$$

Die gemessene Drehrate ist mit $\tilde{\vec{\omega}}_{ib}^{b}$ bezeichnet, $\vec{\omega}_{ib}^{b}$ ist die reale Drehrate. Idealerweise sind die sensitiven Achsen der drei Sensoren exakt orthogonal zueinander ausgerichtet.

---

[9]Bei der Überlagerung zweier Schwingungen mit unterschiedlichen Frequenzen tritt eine Schwebung auf, deren Frequenz gerade der Frequenzdifferenz der beiden Schwingungen entspricht.

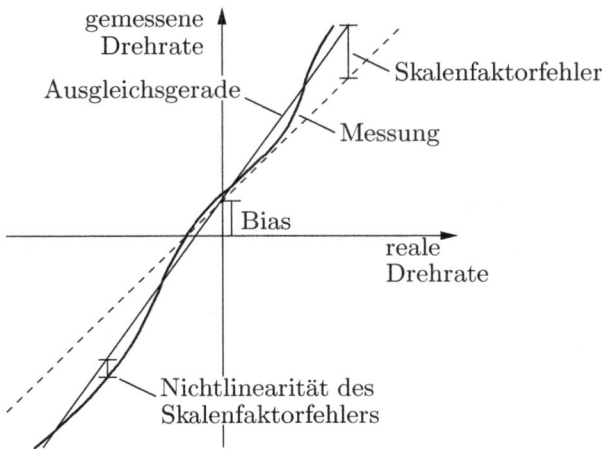

Abbildung 3.17: *Bias, Skalenfaktorfehler und Nichtlinearität des Skalenfaktorfehlers.*

Die in der Realität vorliegende Missweisung der Sensorachsen kann über die Nebendiagonalelemente der Misalignment-Matrix

$$\mathbf{M}_{Gyro} = \begin{pmatrix} s_x & \delta_{z_x} & -\delta_{y_x} \\ -\delta_{z_y} & s_y & \delta_{x_y} \\ \delta_{y_z} & -\delta_{x_z} & s_z \end{pmatrix} \tag{3.194}$$

beschrieben werden. Meist wird das Misalignment nach dem Zusammenbau vermessen und innerhalb der IMU rechnerisch kompensiert, so dass diese Nebendiagonalelemente als der nach dieser Kompensation verbleibende Fehler zu verstehen sind. Die Hauptdiagonale der Misalignmentmatrix enthält die Skalenfaktoren der Sensoren. Die Abweichung dieser Skalenfaktoren von dem Idealwert eins sind die Skalenfaktorfehler, die in ppm[10] angegeben werden. Diese Skalenfaktorfehler bestehen aus einem konstanten Anteil und einem drehratenabhängigen Anteil, der Skalenfaktorfehlernichtlinearität, für die häufig eine quadratische Abhängigkeit von der Drehrate angenommen wird.

Im Term $\vec{b}_\omega$ sind die Biase, d.h. die Nullpunktsfehler der Sensoren zusammengefasst. Diese werden je nach Güte der Sensoren in Grad pro Stunde oder Grad pro Sekunde angegeben. Üblicherweise unterscheidet man einen konstanten Anteil, der sich zwar von Einschalten zu Einschalten verändern kann, während des Betriebs aber konstant bleibt, und einen zeitveränderlichen Anteil, der als Bias-Drift, Bias-Stabilität oder Bias-Variation bezeichnet wird. Letzterer wird meistens stochastisch als Gauss-Markov-Prozess erster Ordnung beschrieben. Ursache für zeitliche Änderungen des Bias können z.B. Temperatureinflüsse sein. Schließlich weisen Drehratensensoren häufig Biase auf, die als Funktion der einwirkenden Beschleunigung – g-abhängiger Bias – und als Funktion des Quadrates der einwirkenden Beschleunigung – g^2-abhängiger Bias – beschrieben werden können.

---

[10]ppm bedeutet parts-per-million, also 1e-6.

Tabelle 3.2: *Einheitenumrechnungen Drehratensensorrauschen*

$\frac{(°)}{\sqrt{h}}$	$\frac{°/h}{\sqrt{Hz}}$	$\frac{rad/s}{\sqrt{Hz}} \hat{=} \frac{rad}{\sqrt{s}}$
1	60	2.909e-4
0.0167	1	4.848e-6
3437.7	206264.8	1

Tabelle 3.3: *Ungefähre Größenordnungen von Drehratensensorfehlern*

Fehler	RLG	FOG	MEMS
g-unabhängiger Bias:	$0.001 - 10\,°/h$	$0.1 - 50\,°/h$	$5\,°/h - 5\,°/s$
g-abhängiger Bias:	$0\,°/h/g$	$< 1\,°/h/g$	$1\,°/h/g$
g^2-abhängiger Bias:	$0\,°/h/g^2$	$< 0.1\,°/h/g^2$	$0.3\,°/h/g^2$
Skalenfaktorfehler:	$5\,ppm$	$> 100\,ppm$	$> 400\,ppm$
Angle Random Walk:	$0.01\,°/\sqrt{h}$	$0.1\,°/\sqrt{h}$	$1\,°/\sqrt{h}$

Bias, Skalenfaktorfehler und Skalenfaktorfehlernichtlinearität sind in Abb. 3.17 veranschaulicht.

Der Term n_ω beschreibt das sensorinhärente Rauschen, das als weiß, normalverteilt und mittelwertfrei angenommen wird. Zur Quantifizierung wird die spektrale Leistungsdichte oder deren Wurzel angegeben, da bei integrierenden Sensoren die Varianz im Zeitdiskreten von der Abtastzeit abhängt: Ergibt sich der zeitdiskrete Drehratenmesswert ω_k aus der realen Drehrate $\omega(t)$ gemäß

$$\omega_k = \frac{1}{\Delta t} \int_{t_{k-1}}^{t_k} (\omega(\tau) + n_\omega(\tau))\, d\tau \,, \tag{3.195}$$

so findet man für den die Messung verfälschenden Rauschterm $n_{\omega k}$

$$n_{\omega,k} = \frac{1}{\Delta t} \int_{t_{k-1}}^{t_k} n_\omega(\tau)\, d\tau \,. \tag{3.196}$$

Hierbei bezeichnet $n_\omega(\tau)$ das weiße Rauschen[11] im Zeitkontinuierlichen, es gilt

$$E\left[n_\omega(\tau_1)n_\omega(\tau_2)\right] = R \cdot \delta(\tau_1 - \tau_2) \,. \tag{3.197}$$

---

[11]Weißes Rauschen kann im Zeitkontinuierlichen in der Realität nicht existieren, ist als theoretisches Konzept aber dennoch sinnvoll. Im Zeitdiskreten existiert weißes Rauschen, siehe auch Abschnitt 5.2.1.

Die Varianz R_k von $n_{\omega,k}$ ergibt sich zu

$$
R_k = E\left[n_{\omega,k}^2\right] = E\left[\frac{1}{\Delta t^2} \int\limits_{t_{k-1}}^{t_k} \int\limits_{t_{k-1}}^{t_k} n_\omega(\tau_1) n_\omega(\tau_2)\, d\tau_1\, d\tau_2\right]
$$

$$
= \frac{1}{\Delta t^2} \int\limits_{t_{k-1}}^{t_k} \int\limits_{t_{k-1}}^{t_k} R \cdot \delta(\tau_1 - \tau_2)\, d\tau_1\, d\tau_2
$$

$$
= \frac{1}{\Delta t^2} \int\limits_{t_{k-1}}^{t_k} R\, d\tau_2 = \frac{R}{\Delta t} \quad . \tag{3.198}
$$

Die spektrale Leistungsdichte R besitzt hier die Einheit $^{(rad/s)^2}/_{Hz}$, typischerweise wird deren Wurzel in der Einheit $^{rad}/_{\sqrt{s}}$ oder $^{deg}/_{\sqrt{h}} = \frac{180}{\pi \cdot 60}\,^{rad}/_{\sqrt{s}}$ angegeben und als angle random walk bezeichnet.

Die Bedeutung dieser Angabe kann wie folgt verdeutlicht werden: Es sei μ_k weißes Rauschen mit der Standardabweichung $\sigma_\mu = 1$, ein Drehratenrauschen $n_{\omega,k}$ mit Varianz R_k ist dann durch

$$
n_{\omega,k} = \sqrt{R_k} \cdot \mu_k = \sqrt{\frac{R}{\Delta t}} \cdot \mu_k \tag{3.199}
$$

gegeben, die zugehörigen Winkelinkremente sind

$$
\Delta\theta_k = n_{\omega,k}\Delta t = \sqrt{R \cdot \Delta t} \cdot \mu_k \ . \tag{3.200}
$$

Die Varianz eines solchen Winkelinkrements ist

$$
\sigma_{\Delta\theta}^2 = R \cdot \Delta t \cdot \sigma_\mu^2 = R \cdot \Delta t \ . \tag{3.201}
$$

Werden über einen Zeitraum $T = m\Delta t$ zur Berechnung eines Winkels m dieser Winkelinkremente aufsummiert, erhält man den aufgrund des Rauschens aufgetretenen Winkelfehler θ_e. Die Varianz dieses Winkelfehlers ergibt sich durch Summation der Winkelinkrementvarianzen:

$$
\sigma_{\theta_e}^2 = m \cdot \sigma_{\Delta\theta}^2 = m \cdot \Delta t \cdot R = T \cdot R \tag{3.202}
$$

Die Standardabweichung des durch Rauschen verursachten Winkelfehlers ist folglich

$$
\sigma_{\theta_e} = \sqrt{T} \cdot \sqrt{R} \ . \tag{3.203}
$$

Die Angabe des Drehratensensorrauschens als Wurzel aus einer spektralen Leistungsdichte ermöglicht also, schnell auf den in einem bestimmten Zeitraum aufgrund des Rauschens zu erwartenden Winkelfehler zu schließen: Dessen Standardabweichung erhält man – unabhängig von der Abtastzeit – durch Multiplikation der Wurzel der spektralen Leistungsdichte mit der Wurzel des betrachteten Zeitraums. Ein angle random

Tabelle 3.4: *Einheitenumrechnungen Beschleunigungsmesserrauschen*

$\mathrm{m/s}/\sqrt{\mathrm{h}}$	$\mathrm{mg}/\sqrt{\mathrm{Hz}}$	$\mathrm{m/s^2}/\sqrt{\mathrm{Hz}} \mathrel{\hat{=}} \mathrm{m/s}/\sqrt{\mathrm{s}}$
1	1.703	0.0167
0.588	1	9.807e-3
60	101.97	1

walk von $1°/\sqrt{\mathrm{h}}$ lässt also in einer Stunde einen rauschbedingten Winkelfehler mit einer Standardabweichung von $1°$ erwarten.

Tab. 3.2 listet die Umrechnungen zwischen den gängigen Einheiten auf, in denen Inertialsensorrauschen angegeben wird.

Die typischen Größenordnungen der beschriebenen Drehratensensorfehler für FOG, RLG und MEMS-Gyro sind in Tab. 3.3 angegeben. Diese Zahlenwerte sind als ungefähre Richtwerte zu verstehen; gerade bei den High-End-MEMS-Gyros ist aufgrund der umfangreichen Anstrengungen auf diesem Gebiet in der Zukunft mit einer Steigerung der Güte zu rechnen, so dass Nullpunktsfehler von weniger als einem Grad pro Stunde erreicht werden könnten, während momentan die in der Tabelle angegebenen fünf Grad pro Stunde von den meisten Sensoren nicht erreicht werden.

Beschleunigungsmesser

Im Prinzip treten bei einer Beschleunigungsmesser-Triade die gleichen Messfehler auf wie bei einer Drehratensensor-Triade, so dass auch hier ein Inertialsensorfehlermodell der Form

$$\tilde{\vec{f}}_{ib}^{b} = \mathbf{M}_{Acc} \cdot \vec{f}_{ib}^{b} + \vec{b}_a + \vec{n}_a \tag{3.204}$$

gewählt werden kann.

Beschleunigungsmesserbiase werden in $mg = $ 1e-3 g angegeben, wobei die Gravitation zu $g = 9.80665\,\mathrm{m/s^2}$ definiert wird. Beschleunigungsmesserbiase können einen als rectification error bezeichneten Anteil aufweisen, der von den einwirkenden Vibrationen abhängt[12]. Das kann insbesondere dann zu Problemen führen, wenn dieser Bias im Rahmen der Datenfusionsalgorithmik des Navigationssystems geschätzt wird: Ändert sich die Vibrationsumgebung, z.B. wenn in einem Transfer-Alignment-Szenario, siehe Abschnitt 9, auf die Alignment-Phase die Freiflug-Phase folgt, sind die in der Alignment-Phase geschätzten Biase unter Umständen nicht mehr gültig.

Das Beschleunigungsmesserrauschen wird über die Wurzel der spektralen Leistungsdichte beschrieben und als velocity random walk bezeichnet, die Bedeutung ist dabei analog zum angle random walk. Die Umrechnungen zwischen gängigen Einheiten sind in Tab. 3.4 angegeben.

---

[12]Ein solcher rectification error kann auch bei Drehratensensoren vorliegen.

Tabelle 3.5: *Ungefähre Größenordnungen von Beschleunigungsmesserfehlern*

Fehler	Vibrating Beam	Pendel
Konstanter Bias:	$0.1 - 1\,\mathrm{mg}$	$0.1 - 10\,\mathrm{mg}$
Biasstabilität:	$0.1\,\mathrm{mg}$	$1\,\mathrm{mg}$
Skalenfaktorfehler:	$100\,\mathrm{ppm}$	$1000\,\mathrm{ppm}$
Velocity Random Walk:	$0.01\,\mathrm{m/s}/\sqrt{h}$	$0.04\,\mathrm{m/s}/\sqrt{h}$

Eine Übersicht über typische Größenordnungen von Beschleunigungsmesserfehlern ist in Tab. 3.5 zu finden.

Neben den bisher beschriebenen Sensorfehlern resultieren bei einer Beschleunigungsmesser-Triade zusätzliche Messfehler, wenn die Positionen der Sensoren nicht berücksichtigt werden. Die Achsen der Inertialsensoren definieren die Koordinatenrichtungen des körperfesten Koordinatensystems, aufgrund ihrer physikalischen Ausdehnung kann sich aber nicht mehr als ein Beschleunigungssensor im Ursprung dieses Koordinatensystems befinden. Wenn das körperfeste Koordinatensystem rotiert, messen die Beschleunigungssensoren daher noch Anteile der Zentripetalbeschleunigung in Richtung ihrer sensitiven Achsen:

$$
\vec{a}^{\,b}_{zentr.} = \begin{pmatrix} \left(\vec{\omega}^{\,b}_{ib} \times \vec{\omega}^{\,b}_{ib} \times \vec{r}^{\,b}_x\right) \vec{e}_x \\ \left(\vec{\omega}^{\,b}_{ib} \times \vec{\omega}^{\,b}_{ib} \times \vec{r}^{\,b}_y\right) \vec{e}_y \\ \left(\vec{\omega}^{\,b}_{ib} \times \vec{\omega}^{\,b}_{ib} \times \vec{r}^{\,b}_z\right) \vec{e}_z \end{pmatrix}
\tag{3.205}
$$

Hierbei bezeichnen $\vec{r}^{\,b}_{x,y,z}$ die Positionen der Beschleunigungsmesser im körperfesten Koordinatensystem. Ob eine rechnerische Kompensation dieses als size effect bezeichneten Sachverhalts sinnvoll ist, hängt von der Güte der Sensoren und der Trajektoriendynamik ab.

3.4.4 Kurzzeitcharakteristik

Die Fehlerdifferentialgleichungen, die die zeitliche Propagation von Fehlern der Navigationslösung eines Inertialnavigationssystems beschreiben sind von besonderem Interesse, da sie in einem integrierten Navigationssystem die Grundlage des error-state-space-Kalman-Filter-Systemmodells darstellen. Diese werden in Abschnitt 8.2.1 hergeleitet. Im Folgenden sollen anstelle einer detaillierten mathematischen Beschreibung einige grundlegende Mechanismen der Fehlerfortpflanzung in einem Inertialnavigationssystem beschrieben werden.

Lagefehler

Zur Verdeutlichung der Auswirkung von Lagefehlern wird die in Abb. 3.18 dargestellte Situation betrachtet: Das Fahrzeug befinde sich in Ruhe, so dass die Beschleunigungsmesser lediglich die Schwerebeschleunigung g messen. Der tatsächlich vorhandene Rollwinkel sei Null, der tatsächliche Pitch-Winkel sei θ. In diesem Szenario messen drei

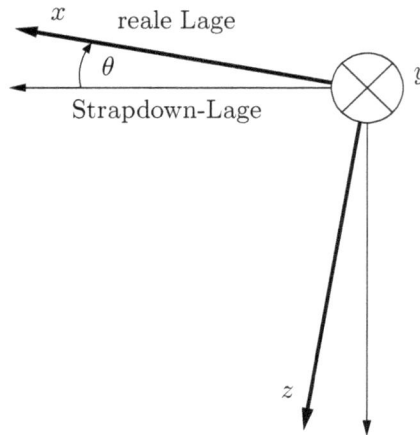

Abbildung 3.18: *Auswirkung von Lagefehlern.*

ideale Beschleunigungssensoren

$$\tilde{\vec{f}}_{ib}^{\,b} = \begin{pmatrix} g\sin\theta \\ 0 \\ -g\cos\theta \end{pmatrix} . \tag{3.206}$$

Die Lageinformationen der Navigationslösung seien fehlerhaft, der Pitch-Winkel wurde zu Null berechnet. Bevor die gemessenen Beschleunigungen integriert werden um auf Geschwindigkeitsänderungen zu schließen, muss die Schwerebeschleunigung aus den Messdaten herausgerechnet werden. Aufgrund der fehlerhaften Lageinformation wird davon ausgegangen, dass der z-Beschleunigungsmesser die volle Schwerebeschleunigung gemessen hat, wohingegen keine Einkopplung in die x- und y-Beschleunigungsmesser vorliegt. Damit ermittelt der strapdown-Algorithmus für den Fall, dass der Lagefehler klein ist, d.h. $\sin\theta \approx \theta$ und $\cos\theta \approx 1$ gilt, die trajektorienbedingte Beschleunigung zu

$$\vec{a}_{ib}^{\,b} = \tilde{\vec{f}}_{ib}^{\,b} + \vec{g}_l^{\,b} = \begin{pmatrix} g\sin\theta \\ 0 \\ g(1-\cos\theta) \end{pmatrix} \approx \begin{pmatrix} g\theta \\ 0 \\ 0 \end{pmatrix} . \tag{3.207}$$

Daraus kann geschlossen werden, dass kleine Lagefehler zunächst im Wesentlichen zu Geschwindigkeits- und Positionsfehlern in den Horizontalkanälen führen, während der Vertikalkanal weniger betroffen ist. Da die fehlerhafte Beschleunigungskomponente zur Berechnung der Geschwindigkeit einmal und zur Berechnung der Position zweimal integriert wird, wachsen bedingt durch Lagefehler Geschwindigkeitsfehler proportional mit der Zeit, Positionsfehler quadratisch mit der Zeit an.

Inertialsensorbiase

Es ist unmittelbar einsichtig, dass Beschleunigungsmesserbiase zu einem Anwachsen der Geschwindigkeitsfehler proportional mit der Zeit und zu einem Anwachsen der Positionsfehler quadratisch mit der Zeit führen.

Da gemessene Drehraten zur Propagation der Lage einmal integriert werden müssen, führen Drehratensensorbiase in erster Näherung zu einem Anwachsen der Lagefehler proportional mit der Zeit:

$$\begin{pmatrix} \Delta\phi \\ \Delta\theta \\ \Delta\psi \end{pmatrix} = \vec{b}_\omega \cdot t \qquad (3.208)$$

Mit den Überlegungen des vorherigen Abschnitts erhält man dadurch einen Fehler

$$\Delta\vec{g}_l^{\,n} \approx g_l^{\,n} \begin{pmatrix} \Delta\theta \\ -\Delta\phi \\ 0 \end{pmatrix} = g_l^{\,n} \begin{pmatrix} b_{\omega,y} \\ -b_{\omega,z} \\ 0 \end{pmatrix} t \qquad (3.209)$$

bei der Kompensation der Schwerebeschleunigung, was letztendlich zu einem Anwachsen der Positionsfehler gemäß

$$\Delta\vec{r}_{b_\omega} = \frac{1}{6} g_l^{\,n} \begin{pmatrix} b_{\omega,y} \\ -b_{\omega,z} \\ 0 \end{pmatrix} t^3 \qquad (3.210)$$

führt.

3.4.5 Langzeitcharakteristik

Während für kürzere Zeiträume die Überlegungen des vorherigen Abschnittes sicherlich eine qualitative Gültigkeit haben, sind bei der Betrachtung größerer Zeiträume zusätzlich andere Mechanismen relevant.

Instabilität des Höhenkanals

Zunächst soll der Höhenkanal eines Inertialnavigationssystems betrachtet werden. Zur Kompensation der von den Beschleunigungsmessern mitgemessenen Schwerebeschleunigung $\vec{g}_l$ wird eine geschätzte Schwerebeschleunigung $\hat{\vec{g}}_l$ einem entsprechenden Modell entnommen. Die Schwerebeschleunigung nimmt mit zunehmender Höhe ab. Wird nun aufgrund der Navigationslösung fälschlicherweise z.B. eine zu große Höhe über dem Erdellipsoid angenommen, wird eine zu geringe Schwerebeschleunigung angenommen und daher nur ein Teil der Schwerebeschleunigung kompensiert, siehe Abb. 3.19. Es verbleibt

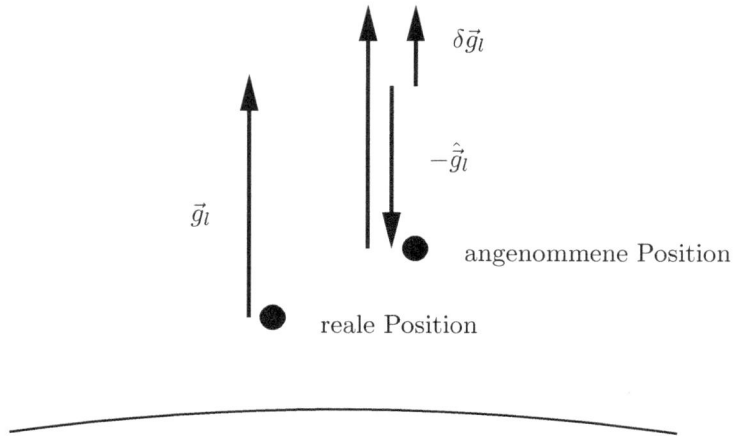

Abbildung 3.19: *Instabilität des Höhenkanals.*

eine unkompensierte Beschleunigung $\delta\vec{g}_l$ nach oben, die im Strapdown-Algorithmus integriert wird und so den Höhenfehler weiter vergrößert. Bei einer zu gering angenommenen Höhe verbleibt eine Beschleunigungskomponente nach Unten, die auch diesen Höhenfehler weiter vergrößert.

Die Auswirkung eines Anfangshöhenfehlers von zehn Metern – ohne weitere Fehlerquellen, d.h. bei Verwendung idealer Sensoren und ansonsten perfekter Initialisierung – ist in Abb. 3.20 dargestellt.

Diese Instabilität des Höhenkanals ist die Ursache dafür, das ein Inertialnavigationssystem, das längere Zeit autonom navigieren soll, praktisch immer über einen Baro-Altimeter verfügt.

Schuler-Oszillationen

Wird der Höhenkanal z.B. durch Verwendung eines Baro-Altimeters stabilisiert, so weisen die Horizontalkanäle eine gewisse Stabilität auf: Da die Erde gekrümmt ist, stimmt bei einem horizontalen Positionsfehler $\Delta\vec{r}$ die angenommene Richtung der Schwerebeschleunigung nicht mit deren tatsächlicher Richtung überein, siehe Abb. 3.21. Dadurch wird im Strapdown-Algorithmus die Schwerebeschleunigung nicht vollständig kompensiert, ein Anteil der Schwerebeschleunigung wird als Beschleunigung des Fahrzeugs interpretiert. Diese Beschleunigungskomponente $\Delta\vec{a}$ ist gerade so gerichtet, dass sie dem vorliegenden Positionsfehler entgegenwirkt.

Anhand von Abb. 3.21 erhält man näherungsweise

$$\frac{\Delta r}{R} = -\frac{\Delta a}{g_l} \qquad\qquad (3.211)$$

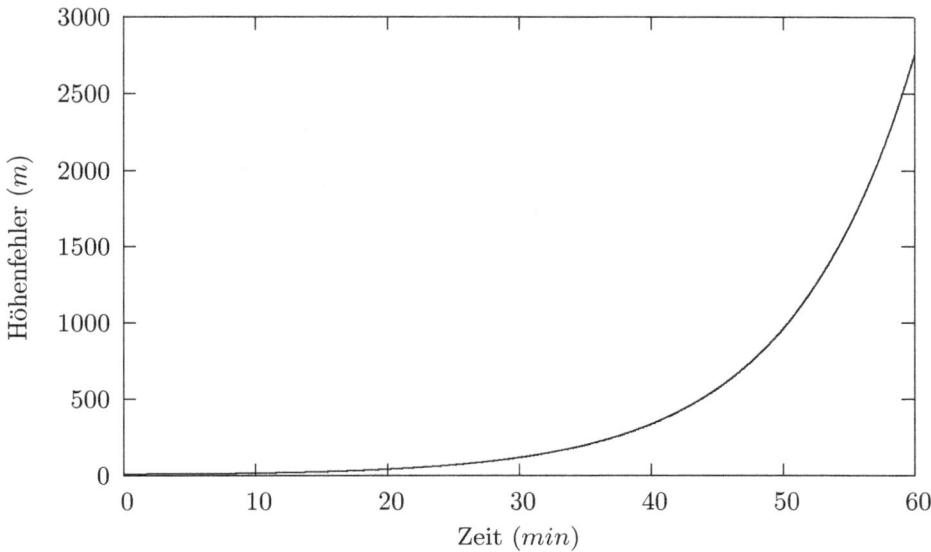

Abbildung 3.20: *Instabilität des Höhenkanals.*

und damit

$$\Delta \ddot{r} + \frac{g_l}{R}\Delta r = 0 \ . \tag{3.212}$$

Gl. (3.212) ist die Differentialgleichung eines harmonischen Oszillators mit einer Periodendauer von ungefähr 84 Minuten. Die aus dem beschriebenen Mechanismus resultierenden Oszillationen der Positions- und Geschwindigkeitsfehler werden als Schuler-Oszillationen bezeichnet.

3.5   Initialisierung

Vor Beginn der Strapdown-Rechnung muss eine initiale Navigationslösung bestimmt werden. Im Folgenden soll angenommen werden, dass sich das Fahrzeug dabei in Ruhe befindet und die Anfangsposition bekannt ist. In diesem Szenario muss lediglich die Gewinnung der benötigten Lageinformationen betrachtet werden.

Zunächst wird ein horizontiertes Koordinatensystem mit dem Index h definiert, dessen x- und y-Achse in die Richtungen der Projektionen der x- und y-Achsen des körperfesten Koordinatensystems auf die lokale Horizontale weisen. Die Achsen des horizontierten Koordinatensystems liegen damit in der gleichen Ebene wie die Nord- und Ost-Achse des Navigationskoordinatensystems, die Lage dieser beiden Koordinatensysteme wird über den Yaw-Winkel ψ beschrieben. Die Lage von horizontiertem und körperfestem Koordinatensystem ist durch den Rollwinkel ϕ und den Pitchwinkel θ bestimmt.

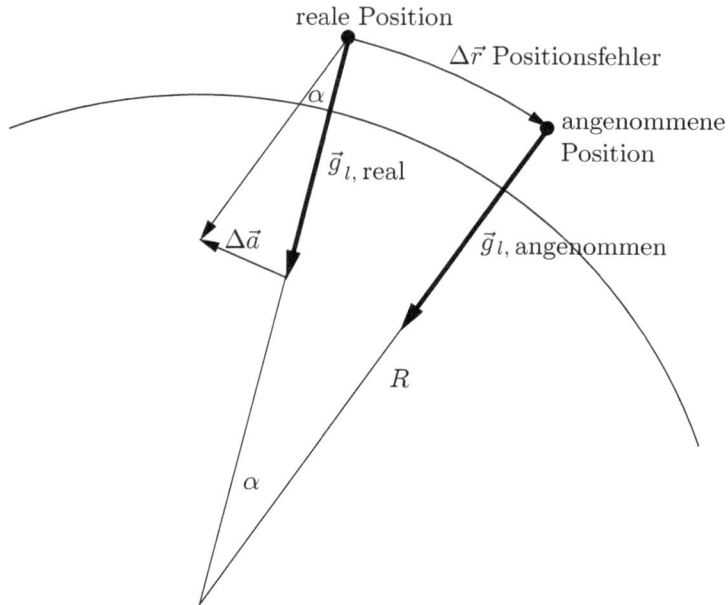

Abbildung 3.21: *Entstehung der Schuler-Oszillationen.*

Roll- und Pitchwinkel

Die Beschleunigungsmesser messen die Schwerebeschleunigung zu

$$\vec{f}_{ib}^b = \mathbf{C}_b^{h,T} \vec{f}_{ib}^h = \mathbf{C}_b^{h,T} (0,0,-g_l)^T \ , \tag{3.213}$$

wobei man $\mathbf{C}_b^h$ durch Einsetzen von $\psi = 0$ in Gl. (3.50) erhält. Ausmultiplizieren liefert

$$\vec{f}_{ib}^b = \begin{pmatrix} f_x \\ f_y \\ f_z \end{pmatrix} = \begin{pmatrix} \sin\theta g_l \\ -\sin\phi\cos\theta g_l \\ -\cos\phi\cos\theta g_l \end{pmatrix} \ , \tag{3.214}$$

so dass Roll- und Pitchwinkel gemäß

$$\theta = \arcsin\left(\frac{f_x}{g_l}\right) \ , \quad \phi = \arctan\left(\frac{f_y}{f_z}\right) \tag{3.215}$$

berechnet werden können. Alternativ kann man den Rollwinkel auch anhand von

$$\phi = \arcsin\left(\frac{-f_y}{g_l\cos\theta}\right) \tag{3.216}$$

berechnen.

Bezeichnet man die Fehler der gemessenen specific force mit δf_x, δf_y und δf_z, so erhält man für die Fehler der berechneten Winkel näherungsweise

$$\delta\phi = \frac{-\delta f_y}{g_l} \, , \quad \delta\theta = \frac{\delta f_x}{g_l} \, . \tag{3.217}$$

Ein Beschleunigungsmesserbias von 1 mg verursacht bei dieser Vorgehensweise also einen Lagefehler von 1 mrad.

Nordsuche

Der Yaw-Winkel ψ kann bei ausreichend genauen Drehratensensoren durch Messung der Erddrehrate bestimmt werden. Dieser Vorgang wird als Nordsuche bezeichnet. Die Projektion der Erddrehrate in die lokale Horizontalebene sei mit Ω_{hor} bezeichnet, es gilt $\Omega_{hor} = \Omega \cos\varphi$. Mit Gl. (3.120) und Abb. 3.22 erhält man die Horizontalkomponenten der Erddrehrate in Koordinaten des horizontierten Koordinatensystems zu

$$\omega_{ib,x}^h = \Omega \cos\varphi \cos\psi \tag{3.218}$$

$$\omega_{ib,y}^h = -\Omega \cos\varphi \sin\psi \, . \tag{3.219}$$

Im allgemeinen Fall $\phi \neq 0$ und $\theta \neq 0$ müssen diese Größen aus den gemessenen Drehraten ermittelt werden:

$$\omega_{ib,x}^h = \omega_{ib,x}^b \cos\theta + \omega_{ib,y}^b \sin\phi \sin\theta + \omega_{ib,z}^b \cos\phi \sin\theta \tag{3.220}$$

$$\omega_{ib,y}^h = \omega_{ib,y}^b \cos\phi - \omega_{ib,z}^b \sin\phi \tag{3.221}$$

Ausgehend von Gl. (3.218)–(3.219) berechnet sich der Yaw-Winkel wie folgt:

$$\psi = \arctan 2(-\omega_{ib,y}^h, \omega_{ib,x}^h) \tag{3.222}$$

Ist der Yaw-Winkel bestimmt, könnte aus Gl. (3.218) oder (3.219) sogar noch der ungefähre Breitengrad berechnet werden.

Sind die aufgrund der nicht exakt bekannten Roll- und Pitchwinkel resultierenden Fehler bei der Berechnung der horizontierten Drehraten Gl. (3.220)–(3.221) vernachlässigbar, dann beeinflussen im Wesentlichen drei Faktoren die Genauigkeit der Nordsuche:

1. **Messfehler.** Fehlerhafte Messungen der Drehrate $\vec{\omega}_{ib}^h$ führen direkt zu Yaw-Winkel-Fehlern. Daher werden meist über einen längeren Zeitraum gemittelte Drehraten verwendet, um den Einfluss des Sensorrauschens zu minimieren. Der Einfluss der Drehratensensorbiase kann nicht verringert werden.

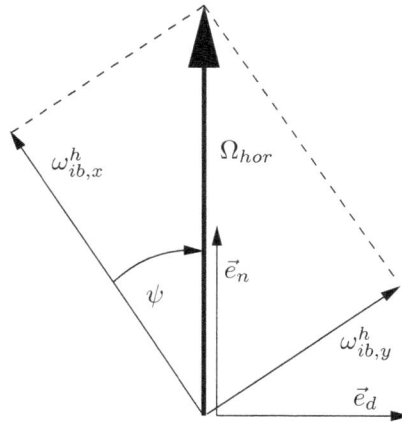

Abbildung 3.22: *Prinzip der Nordsuche.*

2. **Breitengrad.** Je weiter man sich vom Äquator entfernt, desto geringer ist der horizontale Anteil der Erddrehrate, folglich wirken sich Messfehler umso stärker aus. Dieser Zusammenhang ist in Abb. 3.23 verdeutlicht, dort sind für verschiedene Größenordnungen der Messfehler von $\vec{\omega}_{ib}^h$ die maximal bei der Nordsuche resultierenden Yaw-Winkelfehler über dem Breitengrad aufgetragen. An den Polen ist eine Nordsuche natürlich unmöglich.

3. **Yaw-Winkel.** Der Yaw-Winkel wird über die nichtlineare Arcus-Tangens-Funktion aus den gemessenen Drehraten bestimmt. Aufgrund dieser Nichtlinearität resultiert eine unterschiedliche, vom Yaw-Winkel abhängige Empfindlichkeit der Nordsuche gegenüber Messfehlern. Dies ist in Abb. 3.24 verdeutlicht, hier ist für Messfehler der Größenordnung 1°/h am 45. Breitengrad der bei einer Nordsuche resultierende Yaw-Winkel-Fehler über dem Yaw-Winkel aufgetragen.

Um eine Nordsuche durchführen zu können, werden hochwertige Drehratensensoren benötigt. Für kostengünstige MEMS-Sensoren scheidet diese Möglichkeit der Yaw-Winkel-Bestimmung daher aus. Alternativ zu einer Nordsuche kann in diesem Fall häufig ein Magnetometer verwendet werden, oder es besteht die Möglichkeit den Yaw-Winkel z.B. anhand von GPS-Geschwindigkeitsmessungen zu initialisieren. Letzteres ist bei vielen Landfahrzeugen oder Flächenflüglern der Fall, solange sich diese im Wesentlichen in einer in körperfesten Koordinaten bekannten Richtung bewegen – meist in Fahrzeuglängsrichtung, d.h. in Richtung der x-Achse des körperfesten Koordinatensystems. Die Bewegungsrichtung in Navigationskoordinaten ist aufgrund des vom GPS-Empfänger gelieferten Geschwindigkeitsvektors bekannt. Betrachtet man nun die Horizontalkomponente des Geschwindigkeitsvektors, so kann aus dessen Repräsentation in körperfesten Koordinaten und in Navigationskoordinaten auf den Yaw-Winkel geschlossen werden.

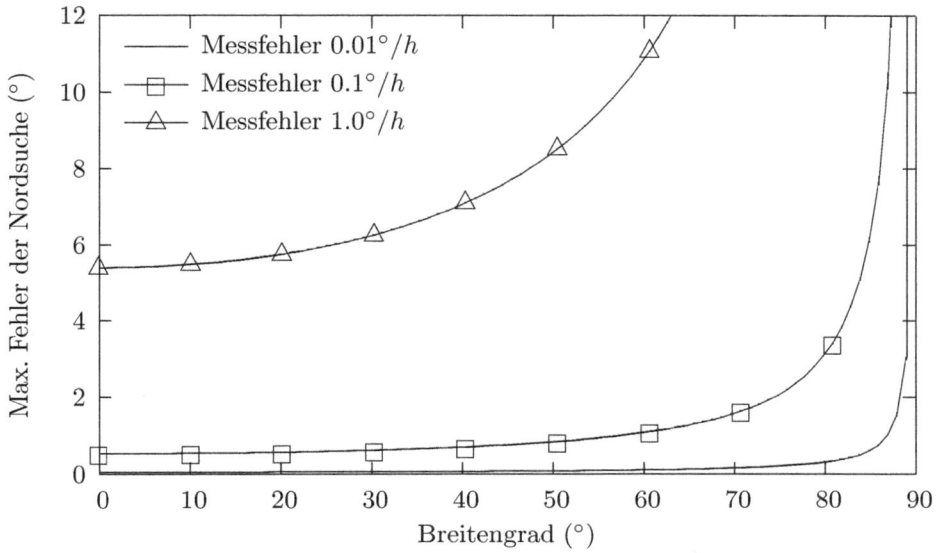

Abbildung 3.23: *Breitengradabhängigkeit der Nordsuche.*

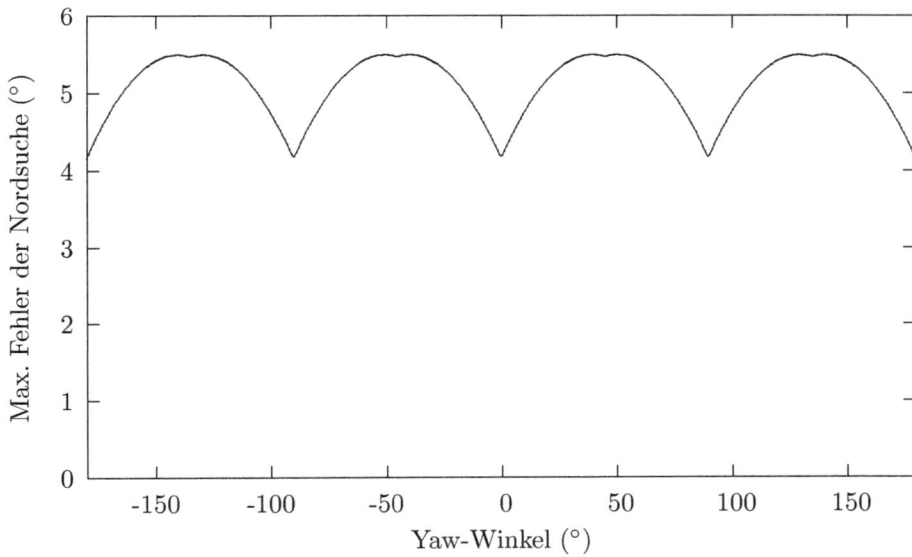

Abbildung 3.24: *Yaw-Winkel abhängige Empfindlichkeit der Nordsuche.*

4   Satellitennavigation

Ein Satellitennavigationssystem ermöglicht dem Nutzer die Bestimmung seiner Position, Geschwindigkeit und Zeit. Dazu werden von Satelliten abgestrahlte Signale empfangen und ausgewertet.

Transit war das erste Satellitennavigationssystem und stand ab 1964 zur Verfügung. Zur Positionsbestimmung wurde die Frequenzverschiebung der Satellitensignale aufgrund des Doppler-Effekts genutzt, die Positionsgenauigkeit betrug ungefähr 500 Meter. Transit wurde von GPS abgelöst und hat heute keine Bedeutung mehr.

Russland betreibt das Satellitennavigationssystem GLONASS. Die Satelliten dieses Systems senden in zwei Frequenzbändern, L1 und L2, auf unterschiedlichen Frequenzen:

$$f_{L1,n} = 1602\,\text{MHz} + n \cdot 562.5\,\text{KHz} \tag{4.1}$$

$$f_{L2,n} = 1246\,\text{MHz} + n \cdot 437.5\,\text{KHz} \tag{4.2}$$

Die empfangenen Satellitensignale können daher anhand ihrer Signalfrequenzen getrennt werden, man spricht von frequency-division multiple access (FDMA). Die Positionsbestimmung erfolgt durch Messung der Signallaufzeit vom Satellit zum Empfänger. 1996 befanden sich 24 Satelliten im Orbit, bis zum Jahre 2001 sank die Anzahl funktionsfähiger Satelliten jedoch auf sieben Stück ab. Seitdem wird versucht, diesem System wieder Satelliten hinzuzufügen, Ende 2010 waren 26 Satelliten vorhanden, von denen 18 operationell waren. Details zu GLONASS können [4] entnommen werden.

China betreibt das System Beidou, das derzeit über drei geostationäre Satelliten verfügt und im Wesentlichen den asiatischen Raum abdeckt, siehe [1].

Das europäische System Galileo befindet sich noch im Aufbau und wird in Abschnitt 4.5 kurz beschrieben.

Das momentan wichtigste System ist das amerikanische Navstar GPS, oder kurz GPS. Es ist das derzeit einzige System, das eine kontinuierliche weltweite Abdeckung bietet und für das Empfänger kommerziell verfügbar sind. Dieses System wird daher in den folgenden Abschnitten in größerer Tiefe betrachtet.

4.1   Navstar GPS Systemüberblick

Die Entwicklung des Navstar Global Positioning Systems wurde 1973 vom US-Verteidigungsministerium initiiert. Der erste Satellit wurde bereits 1978 in die Umlaufbahn gebracht. Bis 1985 folgten zehn weitere so genannte Block-I-Satelliten, von denen heute keiner mehr aktiv ist. Seit 1989 wurden mit Block II, Block IIA, Block IIR und Block

IIR-M die nächsten Satellitengenerationen ins All geschossen, so dass momentan 31 GPS-Satelliten verfügbar sind [5]. Im Zuge der Modernisierung des GPS-Systems werden künftig IIF- und GPS-III-Satelliten zur Verfügung stehen, siehe Abschnitt 4.4.

Space Segment

Das Space Segment besteht aus den GPS-Satelliten, die sich auf sechs verschiedenen Umlaufbahnen um die Erde befinden. Die Bahnebenen sind um 55° gegenüber der Äquatorebene geneigt, der Rektaszensionsunterschied[1] zweier benachbarter Bahnen beträgt 60°. Der mittlere Radius der Umlaufbahnen ist 26560 Kilometer. Die Umlaufdauer auf diesen Bahnen beträgt 11 Stunden 58 Minuten, so dass sich eine Relativgeschwindigkeit gegenüber der Erde von ungefähr 3.9 $\mathrm{km/s}$ ergibt. An jedem Punkt der Erde sind zu jeder Zeit mindestens vier Satelliten mit einem Erhebungswinkel von mehr als fünfzehn Grad sichtbar.

Control Segment

Das Control Segment besteht aus fünf auf dem Globus verteilten Bodenstationen, wobei sich die Hauptkontrollstation in Colorado Springs befindet. Diese Bodenstationen berechnen aktuelle Ephemeridendaten, anhand derer ein GPS-Empfänger die Positionen der Satelliten berechnen kann, und bestimmen den Fehler der Satellitenuhren. Diese Informationen werden an die Satelliten übermittelt und von diesen im Rahmen der Navigationsdaten übertragen.

User Segment

Unter dem User Segment versteht man die Nutzer des GPS-Systems, die mit Hilfe von GPS-Empfängern ihre Position , Geschwindigkeit und die Zeit bestimmen. Die Positionsbestimmung mit GPS beruht auf der Messung der Laufzeit, die die von den Satelliten ausgesendeten Signale bis zur Ankunft beim Empfänger benötigen. Aus dieser Laufzeit kann auf die Entfernung zwischen Satellit und Empfänger geschlossen werden und schließlich, den Empfang einer ausreichenden Anzahl von Satelliten vorausgesetzt, auf die Empfängerposition.

Für den Empfang der Satellitensignale werden unterschiedliche Typen von GPS-Empfängern eingesetzt, auf die im Folgenden kurz eingegangen werden soll.

- **Einfrequenz-Empfänger** sind die kostengünstigsten GPS-Empfänger, die nur den C/A-Code, siehe Abschnitt 4.2.1, nutzen können. Die im Stand-alone-Betrieb mögliche Positionsgenauigkeit ist geringer als bei anderen Empfängertypen: Da nur die L1-Trägerfrequenz empfangen wird, können die frequenzabhängigen Laufzeitverzögerungen in der Ionosphäre nicht kompensiert werden.

- Ein **Zweifrequenz-Empfänger mit Codeless-Technik** nutzt neben dem C/A-Code auch das Satellitensignal auf der L2-Trägerfrequenz, ohne jedoch den Y-Code

---

[1]Der Rektaszensionsunterschied ist die Differenz der Längengrade der beiden beiden Punkte, an denen zwei Satelliten von unterhalb der Äquatorebene kommend diese durchstoßen.

zu kennen. Im einfachsten Fall bedient man sich der Tatsache, dass der Y-Code auf beiden Trägerfrequenzen zwar unbekannt, aber identisch ist. Durch Berechnung der Kreuzkorrelationsfunktion zwischen den L1- und L2-Signalen kann so die Verschiebung dieser Signale ermittelt werden, was die Kompensation des Ionosphärenfehlers ermöglicht. Allerdings ist dies mit einer Verschlechterung des Signal-Rauschverhältnisses verbunden. Neben dem beschriebenen Verfahren existieren noch weitere, leistungsfähigere Codeless-Techniken, siehe [53]. Unter Verwendung präziser Ephemeriden- und Satellitenuhrenfehlerdaten, die je nach Genauigkeit mit einigen Stunden bis zwölf Tagen Verzögerung zur Verfügung stehen [6], kann eine Stand-alone-Positionsgenauigkeit im Zentimeterbereich erreicht werden [71].

- **C/A-P(Y)-Empfänger** stehen den US-Streitkräften und ihren Verbündeten zur Verfügung. Diesen Empfängern ist der Y-Code bekannt und kann daher auf beiden Trägerfrequenzen genutzt werden. Der C/A-Code wird für einen Kaltstart des Empfängers benötigt: Da die Y-Code-Pseudozufallsfolge sehr lang ist, wäre ohne durch Auswertung des C/A-Codes erhaltene Positions- und Zeitinformationen die Suche nach dem Maximum der Kreuzkorrelationsfunktion zwischen empfängerinternem Y-Code-Referenzsignal und dem Satellitensignal zu aufwändig. Hintergedanke bei diesen Empfängern ist, in einem Konfliktfall den C/A-Code so zu verschlechtern (SA, Selective Availability[2]), dass die frei zugänglichen C/A-Code-Empfänger im Prinzip nutzlos werden, ein Kaltstart der C/A-P(Y)-Empfänger aber noch möglich ist.

- Die **SAASM-Direct-P(Y)-Empfänger** sind ebenfalls militärischen Anwendungen vorbehalten. Neben anderen Unterschieden zu C/A-P(Y)-Empfängern besitzen diese die Möglichkeit, einen Kaltstart ohne Verwendung des C/A-Codes durchzuführen. Hierzu gibt es zwei unterschiedliche Vorgehensweisen: Im ersten Fall erfolgt die Suche nach der Verschiebung zwischen Y-Code-Referenzsignal und Satellitensignal mit einer großen Zahl an Korrelatoren, im zweiten Fall wird eine Positions- und Zeitinformation von einer externen Quelle, zum Beispiel einem Empfänger ersteren Typs, zur Verfügung gestellt. Die zugrundeliegende Philosophie ist hierbei, in einem Konfliktfall den C/A-Code in einem lokalen Bereich durch Störsender vollständig unbrauchbar zu machen, ohne wie bei einer künstlichen Verschlechterung des C/A-Codes weltweit auf C/A-Code-Empfänger verzichten zu müssen [32].

4.2 Funktionsprinzip eines GPS-Empfängers

Ein GPS-Empfänger ermittelt aus den von den Satelliten gesendeten Signalen die Signallaufzeit, die Frequenzverschiebung aufgrund des Dopplereffekts und die Phasenlage. Die Grundzüge der dafür benötigten Signalverarbeitung sollen im Folgenden skizziert werden.

---

[2]Bis zum 1.5.2000 wurde mittels SA die Genauigkeit der C/A-Positionsbestimmung auf ungefähr hundert Meter verschlechtert, es sind aber Verschlechterungen beliebigen Ausmaßes möglich.

4.2.1   GPS-Signalstruktur

Die GPS-Satelliten senden Signale auf zwei Trägerfrequenzen L1 (f_{L1} = 1575.42 MHz, $\lambda_{L1} \approx 19$ cm) und L2 ($f_{L2} = 1227.60$ MHz, $\lambda_{L2} \approx 24.4$ cm). Der große Vorteil bei der Verwendung von zwei Sendefrequenzen besteht darin, dass Laufzeitverzögerungen der Signale in der Ionosphäre wieder herausgerechnet werden können. Um die Signale verschiedener Satelliten voneinander trennen zu können, wird ein Bandspreizverfahren (CDMA, Code Division Multiple Access) eingesetzt. Dabei werden die Trägersignale mit bekannten Pseudozufallsfolgen (PRN, Pseudo Random Noise) moduliert. Diese Pseudozufallsfolgen haben die Eigenschaft, dass ihre Autokorrelationsfunktion für Verschiebungen ungleich Null verschwindet. Zusätzlich sind diese Pseudozufallsfolgen orthogonal zueinander, d.h. die Kreuzkorrelationsfunktion zweier Pseudozufallsfolgen verschwindet.

Es finden zwei Arten von Pseudozufallsfolgen Verwendung, der C/A-Code (Coarse/Acquisition) und der P-Code (Precise). Jedem Satellit sind sowohl eine C/A-Code- als auch eine P-Code-Pseudozufallsfolge eindeutig zugeordnet.

Jede C/A-Code-Pseudozufallsfolge hat eine Länge von 1023 Chips[3], die Chiprate beträgt 1.023 MHz. Ein Chip entspricht also 977.5 ns, multipliziert mit der Lichtgeschwindigkeit ergibt sich so eine Chiplänge von ungefähr 300 m. Der C/A-Code ist nur auf das L1-Trägersignal aufmoduliert und wiederholt sich jede Millisekunde. Der C/A-Code ist jedem Nutzer frei zugänglich.

Die P-Code-Pseudozufallsfolge schließlich hat eine Länge von 266.4 Tagen, jeder Satellit verwendet aber nur ein Segment dieses Codes von der Dauer einer Woche. Der P-Code besitzt eine Chiprate von 10.23 MHz, was einer Chiplänge von ungefähr 30 m entspricht. Um die Verwendung des bekannten P-Codes auf autorisierte Nutzer einzuschränken und zu verhindern, dass deren GPS-Empfänger durch vorgetäuschte GPS-Signale in die Irre geführt werden können (spoofing), wird der P-Code mit dem geheimen W-Code verschlüsselt. Der resultierende Code wird als Y-Code bezeichnet. Der W-Code besitzt eine Chiprate von 511.5 kHz, so dass auf jeden Chip des W-Codes zwanzig Chips des P-Codes kommen. Der Y-Code ist auf das L2-Trägersignal und um 90 ° gegenüber dem C/A-Code phasenverschoben auf das L1-Trägersignal aufmoduliert.

Zusätzlich zu den PRN-Codes werden noch Navigationsdaten übertragen, die per Biphasenmodulation auf den C/A-Code und den P-Code aufmoduliert werden. Die Navigationsdaten besitzen eine Bitrate von 50 Hz, so dass während der Zeit, die für das Senden von einem Bit Navigationsdaten benötigt wird, die 1023 Chips des C/A-Codes zwanzig mal vollständig wiederholt werden. Die Navigationsdaten werden in Frames zu 1500 Bit eingeteilt, die sich aus fünf Subframes zu 300 Bit zusammensetzten. Die Daten der ersten drei Subframes enthalten unter anderem Informationen über den Satellitenuhrenfehler und die Ephemeriden des sendenden Satelliten und bleiben, von gelegentlichen Anpassungen abgesehen, konstant. Die Subframes vier und fünf enthalten unter anderem Almanach-Daten[4] aller Satelliten und Daten zur Korrektur der Laufzeitver-

---

[3]Da dieser Datenstrom fest vorgegeben ist und somit keine Informationen enthält, spricht man von Chips; bei einem Informationen enthaltenden Datenstrom spricht man von Bits.

[4]Ephemeriden sind genaue Satellitenbahninformationen, die Almanach-Daten sind grobe Bahninformationen, die lediglich dazu dienen festzustellen, welche Satelliten sichtbar sind.

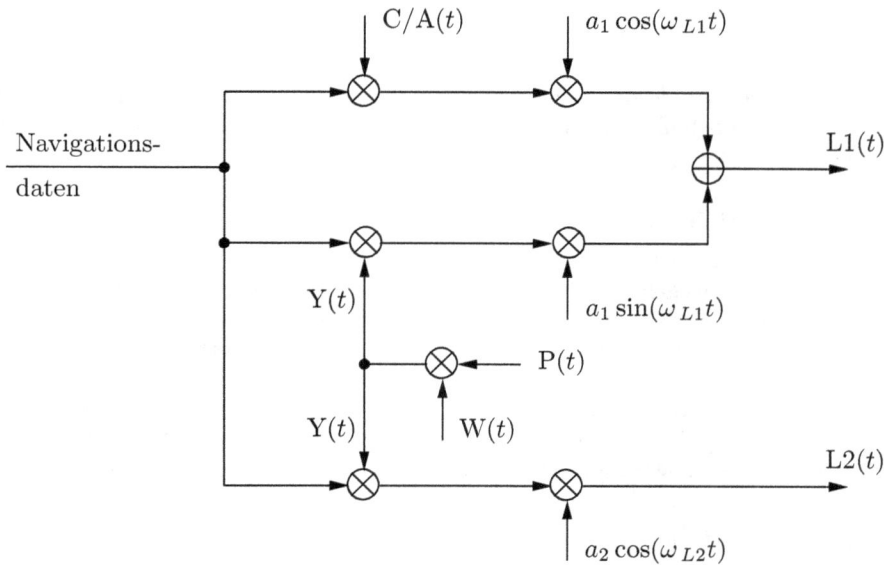

Abbildung 4.1: *Generierung der GPS-Satellitensignale.*

zögerung in der Ionosphäre. Der Inhalt der Subframes vier und fünf ändert sich von Frame zu Frame, bis nach 25 Frames[5] die Navigationsdaten vollständig übertragen sind und wiederholt werden.

Die Generierung der GPS-Satellitensignale ist in Abb. 4.1 schematisch dargestellt. Mathematisch lässt sich das von einem Satelliten gesendete Signal vereinfacht wie folgt beschreiben:

$$s_{t,L1}(t) = a_{t,CA} \cdot c(t) \cdot d(t) \cdot \sin(2\pi f_{L1}t) + a_{t,Y1} \cdot y(t) \cdot d(t) \cdot \cos(2\pi f_{L1}t)$$
$$\tag{4.3}$$
$$s_{t,L2}(t) = a_{t,Y2} \cdot y(t) \cdot d(t) \cdot \cos(2\pi f_{L2}t) \tag{4.4}$$

Hierbei bezeichnet

$s_{t,L1}(t)$, $s_{t,L2}(t)$	Sendesignale auf den Trägerfrequenzen $L1$ und $L2$
$a_{t,CA}$, $a_{t,Y1}$, $a_{t,Y2}$	Amplituden von C/A- und Y-Code
$c(t)$	Chip-Folge des C/A-Codes

---

[5]25 Frames entsprechen 12.5 Minuten.

$y(t)$ Chip-Folge des Y-Codes
$d(t)$ Bit-Folge der Navigationsdaten

Die empfangenen Signale sind einer Reihe von Einflüssen unterworfen und unterscheiden sich daher von den Sendesignalen. Einige wesentliche Einflüsse werden im Folgenden kurz angesprochen.

Doppler-Verschiebung

Der Doppler-Effekt tritt auf, wenn sich ein Sender und ein Empfänger relativ zueinander bewegen. Bewegen sich Sender und Empfänger aufeinander zu, so erhöht sich die Frequenz des empfangenen Signals gegenüber der nominellen Sendefrequenz. Entfernen sich Sender und Empfänger voneinander, so verringert sich die Frequenz des empfangenen Signals. Hierbei ist lediglich die Komponente der Relativgeschwindigkeit in Ausbreitungsrichtung des Signals vom Sender zum Empfänger von Bedeutung[6], die bei einem auf der Erde ruhenden Empfänger maximal $v_{rel} = 929\,\text{m/s}$ beträgt [56]. Dies führt beim L1-Trägersignal auf eine maximale Verschiebung der Trägerfrequenz von

$$\Delta f_{L1} = f_{L1}\frac{v_{\text{rel}}}{c} = 4.9\,\text{kHz}\,, \tag{4.5}$$

für die Chiprate des C/A-Codes ergibt sich eine maximale Dopplerverschiebung von

$$\Delta f_{C/A} = f_{C/A}\frac{v_{\text{rel}}}{c} = 3.2\,\text{Hz}\,. \tag{4.6}$$

Dabei bezeichnet c die Lichtgeschwindigkeit. Um die Dopplerverschiebung des C/A-Codes bei der empfängerinternen Signalverarbeitung zu berücksichtigen, muss die Zeitachse für die Erzeugung der Replica-Codes mit

$$m_{C/A} = \frac{f_{C/A} + \Delta f_{C/A}}{f_{C/A}} \tag{4.7}$$

multipliziert werden, da sich die Zeitdauer eines Chips des empfangenen Codes gerade um den Faktor $1/m_{C/A}$ verändert hat.

Ist der Empfänger gegenüber der Erdoberfläche bewegt, muss diese Geschwindigkeitskomponente ebenfalls berücksichtigt werden.

Signallaufzeit

Der Abstand zwischen einem Empfänger auf der Erdoberfläche und einem GPS-Satellit variiert zwischen $r_{min} = 20192\,\text{km}$ für einen senkrecht über der Empfängerposition stehenden Satelliten und $r_{max} = 25785\,\text{km}$ für einen gerade auf- oder untergehenden Satelliten.

---

[6]Es existiert auch noch ein transversaler Dopplereffekt, für den die Geschwindigkeitskomponente senkrecht zur Ausbreitungsrichtung ausschlaggebend ist. Eine Herleitung ist über die spezielle Relativitätstheorie möglich. Bei den hier auftretenden Geschwindigkeiten ist dieser Effekt jedoch vernachlässigbar.

Setzt man als Ausbreitungsgeschwindigkeit der Satellitensignale die Lichtgeschwindigkeit an, ergibt sich eine minimale Signallaufzeit von

$$\tau_{min} = \frac{r_{min}}{c} \approx 67\,\text{ms} \tag{4.8}$$

und eine maximale Signallaufzeit von

$$\tau_{max} = \frac{r_{max}}{c} \approx 83\,\text{ms} \,. \tag{4.9}$$

Die Erdatmosphäre beeinflusst die Ausbreitungsgeschwindigkeit der Satellitensignale und damit die Signallaufzeit. Dies ist – neben der Mehrwegeausbreitung, die an dieser Stelle nicht betrachtet werden soll – eine der Hauptfehlerquellen bei der Positionsbestimmung, siehe Abschnitt 4.3.4.

Freiraumdämpfung

Mit wachsendem Abstand vom Sender nimmt die Leistung des empfangenen Signals ab. In [56] findet man hierfür den Zusammenhang

$$P_r = \frac{P_t \lambda^2}{(4\pi r)^2} \,. \tag{4.10}$$

Die Sendeleistung ist mit P_t bezeichnet, λ ist die Wellenlänge des Trägers, r ist der Abstand zwischen Satellit und Empfänger und P_r ist die Empfangsleistung.

Die Sendeleistung P_t des C/A-Codes auf L1 beträgt 478.63 W. Häufig gibt man die Leistung auch in [dBW] an, die sich aus der Leistung in Watt wie folgt berechnet:

$$P[\text{dBW}] = 10\log_{10}\frac{P[\text{W}]}{1[\text{W}]} \,, \quad P[\text{W}] = 10^{\frac{1}{10}P[\text{dBW}]} \tag{4.11}$$

Damit erhält man

$$P_t = 478.53\,\text{W} \,\hat{=}\, 26.8\,\text{dBW} \,. \tag{4.12}$$

Der größte Abstand zwischen Satellit und Empfänger auf der Erdoberfläche beträgt ca. 25785 km, so dass man mit der Wellenlänge des C/A-Codes von 19 cm für die minimale Leistung des empfangenen Signals

$$P_r = 1.6 10^{-16}\,W \,\hat{=}\, -157.8\,\text{dBW} \tag{4.13}$$

erhält. Die maximale Empfangsleistung beim minimalen Abstand liegt um 2.1 dB höher. Die Freiraumdämpfung beträgt also ungefähr

$$\Delta P_{Freiraum} = P_r - P_t = -184.6\,\text{dBW} \,. \tag{4.14}$$

Zusätzlich treten noch athmosphärische Verluste und Polarisationsverluste auf, die hier nicht berücksichtigt sind. Die in [7] spezifizierte Empfangsleistung des C/A-Codes auf L1 liegt bei -158.5 dBW.

Empfangssystem

Die Rauschleistung des thermischen Rauschens im Empfangssystem ist gegeben durch

$$N[\text{W}] = k \cdot T_0 \cdot B \ , \tag{4.15}$$

wobei $T_0[\text{K}]$ die Temperatur in Kelvin bezeichnet, $k = 1.3806 \, 10^{-23}[\text{Ws/K}]$ ist die Boltzmannkonstante und $B[\text{Hz}]$ ist die relevante Bandbreite, im Falle des C/A-Codes also $2\,\text{MHz}$. Bei einer Temperatur von $290\,\text{K}$ erhält man damit

$$N[\text{dBW}] = 10 \cdot \log_{10}(k \cdot T_0 \cdot B) = -141.0\,\text{dBW} \tag{4.16}$$

Häufig wird die Rauschleistung auch auf die Bandbreite bezogen angegeben:

$$N_0[\text{W/Hz}] = \frac{N}{B} = k \cdot T_0 \tag{4.17}$$

Mit den obigen Zahlenwerten erhält man

$$N_0[\text{dBW/Hz}] = 10 \cdot \log_{10}(k \cdot T_0) = -204.0\,\text{dBW/Hz} \ . \tag{4.18}$$

Die Trägerleistung nach der AD-Wandlung des empfangenen Signals ergibt sich aus der Empfangsleistung P_r, der Verstärkung G_a durch die Antenne, der Verluste durch das Rauschen des Vorverstärkers D_{sys} und der Verluste durch die AD-Wandlung D_{AD} zu

$$C[\text{W}] = \frac{P_r \cdot G_a}{D_{sys} \cdot D_{AD}} \ . \tag{4.19}$$

Mit einem Antennen-Gewinn von $G_a = 1 \,\hat{=}\, 0\,\text{dB}$ und den Zahlenwerten $P_r = -160[\text{dBW}]$, $D_{sys} = 4\,\text{dB}$, $D_{AD} = 2\,\text{dB}$ erhält man

$$\begin{aligned}
C[\text{dBW}] &= 10 \log_{10}\left(\frac{P_r \cdot G_a}{D_{sys} \cdot D_{AD}}\right) \\
&= P_r[\text{dBW}] + G_a[\text{dB}] - D_{sys}[\text{dB}] - D_{AD}[\text{dB}] \\
&= -166\,\text{dBW} \ .
\end{aligned} \tag{4.20}$$

Zur Beurteilung des empfangenen Signals bildet man das Verhältnis von Trägerleistung zu Rauschleistung und erhält so

$$\frac{C}{N}[\text{dBW}] = C[\text{dBW}] - N[\text{dBW}] = -25\,\text{dBW} \ , \tag{4.21}$$

beziehungsweise auf die Bandbreite bezogen

$$\frac{C}{N_0}[\text{dBHz}] = C[\text{dBW}] - N_0[\text{dBW/Hz}] = 38\,\text{dBHz} \ . \tag{4.22}$$

Am Empfänger überlagern sich die Signale der sichtbaren Satelliten. Werden n Satellitensignale empfangen, verschlechtert sich durch diese Überlagerung das Signal-Rauschverhältnis für das Signal eines bestimmten Satelliten um ca. $(n-1) \cdot 2\,\text{dB}$.

Mathematische Beschreibung des empfangenen Signals

Die empfangenen Signale sind gegenüber den am Satelliten abgestrahlten Signalen um die Signallaufzeit τ_{L1} bzw. τ_{L2} verzögert. Da der Empfänger die exakte Zeit nicht kennt, erscheint von der empfängerinternen Zeitskala aus betrachtet das Empfangssignal zusätzlich verschoben. Diese Verschiebung entspricht gerade dem Fehler δt_U der empfängerinternen Uhr. Unter Berücksichtigung der Dopplerverschiebung erhält man damit aus (4.3), (4.4) mit

$$m_{L1} = \frac{f_{L1} + \Delta f_{L1}}{f_{L1}} \ , \quad m_{L2} = \frac{f_{L2} + \Delta f_{L2}}{f_{L2}} \ , \quad \text{usw.} \tag{4.23}$$

für die von einem Satelliten empfangenen Signale $s_{r,L1}(t)$ und $s_{r,L2}(t)$ die vereinfachte mathematische Beschreibung

$$
\begin{aligned}
s_{r,L1}(t) = \ &a_{r,CA} \cdot c\Big(m_{C/A}t - \tau_{L1} - \delta t_U\Big) \cdot d\Big(m_{C/A}t - \tau_{L1} - \delta t_U\Big) \\
&\cdot \sin\Big(2\pi f_{L1}(m_{L1}t - \tau_{L1} - \delta t_U)\Big) \\
&+ a_{r,Y1} \cdot y\Big(m_Y t - \tau_{L1} - \delta t_U\Big) \cdot d\Big(m_Y t - \tau_{L1} - \delta t_U\Big) \\
&\cdot \cos\Big(2\pi f_{L1}(m_{L1}t - \tau_{L1} - \delta t_U)\Big) + n_{L1}(t)
\end{aligned}
\tag{4.24}
$$

$$
\begin{aligned}
s_{r,L2}(t) = \ &a_{r,Y2} \cdot y\Big(m_Y t - \tau_{L2} - \delta t_U\Big) \cdot d\Big(m_Y t - \tau_{L2} - \delta t_U\Big) \\
&\cdot \cos\Big(2\pi f_{L2}(m_{L2}t - \tau_{L2} - \delta t_U)\Big) + n_{L2}(t) \ .
\end{aligned}
\tag{4.25}
$$

Die Bezeichnungen sind hierbei in Analogie zu Gl. (4.3) und (4.4) gewählt, $n_{L1}(t)$ und $n_{L2}(t)$ sind Rauschterme.

Mit den Abkürzungen

$$\Phi(t) = 2\pi\Delta f_{L1}t - 2\pi f_{L1}(\tau_{L1} + \delta t_U) \tag{4.26}$$

$$\tau'_{L1} = \tau_{L1} + \delta t_U - \frac{\Delta f_{C/A}}{f_{C/A}}t \tag{4.27}$$

$$\tau''_{L1} = \tau_{L1} + \delta t_U - \frac{\Delta f_Y}{f_Y}t \tag{4.28}$$

kann man das L1-Empfangssignal alternativ auch wie folgt darstellen:

$$
\begin{aligned}
s_{r,L1}(t) = \ &a_{r,CA} \cdot c\big(t - \tau'_{L1}\big) \cdot d\big(t - \tau'_{L1}\big) \cdot \sin\big(2\pi f_{L1}t + \Phi(t)\big) \\
&+ a_{r,Y1} \cdot y\big(t - \tau''_{L1}\big) \cdot d\big(t - \tau''_{L1}\big) \cdot \cos\big(2\pi f_{L1}t + \Phi(t)\big) + n_{L1}(t)
\end{aligned}
\tag{4.29}
$$

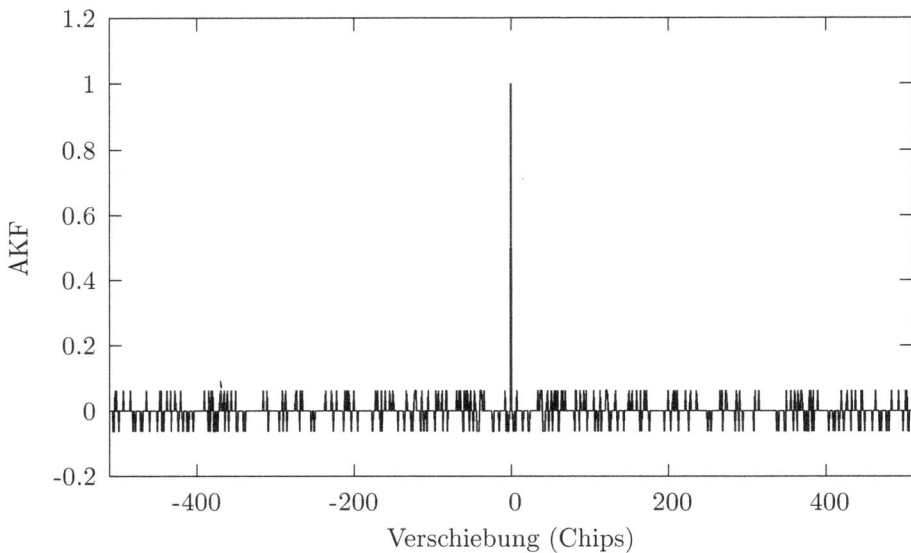

Abbildung 4.2: *Autokorrelation eines C/A-Codes.*

4.2.2   Akquisition

Nach dem Einschalten oder wenn längere Zeit keine GPS-Signale empfangen werden konnten, führt ein GPS-Empfänger eine Suche nach vorhandenen Satellitensignalen durch, die Akquisition genannt wird. Entscheidend ist, ob gültige Almanach-Daten vorhanden sind. Almanach-Daten enthalten Satellitenbahninformationen, allerdings weniger genau als die Ephemeriden-Daten[7]. Sofern der Empfänger zusätzlich Zeit und Position ungefähr kennt, kann anhand der Almanach-Daten auf die theoretisch sichtbaren Satelliten geschlossen werden. Da Signale nicht sichtbarer Satelliten aus der Suche ausgeschlossen werden können, wird die für die Akquisition benötigte Zeit erheblich verkürzt, man spricht von einem Warmstart. Fehlen diese Sichtbarkeitsinformationen, muss zunächst nach den Signalen aller Satelliten gesucht werden, was als Kaltstart bezeichnet wird.

Ziel der Akquisitionsphase ist, die vorhandenen Satellitensignale, ihre chipweise Verschiebung und ihre dopplerverschobenen Trägerfrequenzen zu bestimmen. Hierzu werden die Korrelationseigenschaften der C/A-Codes[8] ausgenutzt: Die Autokorrelationsfunktion verschwindet für Chip-Verschiebungen ungleich null nahezu vollständig, siehe Abb. 4.2. Zusätzlich verschwindet die Kreuzkorrelationsfunktion zweier verschiedener C/A-Codes, siehe Abb. 4.3. In der Akquisitionsphase wird das empfangene, herunter-

---

[7]Ein GPS-Satellit sendet die eigenen Ephemeriden-Daten und die Almanach-Daten aller Satelliten. Selbst wenn nur ein Satellit empfangen werden kann, sind daher nach einiger Zeit die Almanach-Daten aller Satelliten bekannt.

[8]Eine direkte Akquisition des P-Codes ist nur mit speziellen Empfängern möglich.

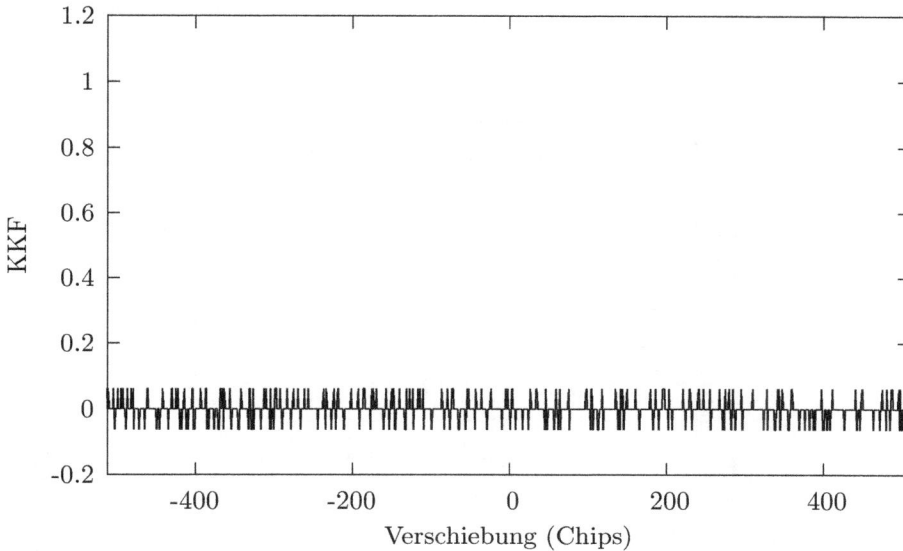

Abbildung 4.3: *Kreuzkorrelation zweier verschiedener C/A-Codes.*

gemischte, AD-gewandelte Empfangssignal mit einer vermuteten Trägerfrequenz de-
moduliert und mit im Empfänger erzeugten Replica-C/A-Codes korreliert. Nur wenn
der entsprechende C/A-Code im Empfangssignal vorhanden ist, die Verschiebung des
Replica-Codes damit in etwa übereinstimmt und auch die vermutete Trägerfrequenz
nicht zu weit von der tatsächlichen Trägerfrequenz entfernt ist, liefert die Korrelation ein
Ergebnis oberhalb des Rauschlevels. Üblicherweise wird ausgehend von der nominalen
Trägerfrequenz der Replica-Code solange verschoben, bis entweder das Korrelationsergebnis über einem Schwellwert liegt oder alle 1023 möglichen Verschiebungen betrachtet
worden sind. Wurde der Schwellwert nicht überschritten, verändert man die Frequenz
einen Schritt nach oben[9]. Wird auch bei dieser Frequenz kein Signal gefunden, bewegt
man sich zwei Frequenzschritte nach unten, dann drei Schritte nach oben usw., siehe
Abb. 4.4. Der Abstand der betrachteten Frequenzen kann dabei einige zehn bis einige
hundert Hertz betragen.

Um bei dem Vergleich des Korrelationsergebnisses mit dem Schwellwert die Falschalarm-
rate zu minimieren, werden sogenannte Detektoren verwendet. Hierbei ist zwischen Detektoren, die nach einer festgelegten Zeit ein Ergebnis liefern und Detektoren, deren
Zeitbedarf bis zur Entscheidung von der Empfangssituation abhängt, zu unterscheiden. Zur ersten Kategorie zählt z.B. der m-von-n-Detektor, der bei schlechtem Signal-
Rauschverhältnis Vorteile bietet. Bei gutem Signal-Rauschverhältnis ist dieser Detektor
aber langsamer als z.B. der Tong-Detektor, der zur zweiten Kategorie zählt. Die Grundidee des m-von-n-Detektors besteht darin, dass zu einem Punkt im Suchraum für n

---

[9]Man spricht in diesem Zusammenhang von frequency bins.

Frequenz   mögliches Akquisitionsergebnis

Reihenfolge
betrachteter
Frequenzen

Verschiebung
1023 Chips

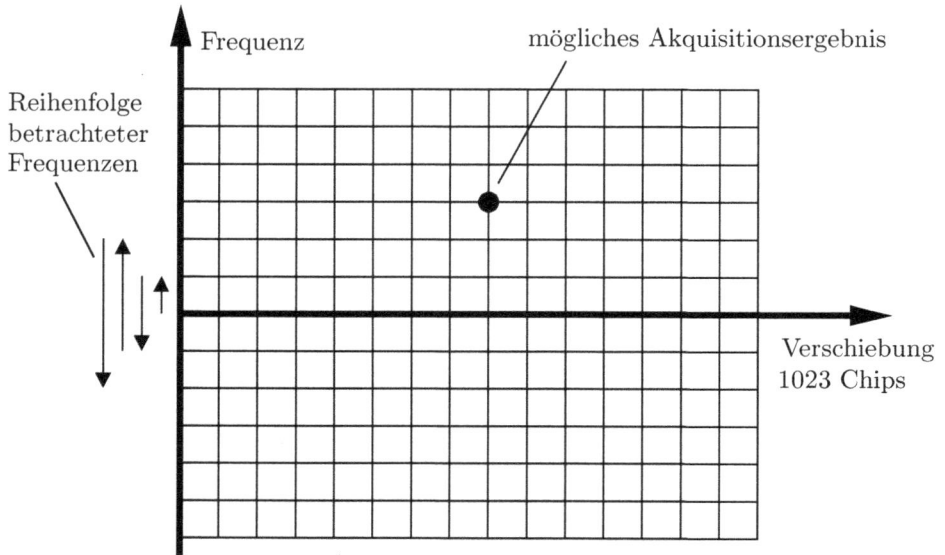

Abbildung 4.4: *Suchraum bei der Akquisition.*

Samples des empfangenen Signals ein Korrelationsergebnis berechnet wird. Wird dabei mindestens m-mal der festgelegte Schwellwert überschritten, wird diese Verschiebungs-Frequenz-Kombination akzeptiert, andernfalls wird sie abgelehnt. Beim Tong-Detektor wird ein zu Beginn initialisierter Zähler inkrementiert, wenn das Korrelationsergebnis eines Signal-Samples einen Schwellwert überschreitet, andernfalls wird der Zähler dekrementiert. Sinkt der Zählerstand auf null, wird die Verschiebungs-Frequenz-Kombination abgelehnt. Erreicht der Zähler einen bestimmten Grenzwert, gilt die Akquisition als erfolgreich.

Es existieren eine Vielzahl von Modifikationen und Verfeinerungen dieser beschriebenen Detektoren. Betrachtungen in größerer Tiefe sind z.B. in [65] und [77] zu finden.

War die Akquisition erfolgreich und Chip-Verschiebung und Trägerfrequenz sind näherungsweise bekannt, geht der Empfänger für diesen Satelliten in die Tracking-Phase über.

C/A-Code

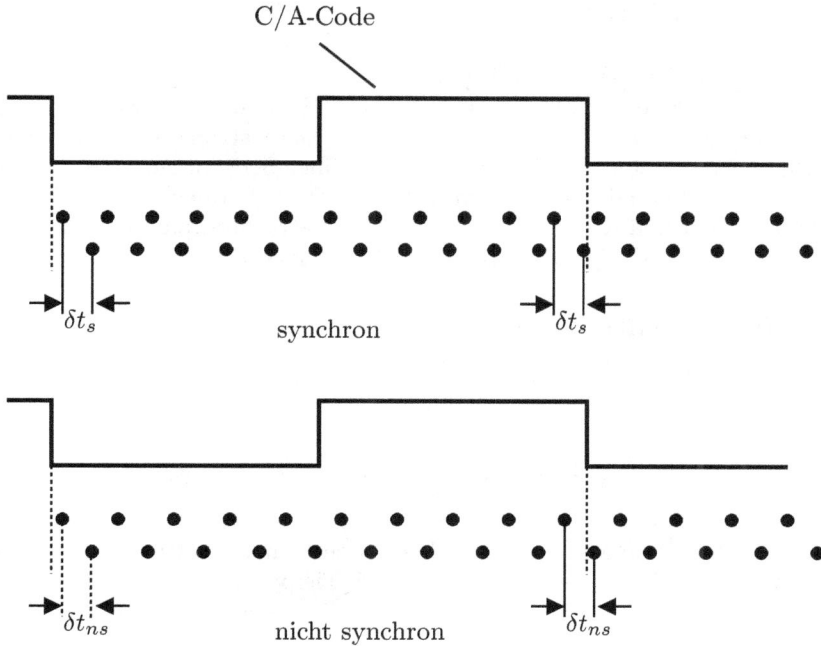

Abbildung 4.5: *Wahl der Abtastrate.*

4.2.3 Tracking

Es gibt die unterschiedlichsten Ansätze um ein Tracking von Satellitensignalen zu realisieren. Die prinzipielle Funktionsweise eines möglichen Ansatzes wird im Folgenden beschrieben, es wird nur der C/A-Code betrachtet.

Das von der GPS-Antenne empfangene Signal wird zunächst verstärkt, gefiltert, auf eine Zwischenfrequenz von 21.25 MHz heruntergemischt und normalisiert. Die Normalisierung – auch als automatic gain control (AGC) bezeichnet – dient dazu, bei der anschließenden A/D-Wandlung den A/D-Wandler optimal auszunutzen. Bei der A/D-Wandlung entsteht durch Unterabtastung ein digitaler Datenstrom mit einer Datenrate von 5 MHz. Diese 5 MHz sind bewusst kein Vielfaches der C/A-Code-Chiprate von 1.023 MHz: Würde die A/D-Wandlung mit einem Vielfachen der C/A-Code-Chiprate erfolgen, könnte eine Verschiebung δt_s des Signals, die kleiner als die Abtastzeit ist, nicht detektiert werden, da eine solche Verschiebung den digitalen Datenstrom nicht beeinflusst, siehe Abb. 4.5 oben. Erfolgt die Abtastung jedoch nicht synchronisiert, führt auch eine Verschiebung δt_{ns} des Signals um weniger als die Abtastzeit nach einiger Zeit zu einer Veränderung des digitalen Datenstroms und ist damit prinzipiell erkennbar, siehe Abb. 4.5 unten. Die Verarbeitung des so gewonnenen digitalen Datenstroms ist in Abb. 4.6 schematisch dargestellt.

Inphasen- und Quadraturkomponente

Zunächst wird das Signal in Inphasen- und Quadraturkomponente zerlegt. Die Inphasen-Komponente erhält man durch Multiplikation des Datenstroms mit einer um die geschätzte Phasenverschiebung $\hat{\Phi}(t)$ verschobenen Sinus-Schwingung. Die Frequenz der Sinus-Schwingung ist gerade die heruntergemischte Trägerfrequenz des Satellitensignals, in der hier beschriebenen Konfiguration 1.25 MHz. Betrachtet man nur den C/A-Code, so erhält man mit Gl. (4.29) für die Inphasen-Komponente

$$
\begin{aligned}
I(t) &= s_{r,L1}(t) \cdot \sin\big(2\pi f_{L1} t + \hat{\Phi}(t)\big) \\
&= c\big(t - \tau'_{L1}\big) \cdot d\big(t - \tau'_{L1}\big) \cdot \sin\big(2\pi f_{L1} t + \Phi(t)\big) \cdot \sin\big(2\pi f_{L1} t + \hat{\Phi}(t)\big) \\
&= -\frac{1}{2} c\big(t - \tau'_{L1}\big) \cdot d\big(t - \tau'_{L1}\big) \\
&\quad \cdot \Big[\cos\big(4\pi f_{L1} t + \Phi(t) + \hat{\Phi}(t)\big) - \cos\big(\Phi(t) - \hat{\Phi}(t)\big)\Big] \; .
\end{aligned}
\tag{4.30}
$$

Das Rauschen des Empfangssignal wurde hierbei der Einfachheit halber vernachlässigt. Eliminiert man den höherfrequenten Anteil durch Tiefpassfilterung, erhält man schließlich

$$
I(t) = \frac{1}{2} c\big(t - \tau'_{L1}\big) \cdot d\big(t - \tau'_{L1}\big) \cos\big(\Phi(t) - \hat{\Phi}(t)\big) \; .
\tag{4.31}
$$

In analoger Weise findet man durch Multiplikation mit einer um die geschätzte Phasenverschiebung verschobenen Kosinus-Schwingung die Quadratur-Komponente zu

$$
Q(t) = \frac{1}{2} c\big(t - \tau'_{L1}\big) \cdot d\big(t - \tau'_{L1}\big) \sin\big(\Phi(t) - \hat{\Phi}(t)\big) \; .
\tag{4.32}
$$

Stimmt die geschätzte Phasenverschiebung mit der Phasenverschiebung des empfangenen Signals überein, verschwindet die Quadratur-Komponente und die Inphasen-Komponente besteht nur aus C/A-Code und Navigationsdaten:

$$
I(t) = \frac{1}{2} c\big(t - \tau'_{L1}\big) \cdot d\big(t - \tau'_{L1}\big)
\tag{4.33}
$$

$$
Q(t) = 0
\tag{4.34}
$$

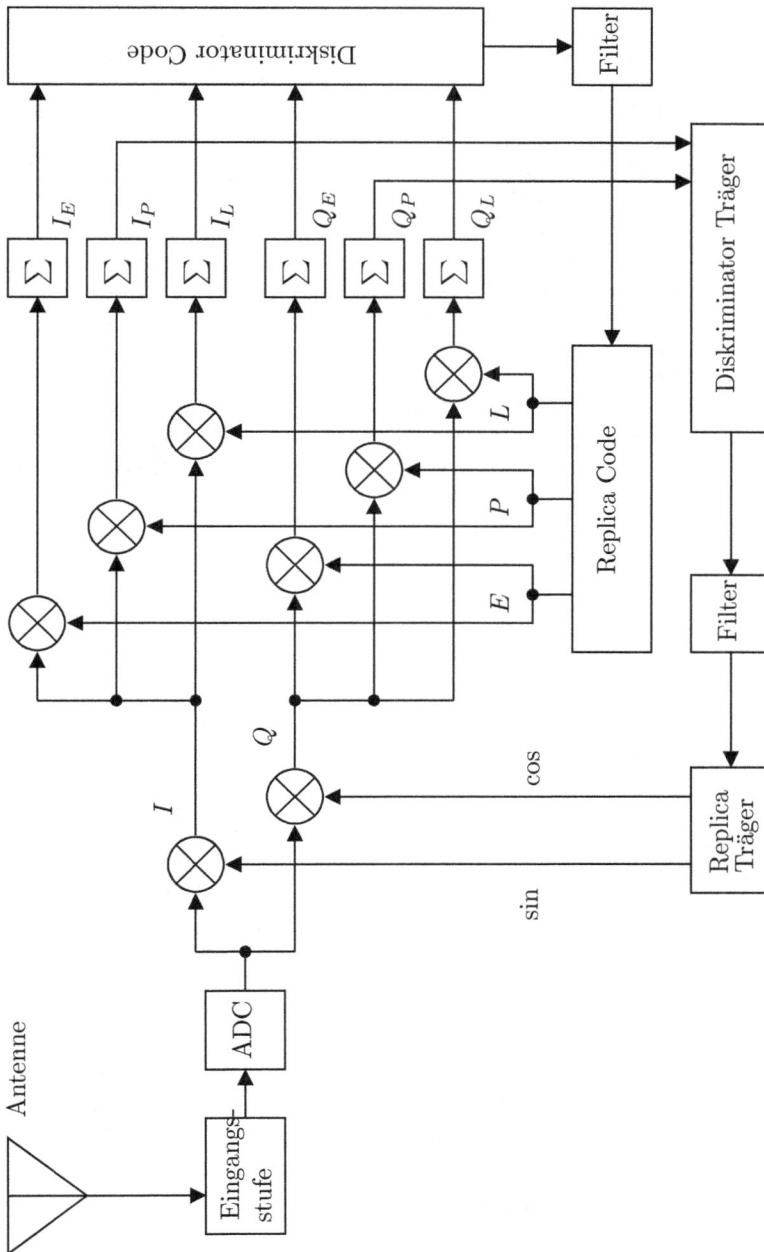

Abbildung 4.6: *Generisches Empfänger-Blockdiagramm.*

Nun werden die beiden Signale aus Gl. (4.31) und Gl. (4.32) mit drei vom Empfänger erzeugten Replica C/A-Codes korreliert, early (E), prompt (P) und late (L). Der
prompt-Code wird gerade mit der geschätzten Verschiebung $\hat{\tau}'$ des empfangenen C/A-
Codes generiert, die early- und late-Codes sind um die Dauer eines halben C/A-Code
Chips verfrüht bzw. verspätet. Betrachtet man 20 ms lange Signal-Samples[10], entstehen
durch das Aufsummieren der jeweiligen, mit 5 MHz anfallenden Korrelationsergebnisse
insgesamt sechs Signale mit einer Datenrate von 50 Hz: I_E, I_P, I_L, Q_E, Q_P, Q_L. Diese
Signale dienen zur Bestimmung der Fehler der geschätzten Verschiebung $\hat{\tau}'$ und der Trägerphase $\hat{\Phi}(t)$. Zur Veranschaulichung der Bedeutung der Korrelationsergebnisse wird in
Abb. 4.7 ein vereinfachtes Beispiel betrachtet. Auf der linken Seite sind die Ergebnisse
der normalisierten Korrelationen eines C/A-Codes mit early-, prompt- und late-Replica-
C/A-Codes für den Fall dargestellt, dass die geschätzte Verschiebung des C/A-Codes
mit der tatsächlichen Verschiebung übereinstimmt. Die Korrelation des prompt Codes
liefert den größten Beitrag, die Amplitude der early- und late-Korrelationsergebnisse
sind halb so groß. Ist der prompt-Replica-Code um einen viertel Chip zu früh, resultieren die auf der rechten Seite von Abb. 4.7 dargestellten Verhältnisse: Early- und
promt-Codes liefern identische Korrelationsergebnisse, die Amplitude des Korrelationsergebnisses des late-Codes ist am geringsten.

Delay Lock Loop (DLL)

Die Bestimmung des Fehlers $\delta\hat{\tau}'$ der geschätzten Verschiebung erfolgt mit einem Diskriminator. Es gibt eine Vielzahl von Diskriminatoren, die sich in Leistungsfähigkeit und
Rechenzeitbedarf unterscheiden. Ein möglicher Diskriminator ist gegeben durch

$$\delta\hat{\tau}' = \frac{1}{2} \frac{\sum \sqrt{I_E^2 + Q_E^2} - \sum \sqrt{I_L^2 + Q_L^2}}{\sum \sqrt{I_E^2 + Q_E^2} + \sum \sqrt{I_L^2 + Q_L^2}} \ . \tag{4.35}$$

Durch die Addition der Quadrate der jeweiligen Inphasen- und Quadraturkomponente
entfällt die Störung durch eine fehlerhaft geschätzte Trägerphase: Der Sinus des Trägerphasenschätzfehlers geht multiplikativ in die Amplituden der Inphasen-Komponenten
ein, dessen Kosinus in die Quadraturkomponenten, siehe Gl. (4.31) und Gl. (4.32). Addiert man die Quadrate der Inphasen- und Quadraturkomponente, ist die Amplitude
des resultierenden Signals aufgrund von

$$\sin\left(\Phi(t) - \hat{\Phi}(t)\right)^2 + \cos\left(\Phi(t) - \hat{\Phi}(t)\right)^2 = 1 \tag{4.36}$$

vom Trägerphasenschätzfehler unabhängig. Durch den Nenner in Gl. (4.35) wird eine Beeinflussung des Diskriminatorergebnisses durch die absoluten Signalamplituden
verhindert, lediglich die relativen Amplituden von early und late spielen eine Rolle.

Das Diskriminatorergebnis wird gefiltert und zur Korrektur der geschätzten Verschiebung $\hat{\tau}'$ verwendet, die dann Grundlage der Erzeugung der Replica-Codes für die Verarbeitung des nächsten 20-ms-Signal-Samples ist. Diese Regelschleife wird als Delay Lock
Loop (DLL) bezeichnet.

---

[10]Die Navigationsdatenbits können sich alle 20 ms ändern. Idealerweise werden die 20-ms-Signal-
Samples so mit dem empfangenen Signal synchronisiert, dass innerhalb eines Samples keine Änderung
des Navigationsdatenbits erfolgen kann.

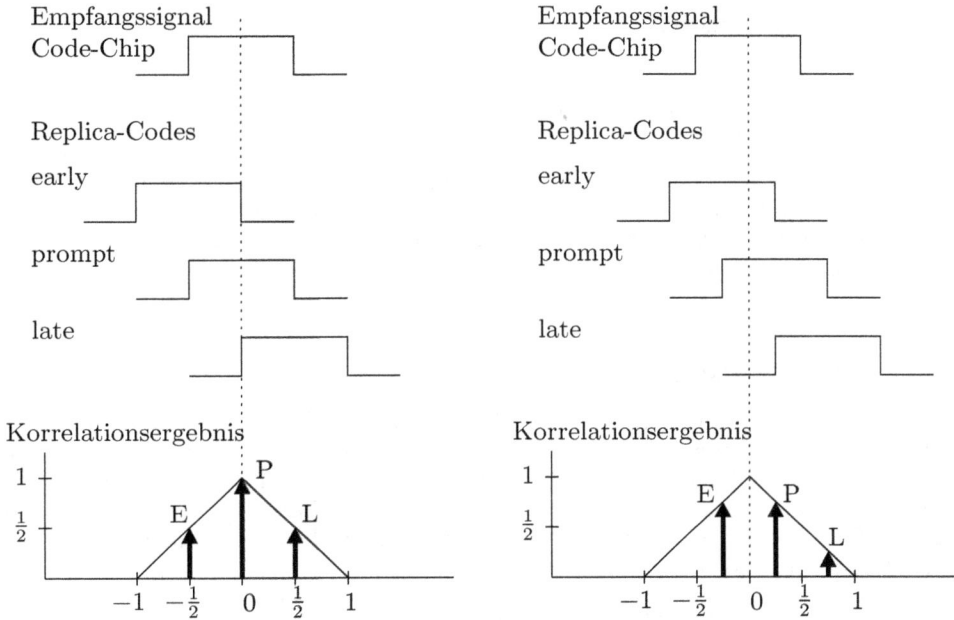

Abbildung 4.7: Korrelation mit Replica-Codes.

Phase Lock Loop (PLL)

Zur Bestimmung des Schätzfehlers der Trägerphase werden die Signale I_P und Q_P herangezogen. Auch hier gibt es eine Vielzahl unterschiedlicher Diskriminatoren. Ein leistungsfähiger, wenn auch rechenaufwändiger Diskriminator ist durch

$$\delta\hat{\Phi} = \arctan\left(\frac{Q_P}{I_P}\right) \tag{4.37}$$

gegeben, was gerade dem Maximum-Likelyhood-Schätzwert des Trägerphasenschätzfehlers entspricht. Da in Q_P der Kosinus und in I_P der Sinus des Trägerphasenschätzfehlers eingeht, ist dieser Ansatz unmittelbar einsichtig. Phasensprünge von 180 Grad aufgrund der Navigationsdaten beeinflussen aufgrund der Mehrdeutigkeit der Arcus-Tangens-Funktion das Ergebnis nicht. Das Diskriminator-Ergebnis wird gefiltert, der Trägerphasenschätzwert damit korrigiert und für die Gewinnung der Signale Gl. (4.31) und Gl. (4.32) aus dem nächsten 20-ms-Signal-Sample verwendet. Diese Regelschleife wird als Costas Phase Lock Loop bezeichnet.

Anstelle eines Costas PLL kann auch ein Frequency Lock Loop (FLL) eingesetzt werden. Da hier nur grundlegende Prinzipien der empfängerinternen Signalverarbeitung qualitativ beschrieben werden sollen, wird auf Frequency Lock Loops und die zur Filterung der Diskriminatorergebnisse notwendigen Filter nicht eingegangen.

Ausführliche Beschreibungen der Funktionsweise eines GPS-Empfängers sind in [56], [24], [97] oder [65] zu finden.

4.3 GPS-Beobachtungsgrößen

In diesem Abschnitt stehen die vom GPS-Empfänger gelieferten Messwerte und ihr Zusammenhang mit Position und Geschwindigkeit der Antenne des GPS-Empfängers im Vordergrund. Die folgenden Betrachtungen sind dabei bewusst so aufbereitet, dass ein Verständnis der in Abschnitt 4.2 skizzierten, empfängerinternen Signalverarbeitung nicht erforderlich ist.

4.3.1 Pseudorange

Die Pseudorange-Messung wird aus der zeitlichen Verschiebung zwischen dem empfängerinternen Replica-Code und dem empfangenen Satellitensignal gewonnen. Allerdings ist die zeitliche Verschiebung dieser beiden Signale nicht nur von der Laufzeit des Satellitensignals und somit vom Abstand zwischen Satellit und Empfänger abhängig, sondern auch vom Fehler der empfängerinternen Uhr. Dieser Uhrenfehler geht daher in die nichtlineare Pseudorange-Messgleichung ein:

$$\tilde{\rho}_i = c_{g,i} \cdot \hat{\tau}'_i = |\vec{r}_{S_i} - \vec{r}_A| + c\delta t_U + e_{\rho,i} \tag{4.38}$$

Hierbei bezeichnet

$\tilde{\rho}_i$	Pseudorange zum Satelliten i
$c_{g,i}$	Gruppengeschwindigkeit des Satellitensignals i
$\hat{\tau}'_i$	Gemessene zeitliche Verschiebung zwischen empfängerinternem Referenzsignal und Satellitensignal i
$\vec{r}_{S_i}$	Position des Satelliten i zum Sendezeitpunkt
$\vec{r}_A$	Position der GPS-Antenne zum Empfangszeitpunkt
c	Lichtgeschwindigkeit
δt_U	Uhrenfehler des GPS-Empfängers zum Empfangszeitpunkt
$e_{\rho,i}$	Messfehler der Pseudorange-Messung zum Satelliten i.

Werden die Pseudorange-Messgleichungen (4.38) für jeden zu einem Zeitpunkt empfangenen Pseudorange aufgestellt, so entsteht ein nichtlineares Gleichungssystem. Liegen mindestens vier Pseudoranges vor, kann dieses Gleichungssystem iterativ nach den vier Unbekannten Antennenposition $(r_{A,x}, r_{A,y}, r_{A,z})^T$ und Empfängeruhrenfehler δt_U aufgelöst werden. Dazu wird das nichtlineare Gleichungssystem

$$\underbrace{\begin{pmatrix} \tilde{\rho}_1 \\ \tilde{\rho}_2 \\ \vdots \\ \tilde{\rho}_n \end{pmatrix}}_{\tilde{\rho}} = \underbrace{\begin{pmatrix} h_1(\vec{x}) \\ h_2(\vec{x}) \\ \vdots \\ h_n(\vec{x}) \end{pmatrix}}_{\vec{h}(\vec{x})} + \underbrace{\begin{pmatrix} e_{\rho,1} \\ e_{\rho,2} \\ \vdots \\ e_{\rho,n} \end{pmatrix}}_{\vec{e}_\rho} \tag{4.39}$$

mit

$$\vec{x} = (r_{A,x}, r_{A,y}, r_{A,z}, \delta t_U)^T \qquad (4.40)$$

in eine Taylor-Reihe um die geschätzte Antennenposition und den geschätzten Uhrenfehler entwickelt:

$$\tilde{\rho} = \vec{h}(\hat{\vec{x}}) + \mathbf{H}(\vec{x} - \hat{\vec{x}}) + h.o.t.^{11} \qquad (4.41)$$

Der Vektor der Messfehler wurde hierbei aus Gründen der Übersichtlichkeit weggelassen.

Die Matrix $\mathbf{H}$ ist die Jacobi-Matrix von $\vec{h}(\vec{x})$:

$$\mathbf{H} = \left.\frac{\partial \vec{h}(\vec{x})}{\partial \vec{x}}\right|_{\vec{x}=\hat{\vec{x}}_k} = \begin{pmatrix} \frac{\partial h_1}{\partial r_{A,x}} & \frac{\partial h_1}{\partial r_{A,y}} & \frac{\partial h_1}{\partial r_{A,z}} & \frac{\partial h_1}{\partial c\delta t_U} \\ \frac{\partial h_2}{\partial r_{A,x}} & \frac{\partial h_2}{\partial r_{A,y}} & \frac{\partial h_2}{\partial r_{A,z}} & \frac{\partial h_2}{\partial c\delta t_U} \\ \vdots & \vdots & \vdots & \vdots \\ \frac{\partial h_n}{\partial r_{A,x}} & \frac{\partial h_n}{\partial r_{A,y}} & \frac{\partial h_n}{\partial r_{A,z}} & \frac{\partial h_n}{\partial c\delta t_U} \end{pmatrix}_{\vec{x}=\hat{\vec{x}}_k} \qquad (4.42)$$

Die Komponenten der Matrix $\mathbf{H}$ ergeben sich mit

$$|\vec{r}_{S_i} - \vec{r}_A| = \sqrt{(r_{S_i,x} - r_{A,x})^2 + (r_{S_i,y} - r_{A,y})^2 + (r_{S_i,z} - r_{A,z})^2} \qquad (4.43)$$

und

$$\frac{\partial h_i}{\partial r_{A,x}} = \frac{-(r_{S_i,x} - r_{A,x})}{\sqrt{(r_{S_i,x} - r_{A,x})^2 + (r_{S_i,y} - r_{A,y})^2 + (r_{S_i,z} - r_{A,z})^2}} \qquad (4.44)$$

$$\frac{\partial h_i}{\partial r_{A,y}} = \frac{-(r_{S_i,y} - r_{A,y})}{\sqrt{(r_{S_i,x} - r_{A,x})^2 + (r_{S_i,y} - r_{A,y})^2 + (r_{S_i,z} - r_{A,z})^2}} \qquad (4.45)$$

$$\frac{\partial h_i}{\partial r_{A,z}} = \frac{-(r_{S_i,z} - r_{A,z})}{\sqrt{(r_{S_i,x} - r_{A,x})^2 + (r_{S_i,y} - r_{A,y})^2 + (r_{S_i,z} - r_{A,z})^2}} \qquad (4.46)$$

sowie

$$\vec{e}_{S_i} = \frac{\vec{r}_{S_i,x} - \vec{r}_{A,x}}{|\vec{r}_{S_i,x} - \vec{r}_{A,x}|} = \begin{pmatrix} e_{S_i,x} \\ e_{S_i,y} \\ e_{S_i,z} \end{pmatrix} \qquad (4.47)$$

zu

$$\mathbf{H} = \begin{pmatrix} -e_{S_1,x} & -e_{S_1,y} & -e_{S_1,z} & 1 \\ -e_{S_2,x} & -e_{S_2,y} & -e_{S_2,z} & 1 \\ \vdots & \vdots & \vdots & \vdots \\ -e_{S_n,x} & -e_{S_n,y} & -e_{S_n,z} & 1 \end{pmatrix}_{\vec{x}=\hat{\vec{x}}} , \qquad (4.48)$$

---

[11] Higher order terms

wobei $\vec{e}_{S_i}$ den Einheitsvektor bezeichnet, der von der Antennenposition zum i-ten Satelliten weist.

Mit

$$\Delta\vec{\rho} = \tilde{\vec{\rho}} - \vec{h}(\hat{\vec{x}}), \quad \Delta\vec{x} = \vec{x} - \hat{\vec{x}} \tag{4.49}$$

lässt sich Gl. (4.41) umstellen, wobei Terme höherer Ordnung vernachlässigt werden:

$$\Delta\vec{\rho} = \mathbf{H}\Delta\vec{x} \tag{4.50}$$

Die Least-Squares-Lösung von Gl.(4.50) ist gegeben durch

$$\Delta\vec{x} = (\mathbf{H}^T\mathbf{H})^{-1}\mathbf{H}^T\Delta\vec{\rho}. \tag{4.51}$$

Sind Informationen über die Güte der einzelnen Pseudorange-Messungen vorhanden, können diese berücksichtigt werden, indem die Weighted-Least-Squares-Lösung berechnet wird.

Mit diesem Korrekturvektor kann die Schätzung von Antennenposition und Uhrenfehler verbessert werden:

$$\hat{\vec{x}} := \hat{\vec{x}} + \Delta\vec{x} \tag{4.52}$$

Damit beginnt der nächste Iterationsschritt, die verbesserte Schätzung wird zur Berechnung einer verbesserten Jacobi-Matrix $\mathbf{H}$ nach Gl. (4.48) verwendet, diese führt zu einem neuen Korrekturvektor Gl. (4.51), der wieder zur Verbesserung der Positions- und Uhrenfehlerschätzung (4.52) genutzt wird. Die Gleichungen (4.48), (4.51) und (4.52) werden in der beschriebenen Weise iteriert, bis die Änderung der Schätzwerte in einem Iterationsschritt ein zuvor definiertes Maß unterschreitet.

Diese Vorgehensweise zur Berechnung der Antennenposition aus den Pseudoranges wird auch als Snap-Shot-Algorithmus bezeichnet, da nur die zum aktuellen Zeitpunkt vorliegenden Pseudoranges berücksichtigt werden. Häufig werden bei der Ermittlung der Empfängerposition aus Pseudorange-Messungen aber auch Pseudorange-Messungen zu früheren Zeitpunkten mit einbezogen. Durch eine solche Filterung lassen sich zwar höherfrequente Fehler reduzieren, allerdings wird dies durch zusätzliche Zeitkorrelationen in den Positionsfehlern und eine zusätzliche Verzögerung in der Positionslösung erkauft.

Anhand von Gl. (4.51) können auch prinzipielle Aussagen über die Güte der Positionsbestimmung getroffen werden. Geht man davon aus, dass jede Pseudorange-Messung mit einem Messrauschen der gleichen Varianz σ_ρ^2 behaftet ist, so erhält man für die Kovarianz von Position und Uhrenfehler $\mathbf{P}_x$:

$$\begin{aligned}\mathbf{P}_x &= (\mathbf{H}^T\mathbf{H})^{-1}\mathbf{H}^T \cdot \sigma_\rho^2\mathbf{I} \cdot \left((\mathbf{H}^T\mathbf{H})^{-1}\mathbf{H}^T\right)^T \\ &= (\mathbf{H}^T\mathbf{H})^{-1}\mathbf{H}^T \cdot \mathbf{H}(\mathbf{H}^T\mathbf{H})^{-1,T} \cdot \sigma_\rho^2 \\ &= (\mathbf{H}^T\mathbf{H})^{-1,T}\sigma_\rho^2 \, . \end{aligned} \tag{4.53}$$

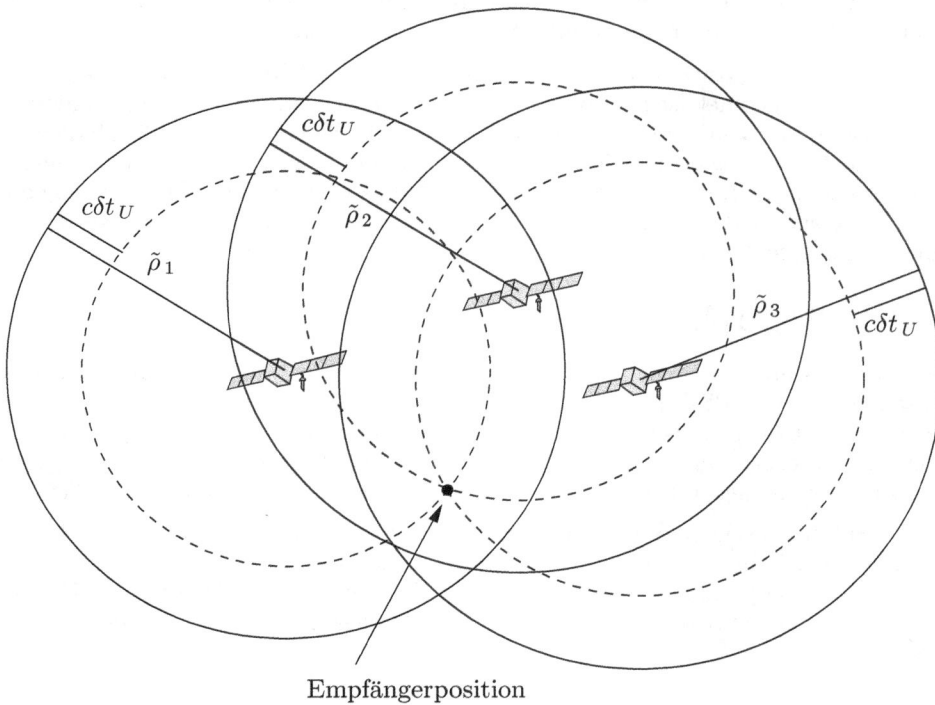

Abbildung 4.8: *Geometrische Veranschaulichung der Positionsbestimmung mit Pseudorange-Messungen im zweidimensionalen Fall.*

Die Hauptdiagonale der Matrix $\mathbf{V}^T = (\mathbf{H}^T\mathbf{H})^{-1,T}$ bzw. $\mathbf{V} = (\mathbf{H}^T\mathbf{H})^{-1}$ bestimmt folglich, wie sich das Messrauschen der Pseudoranges auf die Varianz von Position und Uhrenfehler auswirkt. Diese Matrix wird daher zur Definition einiger Kenngrößen herangezogen, der DOP-Faktoren[12]. Hierbei handelt es sich um Indikatoren die angeben, ob bei der vorliegenden Satellitenkonstellation mit guten oder schlechten Ergebnissen bei der Bestimmung von Position und Uhrenfehler zu rechnen ist. Folgende DOP-Faktoren sind üblich:

$$\text{VDOP} = \sqrt{\mathbf{V}(3,3)} \quad \text{vertical DOP}$$

$$\text{HDOP} = \sqrt{\mathbf{V}(1,1) + \mathbf{V}(2,2)} \quad \text{horizontal DOP}$$

$$\text{PDOP} = \sqrt{\mathbf{V}(1,1) + \mathbf{V}(2,2) + \mathbf{V}(3,3)} \quad \text{position DOP}$$

$$\text{GDOP} = \sqrt{\mathbf{V}(1,1) + \mathbf{V}(2,2) + \mathbf{V}(3,3) + \mathbf{V}(4,4)} \quad \text{geometric DOP}$$

---

[12]DOP steht für 'Dilution of Precision'.

Je kleiner diese DOP-Faktoren ausfallen, desto weniger werden Pseudorange-Messfehler bei der Berechnung von Position und Uhrenfehler verstärkt.

In Abb. 4.8 ist die Positionsbestimmung mit Pseudorange-Messungen für den zweidimensionalen Fall geometrisch veranschaulicht. Jede Pseudorange-Messung definiert den Radius einer Kugelschale um den zugehörigen Satellit. Korrigiert man die Radien aller Kugelschalen um den gleichen Betrag, so dass sich alle Kugelschalen in einem einzigen Punkt schneiden, ist mit diesem Schnittpunkt die Position des GPS-Empfängers gefunden. Der Betrag, um den die Radien der Kugelschalen korrigiert wurden, entspricht dem Empfängeruhrenfehler multipliziert mit der Lichtgeschwindigkeit.

4.3.2   Trägerphasenmessung

Neben der Messung der Signallaufzeit anhand der zeitlichen Verschiebung von Pseudozufallsfolgen ist ein GPS-Empfänger in der Lage, die Änderung der Phasenverschiebung zwischen dem Träger eines empfangenen Satellitensignals und einem empfängerintern erzeugten Referenzträger zu messen. Die so entstehende Messgröße wird als Trägerphasenmessung bezeichnet, die zugehörige Messgleichung wird im Folgenden abgeleitet.

Die GPS-Satelliten senden Signale auf den Trägerfrequenzen L1 und L2 aus, stellvertretend hierfür wird eine Sendefrequenz f_c eingeführt. Da sich die GPS-Satelliten gegenüber dem GPS-Empfänger bewegen, stimmt die vom Empfänger festgestellte Frequenz f'_c eines empfangenen Signals aufgrund des Dopplereffekts nicht mit der Sendefrequenz f_c überein:

$$f'_{c,i} = f_c \cdot \left(1 - \frac{v_{\mathrm{rel}, \vec{e}_{S,i}}}{c} \right) \tag{4.54}$$

Hierbei bezeichnet $v_{\mathrm{rel}, \vec{e}_{S,i}}$ die Projektion der Relativgeschwindigkeit $\vec{v}_{\mathrm{rel},i}$ von Satellit i und Empfänger auf eine Gerade, die Empfänger und Satellit verbindet. Sie ist bei Annäherung negativ und bei Vergrößerung der Distanz positiv, siehe Abb. 4.9. Die skalare Relativgeschwindigkeit $v_{\mathrm{rel}, \vec{e}_{S,i}}$ ist gerade die Ableitung des Abstandes von Empfänger und Satellit nach der Zeit. Damit liefert die zeitliche Integration von Gl. (4.54) als Phase[13] $\varphi_{S,i}$ des empfangenen Satellitensignals

$$\varphi_{S,i} = f_c \cdot \left(t - \frac{|\vec{r}_{S_i} - \vec{r}_A|}{c} \right) \quad . \tag{4.55}$$

Die Frequenz eines empfängerintern erzeugten Referenzträgers hängt von der Drift $\delta \dot{t}_U$ der empfängerinternen Uhr ab.

$$f_E = f_c \cdot \left(1 + \delta \dot{t}_U \right) \tag{4.56}$$

Für die Phase φ_E des Referenzträgers folgt daher

$$\varphi_E = f_c \cdot \left(t + \delta t_U \right) \quad . \tag{4.57}$$

---

[13]Es ist üblich, hier die Phase in *cycles* anzugeben.

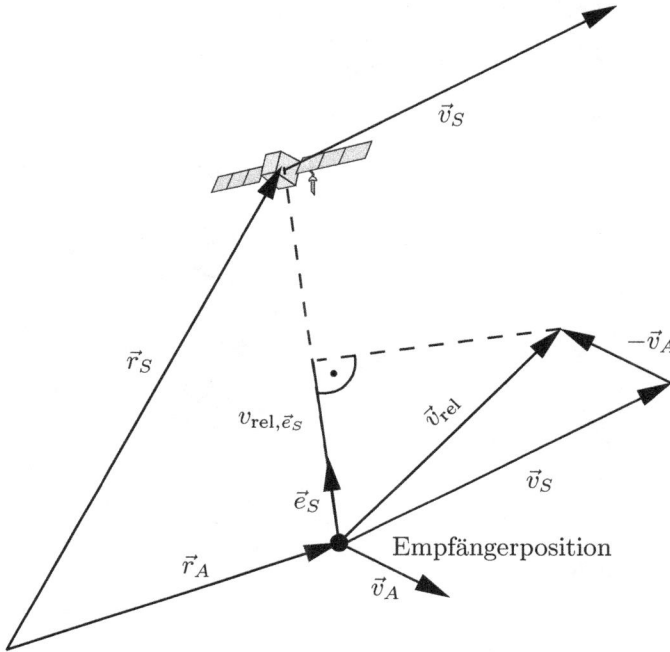

Abbildung 4.9: *Relativgeschwindigkeit von Satellit und GPS-Empfänger.*

Die Differenz φ_i der beiden Phasen φ_E und $\varphi_{Sr,i}$ wird in einem so genannten Phase Lock Loop (PLL) bestimmt und ergibt sich mit $c = f_c \lambda_c$ zu

$$\varphi_i = \varphi_E - \varphi_{Sr,i} = \frac{|\vec{r}_{S_i} - \vec{r}_A|}{\lambda_c} + \frac{c\delta t_U}{\lambda_c} \quad . \tag{4.58}$$

Allerdings ist zu beachten, dass zu dem Zeitpunkt, zu dem der Satellit zum ersten mal sichtbar ist, nur der gebrochene Anteil der Trägerphasendifferenz gemessen werden kann. Die absolute Anzahl der Wellenlängen zwischen Satellit und Empfänger ist unbekannt und wird als Trägerphasenmehrdeutigkeitswert (engl. ambiguity) N bezeichnet. Damit ergibt sich die Messgleichung einer Trägerphasenmessung, die wie die Pseudorange-Messgleichung ebenfalls nichtlinear ist, zu

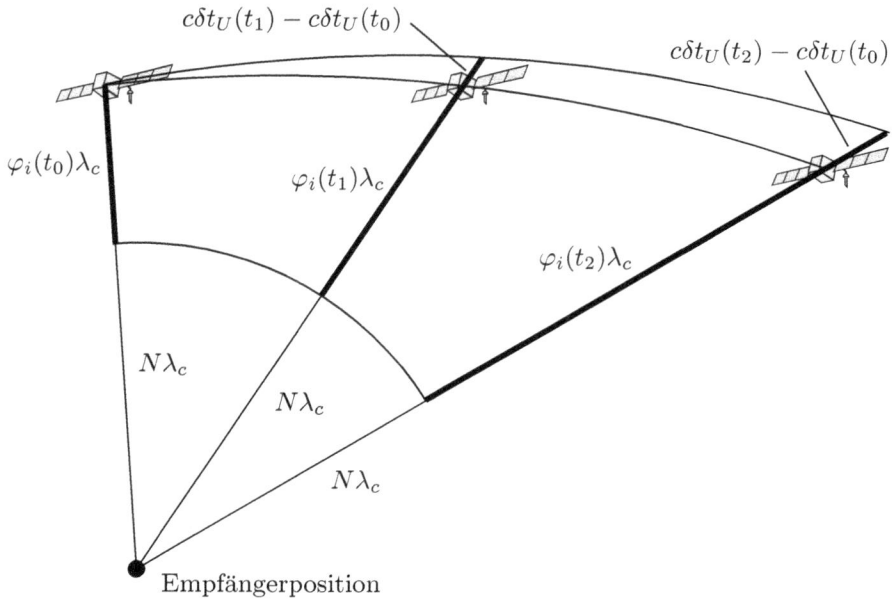

$c\delta t_U(t_1) - c\delta t_U(t_0)$

$c\delta t_U(t_2) - c\delta t_U(t_0)$

$\varphi_i(t_0)\lambda_c$

$\varphi_i(t_1)\lambda_c$

$\varphi_i(t_2)\lambda_c$

$N\lambda_c$

$N\lambda_c$

$N\lambda_c$

Empfängerposition

Abbildung 4.10: *Geometrische Veranschaulichung der Trägerphasenmessung.*

$$\begin{aligned}
\tilde{\varphi}_i(t) &= \varphi_i(t) - \varphi_i(t_0) \\
&= \frac{|\vec{r}_{S_i}(t) - \vec{r}_A(t)|}{\lambda_c} + \frac{c\delta t_U(t)}{\lambda_c} + \frac{e_{\varphi,i}(t)}{\lambda_c} \\
&\quad - \left\lfloor \frac{|\vec{r}_{S_i}(t_0) - \vec{r}_A(t_0)|}{\lambda_c} + \frac{c\delta t_U(t_0)}{\lambda_c} + \frac{e_{\varphi,i}(t_0)}{\lambda_c} \right\rfloor \\
\tilde{\varphi}_i(t) &= \frac{|\vec{r}_{S_i}(t) - \vec{r}_A(t)|}{\lambda_c} + \frac{c\delta t_U(t)}{\lambda_c} + \frac{e_{\varphi,i}(t)}{\lambda_c} - N \quad .
\end{aligned} \tag{4.59}$$

Der Messfehler der Trägerphasenmessung ist mit $e_{\varphi,i}$ bezeichnet. Aufgrund des unbekannten Mehrdeutigkeitswertes N kann Gl. (4.59) nicht unmittelbar für eine Positionsbestimmung genutzt werden. Dieser Mehrdeutigkeitswert ist konstant, in ungünstigen Empfangssituationen können jedoch auch als Cycle Slips bezeichnete Sprünge auftreten. Bei der Trägerphasenmessung handelt es sich also um eine Messung der Änderung des Abstandes zwischen Empfänger und Satellit, die um die Änderung des Uhrenfehlers seit dem Zeitpunkt, zu dem der Satellit sichtbar wurde, verfälscht ist. In Abb. 4.10 ist die Trägerphasenmessung geometrisch veranschaulicht.

Es gibt mehrere Möglichkeiten, die Trägerphasenmessung zu nutzen: Beim carrier aided smoothing werden Trägerphasenmesswerte verwendet, um die zugehörigen Pseudorange-Messungen zu glätten. Für hochgenaue Anwendungen wird der Mehrdeutigkeitswert N bestimmt, um die Trägerphasenmessung auf die gleiche Weise wie eine Pseudorange-Messung nutzen zu können. Dies ist jedoch nur möglich, wenn Differenzen von Trägerphasenmessungen zu verschiedenen Satelliten gebildet werden, so dass sich der Uhrenfehler aus den Messgleichungen herauskürzt. Zusätzlich müssen durch Korrekturdaten einer Referenzstation mit bekannter Position die Fehlerterme $e_{\varphi,i}$ möglichst eliminiert werden.

4.3.3   Deltarange

Neben der Trägerphasenmessung stellen viele GPS-Empfänger direkt eine Messung der Relativgeschwindigkeit von Satellit und Empfänger zur Verfügung, die als Deltarange oder Doppler-Geschwindigkeitsmessung bezeichnet wird. Diese wird aus der Verschiebung der Trägerfrequenz des empfangenen Satellitensignals gewonnen. Aus Gl. (4.54) folgt

$$f'_{c,i} - f_c = -f_c \frac{v_{\mathrm{rel},\vec{e}_{S,i}}}{c} = -\frac{1}{\lambda_c} v_{\mathrm{rel},\vec{e}_{S,i}} \tag{4.60}$$

Die Verschiebung der Trägerfrequenz muss dabei natürlich durch Vergleich mit der Frequenz des empfängerintern erzeugten Referenzträgers ermittelt werden.

$$\tilde{v}_{\mathrm{rel},\vec{e}_{S,i}} = -\lambda_c \left(f'_{c,i} - f_E \right) + e_{v,i}$$

$$= -\lambda_c \left[f_c \cdot \left(1 - \frac{v_{\mathrm{rel},\vec{e}_{S,i}}}{c} \right) - f_c \cdot \left(1 + \delta \dot{t}_U \right) \right] + e_{v,i} \tag{4.61}$$

Hierbei bezeichnet $e_{v,i}$ den Fehler der Deltarange-Messung zum Satellit i. Mit $c = f_c \cdot \lambda_c$ folgt

$$\tilde{v}_{\mathrm{rel},\vec{e}_{S,i}} = v_{\mathrm{rel},\vec{e}_{S,i}} + c \delta \dot{t}_U + e_{v,i} \quad . \tag{4.62}$$

Anhand von Abb. 4.9 lässt sich die skalare Relativgeschwindigkeit $v_{\mathrm{rel},\vec{e}_{S,i}}$ in Abhängigkeit von Satellitengeschwindigkeit $\vec{v}_{S,i}$ und Empfängergeschwindigkeit $\vec{v}_A$ formulieren. Die Messgleichung der Deltarange-Messung lautet damit

$$\tilde{v}_{\mathrm{rel},\vec{e}_{S,i}} = \vec{e}^{\,T}_{S,i} \left(\vec{v}_{S,i} - \vec{v}_A \right) + c \delta \dot{t}_U + e_{v,i} \quad . \tag{4.63}$$

Durch Umstellen erhält man

$$\tilde{v}_{\mathrm{rel},\vec{e}_{S,i}} - \vec{e}^{\,T}_{S,i} \vec{v}_{S,i} = -\vec{e}^{\,T}_{S,i} \vec{v}_A + c \delta \dot{t}_U + e_{v,i} \quad . \tag{4.64}$$

Mit den Deltarange-Messgleichungen (4.63) zu verschiedenen Satelliten lässt sich ein lineares Gleichungssystem für die drei unbekannten Komponenten der Geschwindigkeit der GPS-Antenne und der unbekannten Uhrenfehlerdrift aufstellen. Sind zu einem

Zeitpunkt vier Deltarange-Messwerte vorhanden, kann dieses lineare Gleichungssystem direkt gelöst werden, bei mehr als vier Messwerten wird die Least-Squares-Lösung verwendet. Da es sich in jedem Fall um ein lineares Gleichungssystem handelt, ist anders als bei der Berechnung der Antennenposition aus Pseudorange-Messungen eine iterative Lösung nicht notwendig.

Für die erzielbare Genauigkeit bei einer Deltarange-Messung spielt neben dem Signal-Rauschverhältnis des Trägers auch die Messzeit eine Rolle: Je länger das zur Frequenzmessung betrachtete Zeitintervall ist, desto geringer ist der bei der Frequenzmessung resultierende Fehler. Dabei sollte sich allerdings die Frequenz und somit die Relativgeschwindigkeit zwischen Empfänger und Satellit in diesem Zeitintervall nicht ändern. Daher können diese Zeitintervalle nicht beliebig lang gewählt werden, da ansonsten dynamische Vorgänge wie Änderungen der Geschwindigkeit oder Bewegungsrichtung des Empfängers verfälscht würden.

4.3.4   Fehlerquellen

Die von einem GPS-Empfänger gelieferten Pseudorange-, Trägerphasen- und Deltarange-Messungen sind mit einer Reihe von Fehlern behaftet. Common-Mode-Fehler treten innerhalb einer bestimmten Region bei jedem Empfänger auf, wohingegen Non-common-Mode-Fehler vom verwendeten GPS-Empfänger selbst oder der spezifischen Empfangssituation abhängen.

Zu den Common-Mode-Fehlern zählen:

- **Ionosphärenfehler**: Die Ionosphäre erstreckt sich in Höhen zwischen 50 km und 1000 km und beeinflusst die Ausbreitung elektromagnetischer Wellen. Während die Gruppengeschwindigkeit c_g verringert wird, vergrößert sich im Gegenzug die Phasengeschwindigkeit c_p [119]:

$$c_\mathrm{g} \cdot c_\mathrm{p} = c^2 \tag{4.65}$$

  Dies hat zur Folge, dass für die Pseudorange-Messung zu große Werte und für die Trägerphasenmessung zu kleine Werte resultieren. In erster Näherung gilt für den Ionosphärenfehler e_Ion

$$e_\mathrm{Ion} \sim \frac{\mathrm{TEC}}{f_c^2} \quad . \tag{4.66}$$

  Die Anzahl der Elektronen pro Quadratmeter TEC (total electron count) ist von der Sonneneinstrahlung abhängig, so dass sich tagsüber größere Ionosphärenfehler ergeben als nachts. Da der Ionosphärenfehler frequenzabhängig ist, kann diese Fehlerquelle bei Zweifrequenz-Empfängern eliminiert werden.

- **Troposphärenfehler**: Die Troposphäre erstreckt sich von der Erdoberfläche bis in 10 km Höhe. Laufzeitverzögerungen hängen in erster Linie vom Luftdruck und der Luftfeuchtigkeit ab, eine Frequenzabhängigkeit besteht nicht. Der Troposphärenfehler ist außerdem vom Erhebungswinkel des Satelliten abhängig, da ein niedriger Erhebungswinkel mit einem langen Weg durch die Troposphäre verbunden ist.

- **Ephemeridenfehler**: Die Bahnen der GPS-Satelliten werden ständig von Bodenstationen vermessen und die so bestimmten Ephemeridendaten den Nutzern des GPS-Systems im Rahmen der Navigationsdaten zur Verfügung gestellt. Die Differenz zwischen angenommener und realer Satellitenbahn wird als Ephemeridenfehler bezeichnet.

- **Satellitenuhrenfehler**: Mit den Navigationsdaten werden auch Korrekturdaten für die Uhr des sendenden Satelliten übertragen. Die nach der Korrektur der Satellitenuhr verbleibende Differenz zur GPS-Zeit stellt den Satellitenuhrenfehler dar.

Zu den Non-common-Mode Fehlern zählen:

- **Mehrwegeausbreitung** (engl. Multipath): Ein Satellitensignal kann die Antenne des GPS-Empfängers nicht nur auf direktem Wege erreichen, sondern auch nachdem es an Gebäuden, der Erdoberfläche, Fahrzeugteilen oder ähnlichem reflektiert wurde. Bei einer Pseudorange-Messung wird nun anstelle des direkten Satellitensignals diese Überlagerung aus zwei oder mehreren Signalen mit dem Referenzsignal korreliert, was die Lage des Maximums der Korrelationsfunktion beeinflusst. Wie stark dieser Einfluss maximal werden kann, hängt von der verwendeten Korrelator-Technologie ab. Erreicht das reflektierte Signal mit der Hälfte der Leistung des direkten Signals den Empfänger, kann der maximale Pseudorange-Fehler durch Mehrwegeausbreitung zwischen 70 m (Wide Correlator) und 5 m (Pulse Aperture Correlator) betragen [9]. In einer typischen Empfangssituation ist mit 0.1 m bis 3 m Fehler zu rechnen [26].

  Bei einer Trägerphasenmessung hingegen kann der Fehler durch Mehrwegeausbreitung 1/4 der Wellenlänge nicht überschreiten, siehe [53]. Im Falle der L1 Trägerfrequenz sind das lediglich 4.8 cm.

- **Empfängeruhrenfehler**: Die Differenz zwischen der empfängerinternen Uhr und der GPS-Zeit wird als Empfängeruhrenfehler bezeichnet. Durch diese Zeitdifferenz resultiert ein Bias, der für alle Pseudorange-Messungen zu einem Zeitpunkt identisch ist. Dieser Bias wird bei der Positionsbestimmung als vierte Unbekannte berechnet und beeinflusst daher die Genauigkeit der Positionsbestimmung nicht.

- **Empfängerrauschen**: Messfehler, die aus dem thermischen Rauschen und den Nichtlinearitäten der elektronischen Komponenten des GPS-Empfängers resultieren, sind im Empfängerrauschen zusammengefasst. Bei den heutzutage verfügbaren Empfängern liegt die Standardabweichung dieses Fehlers bei einer Pseudorange-Messung in der Größenordnung einiger Zentimeter, bei einer Trägerphasenmessung beträgt sie weniger als 1 mm [9].

4.3.5 Differential GPS

Differential GPS (DGPS) ist ein Verfahren, mit dem die Fehler der von einem GPS-Empfänger bestimmten Positionslösung drastisch reduziert werden können. Dazu nimmt eine Referenzstation Pseudorange- und Trägerphasenmessungen vor. Da die Position der

Referenzstation exakt bekannt ist, kann der bei jeder Messung aufgetretene Messfehler ermittelt werden. Diese Informationen werden einem GPS-Empfänger mit unbekannter Position zur Verfügung gestellt, zum Beispiel über eine Funkstrecke. Da die Common-Mode-Fehler den bei weitem größten Anteil am Messfehler darstellen, korrigiert der GPS-Empfänger mit diesen Informationen seine eigenen Messwerte. Satellitenuhren-fehler und Ephemeridenfehler werden dadurch vollständig eliminiert. Im Nahbereich der Referenzstation gilt dies auch für Ionosphärenfehler und Troposphärenfehler, mit wachsendem Abstand zwischen Referenzstation und Empfänger bleibt jedoch ein größer werdender Anteil unkompensiert. Die Non-common-Mode-Fehler können nicht verringert werden [39]. Unter günstigen Bedingungen sind mit DGPS bei ausschließlicher Verwendung von Pseudoranges Positionsgenauigkeiten im Bereich einiger Dezimeter möglich. Gelingt es, die Mehrdeutigkeitswerte der Trägerphasenmessungen zu bestimmen, können durch Verarbeitung der Trägerphasenmesswerte Positionsgenauigkeiten im Millimeterbereich erzielt werden.

Neben einer Referenzstation am Boden werden auch satellitenbasierte Systeme (satellite-based augmentation system, SBAS) wie WAAS (wide area augmentation system) oder EGNOS eingesetzt. Hierbei werden Korrekturdaten über geostationäre Satelliten ausgesendet. Die dabei erzielbare Positionsgenauigkeit ist nicht ganz so gut wie bei DGPS und liegt im Bereich von ein bis drei Metern.

4.4   GPS-Modernisierung

Die USA betreiben seit dem Jahre 2000 ein Programm zu Modernisierung des GPS-Systems. Hintergrund hierfür ist zum Einen, dass die grundlegende Planung der GPS-Systemarchitektur in den Jahren 1970 bis 1976 erfolgte, seitdem jedoch massive technische Fortschritte erzielt werden konnten. Zum Anderen ist man an einer Verbesserung der Anwendungsmöglichkeiten des GPS-Systems interessiert. Als Beispiel seien militärische Interessen genannt: Sieht man von hochspezialisierten Empfängern ab, erfolgt eine Akquisition der militärischen P(Y)-Codes, indem zunächst durch die Akquisition des C/A-Codes Zeit- und Positionsinformationen gewonnen werden. Ein Stören[14] des frei zugänglichen C/A-Codes, das aus militärischen Gründen gewünscht sein kann, erschwert dann aber auch die Akquisition des P(Y)-Codes. Von militärischer Seite werden daher Signale gewünscht, die nicht frei zugänglich sind und sich einfach direkt akquirieren lassen. Darüber hinaus ist es natürlich schwer einzuschätzen, ob nicht auch die Bestrebungen der Europäer, mit Galileo ein modernes Satellitennavigationssystem aufzubauen, das GPS-Modernisierungsprogramm mit motiviert haben.

Ein wichtiger Punkt des GPS-Modernisierungsprogrammes sind neue Signale, sowohl für den zivilen als auch für den militärischen Nutzer. Im ersten Schritt wurden modifizierte Block-IIR-M-Satelliten in die GPS-Konstellation integriert. Der erste Block-IIR-M-Satellit wurde am 26. September 2005 mit einer Delta-2-Rakete in die Umlaufbahn gebracht. Mit dieser Modernisierungsstufe werden ein neues, ziviles Signal auf L2 und zusätzliche, militärische Signale auf L1 und L2 eingeführt.

---

[14]Das Stören der GPS-Signale wird als jamming bezeichnet.

- **L2C.** Das neue zivile L2-Signal wird als L2C bezeichnet. Der Code wird aus dem civil moderate (CM) Code mit einer Chiprate von 511.5 kHz und einer Länge von 10230 Chips, der zusätzlich mit Navigationsdaten moduliert ist, und dem civil long (CL) Code mit einer Chiprate von ebenfalls 511.5 kHz und einer Länge von 767.250 Chips durch Multiplexen so zusammengesetzt, dass ein Code mit der Chiprate von 1.023 MHz entsteht [130]. Damit stehen zivile Codes auf zwei Frequenzen zur Verfügung, was die Korrektur des Ionosphärenfehlers nun auch für zivile Nutzer ermöglicht. Die volle Verfügbarkeit[15] des L2C-Signals wird für 2013 erwartet.

- **M-Codes.** Die neuen militärischen Codes auf L1 und L2 werden als M-Codes bezeichnet. Bei den M-Codes wird das BOC(10,5)-Modulationsverfahren eingesetzt. BOC steht für binary offset carrier, durch dieses Verfahren wird erreicht, dass sich die hauptsächlich belegten Frequenzbereiche ober- und unterhalb der Trägerfrequenz befinden. Dies ist beabsichtigt, um Interferenzen mit dem L1-C/A-Code bzw. L2C-Signal zu minimieren. Details zu diesem Modulationsverfahren sind in [14] zu finden. Die M-Codes können direkt akquiriert werden, mit der vollen Verfügbarkeit der Signale kann bis 2013 gerechnet werden.

Im nächsten Schritt der Modernisierung kommen Block-IIF-Satelliten zum Einsatz, der erste Satellit wurde am 28. Mai 2010 in den Orbit gebracht. Neben dem L2C-Signal und den M-Codes auf L1 und L2 wird ein zusätzliches ziviles Signal im L5-Band eingeführt werden.

- **L5.** Bei dem neuen L5-Signal mit einer Trägerfrequenz von 1176.45 MHz ist eine Chiprate von 10.23 MHz geplant. Die Signalstärke auf der Erdoberfläche soll bei -154 dBW liegen. Das Signal verfügt über unabhängige Codes für Inphasen- und Quadratur-Komponente. Während die Inphasen-Komponente mit Navigationsdaten moduliert ist, ist die Quadratur-Komponente frei von Navigationsdaten. Dadurch ist eine robustere Messung der Trägerphase und eine leichtere Akquisition des Signals möglich.

Ab 2014 soll dann die nächste Generation von Satelliten, GPS III, zum Einsatz kommen. Diese sollen weitere, zusätzliche Fähigkeiten aufweisen. Dazu zählt der direkte Informationsaustausch zwischen Satelliten und die Möglichkeit, gezielt die Signalstärke der M-Codes um 20 dB anzuheben, was als spot-beam bezeichnet wird.

Neben den beschriebenen Neuerungen sind eine ganze Reihe weiterer Verbesserungen geplant, die sich nicht nur auf die Satelliten und ihre Signale beschränken, sondern auch die Bodenstationen betreffen. Eine Übersicht über das GPS-Modernisierungsprogramm ist z.B. in [87] zu finden.

4.5   Galileo Systemüberblick

In diesem Abschnitt soll kurz das im Aufbau befindliche, europäische Satellitennavigationssystem Galileo vorgestellt werden.

---

[15]full operational capability (FOC)

Motivation

Die Entscheidung, ein eigenes Satellitennavigationssystem aufzubauen, wurde von der Europäischen Union bereits 1998 gefällt. Eine erste Definition der beabsichtigten Dienstleistungen, die durch Galileo zur Verfügung gestellt werden sollen, wurde 2001 veröffentlicht. Im Jahre 2003 wurde das Galileo Joint Undertaking (GJU) gegründet, das seitdem die Entwicklung von Galileo koordiniert.

Die Gründe für die Entwicklung eines europäischen Satellitennavigationssystems sind vielfältig. Zum einen soll sicherlich die derzeitige Abhängigkeit von USA und Russland auf dem Gebiet der Satellitennavigation beendet werden. Zum anderen ist für den Aufbau und Betrieb eines solchen Systems ein immenses know-how notwendig. Die Erarbeitung dieses know-hows stellt die Wettbewerbsfähigkeit Europas auf diesem Sektor für die Zukunft sicher. Es kann davon ausgegangen werden, dass dadurch eine Vielzahl hochqualifizierter Arbeitsplätze entstehen. Ein weiteres Ziel von Galileo ist die Verbesserung von Genauigkeit, Verfügbarkeit und Integrität der zur Verfügung gestellten Navigationsinformationen über das von GPS derzeit erzielte Maß hinaus. So wird Galileo jedem Nutzer Integritätsinformationen zur Verfügung stellen, die ihn sofort über auftretende Fehler informieren. Solche Informationen werden von GPS momentan noch nicht geliefert. Zusätzlich wird es Garantien für die Verfügbarkeit von Navigationsinformationen geben. Mit Galileo entsteht auch die Möglichkeit, nach eigenen Vorstellungen – kostenpflichtige oder freie – Mehrwertdienste zu generieren, was den Europäern beim GPS-System sicher nicht zugestanden wird.

Zeitplan

Die Entwicklungs- und Validierungsphase begann 2003, in der zwei Testsatelliten sowie die ersten vier In-Orbit-Validation-Satelliten in Betrieb genommen werden. Zusätzlich muss die dafür benötigte Infrastruktur in Form von Kontroll- und Monitoring-Stationen aufgebaut werden. Der erste Testsatellit, genannt Giove-A, wurde am 28.12.2005 von einer Sojus-Rakete in die Umlaufbahn gebracht. Der Start des zweiten Testsatelliten, Giove-B, fand am 26. April 2008 statt.

Im Rahmen der nächste Phase, dem Aufbau des Systems, sollen bis 2014 bereits 16 Satelliten, und bis 2016 schließlich 30 Satelliten zur Verfügung stehen.

Raumsegment

Das Raumsegment besteht bei Galileo aus 30 Satelliten in einer Höhe von 23616 km auf drei verschiedenen, kreisförmigen Umlaufbahnen, wobei ein Satellit pro Umlaufbahn als Reserve betrachtet wird. Eine solche Konstellation wird als Walker 27/3/1 Konstellation bezeichnet. Die Umlaufbahnen haben eine Inklination von 56 Grad.

Die Galileo-Satelliten werden Signale in vier Frequenzbändern aussenden: im Band E5a bei 1176.45 MHz, im Band E5b bei 1207.14 Mhz, im Band E6 bei 1278.75 MHz und im L1-Band bei 1575.42 MHz. In diesen Bändern stehen insgesamt zehn Signale zur Verfügung. Im E5a- und E5b-Band sind mit einer AltBOC(15,10)-Modulation Pseudo-Noise-Codes mit einer Chiprate von 10.23 Mcps[16] aufmoduliert. Hierbei sind die Inphasen-Komponenten, E5a-I und E5b-I, mit Zusatzinformationen mit einer Datenrate von 50 bzw. 250 sps[17] moduliert, die Quadratur-Komponenten E5a-Q und E5b-Q sind soge-

---

[16] Mcps = 1e6 Chips per second
[17] Symbols per second

Tabelle 4.1: Signale und Frequenzen des Satellitennavigationssystems Galileo.

Signal	Trägerfrequenz	Modulation	Chiprate	Datenrate	Dienst
E5a-I	1176.45 MHz	AltBOC(15,10)	10.23 Mcps	50 sps	OS/Sol
E5a-Q				–	OS/SoL
E5b-I	1207.14 MHz			250 sps	OS/SoL/CS
E5b-Q				–	OS/SoL/CS
E6-A	1278.75 MHz	$BOC_{cos}(10,5)$	5.115 Mcps	100 sps	PRS
E6-B		BPSK(5)		1000 sps	CS
E6-C				–	CS
L1-A	1575.42 MHz	$BOC_{cos}(15,2.5)$	2.558 Mcps	100 sps	PRS
L1-B		CBOC(6,1,1/11)	1.023 Mcps	250 sps	OS/SoL/CS
L1-C				–	OS/SoL/CS

nannte Pilotkanäle, die datenfrei sind. Zu diesen vier Signalen kommen drei Signale im E6-Band: Mit E6-A wird ein Signal bezeichnet, bei dem mit einer $BOC_{cos}(10,5)$-Modulation ein Pseudo-Noise-Code mit einer Chiprate von 5.115 Mcps sowie Zusatzinformationen mit 100 sps aufmoduliert werden. Mit E6-B und E6-C wird die Inphasen- und Quadratur-Komponenete eines BPSK(5)-Signals bezeichnet, wobei die Inphasenkomponente E6-B mit 1000 sps Zusatzinformationen moduliert ist, während die Quadraturkomponente E6-C ebenfalls ein datenfreier Pilotkanal ist. Im L1-Band sind drei Signale vorhanden, L1-A ist ein $BOC_{cos}(15,2.5)$-Signal mit 100 sps Zusatzinformationen, L1-B und L1-C sind die Inphasen- und Quadraturkomponenten einer CBOC(6,1,1/11)-Modulation, das L1-B-Signal enthält 250 sps Zusatzinformationen, L1-C ist erneut ein datenfreier Pilotkanal. Die Chiprate der L1-Pseudo-Noise-Codes beträgt 1.023 Mcps.

Eine Übersicht über die Frequenzen und Signale ist in [3] zu finden, die in Tab. 4.1 nochmals zusammengefasst sind. Eine detaillierte Beschreibung der angesprochenen Modulationsverfahren ist in [103] zu finden.

Durch diese zehn Signale werden fünf verschiedene Dienste zu Verfügung gestellt:

- Open Service (OS). Der Open Service ist – vergleichbar mit dem L1-C/A-Code bei GPS – frei zugänglich. Dieser Dienst zielt auf den Massenmarkt wie Automobilnavigationssysteme oder Mobiltelefone. Da der Open Service auf Signalen im E5- und L1-Band basiert, ist eine Korrektur des Ionosphärenfehlers wie bei militärischen GPS-P(Y)-Empfängern möglich.

- Commercial Service (CS). Der Zugang zu diesen Signalen soll nur gegen Gebühr möglich sein. Dafür soll eine höhere Positionierungsgenauigkeit möglich sein und Mehrwert-Daten sollen zur Verfügung gestellt werden – denkbar sind Integritätsinformationen, Verkehrsinformationen, Wetterwarnungen oder ähnliches. Zusätzlich soll für die Verfügbarkeit dieses Dienstes eine Garantie gegeben werden können.

- Public Regulated Service (PRS). Dieser Dienst soll nur autorisierten Nutzern zur Verfügung stehen, dazu werden Ordnungs- und Sicherheitskräfte, Nachrichtendienste, der Bundesgrenzschutz und vergleichbare Organisationen bzw. Behörden zählen. Die Signale dieses Dienstes sind verschlüsselt und sollen eine größere Resistenz gegenüber unbeabsichtigten oder mutwilligen Störungen aufweisen.

- Safety-of-Life Service (SoL). Der Safety-of-Life Service richtet sich an sicherheitskritische Anwendungen wie Flug-, Schienen- oder Schiffsverkehr. Anhand einer digitalen Signatur ist der Nutzer in der Lage, das empfangene Signal eindeutig als Galileo-Signal zu identifizieren. Zusätzlich stehen Integritätsinformationen zur Verfügung, der Nutzer wird also beim Auftreten von Fehlern informiert.

- Search-and-Rescue Service (SAR). Im Rahmen dieses Dienstes werden Search-and-Rescue-Transponder der Galileo-Satelliten eingesetzt, die Signale von bestimmten Notsignalsendern empfangen können. Hierzu sollen Sender des Maritime Distress Security Service und der internationalen Organisation für Zivilluftfahrt zählen. Die Informationen der Notrufsender werden von den Galileo-Satelliten an entsprechende Bodenstationen weitergegeben.

Weitere Details zu den Galileo-Diensten sind in [2] zu finden.

Bodensegment

Das Galileo-Bodensegment hat die Aufgabe, die Konstellation und die Systemzeit aufrecht zu erhalten, die für die Nutzer notwendigen Informationen wie z.B. Ephemeridendaten zu ermitteln und diese über die den Satellitensignalen aufmodulierten Zusatzinformationen zur Verfügung zu stellen. Dazu ist eine umfassende Infrastruktur notwendig, die sich grob wie folgt gliedert:

- Galileo Control Center (GCC). In den beiden GCC in Oberpfaffenhofen und Fucino findet die zentrale Kontrolle und Überwachung des Galileo-Systems statt. Hier werden die Satellitenbahnen berechnet, die Systemzeit aufrecht erhalten und Manöver der Satelliten geplant. Die dafür nötigen Daten werden von den Galileo-Sensor-Stationen geliefert.

- Galileo-Sensor-Stationen (GSS). Voraussichtlich vierzig dieser Empfangsstationen empfangen die Signale der Galileo-Satelliten und leiten ihre Messergebnisse und die Galileo Control Center weiter.

- Satelliten-Kontrollstationen (TCC). Die fünf telemetry-, tracking-, and command-Stationen dienen dazu, Steuersignale an die Galileo-Satelliten zu senden.

- Up-Link-Stationen (ULS). Mit Hilfe von neun Up-Link-Stationen werden die ausgestrahlten Navigationssignale aktualisiert.

Galileo und GPS

Ein wichtiger Aspekt von Galileo ist die Kompatibilität und Interoperabilität mit GPS. Unter Kompatibilität versteht man, dass der Betrieb des einen Systems den Betrieb des anderen Systems nicht stört. Unter Interoperabilität versteht man, dass Empfänger-Architekturen gefunden werden können, die sowohl Signale von GPS-Satelliten als auch von Galileo-Satelliten empfangen können. Es ist zu erwarten, dass verglichen mit reinen GPS- oder Galileo-Empfängern diese hybriden Empfänger deutliche Vorteile im Hinblick auf Genauigkeit und Zuverlässigkeit der Navigationsinformationen sowie der Verfügbarkeit von Integritätsinformationen bieten. In [25] wird für Einfrequenz-Empfänger eine Steigerung der Genauigkeit um den Faktor zwei, für Zweifrequenzempfänger eine Steigerung der Genauigkeit um den Faktor fünf prognostiziert.

5 Grundlagen der Stochastik

Ein stochastisches Filter hat die Aufgabe, anhand von Messwerten den Zustand eines Systems zu schätzen. Diese Messwerte sind – ebenso wie das zur Verfügung stehende mathematische Modell des Systems – mit Unsicherheiten bzw. Fehlern behaftet, zu deren Beschreibung sich stochastische Konzepte anbieten. Ohne detailliert auf mathematische Grundlagen oder Definitionen einzugehen, werden im Folgenden einige Begriffe aus der Stochastik eingeführt.

5.1 Die Zufallsvariable

Eine Zufallsvariable ist mathematisch gesehen eine Funktion. Diese Funktion ordnet den Ergebnissen eines Zufallsexperiments Werte zu, die Realisationen genannt werden. Manche Autoren unterscheiden nicht immer korrekt zwischen Zufallsvariable und Realisation, sondern betrachten eine Zufallsvariable wie eine Variable, die zufällig Werte annimmt.

Man unterscheidet zwischen diskreten und kontinuierlichen Zufallsvariablen: Diskrete Zufallsvariablen ordnen Werte aus einer abzählbaren Menge zu, während kontinuierliche Zufallsvariablen auf beliebige Werte abbilden. Diskrete Zufallsvariablen werden hier nicht weiter betrachtet.

Es gibt verschiedene Möglichkeiten, die Charakteristik einer Zufallsvariablen zu beschreiben. Dazu zählen die Verteilungsfunktion oder kumulative Wahrscheinlichkeit, die Wahrscheinlichkeitsdichtefunktion, die charakteristische Funktion oder die Momente der Zufallsvariablen.

5.1.1 Wahrscheinlichkeitsdichte

Die Verteilungsfunktion $F_x(\xi)$ einer Zufallsvariable $\mathbf{x}$ gibt an, mit welcher Wahrscheinlichkeit P Realisationen kleiner als eine bestimmte Schranke ξ sind:

$$F_x(\xi) = P(\mathbf{x} \leq \xi) \tag{5.1}$$

Hierbei wurde der Begriff Wahrscheinlichkeit verwendet, für den es unterschiedliche Definitionen gibt: Die Wahrscheinlichkeit eines Ereignisses ist nach der klassische Definition von Laplace die Anzahl der zu einem Ereignis gehörenden Elementarereignisse dividiert durch die Anzahl aller möglichen Ereignisse. Diese Definition wurde von der Definition nach Richard von Mises abgelöst, die Wahrscheinlichkeit als die relative Häufigkeit des Auftretens eines Ereignisses beschreibt. Die am breitesten akzeptierte Definition stammt von Andrey Kolmogorov, die sich auf drei Axiome stützt:

1. Die Wahrscheinlichkeit eines Ereignisses ist größer oder gleich null.

2. Die Wahrscheinlichkeit des sicheren Ereignisses ist eins.

3. Für zwei sich gegenseitig ausschließende Ereignisse ist die Wahrscheinlichkeit, dass eines von beiden eintritt, gleich der Summe der Einzelwahrscheinlichkeiten.

Die Wahrscheinlichkeit, dass eine Realisation in einem bestimmten Intervall auftritt, berechnet sich nach Gl. (5.1) zu

$$P(\xi_0 < \mathbf{x} \le \xi_1) = F_x(\xi_1) - F_x(\xi_0) \,. \tag{5.2}$$

Weiterhin gilt

$$\lim_{\xi \to -\infty} F_x(\xi) = 0 \tag{5.3}$$

$$\lim_{\xi \to \infty} F_x(\xi) = 1 \tag{5.4}$$

$$\xi_0 < \xi_1 \Rightarrow F_x(\xi_0) < F_x(\xi_1) \,. \tag{5.5}$$

Die Verteilungsfunktion wird auch als kumulative Wahrscheinlichkeit bezeichnet, deren Ableitung ist die Wahrscheinlichkeitsdichte:

$$p_x(\xi) = \frac{dF_x(\xi)}{d\xi} \tag{5.6}$$

Die Wahrscheinlichkeitsdichte ist eine nicht-negative Funktion,

$$p_x(\xi) \ge 0 \,, \tag{5.7}$$

für die weiterhin gilt:

$$\int_{-\infty}^{\infty} p_x(\xi)d\xi = 1 \tag{5.8}$$

Die Wahrscheinlichkeit, dass eine Realisation in einem bestimmten Intervall auftritt, lässt sich anhand von

$$P(\xi_0 < \mathbf{x} \le \xi_1) = \int_{\xi_0}^{\xi_1} p_x(u)du \tag{5.9}$$

berechnen, die Verteilungsfunktion kann durch Integration über die Wahrscheinlichkeitsdichte ermittelt werden:

$$F_x(\xi) = \int_{-\infty}^{\xi} p_x(u)du \tag{5.10}$$

Das erste Moment einer Zufallsvariablen $\mathbf{x}$ ist der Erwartungswert oder Mittelwert

$$m_x = E[\mathbf{x}] = \int\limits_{-\infty}^{\infty} \xi \, p_x(\xi) \, d\xi \,. \tag{5.11}$$

Die Streuung der Realisationen um den Mittelwert wird durch das zweite zentrale Moment, die Varianz σ_x^2, beschrieben:

$$\sigma_x^2 = E\left[(\mathbf{x} - m_x)^2\right] = \int\limits_{-\infty}^{\infty} (\xi - m_x)^2 \, p_x(\xi) \, d\xi \tag{5.12}$$

Die Varianz ist eine nicht-negative Zahl, die Wurzel aus der Varianz wird als Standardabweichung bezeichnet.

Zwei Zufallsvariablen $\mathbf{x}$ und $\mathbf{y}$ können anhand der Verbundwahrscheinlichkeitsdichte p_{xy} beschrieben werden, man erhält

$$P(\xi_0 < \mathbf{x} \le \xi_1 \wedge \eta_0 < \mathbf{y} \le \eta_1) = \int\limits_{\xi_0}^{\xi_1} \int\limits_{\eta_0}^{\eta_1} p_{xy}(u, v) \, du \, dv \,. \tag{5.13}$$

Die Wahrscheinlichkeitsdichten der einzelnen Zufallsvariablen heißen marginale Wahrscheinlichkeitsdichten, diese können aus der Verbundwahrscheinlichkeitsdichte durch Integration über den gesamten Wertebereich der jeweils anderen Zufallsvariable berechnet werden:

$$p_x(\xi) = \int\limits_{-\infty}^{\infty} p_{xy}(\xi, \eta) \, d\eta \tag{5.14}$$

$$p_y(\eta) = \int\limits_{-\infty}^{\infty} p_{xy}(\xi, \eta) \, d\xi \tag{5.15}$$

Liegt eine bestimmte Realisation η der Zufallsvariable $\mathbf{y}$ vor, stellt sich die Frage nach der Wahrscheinlichkeit von Realisationen ξ der Zufallsvariable $\mathbf{x}$ unter dieser Randbedingung. Dazu wird die bedingte Wahrscheinlichkeitsdichtefunktion $p_{x|y}$ benötigt, es gilt

$$p_{x|y}(\xi \,|\mathbf{y} = \eta) = \frac{p_{xy}(\xi, \eta)}{p_y(\eta)} \,. \tag{5.16}$$

Eine Herleitung dieses Zusammenhangs, der als Bayes'sche Regel bekannt ist, ist in [85] zu finden. Der entsprechende Zusammenhang für den Fall, dass eine bestimmte Realisation ξ vorliegt, ist gegeben durch

$$p_{y|x}(\eta \,|\mathbf{x} = \xi) = \frac{p_{xy}(\xi, \eta)}{p_x(\xi)} \tag{5.17}$$

Damit ergibt sich eine alternative Formulierung der Bayes'schen Regel:

$$p_{xy}(\xi, \eta) = p_{x|y}(\xi \,|\mathbf{y} = \eta)p_y(\eta) = p_{y|x}(\eta \,|\mathbf{x} = \xi)p_x(\xi) \tag{5.18}$$

Der bedingte Erwartungswert $E[\mathbf{x}|\mathbf{y}]$ kann als Funktion der Zufallsvariable $\mathbf{y}$ verstanden werden. Folglich handelt es sich bei $E[\mathbf{x}|\mathbf{y}]$ ebenfalls um eine Zufallsvariable, während $E[\mathbf{x}]$ ein deterministischer Wert ist. Weiterhin gilt

$$E\left[E[\mathbf{x}|\mathbf{y}]\right] = E[\mathbf{x}] \tag{5.19}$$
$$\mathrm{var}(\mathbf{x}) = E\left[\mathrm{var}(\mathbf{x}|\mathbf{y})\right] + \mathrm{var}\left(E[\mathbf{x}|\mathbf{y}]\right) , \tag{5.20}$$

wobei var() die Varianz der entsprechenden Zufallsvariable bezeichnet.

Die Eigenschaften zweier Zufallsvariablen wird durch die Begriffe Unabhängigkeit, Unkorreliertheit und Orthogonalität näher beschrieben. Zwei Zufallsvariablen $\mathbf{x}$ und $\mathbf{y}$ heißen

- statistisch unabhängig, wenn $p_{xy}(\xi, \eta) = p_x(\xi)p_y(\eta)$ gilt .

- unkorreliert, wenn $E[\mathbf{xy}] = E[\mathbf{x}]E[\mathbf{y}]$ gilt .

- orthogonal, wenn $E[\mathbf{xy}] = 0$ gilt.

Aus Unabhängigkeit folgt Unkorreliertheit, der Umkehrschluss gilt im Allgemeinen aber nicht.

Schließlich kann aus mehreren skalaren Zufallsvariablen $\mathbf{x}_1, \mathbf{x}_2, \dots, \mathbf{x}_n$ ein Zufallsvektor $\vec{\mathbf{x}}$ gebildet werden. Der Erwartungswert dieses Zufallsvektors berechnet sich gemäß

$$\vec{m}_x = E[\vec{\mathbf{x}}] = \int\limits_{-\infty}^{\infty} \dots \int\limits_{-\infty}^{\infty} \vec{\xi} p_{\vec{x}}(\vec{\xi}) \, d\xi_1 \dots d\xi_n ,$$

die Kovarianzmatrix ist gegeben durch

$$\mathbf{P}_{xx} = E\left[(\vec{\mathbf{x}} - \vec{m}_x)(\vec{\mathbf{x}} - \vec{m}_x)^T\right] .$$

Die Hauptdiagonale der Kovarianzmatrix besteht aus den Varianzen der Zufallsvariablen $\mathbf{x}_1, \mathbf{x}_2, \dots, \mathbf{x}_n$. Sind diese unkorreliert, verschwinden die Nebendiagonalelemente. Kovarianzmatrizen sind für den pathologischen Fall, dass Komponenten des Zufallsvektors die Varianz Null besitzen positiv semi-definit, ansonsten positiv definit.

5.1.2   Gaußverteilung

Im Rahmen der stochastischen Filterung spielt eine bestimmte Verteilungsfunktion, die Gauß- oder Normalverteilung, eine zentrale Rolle. Ein Grund hierfür ist, dass sich eine Normalverteilung zur Beschreibung vieler Zufallsphänomene eignet. Eine beobachtbare

Größe wird häufig von vielen Störquellen beeinflusst, die als Zufallsvariablen beschrieben werden können. Vereinfacht dargestellt strebt mit wachsender Anzahl der Zufallsvariablen die Warscheinlichkeitsverteilung ihrer Summe gegen eine Normalverteilung. Die Zufallsvariablen dürfen dabei beliebige Verteilungsfunktionen besitzen, sie müssen jedoch unabhängig sein. Die exakte mathematische Formulierung dieses Zusammenhangs ist als zentraler Grenzwertsatz bekannt. Ein weiterer Grund für die Sonderstellung der Normalverteilung ist die gute mathematische Handhabbarkeit. Dadurch können in vielen Fällen noch analytische Lösungen gefunden werden, was bei Annahme anderer Verteilungsfunktionen nicht möglich wäre. Darüber hinaus wird die Normalverteilung durch die ersten beiden Momente bereits vollständig beschrieben. Bei realen Problemstellungen wird man häufig, auch wenn keine Normalverteilung zu Grunde liegt, kaum über mehr Informationen verfügen und daher gezwungener Maßen eine Normalverteilung annehmen.

Die Wahrscheinlichkeitsdichte ist im skalaren Fall gegeben durch

$$p_x(\xi) = \frac{1}{\sqrt{2\pi\sigma^2}} e^{-\frac{(\xi - m_x)^2}{2\sigma^2}} , \qquad (5.21)$$

ein normalverteilter Zufallsvektor der Dimension $n \times 1$ besitzt die Dichtefunktion

$$p_{\vec{x}}(\vec{\xi}) = \frac{1}{\sqrt{(2\pi)^n \mid \mathbf{P}_{xx} \mid}} e^{-\frac{1}{2}(\vec{\xi} - \vec{m}_x)^T \mathbf{P}_{xx}^{-1}(\vec{\xi} - \vec{m}_x)} . \qquad (5.22)$$

Werden mit normalverteilten Zufallsvektoren $\vec{x}$ und $\vec{y}$ lineare Operationen durchgeführt, ist das Ergebnis $\vec{z}$ ebenfalls wieder ein normalverteilter Zufallsvektor:

$$\vec{z} = \mathbf{A}\vec{x} + \mathbf{B}\vec{y} + \vec{c} \qquad (5.23)$$

Bei $\mathbf{A}$ und $\mathbf{B}$ handelt es sich um beliebige Gewichtungsmatrizen, $\vec{c}$ ist ein beliebiger konstanter Vektor. Der Erwartungswert und die Kovarianzmatrix des Vektors $\vec{z}$ können direkt angegeben werden:

$$\vec{m}_z = \mathbf{A}\vec{m}_x + \mathbf{B}\vec{m}_y + \vec{c} \qquad (5.24)$$

$$\mathbf{P}_{zz} = \mathbf{A}\mathbf{P}_{xx}\mathbf{A}^T + \mathbf{A}\mathbf{P}_{xy}\mathbf{B}^T + \mathbf{B}\mathbf{P}_{yx}\mathbf{A}^T + \mathbf{B}\mathbf{P}_{yy}\mathbf{B}^T \qquad (5.25)$$

Sind $\vec{x}$ und $\vec{y}$ unkorreliert, so folgt $\mathbf{P}_{xy} = \mathbf{0}$ und $\mathbf{P}_{yx} = \mathbf{0}$, die Berechnung der Kovarianzmatrix von $\vec{z}$ vereinfacht sich entsprechend.

Im allgemeinen Fall, d.h. bei beliebigen Wahrscheinlichkeitsdichten, müssen zur Berechnung der Wahrscheinlichkeitsdichte einer Summe von Zufallsvariablen die Wahrscheinlichkeitsdichten der Summanden gefaltet werden,

$$\mathbf{z} = \mathbf{x} + \mathbf{y} \tag{5.26}$$

$$p_z(\zeta) = \int\limits_{-\infty}^{\infty} p_x(l) p_y(\zeta - l)\, dl , \tag{5.27}$$

was wesentlich aufwändiger ist.

Ein möglicher Nutzen der Gleichungen (5.23)–(5.25) soll anhand eines Beispiels verdeutlicht werden: Mit einem Zufallszahlengenerator soll ein Rauschvektor mit einer definierten Kovarianzmatrix $\mathbf{P}_{zz}$ erzeugt werden. Der Zufallszahlengenerator liefert normalverteilte, mittelwertfreie Zufallszahlen[1] mit der Varianz 1, ein aus diesen Zufallszahlen aufgebauter Vektor $\vec{\xi}$ kann als Realisation eines Zufallsvektors $\vec{x}$ mit der Kovarianzmatrix $\mathbf{P}_{xx} = \mathbf{I}$ verstanden werden. Nun wird durch Cholesky-Zerlegung von $\mathbf{P}_{zz}$ eine Gewichtungsmatrix $\mathbf{A}$ bestimmt:

$$\mathbf{P}_{zz} = \mathbf{A}\mathbf{A}^T \tag{5.28}$$

Durch Multiplikation von $\vec{\xi}$ mit dieser Gewichtungsmatrix $\mathbf{A}$ erhält man eine Realisation eines Zufallsvektors $\vec{z}$ mit der gewünschten Kovarianzmatrix $\mathbf{P}_{zz}$, denn es gilt:

$$\vec{z} = \mathbf{A}\vec{x} \tag{5.29}$$

$$E[(\vec{z} - \vec{m}_z)(\vec{z} - \vec{m}_z)^T] = E[\vec{z}\vec{z}^T] = E[(\mathbf{A}\vec{x})(\mathbf{A}\vec{x})^T]$$
$$= \mathbf{A}E[\vec{x}\vec{x}^T]\mathbf{A}^T = \mathbf{A}\mathbf{P}_{xx}\mathbf{A}^T = \mathbf{A}\mathbf{A}^T = \mathbf{P}_{zz} \tag{5.30}$$

■

Liegt eine Realisation $\vec{\eta}$ eines Zufallsvektors $\vec{y}$ vor, so sind der bedingte Erwartungswert und die bedingte Kovarianzmatrix eines Zufallsvektors $\vec{x}$ gegeben durch

$$\vec{m}_{x|\vec{\eta}} = \vec{m}_x + \mathbf{P}_{xy}\mathbf{P}_{yy}^{-1}(\vec{\eta} - \vec{m}_y) \tag{5.31}$$

$$\mathbf{P}_{xx|\vec{\eta}} = \mathbf{P}_{xx} - \mathbf{P}_{xy}\mathbf{P}_{yy}^{-1}\mathbf{P}_{yx} . \tag{5.32}$$

Die Gl. (5.31) und (5.32) können als Lösung des Schätzproblems bei normalverteilten Zufallsvektoren aufgefasst werden. In Abschnitt 6 wird unter anderem anhand dieser Gleichungen das Kalman-Filter hergeleitet.

---

[1]Liefert der Zufallszahlengenerator z.B. gleichverteilte Zufallszahlen, erhält man aufgrund des zentralen Grenzwertsatzes eine näherungsweise normalverteilte Zufallszahl durch Addition mehrerer gleichverteilter Zufallszahlen.

5.2   Stochastische Prozesse

Ein stochastischer Prozess kann als eine Zufallsvariable mit einem zusätzlichen Parameter, der Zeit, verstanden werden. Betrachtet man einen stochastischen Prozess zu einem festen Zeitpunkt, erhält man folglich eine Zufallsvariable.

Eine wichtige Kenngröße eines stochastischen Prozesses $\mathbf{x}(t)$ ist die Autokorrelationsfunktion

$$r_{xx}(t_1, t_2) = E[\mathbf{x}(t_1)\mathbf{x}(t_2)] \,, \tag{5.33}$$

anhand derer Aussagen über die Selbstähnlichkeit des Prozesses bei zeitlichen Verschiebungen getroffen werden. Betrachtet man zwei verschiedene Prozesse $\mathbf{x}(t)$ und $\mathbf{y}(t)$, so erhält man die Kreuzkorrelationsfunktion:

$$r_{xy}(t_1, t_2) = E[\mathbf{x}(t_1)\mathbf{y}(t_2)] \tag{5.34}$$

Ein stochastischer Prozess heißt stationär im strengen Sinne, wenn die Charakteristiken des Prozesses, z.B. die Wahrscheinlichkeitsdichte, keine Funktionen der Zeit sind. Von Stationarität im weiteren Sinne spricht man, wenn die ersten beiden Momente keine Funktionen der Zeit sind, dadurch hängt z.B. auch die Autokorrelation nur von der zeitlichen Verschiebung, nicht aber vom absoluten Zeitpunkt ab:

$$r_{xx}(t_1, t_2) = r_{xx}(t_1 - t_2) = r_{xx}(\tau) = E[\mathbf{x}(t)\mathbf{x}(t - \tau)] \tag{5.35}$$

Bei einem normalverteilten Zufallsprozess folgt aus Stationarität im weiteren Sinne auch Stationarität im engen Sinne, da die Normalverteilung durch die ersten beiden Momente vollständig beschrieben wird.

Im weiteren Sinne stationäre Prozesse können ergodisch sein. In diesem Fall stimmt der Scharmittelwert des Prozesses zu einem beliebigen Zeitpunkt mit dem Zeitmittelwert jeder Realisation $\xi_i(t)$ überein:

$$E[\mathbf{x}(t)] = \int_{-\infty}^{\infty} p_x(\xi)d\xi = \lim_{T\to\infty} \frac{1}{2T} \int_{-T}^{T} \xi_i(t)dt \tag{5.36}$$

Ist ein stochastischer Prozess ergodisch, so kann z.B. die Kovarianz oder die Autokorrelation anhand des Zeitmittelwertes einer einzigen Realisation berechnet werden. Das ist von entscheidender Bedeutung, da in der Praxis häufig nur eine einzige Realisation vorliegt. Die Autokorrelationsfunktion eines ergodischen Prozesses ist beispielsweise anhand von

$$r_{xx}(\tau) = \lim_{T\to\infty} \frac{1}{2T} \int_{-T}^{T} \xi_i(t)\xi_i(t - \tau)dt \tag{5.37}$$

berechenbar. Die Kreuzkorrelationsfunktion kann bei Betrachtung zweier Prozesse in analoger Weise berechnet werden. Beim Übergang ins Zeitdiskrete wird das Integral durch eine entsprechende Summe ersetzt. Da in der Praxis nur ein endliches Zeitintervall betrachtet werden kann, erhält man lediglich einen Schätzwert der Autokorrelationsfunktion.

Die spektrale Leistungsdichte $S_{xx}(j\omega)$ eines stochastischen Prozesses ist die Fouriertransformierte der Autokorrelationsfunktion, es gilt

$$S_{xx}(j\omega) = \int\limits_{-\infty}^{\infty} r_{xx}(\tau)e^{-j\omega\tau}d\tau \ . \tag{5.38}$$

Die Fourier-Rücktransformierte ist gegeben durch

$$r_{xx}(\tau) = \frac{1}{2\pi} \int\limits_{-\infty}^{\infty} S_{xx}(j\omega)e^{j\omega\tau}d\omega \ , \tag{5.39}$$

dieser Zusammenhang ist als Wiener-Khintchine-Relation bekannt. Die Leistung eines Signals erhält man als Funktionswert der Autokorrelationsfunktion an der Stelle $\tau = 0$, in diesem Fall besteht der Integrand in Gl. (5.39) lediglich aus der spektralen Leistungsdichte.

Die Erweiterung der bisher eingeführten Begriffe auf vektorielle stochastische Prozesse stellt keine Schwierigkeit dar und wird daher nicht weiter betrachtet. Stattdessen soll ein spezieller stochastischer Prozess, das weiße Rauschen, angesprochen werden.

5.2.1   Weißes Rauschen

Weißes Rauschen ist durch eine konstante spektrale Leistungsdichte gekennzeichnet:

$$S_{xx}(j\omega) = R \tag{5.40}$$

Die Signalleistung erhält man durch Integration über die spektrale Leistungsdichte, folglich besitzt dieser stochastische Prozess unendliche Leistung. Die Existenz von weißem Rauschen ist im Zeitkontinuierlichen daher nicht möglich.

Die Autokorrelationsfunktion erhält man zu

$$r_{xx}(\tau) = R\delta(\tau) \ , \tag{5.41}$$

wobei $\delta(\tau)$ den Dirac-Impuls bezeichnet. Für $\tau = 0$ wird dieser unendlich, was in Übereinstimmung mit obigen Überlegungen auf eine unendliche Leistung schließen lässt. Da bei mittelwertfreien Prozessen die Autokorrelationsfuktion an der Stelle $\tau = 0$ gleich der Varianz ist, ist die Varianz von weißem Rauschen im Zeitkontinuierlichen nicht definiert.

Dennoch ist weißes Rauschen als Konzept sinnvoll: Geht man davon aus, dass man von einem weißem Rauschprozess im Zeitkontinuierlichen durch Mittelwertbildung über den Abtastzeitraum T ins Zeitdiskrete übergeht, erhält man auch im Zeitdiskreten einen weißen Rauschprozess. Die Leistung dieses zeitdiskreten Rauschprozesses ist endlich, seine Existenz ist problemlos möglich. Die Varianz R_k dieses Prozesses ist definiert und hängt, wie in Abschnitt 3.4.3 gezeigt, gemäß

$$R_k = \frac{R}{T} \tag{5.42}$$

mit der spektralen Leistungsdichte des nicht existierenden, weißen Rauschens im Zeitkontinuierlichen zusammen. Um z.B. bei der Spezifikation des Rauschens von Inertialsensoren nicht die Varianz bei einer bestimmten Abtastzeit angeben zu müssen, wird stattdessen die spektrale Leitunsgdichte eines hypothetischen, zeitkontinuierlichen, weißen Rauschprozesses verwendet, die abtastzeitunabhängig ist.

5.2.2   Zeitkorreliertes Rauschen

Ein zeitkorrelierter Rauschprozess lässt sich mit FIR-[2] oder mit IIR-[3] Systemen beschreiben, an deren Eingang ein weißes Rauschen vorliegt. Im Rahmen der stochastischen Filterung wird üblicherweise die Beschreibung mit IIR-Systemen bevorzugt, da damit eine einfache Zustandsraumdarstellung resultiert.

Ein skalarer Gauß-Markov-Prozess 1. Ordnung ist im Zeitkontinuierlichen gegeben durch

$$\dot{w} = -\frac{1}{t_{corr}} w + \sigma \sqrt{\frac{2}{t_{corr}}} \eta \, . \tag{5.43}$$

Hierbei bezeichnet w den zeitkorrelierten Rauschterm, η ist ein weißer Rauschprozess mit der spektralen Leistungsdichte $S_{\eta\eta} = 1$, t_{corr} ist die Korrelationszeit und σ ist die Standardabweichung des Gauß-Markov-Prozesses. Die Autokorrelationsfunktion dieses Prozesses,

$$r_{ww}(\tau) = \sigma^2 e^{-\frac{|\tau|}{t_{corr}}} \, , \tag{5.44}$$

ist an der Stelle $\tau = t_{corr}$ folglich auf $1/e$ ihres Maximalwertes, der bei $\tau = 0$ vorliegt, abgefallen. Durch Fourier-Transformation erhält man die spektrale Leistungsdichte zu

$$S_{ww}(j\omega) = \underbrace{\frac{\sigma\sqrt{\frac{2}{t_{corr}}}}{\frac{1}{t_{corr}} + j\omega}}_{H(j\omega)} \cdot \underbrace{\frac{\sigma\sqrt{\frac{2}{t_{corr}}}}{\frac{1}{t_{corr}} - j\omega}}_{H(-j\omega)} S_{\eta\eta} \, , \tag{5.45}$$

dabei ist $H(j\omega)$ die Übertragungsfunktion des IIR-Systems, offensichtlich handelt es sich hierbei um einen Tiefpass 1. Ordnung. Gauß-Markov-Prozesse 1. Ordnung eignen sich daher zur Beschreibung langsam veränderlicher Vorgänge, wie z.B. der Bias-Drift eines Inertialsensors.

Das zeitdiskrete Äquivalent dieses Rauschprozesses ist gegeben durch

$$w_{k+1} = e^{-\frac{T}{t_{corr}}} w_k + \eta_k \, , \tag{5.46}$$

---

[2]Finite impulse response
[3]Infinite impulse response

die Abtastzeit ist mit T bezeichnet. Für die Varianz des weißen Rauschprozesses erhält man

$$E[\eta^2] = \sigma^2 (1 - e^{-\frac{2T}{t_{corr}}}) \; . \tag{5.47}$$

Schätzung der Rauschprozessparameter

Die Schätzung der Parameter eines zeitkorrelierten Rauschprozesses soll im Folgenden beispielhaft anhand eines vektoriellen Gauß-Markov-Prozesses 1. Ordnung demonstriert werden. Ein solcher Prozess ist gegeben durch

$$\vec{w}_{k+1} = \mathbf{\Phi} \vec{w}_k + \vec{\eta}_k \; . \tag{5.48}$$

Durch Multiplikation mit $\vec{w}_k^T$ erhält man

$$\vec{w}_{k+1} \vec{w}_k^T = \mathbf{\Phi} \vec{w}_k \vec{w}_k^T + \vec{\eta}_k \vec{w}_k^T \; . \tag{5.49}$$

Die Bildung des Erwartungswertes liefert

$$E[\vec{w}_{k+1} \vec{w}_k^T] = \mathbf{\Phi} E[\vec{w}_k \vec{w}_k^T] + E[\vec{\eta}_k \vec{w}_k^T] \; . \tag{5.50}$$

Da das weiße Rauschen $\vec{\eta}_k$ nicht mit dem Rauschterm $\vec{n}_k$ korreliert ist, verschwindet der letzte Erwartungswert. Die verbleibenden Erwartungswerte können mit Hilfe der entsprechenden Stichprobenformeln geschätzt werden, liegt eine Stichprobe mit N Messwerten vor erhält man so

$$\underbrace{\frac{1}{N-1} \sum_{k=1}^{N} \vec{w}_{k+1} \vec{w}_k^T}_{\mathbf{A}} = \mathbf{\Phi} \cdot \underbrace{\frac{1}{N-1} \sum_{k=1}^{N} \vec{w}_k \vec{w}_k^T}_{\mathbf{B}} \; . \tag{5.51}$$

Eine Schätzung der Transitionsmatrix ist daher gegeben durch

$$\hat{\mathbf{\Phi}} = \mathbf{A} \mathbf{B}^{-1} \; . \tag{5.52}$$

Mit Hilfe dieser geschätzten Transitionsmatrix kann für jeden Zeitpunkt ein Schätzwert für den Rauschterm des weißen Rauschprozesses ermittelt werden:

$$\hat{\vec{\eta}}_k = \vec{w}_{k+1} - \hat{\mathbf{\Phi}} \vec{w}_k \tag{5.53}$$

Die Varianz dieses weißen Rauschprozesses kann ebenfalls durch Anwendung der entsprechenden Stichprobenformel geschätzt werden.

■

Die gleiche Vorgehensweise lässt sich auch für Prozesse höherer Ordnung anwenden. Eine allgemeine Schätzvorschrift für die Parameter von Gauß-Markov-Prozessen beliebiger Ordnung ist durch die Yule-Walker-Gleichung gegeben, siehe [64].

Ein Gauß-Markov-Prozess n-ter Ordnung wird durch die Differenzengleichung

$$\vec{w}_k = \mathbf{A}_1 \vec{w}_{k-1} + \mathbf{A}_2 \vec{w}_{k-2} + \ldots + \mathbf{A}_n \vec{w}_{k-n} + \vec{\eta}_k \tag{5.54}$$

beschrieben, die zugehörige Zustandsraumdarstellung ist gegeben durch

$$
\begin{pmatrix} \vec{w}_k \\ \vec{w}_{k-1} \\ \vdots \\ \vec{w}_{k-n+1} \end{pmatrix} = \begin{pmatrix} \mathbf{A}_1 & \mathbf{A}_2 & \cdots & \mathbf{A}_n \\ \mathbf{I} & \mathbf{0} & \cdots & \mathbf{0} \\ \mathbf{0} & \mathbf{I} & \ddots & \vdots \\ \vdots & \ddots & \ddots & \end{pmatrix} \begin{pmatrix} \vec{w}_{k-1} \\ \vec{w}_{k-2} \\ \vdots \\ \vec{w}_{k-n} \end{pmatrix} + \begin{pmatrix} \vec{\eta}_k \\ \vec{0} \\ \vdots \\ \vec{0} \end{pmatrix} . \tag{5.55}
$$

Rauschprozesse, die sich mit diesem Ansatz modellieren lassen, werden auch als Vektorautoregressive (VAR) Prozesse bezeichnet.

6 Das Kalman-Filter

Ein Kalman-Filter ist ein Algorithmus zur Schätzung des Zustandes eines linearen Systems. Dazu werden Messwerte verarbeitet, die in linearer Weise mit dem Systemzustand zusammenhängen müssen. Ist der Zusammenhang zwischen Messwerten und Systemzustand oder das beobachtete System schwach nichtlinear, kann ein erweitertes Kalman-Filter (EKF) eingesetzt werden, siehe Abschnitt 6.4.

Um eine Zustandsschätzung durchführen zu können, benötigt das Kalman-Filter ein Modell des beobachteten Systems in der Form

$$\vec{x}_{k+1} = \mathbf{\Phi}_k \, \vec{x}_k + \mathbf{B}_k \, \vec{u}_k + \mathbf{G}_k \vec{w}_k \tag{6.1}$$

Gegenüber dem bereits eingeführten Systemmodell Gl. (2.71) ist ein zusätzlicher Term hinzugekommen, der das System- oder Prozessrauschen $\vec{w}_k$ enthält. Bei dem Systemrauschen handelt es sich um mittelwertfreies, normalverteiltes, weißes Rauschen; es gilt

$$E\left[\vec{w}_i \vec{w}_k^T\right] = \begin{cases} \mathbf{Q}_k & i = k \\ \mathbf{0} & i \neq k \end{cases}. \tag{6.2}$$

Das Systemrauschen dient zur Berücksichtigung von Modellunsicherheiten. Damit kann der Tatsache Rechnung getragen werden, dass das reale System durch ein Modell der Form Gl. (2.71) nur näherungsweise beschrieben wird. Desweiteren ist es vorstellbar, dass die Eingangsgrößen $\vec{u}_k$ mit Rauschen behaftet sind: auch diese Eingangsgrößen müssen in der Regel durch Messung ermittelt werden. Das Messrauschen dieser Eingangsgrößen kann dann dem Systemrauschen zugeschlagen werden. Eine Berücksichtigung von Messwerten als Eingangsgrößen und nicht als Messwerte im eigentlichen Sinne setzt voraus, dass keine Ableitungen dieser Größen im Zustandsvektor des Systemmodells auftreten.

Der Zusammenhang zwischen Messwerten $\tilde{\vec{y}}_k$ und dem Systemzustand $\vec{x}_k$ wird durch ein Messmodell der Form

$$\tilde{\vec{y}}_k = \mathbf{H}_k \, \vec{x}_k + \vec{v}_k \tag{6.3}$$

beschrieben. Die Matrix $\mathbf{H}_k$ wird als Messmatrix bezeichnet, bei $\vec{v}_k$ handelt es sich um das Messrauschen. Das Messrauschen wird – genau wie das Systemrauschen – als weiß, mittelwertfrei und normalverteilt angenommen; es gilt

$$E\left[\vec{v}_i \vec{v}_k^T\right] = \begin{cases} \mathbf{R}_k & i = k \\ \mathbf{0} & i \neq k \end{cases}. \tag{6.4}$$

Als weitere Voraussetzung wird angenommen, dass die Kreuzkorrelation von Messrauschen und Systemrauschen verschwindet:

$$E\left[\vec{v}_k \vec{w}_k^T\right] = \mathbf{0} \tag{6.5}$$

Unter den angesprochenen Voraussetzungen – lineares System- und Messmodell, weißes, normalverteiltes, mittelwertfreies System- und Messrauschen – ist das Kalman-Filter optimal, d.h. kein anderer Algorithmus liefert im Mittel eine kleinere Summe der quadrierten Schätzfehler. Neben einer Schätzung des Systemzustandes liefert das Kalman-Filter auch noch Informationen bezüglich der Güte der Schätzung in Form einer Schätzfehlerkovarianzmatrix.

Die Gleichungen des Kalman-Filters werden im Folgenden hergeleitet.

6.1 Kalman-Filter-Gleichungen

Rudolf Emil Kalman leitete 1960 die nach ihm benannten Kalman-Filter-Gleichungen über ein Orthogonalitätsprinzip her, siehe [63]. Neben dieser sehr mathematischen Vorgehensweise gibt es auch leichter einsichtige Wege der Herleitung dieser Gleichungen, eine Möglichkeit besteht über die Formulierung linearer Operationen mit normalverteilten Zufallsvektoren.

6.1.1 Herleitung über normalverteilte Zufallsvektoren

Prinzipiell können die Kalman-Filter-Gleichungen in zwei Gruppen eingeteilt werden, den Estimationsschritt und den Propagationsschritt.

Estimation

Im Estimationsschritt des Kalman-Filters werden die zum aktuellen Zeitpunkt vorliegenden Messwerte verarbeitet. Dadurch wird die Schätzung des Systemzustandes verbessert, entsprechend muss auch die Kovarianzmatrix des Schätzfehlers angepasst werden. Es soll folgende Nomenklatur verwendet werden: Der tatsächliche Systemzustand wird mit $\vec{x}_k$ bezeichnet, die Schätzung des Systemzustandes mit $\hat{\vec{x}}_k$. Obere Indizes $^+$ und $^-$ geben an, ob die zum aktuellen Zeitpunkt vorliegenden Messwerte bereits verarbeitet wurden $()^+$ oder die Messwertverarbeitung noch aussteht $()^-$. Im ersten Fall spricht man von einem a-posteriori-Schätzwert, bei noch ausstehender Messwertverarbeitung handelt es sich um einen a-priori-Schätzwert. Die a-priori- und a-posteriori-Kovarianzmatrizen des Schätzfehlers sind gegeben durch

$$\mathbf{P}_{xx,k}^- = E\left[(\vec{x}_k - \hat{\vec{x}}_k^-)(\vec{x}_k - \hat{\vec{x}}_k^-)^T\right] \tag{6.6}$$

$$\mathbf{P}_{xx,k}^+ = E\left[(\vec{x}_k - \hat{\vec{x}}_k^+)(\vec{x}_k - \hat{\vec{x}}_k^+)^T\right] . \tag{6.7}$$

Grundlage für die Herleitung des Estimationsschrittes sind die Gleichungen (5.31) und (5.32), die sich mit der gerade eingeführten Nomenklatur wie folgt schreiben lassen:

$$\hat{\vec{x}}_k^+ = \hat{\vec{x}}_k^- + \mathbf{P}_{xy,k}\mathbf{P}_{yy,k}^{-1}(\tilde{\vec{y}}_k - \hat{\tilde{\vec{y}}}_k) \tag{6.8}$$

$$\mathbf{P}_{xx,k}^+ = \mathbf{P}_{xx,k}^- - \mathbf{P}_{xy,k}\mathbf{P}_{yy,k}^{-1}\mathbf{P}_{yx,k} \tag{6.9}$$

Um anhand der vorliegenden Messwerte $\tilde{\vec{y}}_k$ aus der a-priori-Zustandsschätzung und -schätzfehlerkovarianzmatrix die entsprechenden a-posteriori-Größen berechnen zu können, müssen die noch unbekannten Größen $\hat{\vec{y}}_k$, $\mathbf{P}_{xy,k}$, $\mathbf{P}_{yy,k}$ und $\mathbf{P}_{yx,k}$ ermittelt werden.

Der Erwartungswert des Messwertvektors ergibt sich unter Berücksichtigung des Messmodells zu

$$
\begin{aligned}
\hat{\vec{y}}_k &= E[\tilde{\vec{y}}_k] \\
&= E\left[\mathbf{H}_k\,\vec{x}_k + \vec{v}_k\right] \\
&= \mathbf{H}_k E\left[\vec{x}_k\right] + E\left[\vec{v}_k\right] \\
\hat{\vec{y}}_k &= \mathbf{H}_k\hat{\vec{x}}_k^- \; .
\end{aligned}
\tag{6.10}
$$

Die Kovarianzmatrix $\mathbf{P}_{yy,k}$ ist gegeben durch

$$
\mathbf{P}_{yy,k} = E\left[(\tilde{\vec{y}}_k - \hat{\vec{y}}_k)(\tilde{\vec{y}}_k - \hat{\vec{y}}_k)^T\right] \; .
\tag{6.11}
$$

Durch Einsetzen des Messmodells und Gl. (6.10) erhält man

$$
\begin{aligned}
\mathbf{P}_{yy,k} &= E\left[(\mathbf{H}_k\vec{x}_k + \vec{v}_k - \mathbf{H}_k\hat{\vec{x}}_k^-)(\mathbf{H}_k\vec{x}_k + \vec{v}_k - \mathbf{H}_k\hat{\vec{x}}_k^-)^T\right] \\
&= E\left[\mathbf{H}_k(\vec{x}_k - \hat{\vec{x}}_k^-)(\vec{x}_k - \hat{\vec{x}}_k^-)^T\mathbf{H}_k^T\right] \\
&\quad + E\left[\mathbf{H}_k(\vec{x}_k - \hat{\vec{x}}_k^-)\vec{v}_k^T\right] + E\left[\vec{v}_k(\vec{x}_k - \hat{\vec{x}}_k^-)^T\mathbf{H}_k^T\right] + E\left[\vec{v}_k\vec{v}_k^T\right]
\end{aligned}
\tag{6.12}
$$

Da das Messrauschen $\vec{v}_k$ vor Verarbeitung der Messwerte nicht mit dem Schätzfehler korreliert sein kann, verschwinden in obiger Gleichung der zweite und der dritte Erwartungswert, es ergibt sich damit

$$
\begin{aligned}
\mathbf{P}_{yy,k} &= \mathbf{H}_k E\left[(\vec{x}_k - \hat{\vec{x}}_k^-)(\vec{x}_k - \hat{\vec{x}}_k^-)^T\right]\mathbf{H}_k^T + E\left[\vec{v}_k\vec{v}_k^T\right] \\
&= \mathbf{H}_k\,\mathbf{P}_{xx,k}^-\,\mathbf{H}_k^T + \mathbf{R}_k \; .
\end{aligned}
\tag{6.13}
$$

Die Matrix $\mathbf{P}_{xy,k}$ ergibt sich analog zu

$$
\begin{aligned}
\mathbf{P}_{xy,k} &= E\left[(\vec{x}_k - \hat{\vec{x}}_k^-)(\tilde{\vec{y}}_k - \hat{\vec{y}}_k)^T\right] \\
&= E\left[(\vec{x}_k - \hat{\vec{x}}_k^-)(\mathbf{H}_k\vec{x}_k + \vec{v}_k - \mathbf{H}_k\hat{\vec{x}}_k^-)^T\right] \\
&= E\left[(\vec{x}_k - \hat{\vec{x}}_k^-)(\vec{x}_k - \hat{\vec{x}}_k^-)^T\mathbf{H}_k^T\right] + E\left[(\vec{x}_k - \hat{\vec{x}}_k^-)\vec{v}_k^T\right] \\
&= E\left[(\vec{x}_k - \hat{\vec{x}}_k^-)(\vec{x}_k - \hat{\vec{x}}_k^-)^T\right]\mathbf{H}_k^T \\
\mathbf{P}_{xy,k} &= \mathbf{P}_{xx,k}^-\mathbf{H}_k^T
\end{aligned}
\tag{6.14}
$$

Setzt man Gl. (6.10), (6.13) und (6.14) in Gl. (6.8) ein, erhält man mit

$$\mathbf{P}_{yx,k} = \mathbf{P}_{xy,k}^T = \mathbf{H}_k \mathbf{P}_{xx,k}^- \tag{6.15}$$

den gesuchten Zusammenhang zur Berechnung des a-posteriori-Schätzwertes:

$$\hat{x}_k^+ = \hat{x}_k^- + \mathbf{P}_{xx,k}^- \mathbf{H}_k^T \left(\mathbf{H}_k\, \mathbf{P}_{xx}^-\, \mathbf{H}_k^T\, +\, \mathbf{R}_k \right)^{-1} \left(\tilde{y} - \mathbf{H}_k \hat{x}_k^- \right) \tag{6.16}$$

Es ist üblich, folgende Abkürzung einzuführen:

$$\mathbf{K}_k = \mathbf{P}_{xx,k}^- \mathbf{H}_k^T \left(\mathbf{H}_k\, \mathbf{P}_{xx,k}^-\, \mathbf{H}_k^T\, +\, \mathbf{R}_k \right)^{-1} \tag{6.17}$$

Die Matrix $\mathbf{K}_k$ wird als Kalman-Gain-Matrix bezeichnet. Damit lassen sich der a-posteriori-Schätzwert und die a-posteriori-Kovarianzmatrix des Schätzfehlers wie folgt schreiben:

$$\hat{x}_k^+ = \hat{x}_k^- + \mathbf{K}_k \left(\tilde{y}_k - \mathbf{H}_k \hat{x}_k^- \right) \tag{6.18}$$

$$\mathbf{P}_{xx,k}^+ = \mathbf{P}_{xx,k}^- - \mathbf{K}_k \mathbf{H}_k \mathbf{P}_{xx,k}^- = (\mathbf{I} - \mathbf{K}_k \mathbf{H}_k) \mathbf{P}_{xx,k}^- \tag{6.19}$$

Der Kalman-Filter-Estimationsschritt ist folglich durch die Gleichungen (6.17)–(6.19) gegeben. Alternativ zu (6.19) wird häufig eine andere Form des Kovarianzmatrix-Updates verwendet, die sogenannte Joseph's Form. Diese ist gegeben durch

$$\mathbf{P}_{xx,k}^+ = (\mathbf{I} - \mathbf{K}_k \mathbf{H}_k) \mathbf{P}_{xx,k}^- (\mathbf{I} - \mathbf{K}_k \mathbf{H}_k)^T + \mathbf{K}_k \mathbf{R}_k \mathbf{K}_k^T \tag{6.20}$$

Die Gl. (6.19) und (6.20) sind mathematisch äquivalent: Ausmultiplizieren und Zusammenfassen von Gl. (6.20) liefert

$$\begin{aligned}
\mathbf{P}_{xx,k}^+ &= (\mathbf{I} - \mathbf{K}_k \mathbf{H}_k) \mathbf{P}_{xx,k}^- (\mathbf{I} - \mathbf{K}_k \mathbf{H}_k)^T + \mathbf{K}_k \mathbf{R}_k \mathbf{K}_k^T \\
&= \mathbf{P}_{xx,k}^- - \mathbf{K}_k \mathbf{H}_k \mathbf{P}_{xx,k}^- - \mathbf{P}_{xx,k}^- \mathbf{H}_k^T \mathbf{K}_k^T \\
&\quad + \mathbf{K}_k \mathbf{H}_k \mathbf{P}_{xx,k}^- \mathbf{H}_k^T \mathbf{K}_k^T + \mathbf{K}_k \mathbf{R}_k \mathbf{K}_k^T \\
&= (\mathbf{I} - \mathbf{K}_k \mathbf{H}_k) \mathbf{P}_{xx,k}^- - \mathbf{P}_{xx,k}^- \mathbf{H}_k^T \mathbf{K}_k^T \\
&\quad + \mathbf{K}_k (\mathbf{H}_k \mathbf{P}_{xx,k}^- \mathbf{H}_k^T + \mathbf{R}_k) \mathbf{K}_k^T \;.
\end{aligned} \tag{6.21}$$

Setzt man in den letzten Term die Kalman-Gain-Matrix nach Gl. (6.17) ein, erhält man

$$\begin{aligned}
\mathbf{P}_{xx,k}^+ &= (\mathbf{I} - \mathbf{K}_k \mathbf{H}_k) \mathbf{P}_{xx,k}^- - \mathbf{P}_{xx,k}^- \mathbf{H}_k^T \mathbf{K}_k^T \\
&\quad + \mathbf{P}_{xx,k}^- \mathbf{H}_k^T \left(\mathbf{H}_k\, \mathbf{P}_{xx}^-\, \mathbf{H}_k^T\, +\, \mathbf{R}_k \right)^{-1} (\mathbf{H}_k \mathbf{P}_{xx,k}^- \mathbf{H}_k^T + \mathbf{R}_k) \mathbf{K}_k^T \\
&= (\mathbf{I} - \mathbf{K}_k \mathbf{H}_k) \mathbf{P}_{xx,k}^- - \mathbf{P}_{xx,k}^- \mathbf{H}_k^T \mathbf{K}_k^T + \mathbf{P}_{xx,k}^- \mathbf{H}_k^T \mathbf{K}_k^T \\
&= (\mathbf{I} - \mathbf{K}_k \mathbf{H}_k) \mathbf{P}_{xx,k}^- \;,
\end{aligned} \tag{6.22}$$

das Kovarianzmatrix-Update nach Gl. (6.19). Die Joseph's Form des Kovarianzmatrix-Updates ist numerisch robuster und sollte daher bevorzugt werden, wenn der zusätzliche Rechenaufwand toleriert werden kann.

Propagation

Im Propagationsschritt wird der geschätzte Systemzustand in der Zeit propagiert, d.h. aus dem a-posteriori-Schätzwert zum Zeitpunkt k wird der a-priori-Schätzwert zum nächsten Zeitpunkt, also $k+1$, berechnet. Dabei wächst die Unsicherheit bezüglich der Zustandsschätzung und die Schätzfehlerkovarianzmatrix muss entsprechend angepasst werden.

Die Zustandsschätzung zum nächsten Zeitpunkt ist gegeben durch

$$\hat{\vec{x}}_{k+1}^- = E\left[\vec{x}_{k+1}\right] \,, \tag{6.23}$$

durch Einsetzen des Systemmodells erhält man

$$\hat{\vec{x}}_{k+1}^- = E\left[\mathbf{\Phi}_k\,\vec{x}_k + \mathbf{B}_k\,\vec{u}_k + \mathbf{G}_k\vec{w}_k\right]$$
$$\hat{\vec{x}}_{k+1}^- = \mathbf{\Phi}_k\,\hat{\vec{x}}_k^+ + \mathbf{B}_k\,\vec{u}_k \,. \tag{6.24}$$

Die zugehörige Schätzfehlerkovarianzmatrix ergibt sich mit Gl. (6.1) und Gl. (6.24) zu

$$\begin{aligned}
\mathbf{P}_{xx,k+1}^- &= E\left[(\vec{x}_{k+1} - \hat{\vec{x}}_{k+1}^-)(\vec{x}_{k+1} - \hat{\vec{x}}_{k+1}^-)^T\right] \\
&= E\left[(\mathbf{\Phi}_k\,\vec{x}_k + \mathbf{B}_k\,\vec{u}_k + \mathbf{G}_k\vec{w}_k - (\mathbf{\Phi}_k\,\hat{\vec{x}}_k^+ + \mathbf{B}_k\,\vec{u}_k))\right. \\
&\quad \left.(\mathbf{\Phi}_k\,\vec{x}_k + \mathbf{B}_k\,\vec{u}_k + \mathbf{G}_k\vec{w}_k - (\mathbf{\Phi}_k\,\hat{\vec{x}}_k^+ + \mathbf{B}_k\,\vec{u}_k))^T\right] \\
&= E\left[(\mathbf{\Phi}_k(\vec{x}_k - \hat{\vec{x}}_k^+) + \mathbf{G}_k\vec{w}_k)((\vec{x}_k - \hat{\vec{x}}_k^+)^T\mathbf{\Phi}_k^T + \vec{w}_k^T\mathbf{G}_k^T)\right] \\
&= E\left[\mathbf{\Phi}_k(\vec{x}_k - \hat{\vec{x}}_k^+)(\vec{x}_k - \hat{\vec{x}}_k^+)^T\mathbf{\Phi}_k^T\right] + E\left[\mathbf{\Phi}_k(\vec{x}_k - \hat{\vec{x}}_k^+)\vec{w}_k^T\mathbf{G}_k^T\right] \\
&\quad + E\left[\mathbf{G}_k\vec{w}_k(\vec{x}_k - \hat{\vec{x}}_k^+)^T\mathbf{\Phi}_k^T\right] + E\left[\mathbf{G}_k\vec{w}_k\vec{w}_k^T\mathbf{G}_k^T\right] \tag{6.25}
\end{aligned}$$

Da das Systemrauschen $\vec{w}_k$ erst auf den Systemzustand zum Zeitpunkt $k+1$ einen Einfluss hat, siehe Gl. (6.1), ist das Systemrauschen $\vec{w}_k$ nicht mit dem Schätzfehler zum Zeitpunkt k, also $\hat{\vec{x}}_k^+ - \vec{x}_k$, korreliert. Damit folgt

$$\begin{aligned}
\mathbf{P}_{xx,k+1}^- &= \mathbf{\Phi}_k E\left[(\vec{x}_k - \hat{\vec{x}}_k^+)(\vec{x}_k - \hat{\vec{x}}_k^+)^T\right]\mathbf{\Phi}_k^T + \mathbf{G}_k E\left[\vec{w}_k\vec{w}_k^T\right]\mathbf{G}_k^T \\
&= \mathbf{\Phi}_k\mathbf{P}_{xx,k}^+\mathbf{\Phi}_k^T + \mathbf{G}_k\mathbf{Q}_k\mathbf{G}_k^T \,. \tag{6.26}
\end{aligned}$$

Die Gleichungen (6.24) und (6.26) stellen den Propagationsschritt des Kalman-Filters dar.

6.1.2 Herleitung über Minimierung einer Kostenfunktion

Die Herleitung der Gleichungen des Kalman-Filter-Estimationsschrittes kann auch durch Lösung einer Optimierungsaufgabe erfolgen. Dazu wird davon ausgegangen, dass sich der a-posteriori-Schätzwert aus dem a-priori-Schätzwert und der Differenz zwischen vorliegendem Messwertvektor $\tilde{y}$ und erwartetem Messwertvektor $\hat{\tilde{y}}_k = \mathbf{H}_k \hat{\vec{x}}_k^-$ ergibt, wobei diese Differenz mit einer zunächst unbekannten Matrix $\mathbf{K}_k$ gewichtet wird:

$$\hat{\vec{x}}_k^+ = \hat{\vec{x}}_k^- + \mathbf{K}_k \left(\tilde{\vec{y}} - \mathbf{H}_k \hat{\vec{x}}_k^- \right) \tag{6.27}$$

Die eigentliche Optimierungsaufgabe besteht nun darin, die Gewichtungsmatrix $\mathbf{K}_k$ so zu wählen, dass die Spur der a-posteriori-Kovarianzmatrix des Schätzfehlers minimal wird. Diese Wahl der Kostenfunktion liegt nahe, da die Spur von $\mathbf{P}_{xx,k}^+$ gerade die Summe der Varianzen der Schätzfehler ist.

Allgemein, d.h. für eine beliebig gewählte Gewichtungsmatrix $\mathbf{K}_k$, erhält man mit Gl. (6.27) für $\mathbf{P}_{xx,k}^+$:

$$
\begin{aligned}
\mathbf{P}_{xx,k}^+ &= E\left[(\hat{\vec{x}}_k^+ - \vec{x}_k)(\hat{\vec{x}}_k^+ - \vec{x}_k)^T \right] \\
&= E\left[\left(\hat{\vec{x}}_k^- - \vec{x}_k + \mathbf{K}_k(\tilde{\vec{y}} - \mathbf{H}_k \hat{\vec{x}}_k^-) \right) \left(\hat{\vec{x}}_k^- - \vec{x}_k + \mathbf{K}_k(\tilde{\vec{y}} - \mathbf{H}_k \hat{\vec{x}}_k^-) \right)^T \right] \\
&= E\left[\left(\hat{\vec{x}}_k^- - \vec{x}_k + \mathbf{K}_k(\mathbf{H}_k\,\vec{x}_k + \vec{v}_k - \mathbf{H}_k \hat{\vec{x}}_k^-) \right) \right. \\
&\qquad\qquad \left. \left(\hat{\vec{x}}_k^- - \vec{x}_k + \mathbf{K}_k(\mathbf{H}_k\,\vec{x}_k + \vec{v}_k - \mathbf{H}_k \hat{\vec{x}}_k^-) \right)^T \right] \\
&= E\left[\left((\mathbf{I} - \mathbf{K}_k\mathbf{H}_k)(\hat{\vec{x}}_k^- - \vec{x}_k) + \mathbf{K}_k\vec{v}_k \right) \right. \\
&\qquad\qquad \left. \left((\mathbf{I} - \mathbf{K}_k\mathbf{H}_k)(\hat{\vec{x}}_k^- - \vec{x}_k) + \mathbf{K}_k\vec{v}_k \right)^T \right]
\end{aligned} \tag{6.28}
$$

Da das Messrauschen $\vec{v}_k$ nicht mit dem a-priori-Schätzfehler $(\hat{\vec{x}}_k^- - \vec{x}_k)$ korreliert sein kann, ergibt sich

$$
\begin{aligned}
\mathbf{P}_{xx,k}^+ &= E\left[(\mathbf{I} - \mathbf{K}_k\mathbf{H}_k)(\hat{\vec{x}}_k^- - \vec{x}_k)(\hat{\vec{x}}_k^- - \vec{x}_k)^T (\mathbf{I} - \mathbf{H}_k^T\mathbf{K}_k^T) + \mathbf{K}_k\vec{v}_k\vec{v}_k^T\mathbf{K}_k^T \right] \\
&= (\mathbf{I} - \mathbf{K}_k\mathbf{H}_k)\mathbf{P}_{xx,k}^-(\mathbf{I} - \mathbf{K}_k\mathbf{H}_k)^T + \mathbf{K}_k\mathbf{R}_k\mathbf{K}_k^T
\end{aligned} \tag{6.29}
$$

Das ist gerade die Jospeh's Form des Kovarianzmatrix-Updates, während diese offensichtlich für beliebige Gewichtsmatrizen $\mathbf{K}_k$ gilt, hat Gl. (6.19) nur bei Berechnung der Gewichtsmatrix $\mathbf{K}_k$ gemäß Gl. (6.17) Gültigkeit.

Gesucht ist nun das Minimum der Spur von $\mathbf{P}_{xx,k}^+$, wobei der beeinflussende Faktor die Gewichtsmatrix $\mathbf{K}_k$ ist. Daher muss zur Bestimmung dieses Minimums die Spur von $\mathbf{P}_{xx,k}^+$ nach $\mathbf{K}_k$ abgeleitet und die Nullstelle dieser Ableitung ermittelt werden:

$$\frac{d\,Spur(\mathbf{P}_{xx,k}^+)}{d\,\mathbf{K}_k} \stackrel{!}{=} \mathbf{0} \tag{6.30}$$

Dazu werden einige Zusammenhänge aus der Matrizenrechnung benötigt:

Bei der Spur einer Matrix handelt es sich um eine skalare Größe, die Ableitung eines Skalars s nach einer Matrix $\mathbf{A}$ ist allgemein gegeben durch

$$\frac{d\,s}{d\,\mathbf{A}} = \begin{pmatrix} \frac{d\,s}{d\,a_{11}} & \frac{d\,s}{d\,a_{12}} & \cdots \\ \frac{d\,s}{d\,a_{21}} & \frac{d\,s}{d\,a_{22}} & \cdots \\ \vdots & & \end{pmatrix} . \tag{6.31}$$

Für zwei Matrizen $\mathbf{A}$ und $\mathbf{B}$ gilt unter der Voraussetzung, dass es sich bei dem Produkt $\mathbf{AB}$ um eine quadratische Matrix handelt, der Zusammenhang

$$\frac{d\,Spur(\mathbf{AB})}{d\,\mathbf{A}} = \mathbf{B}^T . \tag{6.32}$$

Desweiteren gilt für eine beliebige Matrix $\mathbf{A}$ und eine symmetrische Matrix $\mathbf{B}$

$$\frac{d\,Spur(\mathbf{ABA}^T)}{d\,\mathbf{A}} = 2\mathbf{AB} . \tag{6.33}$$

Da sich beim Transponieren einer Matrix die Hauptdiagonalenelemente nicht ändern, folgt sofort für die Spur der Transponierten

$$Spur(\mathbf{A}) = Spur(\mathbf{A}^T) . \tag{6.34}$$

Durch Ausmultiplizieren von Gl. (6.29) findet man nun

$$\mathbf{P}_{xx,k}^+ = \mathbf{P}_{xx,k}^- - \mathbf{K}_k\mathbf{H}_k\mathbf{P}_{xx,k}^- - \mathbf{P}_{xx,k}^-\mathbf{H}_k^T\mathbf{K}_k^T + \mathbf{K}_k(\mathbf{H}_k\mathbf{P}_{xx,k}^-\mathbf{H}_k^T + \mathbf{R}_k)\mathbf{K}_k^T . \tag{6.35}$$

Anhand obiger Rechenregeln lassen sich folgende Ableitungen berechnen:

$$\frac{d\,Spur(\mathbf{P}_{xx,k}^-)}{d\,\mathbf{K}_k} = \mathbf{0}$$

$$\frac{d\,Spur(\mathbf{P}_{xx,k}^-\mathbf{H}_k^T\mathbf{K}_k^T)}{d\,\mathbf{K}_k} = \frac{d\,Spur(\mathbf{K}_k\mathbf{H}_k\mathbf{P}_{xx,k}^-)}{d\,\mathbf{K}_k} = \left(\mathbf{H}_k\mathbf{P}_{xx,k}^-\right)^T$$

$$\frac{d\,Spur\left(\mathbf{K}_k(\mathbf{H}_k\mathbf{P}_{xx,k}^-\mathbf{H}_k^T + \mathbf{R}_k)\mathbf{K}_k^T\right)}{d\,\mathbf{K}_k} = 2\mathbf{K}_k(\mathbf{H}_k\mathbf{P}_{xx,k}^-\mathbf{H}_k^T + \mathbf{R}_k)$$

Daraus folgt mit Gl. (6.35)

$$\frac{d\,Spur(\mathbf{P}_{xx,k}^+)}{d\,\mathbf{K}_k} = -2(\mathbf{H}_k\mathbf{P}_{xx,k}^-)^T + 2\mathbf{K}_k(\mathbf{H}_k\mathbf{P}_{xx,k}^-\mathbf{H}_k^T + \mathbf{R}_k) \overset{!}{=} \mathbf{0} . \tag{6.36}$$

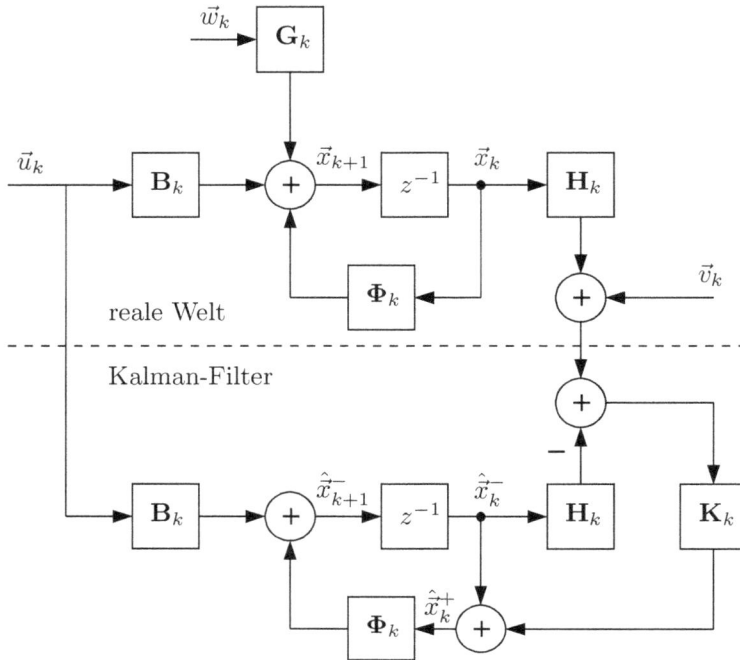

Abbildung 6.1: *Kalman-Filter-Blockdiagramm.*

Auflösen nach $\mathbf{K}_k$ liefert die gesuchte Gewichtungsmatrix

$$\mathbf{K}_k(\mathbf{H}_k\mathbf{P}^-_{xx,k}\mathbf{H}_k^T + \mathbf{R}_k) = \mathbf{P}^-_{xx,k}\mathbf{H}_k^T$$
$$\mathbf{K}_k = \mathbf{P}^-_{xx,k}\mathbf{H}_k^T(\mathbf{H}_k\mathbf{P}^-_{xx,k}\mathbf{H}_k^T + \mathbf{R}_k)^{-1}\,, \tag{6.37}$$

die natürlich mit der im vorigen Abschnitt gefundenen Kalman-Gain-Matrix Gl. (6.17) übereinstimmt.

6.1.3   Diskussion der Filtergleichungen

Abb. 6.1 zeigt die prinzipielle Struktur eines Kalman-Filters in Form eines Blockdiagramms. Wie man anhand dieses Blockdiagramms oder den Gleichungen des Estimationsschrittes erkennt, erfolgt eine Anpassung der Zustandsschätzung anhand des vorliegenden Messwertvektors durch Rückführung der Differenz zwischen vorliegendem und erwartetem Messwertvektor. Die Grundidee dieser Vorgehensweise soll für den Fall eines idealen, nicht mit Rauschen behafteten Messwertvektors, d.h. $\vec{v}_k = \vec{0}$, verdeutlicht werden: Der erwartete Messwertvektor basiert auf der aktuellen Zustandsschätzung – ist diese korrekt, werden der erwartete und der vorliegende Messwertvektor übereinstimmen und die Zustandsschätzung bleibt unverändert. Ist die aktuelle Zustandsschätzung nicht korrekt, so stimmen auch der erwartete und der vorliegende Messwertvektor nicht überein. In dieser Situation ist es plausibel, basierend auf der verbleibenden Differenz die Zustandsschätzung anzupassen.

Beispiel Parameterschätzung

Der Einfluss der Kovarianz von Messrauschen und Schätzfehler im Rahmen der Messwertverarbeitung soll anhand eines einfachen Beispiels verdeutlicht werden. Hierzu soll das Kalman-Filter als Parameterschätzer eingesetzt werden, es soll eine konstante, skalare Größe geschätzt werden, die direkt gemessen werden kann. In diesem Szenario sind die Transitionsmatrix $\mathbf{\Phi}_k$ und die Messmatrix $\mathbf{H}_k$ formal Einheitsmatrizen der Dimension 1×1. Da die Transitionsmatrix das Systemverhalten perfekt beschreibt und auch keine mit Rauschen behafteten Eingangsgrößen vorliegen, kann das Systemrauschen zu Null angenommen werden.

Die Kovarianzmatrizen des Messrauschens und des Schätzfehlers sind hier skalare Größen, die Kalman-Gain-Matrix kann daher wie folgt geschrieben werden:

$$\mathbf{K}_k = \frac{\mathbf{P}^-_{xx,k}}{\mathbf{P}^-_{xx,k} + \mathbf{R}_k} \tag{6.38}$$

Damit vereinfachen sich die Gleichungen des Estimationsschrittes zu

$$\hat{x}^+_k = \hat{x}^-_k + \frac{\mathbf{P}^-_{xx,k}}{\mathbf{P}^-_{xx,k} + \mathbf{R}_k}(\tilde{y}_k - \hat{x}^-_k) \tag{6.39}$$

$$\mathbf{P}^+_{xx,k} = \mathbf{P}^-_{xx,k} \cdot \frac{\mathbf{R}_k}{\mathbf{P}^-_{xx,k} + \mathbf{R}_k} . \tag{6.40}$$

Im Folgenden soll die resultierende Zustandsschätzung für einige Sonderfälle betrachtet werden:

1. $\mathbf{R}_k = 0$. Es liegt ein perfekter Messwert vor. Durch Einsetzen in (6.39) erkennt man, dass dieser Messwert als neue Zustandsschätzung direkt übernommen wird. Die bisherige Zustandsschätzung wird verworfen: $\hat{x}^+_k = \tilde{y}$.
   Da aufgrund der Übernahme des perfekten Messwertes eine perfekte Zustandsschätzung vorliegt, liefert Gl. (6.40) eine verschwindende Schätzfehlervarianz: $\mathbf{P}^+_{xx,k} = 0$.

2. $\mathbf{R}_k \to \infty$. Der Messwert enthält praktisch keine Information. In diesem Fall wird die Zustandsschätzung nicht verändert: $\hat{x}^+_k = \hat{x}^-_k$.
   Durch Berechnung des entsprechenden Grenzwertes von Gl. (6.40) erkennt man, dass wie zu erwarten auch keine Anpassung der Schätzfehlervarianz stattfindet: $\mathbf{P}^+_{xx,k} = \mathbf{P}^-_{xx,k}$.

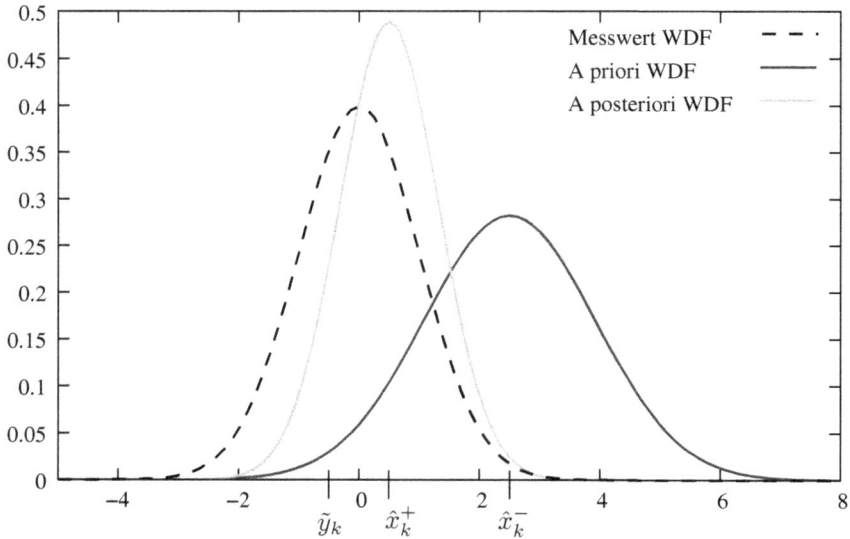

Abbildung 6.2: *Wahrscheinlichkeitsdichtefunktionen des Messwertes, der a-priori- und der a-posteriori-Zustandsschätzung.*

3. $\mathbf{P}^-_{xx,k} = 0$. Die aktuelle Zustandsschätzung wird als perfekt angesehen, daher wird diese auch bei Vorliegen eines mit Rauschen behafteten Messwertes nicht mehr verändert: $\hat{x}^+_k = \hat{x}^-_k$.
   Folglich resultiert für die Schätzfehlervarianz: $\mathbf{P}^+_{xx,k} = 0$.

4. $\mathbf{P}^-_{xx,k} \to \infty$. Die bisherige Zustandsschätzung enthält praktisch keine Information. In dieser Situation ist es sinnvoll, bei Vorliegen eines Messwertes diese Zustandsschätzung zu verwerfen und diesen Messwert direkt zu übernehmen: $\hat{x}^+_k = \tilde{y}$.
   Folglich ist die neue Schätzfehlervarianz durch die Varianz des Messwertes bestimmt: $\mathbf{P}^+_{xx,k} = \mathbf{R}_k$.

In allen anderen Fällen ergibt sich der a-posteriori-Schätzwert als ein gewichteter Mittelwert von Messwert und a-priori-Schätzwert, wobei die Gewichtung von den vorliegenden Messwert- und Schätzfehlervarianzen abhängt. Dies ist anhand der Wahrscheinlichkeitsdichtefunktionen in Abb. 6.2 illustriert.

■

Ein großer Vorteil des Kalman-Filters ist dessen Modularität. Es ist keinesfalls notwendig, den Zeitraum zwischen zwei Messwerten mit einem einzigen Propagationsschritt zu überbrücken. Meist ist es sinnvoll, stattdessen den Propagationsschritt mit einer festen Update-Rate aufzurufen und dann zu jedem Zeitpunkt festzustellen, ob Messwerte vorliegen und ein Estimationsschritt ausgeführt werden muss. Ferner ist es nicht zwingend notwendig, aus allen zu einem Zeitpunkt vorliegenden Messwerten einen Messwertvektor zu bilden und diesen in einem einzigen Estimationsschritt zu verarbeiten. Sind die einzelnen Messwerte nicht miteinander korreliert[1], kann stattdessen jede skalare Einzelmessung im Rahmen eines Estimationsschrittes verarbeitet werden, es werden dann soviele Estimationsschritte durchgeführt, wie Messwerte zu diesem Zeitpunkt vorliegen. Dies hat zwei Vorteile: Bei der Berechnung der Kalman-Gain-Matrix muss eine Matrix invertiert werden, deren Dimension durch die Anzahl der Messwerte gegeben ist; liegen viele Messwerte zu einem Zeitpunkt vor, muss eine entsprechend große Matrix invertiert werden, was numerisch kritisch sein kann. Werden hingegen nur skalare Messwerte verarbeitet, reduziert sich die Berechnung der Inversen zu einer einfachen Division, die numerisch unkritisch ist. Desweiteren ist denkbar, dass zu verschiedenen Zeitpunkten eine unterschiedliche Anzahl von Messwerten vorliegt, z.B. wenn mehrere Sensoren mit verschiedenen Datenraten verwendet werden. Sollten alle zu einem Zeitpunkt vorliegenden Messwerte in einem einzigen Estimationsschritt verarbeitet werden, müsste die Implementierung des Filters alle bezüglich der Messwertverfügbarkeit möglichen Permutationen abdecken. In diesem Szenario wäre es sinnvoller, für jeden Sensor einen eigenen Estimationsschritt zu implementieren und diesen bei Bedarf aufzurufen.

Eigenschaften

Neben den bisher angesprochenen Aspekten sollen im Folgenden die wesentlichen Eigenschaften des Kalman-Filters kurz angesprochen werden.

Für den Fall, dass die in Abschnitt 6 angesprochenen Voraussetzungen erfüllt sind, gilt:

- Das Kalman-Filter ist der optimale Schätzalgorithmus zur Zustandsschätzung dieses linearen Systems. Das bedeutet, das kein anderes Filter bei dieser Aufgabenstellung bessere Ergebnisse erzielen kann.

- Das Kalman-Filter ist asymptotisch stabil: Der Einfluss der notwendigen Initialisierung der Kovarianzmatrix $\mathbf{P}_0$ und des Zustandsvektors $\hat{x}_0^-$ verschwindet für $t \to \infty$.

- Die gelieferten Schätzwerte sind wirksam (engl. efficient estimate): Kein anderer Schätzer kann Schätzwerte mit einer kleineren Varianz liefern.

- Die Schätzwerte sind erwartungstreu (engl. unbiased): Die Schätzwerte stimmen im Mittel mit den tatsächlichen Werten überein.

- Wird das Kalman-Filter als Parameterschätzer eingesetzt, sind die gelieferten Schätzungen konsistent: Geht die Anzahl der zur Verfügung stehenden Messungen gegen unendlich, so gehen die Varianzen der Schätzfehler gegen null.

- Das Kalman-Filter liefert den wahrscheinlichsten Schätzwert (engl: maximum likelihood estimate): Der vom Kalman-Filter gelieferte Schätzwert ist der Mittelwert

---

[1] Eine separate Verarbeitung skalarer Einzelmessungen ist auch dann möglich, wenn diese miteinander in bekannter Weise korreliert sind. In diesem Fall muss vor der Verarbeitung durch eine geeignete Transformation eine Dekorrelation durchgeführt werden, siehe [38].

des Zustandsvektors $\vec{x}_k$. Da bei einer Gaußverteilung aber Mittelwert, Median und Modalwert zusammenfallen, ist dies auch der wahrscheinlichste Wert.

- Liegt kein Systemrauschen vor, ist das Kalman-Filter identisch zu einem rekursiven Least-Squares-Schätzer.

Ausführliche Diskussionen und weiterführende Betrachtungen des Kalman-Filters sind in [18],[21],[26],[35],[38],[85],[86],[90] oder [76] zu finden. Im Folgenden sollen lediglich einige der wesentlichsten Aspekte, die beim Einsatz eines Kalman-Filters zu berücksichtigen sind, angesprochen werden.

6.2   Beobachtbarkeit

Ein System heißt beobachtbar, wenn bei bekannten Eingangsgrößen der initiale Systemzustand $\vec{x}_0$ nach endlicher Zeit anhand der zur Verfügung stehenden Messungen $\vec{y}_0, \vec{y}_1, \dots, \vec{y}_{k-1}$ eindeutig ermittelt werden kann. Eine Aussage über die Beobachtbarkeit eines Systems kann anhand der Beobachtbarkeitsmatrix getroffen werden.

Für skalare Messwerte ist die Beobachtbarkeitsmatrix $\mathbf{M}_b$ gegeben durch

$$
\begin{pmatrix} y_0 \\ y_1 \\ \vdots \\ y_{n-1} \end{pmatrix} = \underbrace{\begin{pmatrix} \mathbf{H}_0 \\ \mathbf{H}_1 \mathbf{\Phi}_1 \\ \vdots \\ \mathbf{H}_n \mathbf{\Phi}_{n-1} \end{pmatrix}}_{\mathbf{M}_b} \vec{x}_0 \, ,
\tag{6.41}
$$

wobei n die Dimension des Zustandsvektors bezeichnet. Das System ist beobachtbar, wenn die Matrix $\mathbf{M}_b$ der Dimension $n \times n$ den Höchstrang n besitzt, d.h. die Determinante von $\mathbf{M}_b$ nicht verschwindet. In diesem Fall ist $\mathbf{M}_b$ invertierbar, und das Gleichungssystem (6.41) kann nach dem Systemzustand $\vec{x}_0$ aufgelöst werden.

Dieses Konzept soll anhand eines einfachen Beispiels verdeutlicht werden.

Beispiel eindimensionale Bewegung
Gegeben sei das System

$$
\begin{pmatrix} x \\ v \end{pmatrix}_{k+1} = \begin{pmatrix} 1 & T \\ 0 & 1 \end{pmatrix} \begin{pmatrix} x \\ v \end{pmatrix}_k + \begin{pmatrix} 0 \\ 1 \end{pmatrix} u_k \, .
\tag{6.42}
$$

Stehen für dieses System Positionsmessungen zur Verfügung,

$$
y_k = \begin{pmatrix} 1 & 0 \end{pmatrix} \begin{pmatrix} x \\ v \end{pmatrix}_k \, ,
\tag{6.43}
$$

ergibt sich die Beobachtbarkeitsmatrix zu

$$
\mathbf{M}_b = \begin{pmatrix} 1 & 0 \\ 1 & T \end{pmatrix} \, .
\tag{6.44}
$$

Die Determinante dieser Matrix ist ungleich Null, die Matrix ist invertierbar und das System damit beobachtbar. Dies ist nicht verwunderlich, da durch Messungen der Position sowohl auf Position als auch auf Geschwindigkeit geschlossen werden kann.

Stehen jedoch anstelle von Positionsmessungen nur Geschwindigkeitsmessungen zu Verfügung,

$$y_k = \begin{pmatrix} 0 & 1 \end{pmatrix} \begin{pmatrix} x \\ v \end{pmatrix}_k \ , \tag{6.45}$$

erhält man als Beobachtbarkeitsmatrix

$$\mathbf{M}_b = \begin{pmatrix} 0 & 1 \\ 0 & 1 \end{pmatrix} \ . \tag{6.46}$$

Diese Matrix ist nicht invertierbar und das System damit unbeobachtbar. Das ist auch anschaulich unmittelbar klar, da nur durch Messung der Geschwindigkeit nicht auf eine unbekannte Anfangsposition geschlossen werden kann.

Beobachtbarkeit im Rahmen der stochastischen Filterung kann als Analogon zur Steuerbarkeit bei einem regelungstechnischen Problem gesehen werden: Steuerbarkeit besagt, dass ein System durch geeignete Eingangsgrößen in endlicher Zeit von einem beliebigen Anfangszustand nach $\vec{x}_k = \vec{0}$ überführt werden kann.

6.3 Übergang kontinuierlich - diskret

Häufig ist das einem Kalman-Filter zugrundeliegende Systemmodell nicht in zeitdiskreter Form wie in Gl. (6.1) gegeben, sondern liegt im Zeitkontinuierlichen in Form von Differentialgleichungen vor:

$$\dot{\vec{x}}(t) = \mathbf{F}(t)\vec{x}(t) + \mathbf{B}(t)\vec{u}(t) + \mathbf{G}(t)\vec{w}(t) \tag{6.47}$$

Wie ein zeitdiskretes Äquivalent des deterministischen Anteils des Systemmodells Gl. (6.47) gewonnen werden kann, wurde bereits in Abschnitt 2.3 erörtert. Für das Systemrauschen gilt im Zeitkontinuierlichen

$$E\left[\vec{w}(t)\vec{w}(\tau)^T\right] = \mathbf{Q}\delta(t - \tau) \ , \tag{6.48}$$

wobei es sich bei $\mathbf{Q}$ um die spektrale Leistungsdichte des Systemrauschens handelt.

Es wird angenommen, dass sich der zeitdiskrete Rauschterm als Mittelwert des zeitkontinuierlichen Rauschterms innerhalb des Abtastintervalls ergibt:

$$\vec{w}_k = \frac{1}{T} \int_{t_k}^{t_{k+1}} \vec{w}(\tau) \, d\tau \tag{6.49}$$

Damit findet man für das Systemrauschen in analoger Weise zu Gl. (3.198) einen Zusammenhang zwischen Kovarianzmatrix im Zeitdiskreten und spektraler Leistungsdichte im

Zeitkontinuierlichen gemäß

$$
\begin{aligned}
\mathbf{Q}_k &= E\left[\vec{w}_k \vec{w}_k^T\right] = E\left[\left(\frac{1}{T}\int\limits_{t_k}^{t_{k+1}}\vec{w}(\tau)\,d\tau\right)\left(\frac{1}{T}\int\limits_{t_k}^{t_{k+1}}\vec{w}(\tau)\,d\tau\right)^T\right] \\
&= \frac{1}{T^2}\int\limits_{t_k}^{t_{k+1}}\int\limits_{t_k}^{t_{k+1}} E\left[\vec{w}(\tau)\vec{w}(\alpha)^T\right]\,d\alpha\,d\tau \\
&= \frac{1}{T^2}\int\limits_{t_k}^{t_{k+1}}\int\limits_{t_k}^{t_{k+1}} \mathbf{Q}\cdot\delta(\tau-\alpha)\,d\alpha\,d\tau = \frac{1}{T^2}\int\limits_{t_k}^{t_{k+1}}\mathbf{Q}\,d\tau = \frac{\mathbf{Q}}{T}\,.
\end{aligned}
\tag{6.50}
$$

Bei der Berechnung der Matrix $\mathbf{G}_k$ sind – wie bei der Eingangsmatrix, siehe Gl. 2.70 sowie Gl. 2.72 und 2.73 – verschiedene Approximationen möglich:

$$
\mathbf{G}_k \approx \frac{1}{2}\left(\mathbf{I}+\boldsymbol{\Phi}_k\right)\mathbf{G}T
\tag{6.51}
$$

$$
\mathbf{G}_k \approx \boldsymbol{\Phi}_k\mathbf{G}T
\tag{6.52}
$$

$$
\mathbf{G}_k \approx \mathbf{G}T
\tag{6.53}
$$

Bei der Verwendung der Näherung Gl. (6.51) erhält man für das Systemrauschen im Zeitdiskreten

$$
\begin{aligned}
\mathbf{G}_k\mathbf{Q}_k\mathbf{G}_k^T &= E\left[\left(\mathbf{G}_k\vec{w}_k\right)\left(\mathbf{G}_k\vec{w}_k\right)^T\right] \\
&= \frac{1}{2}\left(\mathbf{I}+\boldsymbol{\Phi}_k\right)\mathbf{G}T\cdot\frac{\mathbf{Q}}{T}\cdot\frac{1}{2}\mathbf{G}^T\left(\mathbf{I}+\boldsymbol{\Phi}_k\right)^T T \\
&= \frac{1}{4}\left(\mathbf{I}+\boldsymbol{\Phi}_k\right)\mathbf{G}\mathbf{Q}\mathbf{G}^T\left(\mathbf{I}+\boldsymbol{\Phi}_k\right)^T T\,,
\end{aligned}
\tag{6.54}
$$

bei Verwendung von Gl. (6.52) ergibt sich entsprechend

$$
\mathbf{G}_k\mathbf{Q}_k\mathbf{G}_k^T = \boldsymbol{\Phi}_k\mathbf{G}\mathbf{Q}\mathbf{G}^T\boldsymbol{\Phi}_k^T T\,,
\tag{6.55}
$$

und mit Gl. (6.53) erhält man

$$
\mathbf{G}_k\mathbf{Q}_k\mathbf{G}_k^T = \mathbf{G}\mathbf{Q}\mathbf{G}^T T\,.
\tag{6.56}
$$

Häufig ist es nicht von entscheidender Bedeutung, welche der angegebenen Näherungen verwendet wird: Bei der Modellierung der Unsicherheit des Systemmodells als weißer, normalverteilter Zufallsvektor ist eine gewisse Heuristik unvermeidlich, so dass bei komplexen Systemen das Systemrauschen meist eher als eine Möglichkeit des Filter-Tunings verstanden werden muss und nicht ausschließlich aufgrund mathematischer Überlegungen gewählt werden kann.

Neben der unabhängigen Diskretisierung von $\mathbf{G}(t)$ und $\vec{w}(t)$ ist auch eine gemeinsame Behandlung möglich. Das zeitdiskrete Äquivalent von Gl. (6.47) lautet

$$
\vec{x}_{k+1} = e^{\mathbf{A}(t_{k+1}-t_k)}\vec{x}_k + \int\limits_{t_k}^{t_{k+1}} e^{\mathbf{A}(t_{k+1}-\tau)}\mathbf{B}\vec{u}(\tau)\,d\tau
$$

$$
+ \int\limits_{t_k}^{t_{k+1}} e^{\mathbf{A}(t_{k+1}-\tau)}\mathbf{G}\vec{w}(\tau)\,d\tau \ . \tag{6.57}
$$

Nach einiger Rechnung erhält man für die Kovarianzmatrix des Systemrauschens den allgemeinen Ausdruck

$$
\mathbf{G}_k\mathbf{Q}_k\mathbf{G}_k^T = E\left[\left(\int\limits_{t_k}^{t_{k+1}} e^{\mathbf{A}(t_{k+1}-\tau)}\mathbf{G}\vec{w}(\tau)\,d\tau\right)\right.
$$

$$
\left.\left(\int\limits_{t_k}^{t_{k+1}} e^{\mathbf{A}(t_{k+1}-\tau)}\mathbf{G}\vec{w}(\tau)\,d\tau\right)^T\right]
$$

$$
= \int\limits_0^T e^{\mathbf{A}\tau}\mathbf{G}\mathbf{Q}\mathbf{G}^T\left(e^{\mathbf{A}\tau}\right)^T\,d\tau \ . \tag{6.58}
$$

Die Berechnung des Integrals ist in den meisten Fällen nur näherungsweise möglich.

6.4   Nichtlineare System- und Messmodelle

Handelt es sich beim zu beobachtenden System um ein nichtlineares System oder ist der Zusammenhang zwischen Messwerten und Zustandsvektor nichtlinear, kann bei nicht zu großen Nichtlinearitäten ein linearisiertes oder ein erweitertes Kalman-Filter eingesetzt werden.

6.4.1   Linearisiertes Kalman-Filter

Bei einem linearisierten Kalman-Filter wird ein zu beobachtendes, nichtlineares System

$$
\dot{\vec{x}} = \vec{f}(\vec{x}) + \mathbf{B}\vec{u} + \mathbf{G}\vec{w} \tag{6.59}
$$

um einen Linearisierungspunkt $\bar{\vec{x}}$ in eine Taylor-Reihe entwickelt, die nach dem linearen Glied abgebrochen wird:

$$\dot{\vec{x}} \approx \vec{f}(\bar{\vec{x}}) + \left. \frac{\partial \vec{f}(\vec{x})}{\partial \vec{x}} \right|_{\vec{x} = \bar{\vec{x}}} \cdot \left(\vec{x} - \bar{\vec{x}} \right) + \mathbf{B}\vec{u} + \mathbf{G}\vec{w} \tag{6.60}$$

Analog findet man für den geschätzten Systemzustand

$$\dot{\hat{\vec{x}}} = \vec{f}(\hat{\vec{x}}) + \mathbf{B}\vec{u}$$
$$\approx \vec{f}(\bar{\vec{x}}) + \left. \frac{\partial \vec{f}(\vec{x})}{\partial \vec{x}} \right|_{\vec{x} = \bar{\vec{x}}} \cdot \left(\hat{\vec{x}} - \bar{\vec{x}} \right) + \mathbf{B}\vec{u} \; . \tag{6.61}$$

Subtrahiert man Gl. (6.60) von Gl. (6.61), erhält man

$$\dot{\hat{\vec{x}}} - \dot{\vec{x}} = \left. \frac{\partial \vec{f}(\vec{x})}{\partial \vec{x}} \right|_{\vec{x} = \bar{\vec{x}}} \cdot \left(\hat{\vec{x}} - \vec{x} \right) - \mathbf{G}\vec{w} \; . \tag{6.62}$$

Setzt man $\Delta \vec{x} = \hat{\vec{x}} - \vec{x}$ und wählt den geschätzten Systemzustand $\hat{\vec{x}}$ als Linearisierungspunkt[2], so ergibt sich

$$\Delta \dot{\vec{x}} = \left. \frac{\partial \vec{f}(\vec{x})}{\partial \vec{x}} \right|_{\vec{x} = \hat{\vec{x}}} \cdot \Delta \vec{x} - \mathbf{G}\vec{w} \; . \tag{6.63}$$

Gleichung (6.63) beschreibt näherungsweise die zeitliche Propagation der Schätzfehler durch das nichtlineare System und stellt das einem linearisierten Kalman-Filter zugrundeliegende Systemmodell dar. Die Matrix

$$\mathbf{F} = \left. \frac{\partial \vec{f}(\vec{x})}{\partial \vec{x}} \right|_{\vec{x} = \hat{\vec{x}}} \tag{6.64}$$

wird als Jacobi-Matrix der Funktion $\vec{f}(\vec{x})$ bezeichnet.

Das linearisierte Kalman-Filter schätzt den Systemzustand nicht direkt, stattdessen wird der Fehler eines außerhalb des eigentlichen Filters gespeicherten, vermuteten Systemzustandes geschätzt. Daher ist auch die Bezeichnung error state space oder indirektes Kalman-Filter gebräuchlich. Wird anhand dieses geschätzten Fehlers der vermutete Systemzustand korrigiert, spricht man von einem closed-loop-error-state-space-Kalman-Filter.

---

[2]Es ist auch möglich, nicht den geschätzten Systemzustand sondern eine nominale Trajektorie als Linearisierungspunkt zu wählen.

Ein solches Filter verarbeitet auch die vorliegenden Messwerte nicht direkt, statt dessen wird die Differenz aus den vorliegenden Messwerten und den aufgrund des vermuteten Systemzustandes erwarteten Messwerten als 'Messung' verarbeitet. Das Messmodell wird hierbei in gleicher Weise wie das Systemmodell bestimmt: Der nichtlineare Zusammenhang zwischen Messwertvektor und Systemzustand

$$\tilde{\vec{y}}_k = \vec{h}_k(\vec{x}_k) + \vec{v}_k \qquad (6.65)$$

wird in eine Taylor-Reihe entwickelt, wobei nach dem linearen Glied abgebrochen wird:

$$\tilde{\vec{y}}_k \approx \left. \frac{\partial \vec{h}_k(\vec{x}_k)}{\partial \vec{x}_k} \right|_{\vec{x}_k = \bar{\vec{x}}_k} \cdot (\vec{x}_k - \bar{\vec{x}}_k) + \vec{v}_k \qquad (6.66)$$

Analog kann man schreiben:

$$\hat{\tilde{\vec{y}}}_k \approx \left. \frac{\partial \vec{h}_k(\vec{x}_k)}{\partial \vec{x}_k} \right|_{\vec{x}_k = \bar{\vec{x}}_k} \cdot \left(\hat{\vec{x}}_k - \bar{\vec{x}}_k \right) \qquad (6.67)$$

Die Subtraktion dieser beiden Gleichungen liefert mit $\Delta \tilde{\vec{y}}_k = \hat{\tilde{\vec{y}}}_k - \tilde{\vec{y}}_k$ bei Verwendung des vermuteten Systemzustandes als Linearisierungspunkt das Messmodell des linearisierten Kalman-Filters,

$$\Delta \tilde{\vec{y}}_k = \left. \frac{\partial \vec{h}_k(\vec{x}_k)}{\partial \vec{x}_k} \right|_{\vec{x}_k = \bar{\vec{x}}_k} \cdot \Delta \vec{x}_k - \vec{v}_k \ . \qquad (6.68)$$

Auf der Grundlage des Systemmodells (6.63) und des Messmodells (6.68) kommen die üblichen Kalman-Filter-Gleichungen zum Einsatz. Es ist jedoch darauf zu achten, dass die Propagation des vermuteten Systemzustandes durch Lösung des deterministischen Anteils der nichtlinearen Differentialgleichung (6.59) erfolgt; die Transitionsmatrix, die anhand der Jacobi-Matrix nach Gl. (6.64) und Gl. (2.68) ermittelt wird, wird nur zur Propagation der Kovarianzmatrix des Schätzfehlers benötigt. Die Berechnung des zu verarbeitenden Messwertes $\Delta \tilde{\vec{y}}_k$ muss ebenfalls auf Grundlage des nichtlinearen Messmodells erfolgen:

$$\Delta \tilde{\vec{y}}_k = \vec{h}_k(\hat{\vec{x}}_k) - \tilde{\vec{y}}_k \qquad (6.69)$$

Die durch die Jacobi-Matrix des nichtlinearen Messmodells gegebene Messmatrix

$$\mathbf{H}_k = \left. \frac{\partial \vec{h}_k(\vec{x}_k)}{\partial \vec{x}_k} \right|_{\vec{x}_k = \bar{\vec{x}}_k} \qquad (6.70)$$

wird nur zur Berechnung der Kalman-Gain-Matrix und zur Anpassung der Kovarianzmatrix des Schätzfehlers verwendet.

Wird nach der Messertverarbeitung der vermutete Systemzustand mit Hilfe der geschätzten Fehler korrigiert, muss der die Schätzfehler enthaltende Zustandsvektor des Filters zu Null gesetzt werden. Daher kann im anschließenden Propagationsschritt auf die Propagation des Filterzustandes verzichtet werden, neben dem vermuteten Systemzustand muss nur die Kovarianzmatrix der Schätzfehler propagiert werden.

6.4.2   Erweitertes Kalman-Filter

Das erweiterte Kalman-Filter[3] (EKF) unterscheidet sich von dem linearisierten Kalman-Filter dadurch, dass nicht die Fehler eines vermuteten Systemzustandes, sondern der Systemzustand selbst geschätzt wird. Man spricht daher auch von einem direkten Kalman-Filter, die Bezeichnung total-state-space-Kalman-Filter ist ebenfalls üblich.

Im Propagationsschritt wird der geschätzte Systemzustand anhand des nichtlinearen Systemmodells in der Zeit propagiert. Die Propagation der Kovarianzmatrix des Schätzfehlers erfolgt – wie beim linearisierten Kalman-Filter – unter Verwendung einer durch Linearisierung gewonnenen Transitionsmatrix. Ist das nichtlineare Systemmodell im Zeitdiskreten gegeben,

$$\vec{x}_{k+1} = \vec{f}(\vec{x}_k, \vec{u}_k) + \mathbf{G}_k\,\vec{w}_k, \tag{6.71}$$

erhält man die Transitionsmatrix unmittelbar durch

$$\mathbf{\Phi}_k = \left. \frac{\partial \vec{f}(\vec{x}_k, \vec{u}_k)}{\partial \vec{x}} \right|_{\vec{x}=\hat{\vec{x}}} . \tag{6.72}$$

Bei einem zeitkontinuierlichen Systemmodell wird die im vorigen Abschnitt beschriebene Vorgehensweise angewandt.

Die Messmatrix $\mathbf{H}_k$ zur Berechnung der Kalman-Gain-Matrix und zur Anpassung der Kovarianzmatrix des Schätzfehlers ist durch Gl. (6.70) gegeben, die Prädiktion der Messwerte erfolgt auf Grundlage des nichtlinearen Messmodells Gl. (6.65).

Die Gleichungen des erweiterten Kalman-Filters lauten damit insgesamt:

$$\hat{\vec{x}}_{k+1}^{-} = \hat{\vec{f}}(\vec{x}_k^{+}, \vec{u}_k) \tag{6.73}$$

$$\mathbf{P}_{xx,k+1}^{-} = \mathbf{\Phi}_k \mathbf{P}_{xx,k}^{+} \mathbf{\Phi}_k^{T} + \mathbf{G}_k \mathbf{Q}_k \mathbf{G}_k^{T} \tag{6.74}$$

$$\mathbf{K}_k = \mathbf{P}_{xx,k}^{-} \mathbf{H}_k^{T} \left(\mathbf{H}_k\ \mathbf{P}_{xx}^{-}\ \mathbf{H}_k^{T}\ +\ \mathbf{R}_k \right)^{-1} \tag{6.75}$$

$$\hat{\vec{x}}_k^{+} = \hat{\vec{x}}_k^{-} + \mathbf{K}_k \left(\tilde{\vec{y}}_k - \vec{h}(\hat{\vec{x}}_k^{-}) \right) \tag{6.76}$$

$$\mathbf{P}_{xx,k}^{+} = \mathbf{P}_{xx,k}^{-} - \mathbf{K}_k \mathbf{H}_k \mathbf{P}_{xx,k}^{-} \tag{6.77}$$

Während bei linearen Schätzproblemen mit normalverteiltem System- und Messrauschen das Kalman-Filter die optimale Lösung darstellt, sind linearisierte und erweiterte Kalman-Filter suboptimale, im allgemeinen nicht erwartungstreue Schätzalgorithmen. Sind die Nichtlinearitäten von System- und/oder Messmodell signifikant, können diese Filter unzureichende Ergebnisse liefern oder sogar divergieren, so dass andere Filtertypen wie z.B. Particle Filter eingesetzt werden müssen. In vielen Fällen ist der Einsatz eines linearisierten oder erweiterten Kalman-Filters jedoch gerechtfertigt, da der mit dem Einsatz eines 'echten' nichtlinearen Filters verbundene Aufwand in keinem Verhältnis zur Verbesserung des Schätzergebnisses stehen würde.

Eine ausführliche Diskussion von linearisiertem und erweitertem Kalman-Filter ist in [86] zu finden.

---

[3]engl. extended Kalman-Filter

6.4.3   Sigma-Point-Kalman-Filter

Die Gruppe der Sigma-Point-Kalman-Filter stellt eine Alternative zum Einsatz eines erweiterten Kalman-Filters dar. Die Grundidee der Sigma-Point-Kalman-Filter besteht darin, Mittelwert und Kovarianz eines normalverteilten Zufallsvektors durch eine Menge deterministisch gewählter Sigma-Punkte darzustellen, wobei jeder Sigma-Punkt als ein Zustandsvektor verstanden werden kann. Die Propagation des Zufallsvektors durch eine nichtlineare Funktion wird dadurch realisiert, dass die einzelnen Sigma-Punkte durch diese nichtlineare Funktion propagiert werden und anschließend Mittelwert und Varianz dieser transformierten Sigma-Punkte berechnet werden. Die Umsetzung dieser Idee in einen Filteralgorithmus wird im Folgenden aufgezeigt.

Das nichtlineare Systemmodell sei gegeben durch

$$\vec{x}_k = \vec{f}(\vec{x}_{k-1}, \vec{u}_{k-1}, \vec{w}_k) \, , \tag{6.78}$$

das Messmodell liege in der Form

$$\tilde{\vec{y}}_k = \vec{h}(\vec{x}_k, \vec{v}_k) \tag{6.79}$$

vor. Im Rahmen dieser Formulierung besteht die Möglichkeit, dass das System- und Messrauschen nichtlinear in das entsprechende Modell eingeht, bei einem erweiterten Kalman-Filter müsste in diesem Fall erst entsprechend linearisiert werden.

Üblicherweise wird zunächst ein erweiterter Zustandsvektor konstruiert, der das System- und das Messrauschen beinhaltet:

$$\hat{\vec{x}}_k^a = E[\vec{x}_k^a] = \begin{pmatrix} \vec{x}_k^T & \vec{w}_k^T & \vec{v}_k^T \end{pmatrix}^T \tag{6.80}$$

Die Kovarianzmatrix des Schätzfehlers dieses erweiterten Zustandsvektors ist gegeben durch

$$\mathbf{P}_{xx,k}^a = E[(\hat{\vec{x}}_k^a - \vec{x}_k^a)(\hat{\vec{x}}_k^a - \vec{x}_k^a)^T] = \begin{pmatrix} \mathbf{P}_{xx,k} & \mathbf{0} & \mathbf{0} \\ \mathbf{0} & \mathbf{Q}_k & \mathbf{0} \\ \mathbf{0} & \mathbf{0} & \mathbf{R}_k \end{pmatrix} \, . \tag{6.81}$$

Zur Repräsentation von Mittelwert und Kovarianz werden $2L+1$ Sigma-Punkte[4] gemäß

$$\vec{\chi}_{0,k}^a = \hat{\vec{x}}_k^a \tag{6.82}$$

$$\vec{\chi}_{i,k}^a = \hat{\vec{x}}_k^a + \zeta \sqrt{\mathbf{P}_k^a}_i \, , \ i = 1 \dots L \tag{6.83}$$

$$\vec{\chi}_{i,k}^a = \hat{\vec{x}}_k^a - \zeta \sqrt{\mathbf{P}_k^a}_i \, , \ i = L + 1 \dots 2L \tag{6.84}$$

gewählt, wobei L die Anzahl der Komponenten des erweiterten Zustandsvektors bezeichnet. Jeder Sigma-Punkt ist folglich ein Vektor der Dimension $L \times 1$, ζ ist ein

---

[4]Es existieren auch Sigma-Point-Kalman-Filter-Formulierungen, die mit weniger Sigma-Punkten auskommen.

Skalierungsparameter der bestimmt, in welchem Abstand sich die Sigma-Punkte vom Mittelwert befinden. Die Wurzel der Matrix $\mathbf{P}^a_{xx,k}$,

$$\sqrt{\mathbf{P}^a_{xx,k}} = \begin{pmatrix} \sqrt{\mathbf{P}_{xx,k}} & \mathbf{0} & \mathbf{0} \\ \mathbf{0} & \sqrt{\mathbf{Q}_k} & \mathbf{0} \\ \mathbf{0} & \mathbf{0} & \sqrt{\mathbf{R}_k} \end{pmatrix} \tag{6.85}$$

kann mit Hilfe einer Cholesky-Zerlegung berechnet werden. Wird diese Wurzel so berechnet, dass

$$\mathbf{P}^a_{xx,k} = \sqrt{\mathbf{P}^a_{xx,k}}^T \sqrt{\mathbf{P}^a_{xx,k}} \tag{6.86}$$

gilt, dann bezeichnet $\sqrt{\mathbf{P}^a_k}_i$ einen Vektor der Dimension $L \times 1$, dessen Komponenten durch die i-te Zeile der Matrix $\sqrt{\mathbf{P}^a_{xx,k}}$ gegeben sind.

Im Prädiktionsschritt des Sigma-Point-Kalman-Filters werden diese Sigma-Punkte durch das nichtlineare Systemmodell propagiert:

$$\vec{\chi}^{a,-}_{i,k} = \vec{f}\left(\vec{\chi}^{a,+}_{i,k-1}, \vec{u}_{k-1}\right) \tag{6.87}$$

Anschließend werden anhand der transformierten Sigma-Punkte der propagierte Mittelwert und die propagierte Kovarianzmatrix berechnet:

$$\hat{\vec{x}}^{a,-}_k = \sum_{i=0}^{2L} w^m_i \vec{\chi}^{a,-}_{i,k} \tag{6.88}$$

$$\mathbf{P}^{a,-}_{xx,k} = \sum_{i=0}^{2L} \sum_{j=0}^{2L} w^c_{ij} (\vec{\chi}^{a,-}_{i,k} - \hat{\vec{x}}^{a,-}_k)(\vec{\chi}^{a,-}_{j,k} - \hat{\vec{x}}^{a,-}_k)^T \tag{6.89}$$

Bei w^m_i und w^c_{ij} handelt es sich erneut um Gewichtungsfaktoren.

Im Messschritt des Sigma-Point-Kalman-Filters werden die Sigma-Punkte durch das nichtlineare Messmodell propagiert:

$$\vec{\Upsilon}_{i,k} = \vec{h}\left(\vec{\chi}^{a,-}_{i,k}\right) \tag{6.90}$$

Basierend auf dieser Menge prädizierter Messwerte können der Mittelwert, die Kovarianz und die Kreuzkorrelation berechnet werden:

$$\hat{\vec{y}}_k = \sum_{i=0}^{2L} w^m_i \vec{\Upsilon}_{i,k} \tag{6.91}$$

$$\mathbf{P}_{yy,k} = \sum_{i=0}^{2L} \sum_{j=0}^{2L} w^c_{ij} (\vec{\Upsilon}_{i,k} - \hat{\vec{y}}_k)(\vec{\Upsilon}_{j,k} - \hat{\vec{y}}_k)^T \tag{6.92}$$

$$\mathbf{P}_{xy,k} = \sum_{i=0}^{2L} \sum_{j=0}^{2L} w^c_{ij} (\vec{\chi}^{a,-}_{i,k} - \hat{\vec{x}}^{a,-}_k)(\vec{\Upsilon}_{j,k} - \hat{\vec{y}}_k)^T \tag{6.93}$$

Auf Grundlage dieser Größen ergeben sich die a-posteriori-Zustandsschätzung und Schätzfehlerkovarianz zu

$$\mathbf{K}_k = \mathbf{P}_{xy,k}\mathbf{P}_{yy,k}^{-1} \tag{6.94}$$

$$\hat{\tilde{x}}_k^{a,+} = \hat{\tilde{x}}_k^{a,-} + \mathbf{K}_k(\tilde{\bar{y}}_k - \hat{\bar{y}}_k) \tag{6.95}$$

$$\mathbf{P}_{xx,k}^+ = \mathbf{P}_{xx,k}^- - \mathbf{K}_k\mathbf{P}_{yy,k}\mathbf{K}_k^T \ . \tag{6.96}$$

Das Kovarianzmatrix-Update Gl. (6.96) erscheint auf den ersten Blick etwas ungewöhnlich, hierbei handelt es sich aber lediglich um eine äquivalente Schreibweise zu Gl. (5.32):

$$\mathbf{P}_{xx,k}^+ = \mathbf{P}_{xx,k}^- - \mathbf{P}_{xy,k}\mathbf{P}_{yy,k}^{-1}\mathbf{P}_{xy,k}^T$$

$$= \mathbf{P}_{xx,k}^- - \mathbf{P}_{xy,k}\mathbf{P}_{yy,k}^{-1}\mathbf{P}_{yy,k}\mathbf{P}_{yy,k}^{-1}\mathbf{P}_{xy,k}^T$$

$$\mathbf{P}_{xx,k}^+ = \mathbf{P}_{xx,k}^- - \mathbf{K}_k\mathbf{P}_{yy,k}\mathbf{K}_k^T \tag{6.97}$$

Gehen System- und Messrauschen linear in die entsprechenden Modelle ein, kann auf eine Erweiterung des Zustandsvektors verzichtet werden: In diesem Fall kann im Prädiktionsschritt die Kovarianzmatrix des Systemrauschens einfach additiv auf der rechten Seite von Gl. (6.89) berücksichtigt werden, das Messrauschen geht durch Addition von $\mathbf{R}_k$ auf der rechten Seite von Gl. (6.92) ein. Dadurch kann der Rechenaufwand des Filters unter Umständen deutlich verringert werden.

Bisher wurde noch nicht näher auf den Skalierungsparameter ζ und die Gewichtsfaktoren w_i^m und w_{ij}^c eingegangen. Diese müssen bestimmten Bedingungen genügen, damit ein sinnvoller Filteralgorithmus resultiert; ein sinnvoller Mittelwert kann sich beispielsweise nur ergeben, wenn

$$\sum_{i=0}^{2L} w_i^m = 1 \tag{6.98}$$

gilt. Die konkrete Wahl dieser Parameter bestimmt den Typ des Sigma-Point-Kalman-Filters, die bekanntesten Vertreter sind der unscented Kalman-Filter und der central difference Kalman-Filter.

Eine einfache Möglichkeit der Parameterwahl, die einen Sonderfall des unscented Kalman-Filters darstellt, ist gegeben durch

$$w_i^m = \begin{cases} w_0 < 1 & i = 0 \\ \frac{1-w_0}{2L} & i > 0 \end{cases} \tag{6.99}$$

$$w_{ij}^c = \begin{cases} 0 & i \neq j \\ \frac{1-w_0}{2L} & i = j \end{cases} \tag{6.100}$$

$$\zeta = \sqrt{\frac{L}{1-w_0}} \ . \tag{6.101}$$

Es lässt sich leicht zeigen, dass mit dieser Wahl der Parameter eine korrekte Repräsentation von Mittelwert und Kovarianzmatrix gegeben ist. Durch Einsetzen erhält man

$$
\begin{aligned}
\sum_{i=0}^{2L} w_i^m \vec{\chi}_{i,k}^a &= w_0 \hat{\bar{x}}_k^a + \sum_{i=1}^{L} \frac{1-w_0}{2L} \left(\hat{\bar{x}}_k^a + \sqrt{\frac{L}{1-w_0}} \sqrt{\mathbf{P}_{k\,i}^a} \right) \\
&\quad + \sum_{i=1}^{L} \frac{1-w_0}{2L} \left(\hat{\bar{x}}_k^a - \sqrt{\frac{L}{1-w_0}} \sqrt{\mathbf{P}_{k\,i}^a} \right) \\
&= w_0 \hat{\bar{x}}_k^a + \frac{1-w_0}{2} \hat{\bar{x}}_k^a + \frac{1-w_0}{2} \hat{\bar{x}}_k^a \\
&= \hat{\bar{x}}_k^a .
\end{aligned}
\tag{6.102}
$$

Für die Kovarianz ergibt sich

$$
\begin{aligned}
\sum_{i=0}^{2L}\sum_{j=0}^{2L} w_{ij}^c (\vec{\chi}_i^a - \hat{\bar{x}}_k^a)(\vec{\chi}_j^a - \hat{\bar{x}}_k^a)^T &= \frac{1-w_0}{2L}(\hat{\bar{x}}_k^a - \hat{\bar{x}}_k^a)(\hat{\bar{x}}_k^a - \hat{\bar{x}}_k^a)^T \\
&\quad + \sum_{i=1}^{L} \frac{1-w_0}{2L} \left(\sqrt{\frac{L}{1-w_0}} \sqrt{\mathbf{P}_{k\,i}^a} \right) \left(\sqrt{\frac{L}{1-w_0}} \sqrt{\mathbf{P}_{k\,i}^a} \right)^T \\
&\quad + \sum_{i=1}^{L} \frac{1-w_0}{2L} \left(-\sqrt{\frac{L}{1-w_0}} \sqrt{\mathbf{P}_{k\,i}^a} \right) \left(-\sqrt{\frac{L}{1-w_0}} \sqrt{\mathbf{P}_{k\,i}^a} \right)^T \\
&= \frac{1}{2} \sum_{i=1}^{L} \left(\sqrt{\mathbf{P}^a}_{\,i} \right) \left(\sqrt{\mathbf{P}_{k\,i}^a} \right)^T + \frac{1}{2} \sum_{i=1}^{L} \left(\sqrt{\mathbf{P}^a}_{\,i} \right) \left(\sqrt{\mathbf{P}_{k\,i}^a} \right)^T \\
&= \sum_{i=1}^{L} \left(\sqrt{\mathbf{P}_{k\,i}^a} \right) \left(\sqrt{\mathbf{P}_{k\,i}^a} \right)^T = \mathbf{P}_k^a .
\end{aligned}
\tag{6.103}
$$

Je größer bei dieser Filterformulierung der Parameter $w_0 < 1$ gewählt wird, desto weiter entfernen sich die Sigma-Punkte vom Mittelwert. Abb. 6.3 illustriert für einen zweidimensionalen Zufallsvektor die Lage der Sigma-Punkte sowie die Ellipse, die den $(1 - \sigma)$-Bereich markiert.

Theoretischer Vergleich

Erweitertes Kalman-Filter und Sigma-Point Kalman-Filter verfolgen unterschiedliche Ansätze, um die Propagation von Mittelwert und Kovarianz eines Zufallsvektors durch eine nichtlineare Funktion zu approximieren. Am Beispiel des Mittelwertes sollen die Fehler dieser Approximationen näher betrachtet werden. Um diese Fehler berechnen zu können ist es zunächst notwendig, eine Referenzlösung zu bestimmen.

Die Taylor-Reihenentwicklung einer stetigen, nichtlinearen Funktion $\vec{f}(\vec{x})$ ist gegeben durch

$$
\vec{f}(\hat{x} + \Delta\vec{x}) = \vec{f}(\hat{x}) + D_{\Delta\vec{x}}\vec{f} + \frac{D_{\Delta\vec{x}}^2 \vec{f}}{2!} + \frac{D_{\Delta\vec{x}}^3 \vec{f}}{3!} + \frac{D_{\Delta\vec{x}}^4 \vec{f}}{4!} + \cdots .
\tag{6.104}
$$

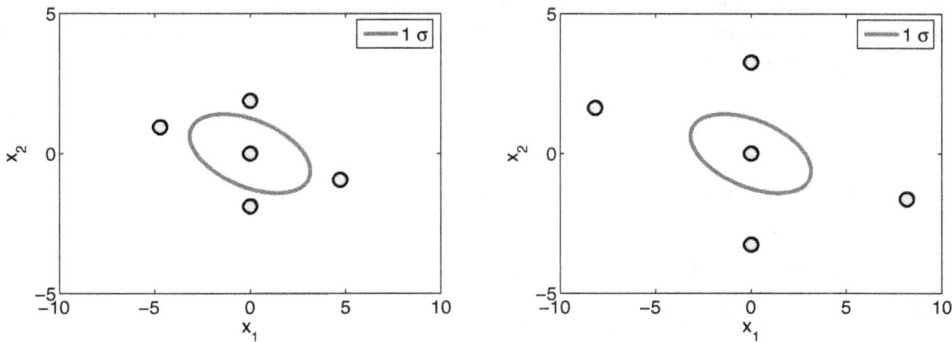

Abbildung 6.3: *Lage der Sigma-Punkte für $w_0 = 0.1$ (links) und $w_0 = 0.7$ (rechts) für einen zweidimensionalen Zufallsvektor.*

Der Operator $D_{\Delta\vec{x}}\vec{f}$ lässt sich mit Hilfe des Nabla-Operators

$$\nabla = \left(\frac{\partial}{\partial x_1} \ \frac{\partial}{\partial x_2} \ \cdots \ \frac{\partial}{\partial x_L} \right)^T \tag{6.105}$$

darstellen als

$$D_{\Delta\vec{x}}\vec{f} = \left. \left(\Delta\vec{x}^T \nabla \right) \vec{f}(\vec{x}) \right|_{\vec{x}=\hat{\vec{x}}} , \tag{6.106}$$

durch Ausmultiplizieren erhält man

$$D_{\Delta\vec{x}}\vec{f} = \sum_{i=1}^{N} \Delta x_i \frac{\partial}{\partial x_i} \vec{f}(\vec{x}) \bigg|_{\vec{x}=\hat{\vec{x}}} . \tag{6.107}$$

Für die Reihenterme höherer Ordnung ergibt sich analog

$$\frac{D^i_{\Delta\vec{x}}\vec{f}}{i!} = \frac{1}{i!} \left(\sum_{j=1}^{N} \Delta x_j \frac{\partial}{\partial x_j} \right)^i \vec{f}(\vec{x}) \bigg|_{\vec{x}=\hat{\vec{x}}} . \tag{6.108}$$

Um den Mittelwert eines Zufallsvektors $\vec{x}$ nach der Propagation durch die nichtlineare Funktion berechnen zu können, muss der Erwartungswert der Reihenentwicklung berechnet werden. Der transformierte Zufallsvektor sei im Folgenden mit $\vec{y} = \vec{f}(\vec{x})$ bezeichnet, dessen Erwartungswert ergibt sich zu

$$\hat{\vec{y}} = E\left[\vec{f}(\hat{\vec{x}} + \Delta\vec{x}) \right]$$

$$= \vec{f}(\hat{\vec{x}}) + E\left[D_{\Delta\vec{x}}\vec{f} + \frac{D^2_{\Delta\vec{x}}\vec{f}}{2!} + \frac{D^3_{\Delta\vec{x}}\vec{f}}{3!} + \frac{D^4_{\Delta\vec{x}}\vec{f}}{4!} + \cdots \right] . \tag{6.109}$$

Da die Dichte $\Delta\vec{x}$ als gaußförmig angenommen ist und per Definition mittelwertfrei ist, verschwinden alle Momente ungerader Ordnung: Für eine symmetrische Dichtefunktion $p_x(x)$ einer mittelwertfreien Zufallsvariablen x gilt

$$p_x(x) = p_x(-x). \tag{6.110}$$

die Momente ungerader Ordnung ergeben sich mit diesen Voraussetzungen zu

$$\begin{aligned}
E[x^{2n+1}] &= \int_{-\infty}^{\infty} x^{2n+1} p_x(x)dx \\
&= \int_0^{\infty} x^{2n+1} p_x(x)dx + \int_{-\infty}^0 x^{2n+1} p_x(x)dx \\
&= \int_0^{\infty} x^{2n+1} p_x(x)dx - \int_0^{-\infty} x^{2n+1} p_x(x)dx \ . \tag{6.111}
\end{aligned}$$

Durch Substitution von $x = -u$ und folglich $dx = -du$ im zweiten Integralterm erhält man schließlich

$$\begin{aligned}
E[x^{2n+1}] &= \int_0^{\infty} x^{2n+1} p_x(x)dx - \int_0^{\infty} (-u)^{2n+1} p_x(-u)(-1)du \\
&= \int_0^{\infty} x^{2n+1} p_x(x)dx - \int_0^{\infty} (-1)^{2n+2} u^{2n+1} p_x(u)du \\
&= \int_0^{\infty} x^{2n+1} p_x(x)dx - \int_0^{\infty} u^{2n+1} p_x(u)du \\
&= 0 \ . \tag{6.112}
\end{aligned}$$

Damit verschwinden alle Reihenglieder ungerader Ordnung in Gl. (6.109) und man kann schreiben:

$$\hat{\vec{y}} = \vec{f}(\hat{\vec{x}}) + E\left[\frac{D_{\Delta\vec{x}}^2 \vec{f}}{2!} + \frac{D_{\Delta\vec{x}}^4 \vec{f}}{4!} + \cdots\right] \tag{6.113}$$

Im Folgenden soll die Taylor-Reihe nur noch bis zum Glied zweiter Ordnung detailliert betrachtet werden, da die Gleichungen für die Glieder höherer Ordnung sehr unübersichtlich werden. Mit

$$\frac{D_{\Delta\vec{x}}^2 \vec{f}}{2!} = \frac{D_{\Delta\vec{x}}(D_{\Delta\vec{x}}\vec{f})}{2!} = \left(\frac{\Delta\vec{x}^T \nabla \Delta\vec{x}^T \nabla}{2!}\right)\vec{f} = \left(\frac{\nabla^T \Delta\vec{x} \Delta\vec{x}^T \nabla}{2!}\right)\vec{f} \tag{6.114}$$

und $E[\Delta\vec{x}\Delta\vec{x}^T] = \mathbf{P}^a$ erhält man für den Mittelwert des transformierten Zufallsvektors

$$\hat{\vec{y}} = \vec{f}(\hat{\vec{x}}) + \left(\frac{\nabla^T \mathbf{P}^a \nabla}{2!}\right)\vec{f} + \cdots \ . \tag{6.115}$$

Dieser Ausdruck kann mit den von einem erweiterten Kalman-Filter und von einem Sigma-Point-Kalman-Filter gelieferten Approximationen verglichen werden.

Transformation des Mittelwertes beim erweiterten Kalman-Filter

Der transformierte Mittelwert ergibt sich bei Verwendung eines erweiterten Kalman-Filters zu

$$\hat{\vec{y}}_{EKF} = \vec{f}(\hat{\vec{x}}) \ . \tag{6.116}$$

Offensichtlich geht die Varianz der Zustandsschätzung nicht in die Propagation des Mittelwertes ein. Durch Vergleich mit dem exakten Ergebnis Gl. (6.115) erkennt man, dass die beim erweiterten Kalman-Filter verwendete Approximation nur bis zur ersten Ordnung genau ist[5].

Transformation des Mittelwertes beim Sigma-Point-Kalman-Filter

Die Berechnung des transformierten Mittelwertes erfolgt beim Sigma-Point-Kalman-Filter anhand der transformierten Sigma-Punkte, die mit der Kurzschreibweise $\vec{\sigma}_i = \zeta \sqrt{\mathbf{P}^a}_i$ wie folgt dargestellt werden können:

$$\vec{\Upsilon}_i = \vec{f}(\vec{\chi}_i) = \vec{f}(\hat{\vec{x}} + \vec{\sigma}_i) \tag{6.117}$$

Durch eine Taylor-Reihenentwicklung der nichtlinearen Funktion um den Entwicklungspunktk $\hat{\vec{x}}$ erhält man

$$\vec{\Upsilon}_i = \vec{f}(\hat{\vec{x}}) + D_{\vec{\sigma}_i}\vec{f} + \frac{D_{\vec{\sigma}_i}^2\vec{f}}{2!} + \frac{D_{\vec{\sigma}_i}^3\vec{f}}{3!} + \frac{D_{\vec{\sigma}_i}^4\vec{f}}{4!} + \cdots \ . \tag{6.118}$$

Bei einer Wahl der Gewichtungsfaktoren nach Gl. (6.99) ergibt sich folgender transformierter Mittelwert:

$$\begin{aligned}
\hat{\vec{y}}_{SPKF} &= w_0\vec{\Upsilon}_0 + \frac{1-w_0}{2L}\sum_{i=1}^{2L}\vec{\Upsilon}_i \\
&= w_0\vec{f}(\hat{\vec{x}}) + \frac{1-w_0}{2L}\sum_{i=1}^{2L}\left(\vec{f}(\hat{\vec{x}}) + D_{\vec{\sigma}_i}\vec{f} + \frac{D_{\vec{\sigma}_i}^2\vec{f}}{2!} + \frac{D_{\vec{\sigma}_i}^3\vec{f}}{3!} + \cdots\right)
\end{aligned} \tag{6.119}$$

Da die Sigma-Punkte symmetrisch um den Mittelwert $\hat{\vec{x}}$ verteilt sind, entfällt in der Summe auf der rechten Seite von Gl. (6.119) der Term erster Ordnung. Die höheren Terme ungerader Ordnung entfallen ebenso, da diese von den entsprechenden Momenten ungerader Ordnung abhängen, die bei symmetrischen Dichtefunktionen verschwinden. Damit erhält man

$$\hat{\vec{y}}_{SPKF} = \vec{f}(\hat{\vec{x}}) + \frac{1-w_0}{2L}\sum_{i=1}^{2L}\left(\frac{D_{\vec{\sigma}_i}^2\vec{f}}{2!} + \frac{D_{\vec{\sigma}_i}^4\vec{f}}{4!} + \cdots\right) \ . \tag{6.120}$$

---

[5]Es können durch Linearisierung auch Filter höherer Ordnung gefunden werden, siehe z.B. [35].

Aus Gründen der Übersichtlichkeit sollen nur Terme bis zur zweiten Ordnung weiter betrachtet werden. Mit Gl. (6.114) ergibt sich

$$
\begin{aligned}
\hat{\vec{y}}_{SPKF} &= \vec{f}(\hat{\vec{x}}) + \frac{1-w_0}{2L} \sum_{i=1}^{2L} \left(\frac{\nabla^T \vec{\sigma}_i \vec{\sigma}_i^T \nabla}{2!} \right) \vec{f} + \cdots \\
&= \vec{f}(\hat{\vec{x}}) + \frac{1-w_0}{2L} \left(\frac{\nabla^T \sum_{i=1}^{2L} \vec{\sigma}_i \vec{\sigma}_i^T \nabla}{2!} \right) \vec{f} + \cdots \\
&= \vec{f}(\hat{\vec{x}}) + \frac{1-w_0}{L} \left(\frac{\nabla^T \sum_{i=1}^{L} \vec{\sigma}_i \vec{\sigma}_i^T \nabla}{2!} \right) \vec{f} + \cdots .
\end{aligned}
\tag{6.121}
$$

Hierbei wurde ausgenutzt, dass aufgrund der Symmetrie der Sigma-Punkte $\vec{\sigma}_i = -\vec{\sigma}_{L+i}$ gilt und damit $\vec{\sigma}_i \vec{\sigma}_i^T = \vec{\sigma}_{L+i} \vec{\sigma}_{L+i}^T$. Da $\vec{\sigma}_i = \zeta \sqrt{\mathbf{P}^a}_i$ einen Vektor der Dimension $L \times 1$ bezeichnet, dessen Komponenten sich aus der skalierten i-te Zeile der Matrix $\sqrt{\mathbf{P}^a}$ ergeben, kann man schreiben:

$$
\sum_{i=1}^{L} \vec{\sigma}_i \vec{\sigma}_i^T = \zeta \sqrt{\mathbf{P}^a}^T \zeta \sqrt{\mathbf{P}^a} = \frac{L}{1-w_0} \mathbf{P}^a
\tag{6.122}
$$

Insgesamt erhält man so für den transformierten Mittelwert bei Verwendung eines Sigma-Point-Kalman-Filters

$$
\begin{aligned}
\hat{\vec{y}}_{SPKF} &= \vec{f}(\hat{\vec{x}}) + \frac{1-w_0}{L} \left(\frac{\nabla^T \sum_{i=1}^{L} \vec{\sigma}_i \vec{\sigma}_i^T \nabla}{2!} \right) \vec{f} + \cdots \\
&= \vec{f}(\hat{\vec{x}}) + \left(\frac{\nabla^T \mathbf{P}^a \nabla}{2!} \right) \vec{f} + \cdots .
\end{aligned}
\tag{6.123}
$$

Durch Vergleich mit Gl. (6.115) erkennt man, dass dieses Ergebnis bis zum Term zweiter Ordnung mit dem exakten Ergebnis übereinstimmt, und zwar unabhängig von der Wahl des Parameters w_0. Da der Term dritter Ordnung sowohl beim Sigma-Point-Kalman-Filter als auch bei der exakten Berechnung verschwindet, spricht man bezüglich des transformiertern Mittelwertes von einer Genauigkeit dritter Ordnung. Werden wie z.B. beim unscented Filter die Gewichtsfaktoren nach einer etwas komplexeren Vorschrift als Gl. (6.99)–(6.101) gewählt, kann durch eine geschickte Festlegung der Gewichtsfaktoren zusätzlich versucht werden, den Term vierter Ordnung anzunähern, siehe [61]. Wie gut dies gelingt, hängt von der vorliegenden Nichtlinearität ab.

Für die Transformation der Kovarianz lässt sich in ähnlicher Art und Weise für den Mittelwert zeigen, dass ein erweitertes Kalman-Filter bis zur dritten Ordnung, ein Sigma-Point-Kalman-Filter bis zur fünften Ordnung korrekte Approximationen liefert.

Weiterführende Betrachtungen zur Klasse der Sigma-Point-Kalman-Filter sind in [59] zu finden.

Fazit

Ein Sigma-Point-Kalman-Filter ist in der Lage, Mittelwert und Kovarianz eines Zufallsvektors bei nichtlinearen Transformationen genauer zu erfassen als ein erweitertes Kalman-Filter. Diesem Vorteil steht je nach Applikation ein unter Umständen deutlich größerer Rechenaufwand gegenüber. Ob ein Sigma-Point-Kalman-Filter einem erweiterten Kalman-Filter vorzuziehen ist hängt davon ab, ob in dem betrachteten Szenario die Terme höherer Ordnung der nichtlinearen Modelle einen signifikanten Einfluss haben oder nicht. Vereinfacht kann man sagen, je nichtlinearer sich die Filteraufgabe gestaltet, desto eher kann ein Sigma-Point-Kalman-Filter vorteilhaft sein. Bei linearen System- und Messmodellen liefern Kalman-Filter und Sigma-Point-Kalman-Filter identische Ergebnisse.

Da am Ende jedes Propagationsschrittes und jedes Messschrittes bei einem erweiterten Kalman-Filter genau wie bei einem Sigma-Point-Kalman-Filter die Wahrscheinlichkeitsdichtefunktion der Zustandsschätzung durch Mittelwert und Varianz repräsentiert wird, lassen sich Sigma-Point-Kalman-Filter und erweitertes Kalman-Filter problemlos kombinieren: So kann z.B. bei einem linearen Systemmodell aber signifikant nichtlinearen Messmodell der Propagationsschritt eines Kalman-Filters und der Messschritt eines Sigma-Point-Kalman Filters verwendet werden.

6.4.4 Kalman-Filter 2. Ordnung

Bei nichtlinearen Messgleichungen kann die Leistungsfähigkeit eines erweiterten Kalman-Filters in manchen Situationen durch eine einfache Modifikation gesteigert werden: Der Messwert wird wie bei einem EKF üblich verarbeitet, die Kovarianzmatrix des Schätzfehlers wird jedoch noch nicht angepasst. Stattdessen wird basierend auf der verbesserten Zustandsschätzung erneut linearisiert, und so eine verbesserte Messmatrix bestimmt. Nun wird der Messwert unter Verwendung dieser verbesserten Messmatrix erneut verarbeitet, um eine erneut verbesserte Zustandsschätzung zu erhalten. Diese Iteration kann einige Male durchgeführt werden, bis sich die Zustandsschätzung nicht mehr ändert. Ist dies geschehen, schließt die Anpassung der Kovarianzmatrix des Schätzfehlers den Messschritt ab. Ein solches erweitertes Kalman-Filter wird als iterated extended Kalman-Filter (IEKF)[6] bezeichnet.

Natürlich kann auch ein erweitertes Kalman-Filter hergeleitet werden, indem die Taylorreihenentwicklung des nichtlinearen System- und Messmodells nicht nach dem linearen Glied, sondern erst nach dem quadratischen Glied abgebrochen wird. Dieses Filter wird manchmal als Kalman-Filter 2. Ordnung bezeichnet.

Gegeben sei das nichtlineare Systemmodell

$$\vec{x}_{k+1} = \vec{f}(\vec{x}_k) + \vec{w}_k \tag{6.124}$$

wobei $\vec{w}_k$ mittelwertfreies, weißes, normalverteiltes Rauschen mit der Kovarianzmatrix $E[\vec{w}_k \vec{w}_k^T] = \mathbf{Q}_k$ ist. Der Zustandsvektor besitzt die Dimension $n \times 1$.

---

[6]Es wird zwischen lokalem IEKF und globalem IEKF unterschieden, bei der beschriebenen Vorgehensweise handelt es sich um ein lokales IEKF.

Der Propagationsschritt des Kalman-Filters 2. Ordnung lautet dann [73]:

$$\hat{\vec{x}}_{k+1}^{-} = \vec{f}_k(\hat{\vec{x}}_k^{+}) + \frac{1}{2}\sum_{p=1}^{n}\sum_{q=1}^{n}\frac{\partial^2\vec{f}(\vec{x}_k)}{\partial x_p \partial x_q}\bigg|_{\vec{x}_k=\hat{\vec{x}}_k^{+}} \cdot P_{pq} \tag{6.125}$$

$$\mathbf{P}_{k+1}^{-} = \boldsymbol{\Phi}_k \mathbf{P}_k^{+} \boldsymbol{\Phi}_k^{T} + \mathbf{A}_k + \mathbf{Q}_k \tag{6.126}$$

$$\boldsymbol{\Phi}_k = \frac{\partial\vec{f}(\vec{x}_k)}{\partial\vec{x}_k}\bigg|_{\vec{x}_k=\hat{\vec{x}}_k^{+}} \tag{6.127}$$

$$\mathbf{A}_k = \frac{1}{4}\sum_{p=1}^{n}\sum_{q=1}^{n}\sum_{r=1}^{n}\sum_{s=1}^{n}\frac{\partial^2\vec{f}(\vec{x}_k)}{\partial x_p \partial x_q}\frac{\partial^2\vec{f}^{T}(\vec{x}_k)}{\partial x_r \partial x_s}\bigg|_{\vec{x}_k=\hat{\vec{x}}_k^{+}} \cdot (P_{qr}P_{ps} + P_{qs}P_{pr}) \tag{6.128}$$

Hierbei bezeichnet x_p die p-te Komponente des Zustandsvektors $\vec{x}_k$, P_{pq} ist der Eintrag in der p-ten Zeile und q-ten Spalte der Kovarianzmatrix der Zustandsschätzung, $\mathbf{P}_k$.

Unter Annahme des Messmodells Gl. (6.65) ist der Messschritt des Filters 2. Ordnung gegeben durch:

$$\mathbf{K}_k = \mathbf{P}_k^{-}\mathbf{H}_k^{T}\left(\mathbf{H}_k\mathbf{P}_k^{-}\mathbf{H}_k^{T} + \mathbf{S}_k + \mathbf{R}_k\right)^{-1} \tag{6.129}$$

$$\hat{\vec{x}}_k^{+} = \hat{\vec{x}}_k^{-} + \mathbf{K}_k\left(\tilde{\vec{y}}_k - \vec{h}_k(\hat{\vec{x}}_k^{-}) - \frac{1}{2}\sum_{p=1}^{n}\sum_{q=1}^{n}\frac{\partial^2\vec{h}_k(\vec{x}_k)}{\partial x_p \partial x_q}\bigg|_{\vec{x}_k=\hat{\vec{x}}_k^{-}} \cdot P_{pq}\right) \tag{6.130}$$

$$\mathbf{P}_k^{+} = (\mathbf{I} - \mathbf{K}_k\mathbf{H}_k)\,\mathbf{P}_k^{-} \tag{6.131}$$

$$\mathbf{H}_k = \frac{\partial\vec{h}_k(\vec{x}_k)}{\partial\vec{x}_k}\bigg|_{\vec{x}_k=\hat{\vec{x}}_k^{-}} \tag{6.132}$$

$$\mathbf{S}_k = \frac{1}{4}\sum_{p=1}^{n}\sum_{q=1}^{n}\sum_{r=1}^{n}\sum_{s=1}^{n}\frac{\partial^2\vec{h}_k(\vec{x}_k)}{\partial x_p \partial x_q}\frac{\partial^2\vec{h}_k^{T}(\vec{x}_k)}{\partial x_r \partial x_s}\bigg|_{\vec{x}_k=\hat{\vec{x}}_k^{-}} \cdot (P_{qr}P_{ps} + P_{qs}P_{pr}) \tag{6.133}$$

Das Kalman-Filter zeigt eine ähnliches Verhalten wie das Sigma-Point-Kalman-Filter, die Berechnung der benötigten 2. Ableitungen kann jedoch umständlich und fehlerträchtig sein. Andererseits kann durch Berechnung einiger zusätzlicher Korrekturterme ein bereits bestehendes EKF in ein Filter 2. Ordnung umgewandelt werden. Ist von vorneherein klar, dass ein Filter 2. Ordnung benötigt wird, ist der Entwurf eines Sigma-Point-Kalman-Filters meist weniger aufwändig und daher vorzuziehen.

6.5   Filterung bei zeitkorreliertem Rauschen

Bei vielen praktischen Anwendungen ist die bisher getroffene Voraussetzung, dass das Mess- und Systemrauschen als weiß angenommen werden kann, nicht erfüllt. Ein Beispiel hierfür wären Inertialsensoren, die Vibrationen ausgesetzt sind. Sind die Inertialsensoren nicht in der Lage, die den Vibrationen zugrundeliegenden oszillatorischen Rotationen und Translationen aufzulösen, erscheinen diese als zusätzliches Rauschen in den Inertialsensordaten. Diese Vibrationen lassen sich nicht als weißes Rauschen modellieren, meist handelt es sich um Schwingungen mit bestimmten Eigenfrequenzen. Damit ist das Leistungsdichtespektrum nicht konstant, folglich liegen Zeitkorrelationen vor. Werden diese Zeitkorrelationen nicht im Filteralgorithmus berücksichtigt, kann das zu schlechten oder sogar unbrauchbaren Filterergebnissen führen. Darüber hinaus spiegelt die vom Filter gelieferte Kovarianzmatrix der Schätzfehler nicht die tatsächliche Güte der Zustandsschätzung wieder. Eine überoptimistische Einschätzung der Güte der Zustandsschätzung führt zu einer geringeren Gewichtung der vorliegenden Messwerte, was sogar die Divergenz des Filters verursachen kann. Eine Möglichkeit zur Berücksichtigung von Zeitkorrelationen ist also nicht nur für die Genauigkeit der Zustandsschätzung, sondern auch zur Sicherstellung deren Zuverlässigkeit von Interesse.

Im Folgenden sollen daher die gängigen Verfahren zur Berücksichtigung von Zeitkorrelationen bei Filterproblemen vorgestellt werden. Zur besseren Übersichtlichkeit wird ein Systemmodell ohne Eingangsgrößen betrachtet,

$$\vec{x}_{k+1} = \mathbf{\Phi}_k \, \vec{x}_k + \mathbf{G}_k \vec{w}_k \; . \tag{6.134}$$

Das zeitkorrelierte Systemrauschen wird durch einen Rauschprozess der Form

$$\vec{w}_k = \mathbf{C}\vec{w}_{k-1} + \vec{\eta}_k \tag{6.135}$$

beschrieben. Mit einem solchen Modell lassen sich bei geeigneter Wahl des Zustandsvektors $\vec{w}_k$, der Gewichtungsmatrix $\mathbf{C}$ und dem Vektor $\vec{\eta}_k$ auch Rauschprozesse höherer Ordnung darstellen. Das in das Messmodell

$$\tilde{\vec{y}}_k = \mathbf{H}_k \, \vec{x}_k + \vec{v}_k \tag{6.136}$$

eingehende Messrauschen soll in analoger Weise durch das Rauschprozessmodell

$$\vec{v}_k = \mathbf{D}\vec{v}_{k-1} + \vec{\mu}_k \tag{6.137}$$

beschrieben werden.

6.5.1 Erweiterung des Zustandsvektors

Der übliche Ansatz zur Berücksichtigung von zeitkorreliertem Rauschen besteht in der Erweiterung des Systemmodells um die Zustandsraummodelle dieser zeitkorrelierten Rauschprozesse. In dem hier betrachteten Fall ergibt sich das erweiterte Systemmodell zu

$$\begin{pmatrix} \vec{x} \\ \vec{w} \\ \vec{v} \end{pmatrix}_{k+1} = \begin{pmatrix} \mathbf{\Phi}_k & \mathbf{G}_k & \mathbf{0} \\ \mathbf{0} & \mathbf{C} & \mathbf{0} \\ \mathbf{0} & \mathbf{0} & \mathbf{D} \end{pmatrix} \begin{pmatrix} \vec{x} \\ \vec{w} \\ \vec{v} \end{pmatrix}_k + \begin{pmatrix} \mathbf{0} \\ \vec{\eta} \\ \vec{\mu} \end{pmatrix}_k \; . \tag{6.138}$$

Das Systemrauschen ist durch das weiße Rauschen gegeben, das die zeitkorrelierten Rauschprozesse treibt. Zur Verarbeitung der Messwerte wird die Messmatrix ebenfalls erweitert, man erhält

$$\tilde{\vec{y}}_k = \begin{pmatrix} \mathbf{H}_k & \mathbf{0} & \mathbf{I} \end{pmatrix} \begin{pmatrix} \vec{x} \\ \vec{w} \\ \vec{v} \end{pmatrix}_k \ . \tag{6.139}$$

Der normalerweise übliche, additive Messrauschterm verschwindet in diesem Messmodell, da das zeitkorrelierte Messrauschen im Zustandsvektor enthalten ist. Offensichtlich wäre es sehr einfach möglich, noch zusätzlich einen weißen Rauschterm für das Messrauschen einzuführen, so dass insgesamt das Messrauschen als Summe des zeitkorrellierten Rauschprozesses und dieses weißen Rauschterms modelliert werden könnte.

Da durch diese Erweiterung des Zustandsvektors formal wieder weißes Mess- und Systemrauschen vorliegt, können die üblichen Kalman-Filter-Gleichungen Anwendung finden.

Werden zeitkorrelierte Rauschprozesse höherer Ordnung zur Modellierung des System- und Messrauschens benötigt, müssen die Matrizen, die den Zusammenhang zwischen Zustandsvektor bzw. Messwertvektor und dem jeweiligen zeitkorrelierten Rauschprozess beschreiben, entsprechend angepasst werden.

Der Nachteil einer Erweiterung des Zustandsvektors besteht, je nachdem wieviele Rauschprozesse welcher Ordnung berücksichtigt werden müssen, in einer unter Umständen drastischen Erhöhung des Rechenaufwandes. Zusätzlich können numerische Probleme auftreten. Häufig sind auch die zusätzlichen Zustände mit den zu Verfügung stehenden Messungen kaum beobachtbar [7], die Schätzung des Rauschprozesszustandes ist unbrauchbar. Entscheidend bei der Erweiterung des Zustandsvektors ist jedoch nicht der geschätzte Rauschprozesszustand, sondern der Einfluss dieser Zustände auf die Propagation und das Update der Kovarianzmatrix des Schätzfehlers. Dieser Einfluss lässt sich durch die häufig zu beobachtende Praxis einer einfachen Erhöhung eines als weiß angenommenen Mess- und Systemrauschens nicht nachbilden. Trotz der angesprochenen Nachteile stellt die Erweiterung des Zustandsvektors, die in der englischsprachigen Literatur als state augmentation oder shaping filter approach zu finden ist, ein leistungsfähiges und universell einsetzbares Verfahren zur Berücksichtigung von zeitkorreliertem Rauschen dar.

6.5.2   Messwertdifferenzen

Ein als measurement differencing bekanntes Verfahren erlaubt es, auf eine Erweiterung des Zustandsvektors zu verzichten. Die Idee dieses Verfahrens besteht darin, durch einen gewichteten Mittelwert zweier aufeinanderfolgender, mit zeitkorreliertem Rauschen behafteter Messwerte ein neue Messgröße zu konstruieren, deren Messrauschen weiß ist.

---

[7]In der englischsprachigen Literatur findet man für diese Zustände daher die Bezeichnung 'crap states'

Diese neue Messgröße $\tilde{\tilde{z}}_k$ ist gegeben durch

$$\tilde{\tilde{z}}_k = \tilde{\tilde{y}}_{k+1} - \mathbf{D}\tilde{\tilde{y}}_k \ . \tag{6.140}$$

Durch Einsetzten des Messmodells erhält man

$$\tilde{\tilde{z}}_k = \mathbf{H}_{k+1}\vec{x}_{k+1} + \vec{v}_{k+1} - \mathbf{D}\left(\mathbf{H}_k\vec{x}_k + \vec{v}_k\right) \ , \tag{6.141}$$

mit Hilfe des Systemmodells ergibt sich schließlich

$$
\begin{aligned}
\tilde{\tilde{z}}_k &= \mathbf{H}_{k+1}\left(\boldsymbol{\Phi}_k\vec{x}_k + \mathbf{G}_k\vec{w}_k\right) + \vec{v}_{k+1} - \mathbf{D}\left(\mathbf{H}_k\vec{x}_k + \vec{v}_k\right) \\
&= \left(\mathbf{H}_{k+1}\boldsymbol{\Phi}_k - \mathbf{D}\mathbf{H}_k\right)\vec{x}_k + \left(\mathbf{H}_{k+1}\mathbf{G}_k\vec{w}_k + \mathbf{D}\vec{v}_k + \vec{\mu}_{k+1} - \mathbf{D}\vec{v}_k\right) \\
\tilde{\tilde{z}}_k &= \left(\mathbf{H}_{k+1}\boldsymbol{\Phi}_k - \mathbf{D}\mathbf{H}_k\right)\vec{x}_k + \left(\mathbf{H}_{k+1}\mathbf{G}_k\vec{w}_k + \vec{\mu}_{k+1}\right) \ .
\end{aligned} \tag{6.142}
$$

Unter der Voraussetzung, dass es sich beim Systemrauschen $\vec{w}_k$ um weißes Rauschen handelt, ist das in der Größe $\tilde{\tilde{z}}_k$ enthaltene Rauschen als Summe des Systemrauschens und des Rauschterms, das den zeitkorrelierten Messrauschprozess treibt, ebenfalls ein weißes Rauschen. Allerdings ist dieser Rauschterm mit dem Systemrauschen korreliert, diese Korrelation lässt sich jedoch berechnen und mit einem sog. generalized Kalman-Filter berücksichtigen. Details zu dieser Vorgehensweise sind in [19] zu finden.

Neben einem unbedeutenden Initialisierungsproblem ist ein Nachteil dieses Verfahrens, dass es sich nur schwer auf zeitkorrelierte Rauschprozesse höherer Ordnung erweitern lässt, da die resultierenden Gleichungen sehr unhandlich werden. Der Hauptnachteil ist jedoch, dass diese Vorgehensweise auf zeitkorreliertes Messrauschen beschränkt ist, zeitkorreliertes Systemrauschen lässt sich nicht berücksichtigen.

Ein alternatives Verfahren zur Berücksichtigung sowohl von zeitkorreliertem Mess- als auch von zeitkorreliertem Systemrauschen, das ohne eine Erweiterung des Zustandsvektors auskommt, wird in Abschnitt 9.3 vorgestellt.

6.6   Covariance Intersection

Der bisher vorgestellte Standard-Kalman-Filter-Algorithmus setzt voraus, dass das Messrauschen nicht mit dem zu schätzenden Systemzustand korreliert ist:

$$E\left[(\vec{x}_k - \hat{\vec{x}}_k)\vec{v}_k^T\right] = \mathbf{0} \tag{6.143}$$

Ist diese Voraussetzung verletzt, ist der bisher vorgestellte Kalman-Filter suboptimal. Das kann – je nach Schätzproblem – irrelevant sein, aber auch von einer Verschlechterung der Performance bis zur Divergenz des Filters führen.

Die Ursachen für diese Kreuzkorrelationen können unterschiedlich sein. Eine mögliche Ursache ist zeitkorreliertes Messrauschen. Der Messrauschterm $\vec{v}_k$ geht in die Zustandsschätzung $\vec{x}_k^+$ ein. Liegen nun Zeitkorrelationen vor, so sind die Rauschterme $\vec{v}_k$ und

$\vec{v}_{k+1}$ nicht unabhängig voneinander. Über den Propagationsschritt des Filters beeinflusst $\vec{v}_k$ aber auch die a-priori-Zustandsschätzung einen Zeitschritt später, $\vec{x}_{k+1}^-$. Daher können nun $\vec{x}_{k+1}^-$ und $\vec{v}_{k+1}$ nicht unabhängig voneinander sein, auch wenn $\vec{x}_k^-$ und $\vec{v}_k$ noch unkorreliert waren, siehe hierzu auch Abschnitt 9.3.

Korrelationen zwischen Messwerten und Zustandsschätzung treten auch in SLAM[8]-Szenarien auf. Als Beispiel soll hier die Navigation eines Roboters in unbekanntem Gelände angeführt werden. Entdeckt dieser Roboter mit einem Laserscanner eine neue Landmarke, so wird anhand der aktuellen Roboterposition die Position dieser Landmarke geschätzt. Anschließend kann relativ zu dieser Landmarke navigiert werden. Der Fehler der geschätzten Roboterposition geht damit aber auch in die Positionsschätzung der Landmarke ein, und folglich in jede Abstandsmessung, die anschließend zu Navigationszwecken zu dieser Landmarke gemacht wird.

In dezentralen Datenfusionsproblemen sind Korrelationen ebenfalls praktisch unvermeidlich. Ein Beispiel hierfür wäre ein Sensornetzwerk, bei dem jeder mit einem Sensor ausgestattete Knoten seine Messwerte mit jedem anderen Knoten teilt. Angenommen, Knoten A verteilt eine Messung und die zugehörige Varianz an Knoten B und Knoten C. Würde nun ein Knoten D diese Messungen von Knoten B und Knoten C als unabhängig verarbeiten, so würde eine deutlich zu geringe Varianz der Zustandsschätzung resultieren – schließlich enthält die von Knoten C zur Verfügung gestellte Messung gegenüber der von Knoten B zur Verfügung gestellten Messung keine zusätzliche Information, es handelt sich ja nur um die eine, ursprünglich von Koten A stammende Messung. Auch wenn in diesem einfachen Szenario eine Mehrfachverarbeitung von Messwerten sehr einfach verhindert werden könnte, ist dies bei großen, komplexen Netzwerken schwierig.

Eine zusätzliche Schwierigkeit besteht nun meist darin, dass Kreuzkorrelationen zwar vorliegen, diese aber unbekannt sind. In diesen Fällen kann anstelle eines Kalman-Filters der Covariance-Intersection-Algorithmus (CI) verwendet werden [60][128]. In den meisten Beschreibungen zu CI wird das Problem betrachtet, zwei Zufallsvektoren gleicher Dimension zu fusionieren. Dieses Problem kann als eine Untermenge des in den vorangegangenen Abschnitten betrachteten Schätzproblems verstanden werden: Betrachtet man ausschließlich den Messschritt und fordert $\mathbf{H}_k = \mathbf{I}$, so resultiert das angesprochene Schätzproblem, wobei einer der Zufallsvektoren die a-priori-Zustandsschätzung, der andere der Messwertvektor ist. Im Folgenden soll CI angepasst auf das schon beim Kalman-Filter verwendete, allgemeinere Messmodell beschrieben werden. Durch entsprechende Vereinfachungen kann dann zu den üblicherweise in der Literatur zu findenden CI-Gleichungen übergegangen werden.

Bevor auf die Filterung bei unbekannten Kreuzkorrelationen eingegangen wird, soll jedoch der Fall betrachtet werden, dass bekannte Kreuzkorrelationen zwischen Messwerten und Zustandsschätzung vorliegen.

6.6.1 Bekannte Kreuzkorrelationen

Die Gleichungen (6.8) und (6.9) stellen eine allgemeingültige Vorschrift dar, wie bei gaußverteilten Zufallsvektoren aus einem a-priori-Schätzwert $\hat{x}_k^-$ der a-posteriori-

---

[8]Simultaneous Location and Map Building

Schätzwert $\hat{\vec{x}}_k^+$ berechnet werden kann:

$$\hat{\vec{x}}_k^+ = \hat{\vec{x}}_k^- + \mathbf{P}_{xy,k}\mathbf{P}_{yy,k}^{-1}(\tilde{\vec{y}}_k - \hat{\tilde{\vec{y}}}_k)$$
$$\mathbf{P}_{xx,k}^+ = \mathbf{P}_{xx,k}^- - \mathbf{P}_{xy,k}\mathbf{P}_{yy,k}^{-1}\mathbf{P}_{yx,k}$$

Zur Herleitung des Kalman-Filter-Messchrittes wurde vom Messmodell Gl. (6.3),

$$\tilde{\vec{y}}_k = \mathbf{H}_k\,\vec{x}_k + \vec{v}_k\ ,$$

ausgegangen. Dabei wurde angenommen, dass die Korrelation von Schätzfehler und Messfehler, $\mathbf{P}_{xv,k}$, verschwindet. Es ist jedoch auch möglich, ohne diese Annahme einen allgemeineren Messschritt herzuleiten, siehe hierzu Abschnitt 9.3. In diesem Fall erhält man

$$\mathbf{P}_{xy,k} = \mathbf{P}_{xx,k}^-\mathbf{H}_k^T + \mathbf{P}_{xv,k} \tag{6.144}$$

$$\mathbf{P}_{yy,k} = \mathbf{H}_k\mathbf{P}_{xx,k}^-\mathbf{H}_k^T + \mathbf{H}_k\mathbf{P}_{xv,k} + \mathbf{P}_{vx,k}\mathbf{H}_k^T + \mathbf{R}_k \tag{6.145}$$

und mit (6.8) und (6.9) unter Verwendung der Abkürzung

$$\mathbf{K}_k = \left(\mathbf{P}_{xx,k}^-\mathbf{H}_k^T + \mathbf{P}_{xv,k}^-\right)\left(\mathbf{H}_k\mathbf{P}_k^-\mathbf{H}_k^T + \mathbf{H}_k\mathbf{P}_{xv,k}^- + \mathbf{P}_{vx,k}^-\mathbf{H}_k^T + \mathbf{P}_{vv,k}\right)^{-1}$$

schließlich

$$\hat{\vec{x}}_k^+ = \hat{\vec{x}}_k^- + \mathbf{K}_k\left(\vec{y}_k - \mathbf{H}_k\hat{\vec{x}}_k^-\right)$$

$$\mathbf{P}_{xx,k}^+ = \mathbf{P}_{xx,k}^- - \mathbf{K}_k\mathbf{H}_k\left(\mathbf{P}_{xx,k}^- + \mathbf{P}_{vx,k}^-\right)\ .$$

Um den Einfluss von Kreuzkorrelationen zu verdeutlichen, wird die Fusion zweier zwei-dimensionaler Zufallsvektoren $\vec{a}$ und $\vec{b}$ betrachtet, die die Kovarianzmatrizen $\mathbf{P}_A$ und $\mathbf{P}_B$ besitzen. Das Fusionsergebnis ist ein Vektor $\vec{c}$ mit der Kovarianzmatrix $\mathbf{P}_C$. Die 1-Sigma-Kovarianzellipsen der Vektoren $\vec{a}$ und $\vec{b}$, die sich anhand von $\mathbf{P}_A$ und $\mathbf{P}_B$ bestimmen lassen, sind in Abb. 6.4 dargestellt. Zusätzlich sind in Abb. 6.4 auch noch die aus $\mathbf{P}_C$ bestimmte Kovarianzellipse des Fusionsergebnisses für unterschiedliche Szenarien zu sehen: Zum Einen, wenn $\vec{a}$ und $\vec{b}$ unkorreliert sind ($\mathbf{P}_{AB} = \mathbf{0}$); zum Anderen, wenn $\vec{a}$ und $\vec{b}$ auf unterschiedliche Weise korreliert sind. Man erkennt, dass bei vorliegenden Korrelationen die Unsicherheit in einer von der Korrelation abhängigen Vorzugsrichtung geringer ausfällt als im unkorrelierten Fall, senkrecht dazu ergibt sich jedoch eine größere Unsicherheit. Würden nun bei der Fusion der Zufallsvektoren die Kreuzkorrelationen ignoriert, würde in dieser Richtung eine zu geringe Varianz des Fusionsergebnisses berechnet. Ein Filter würde dadurch in diesem Szenario mit der Zeit über-optimistisch,

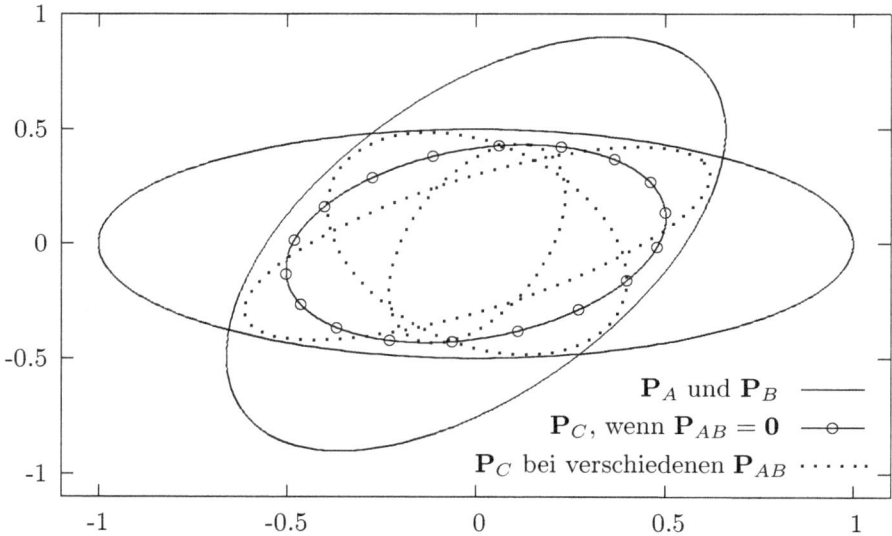

Abbildung 6.4: *Fusion zweier Zufallsvektoren bei unterschiedlichen Kreuzkorrelationen.*

was die Güte der Zustandsschätzung anbelangt – die Folge ist eine zu geringe Gewichtung der Messwerte, das Filter hält zu stark an der eigenen Zustandsschätzung fest, was bis zur Divergenz des Filters führen kann. Sind die Kreuzkorrelationen anders als in diesem Beispiel unbekannt, muss dennoch sichergestellt werden, dass keine zu geringe Schätzfehlerkovarianz auftritt, die zu dieser Entkopplung von Filter und realer Welt führen kann.

Es lässt sich zeigen, dass für alle möglichen Kreuzkorrelationen die Kovarianzellipse des Fusionsergebnisses $\vec{c}$ innerhalb der Schnittmenge der Kovarianzellipsen von $\vec{a}$ und $\vec{b}$ liegt. Die Grundidee von CI besteht darin, bei unbekannten Kreuzkorrelationen die Kovarianzellipse von $\vec{c}$ so zu wählen, dass sie diese Schnittmenge einschließt. Ist das gegeben, spricht man von einer konservativen Schätzung.

6.6.2   Unbekannte Kreuzkorrelationen

Um eine konservative Schätzung zu erhalten, werden in [48] folgende Vorüberlegungen angestellt: Wenn $\mathbf{C}$ eine positiv semi-definite, symmetrische Matrix ist mit

$$\mathbf{C} = \begin{pmatrix} \mathbf{P}_{xx} & \mathbf{P}_{xv} \\ \mathbf{P}_{vx} & \mathbf{P}_{vv} \end{pmatrix} , \tag{6.146}$$

dann gilt

$$\mathbf{C}_\alpha \geq \mathbf{C} \tag{6.147}$$

mit

$$\mathbf{C}_\alpha = \begin{pmatrix} \frac{1}{1-\alpha}\mathbf{P}_{xx} & 0 \\ 0 & \frac{1}{\alpha}\mathbf{P}_{vv} \end{pmatrix} \tag{6.148}$$

wobei $0 \leq \alpha \leq 1$ gilt. Ein Beweis dieser Tatsache ist ebenfalls in [48] zu finden. Gleichung (6.147) ist dabei so zu verstehen, dass die Matrix $\mathbf{C}_\alpha - \mathbf{C}$ eine positiv semi-definite Matrix ist.

Soll anhand von (6.8) und (6.9) ein Messchritt hergeleitet werden und ist $\mathbf{P}_{xv,k}$ unbekannt, so erhält man eine konservative Schätzung wenn man in Gl. (6.144)–(6.145) nicht mit den Einträgen der Matrix $\mathbf{C}$, sondern mit den Einträgen von $\mathbf{C}_\alpha$ arbeitet. Auf diese Weise ergibt sich

$$\mathbf{P}_{xy,k} = \frac{1}{1-\alpha}\mathbf{P}_{xx,k}^-\mathbf{H}_k^T \tag{6.149}$$

$$\mathbf{P}_{yy,k} = \frac{1}{1-\alpha}\mathbf{H}_k\mathbf{P}_{xx,k}^-\mathbf{H}_k^T + \frac{1}{\alpha}\mathbf{R}_k \tag{6.150}$$

und folglich mit der Abkürzung

$$\begin{aligned}
\mathbf{K}_{\alpha,k} &= \mathbf{P}_{xy,k}\mathbf{P}_{yy,k}^{-1} \\
&= \frac{1}{1-\alpha}\mathbf{P}_{xx,k}^-\mathbf{H}_k^T \left(\frac{1}{1-\alpha}\mathbf{H}_k\mathbf{P}_{xx,k}^-\mathbf{H}_k^T + \frac{1}{\alpha}\mathbf{R}_k\right)^{-1} \\
&= \frac{1}{1-\alpha}\mathbf{P}_{xx,k}^-\mathbf{H}_k^T \left(\frac{\alpha}{\alpha(1-\alpha)}\mathbf{H}_k\mathbf{P}_{xx,k}^-\mathbf{H}_k^T + \frac{1-\alpha}{\alpha(1-\alpha)}\mathbf{R}_k\right)^{-1} \\
\mathbf{K}_{\alpha,k} &= \alpha\mathbf{P}_{xx,k}^-\mathbf{H}_k^T \left(\alpha\mathbf{H}_k\mathbf{P}_{xx,k}^-\mathbf{H}_k^T + (1-\alpha)\mathbf{R}_k\right)^{-1} \tag{6.151}
\end{aligned}$$

schließlich

$$\hat{\bar{x}}_k^+ = \hat{\bar{x}}_k^- - \mathbf{K}_{\alpha,k}\left(\mathbf{H}_k\hat{\bar{x}}_k^- - \tilde{\bar{y}}_k\right) \tag{6.152}$$

$$\mathbf{P}_{xx,k}^+ = \frac{1}{1-\alpha}\left(\mathbf{P}_{xx,k}^- - \mathbf{K}_{\alpha,k}\mathbf{H}_k\mathbf{P}_{xx,k}^-\right) . \tag{6.153}$$

Die Gleichungen (6.151)–(6.153) stellen den CI-Messchritt dar.

In der Literatur wird nun bei der Beschreibung von CI üblicherweise nicht nur wie eingangs erwähnt eine Untermenge ($\mathbf{H}_k = \mathbf{I}$) des hier betrachteten Schätzproblems betrachtet, meist werden die CI-Gleichungen in Invers-Kovarianzform dargestellt.

Die Herleitung der Invers-Kovarianzform von Gl. (6.151)–(6.153) soll im Folgenden skizziert werden, wobei zur besseren Übersichtlichkeit kurz $\mathbf{P}_{xx,k} = \mathbf{P}_k$ geschrieben wird. Einsetzen von $\mathbf{K}_{\alpha,k}$ in Gl. (6.153) liefert

$$\mathbf{P}_k^+ = \frac{1}{1-\alpha}\left(\mathbf{P}_k^- - \alpha\mathbf{P}_k^-\mathbf{H}_k^T\left(\alpha\mathbf{H}_k\mathbf{P}_k^-\mathbf{H}_k^T + (1-\alpha)\mathbf{R}_k\right)^{-1}\mathbf{H}_k\mathbf{P}_k^-\right) . \tag{6.154}$$

Mit den Substitutionen $\mathbf{A} = (1 - \alpha)\mathbf{R}_k$, $\mathbf{B} = \mathbf{I}, \mathbf{C}^T = \alpha\mathbf{H}_k\mathbf{P}_k^-\mathbf{H}_k^T$ folgt aus Gl. (A.3)

$$\mathbf{P}_k^+ = \frac{1}{1-\alpha}\left[\mathbf{P}_k^- - \alpha\mathbf{P}_k^-\mathbf{H}_k^T\frac{1}{1-\alpha}\mathbf{R}_k^{-1}\cdot\right.$$
$$\left.\left(\mathbf{I} + \alpha\mathbf{H}_k\mathbf{P}_k^-\mathbf{H}_k^T\frac{1}{1-\alpha}\mathbf{R}_k^{-1}\right)^{-1}\mathbf{H}_k\mathbf{P}_k^-\right] \,. \tag{6.155}$$

Mit $\mathbf{A}^{-1} = \mathbf{P}_k^-$, $\mathbf{B} = \frac{\alpha}{1-\alpha}\mathbf{H}_k^T\mathbf{R}_k^{-1}$, $\mathbf{C}^T = \mathbf{H}_k$ und Gl. (A.2) erhält man

$$\mathbf{P}_k^+ = \frac{1}{1-\alpha}\left((\mathbf{P}_k^-)^{-1} + \frac{\alpha}{1-\alpha}\mathbf{H}_k^T\mathbf{R}_k^{-1}\mathbf{H}_k\right)^{-1}$$
$$\mathbf{P}_k^+ = \frac{1}{1-\alpha}\left(\frac{1-\alpha}{1-\alpha}(\mathbf{P}_k^-)^{-1} + \frac{\alpha}{1-\alpha}\mathbf{H}_k^T\mathbf{R}_k^{-1}\mathbf{H}_k\right)^{-1}$$
$$\mathbf{P}_k^+ = \left((1-\alpha)(\mathbf{P}_k^-)^{-1} + \alpha\mathbf{H}_k^T\mathbf{R}_k^{-1}\mathbf{H}_k\right)^{-1}$$
$$(\mathbf{P}_k^+)^{-1} = (1-\alpha)(\mathbf{P}_k^-)^{-1} + \alpha\mathbf{H}_k^T\mathbf{R}_k^{-1}\mathbf{H}_k \tag{6.156}$$

Die Gain-Matrix lässt sich nun ebenfalls umschreiben:

$$\mathbf{K}_{\alpha,k} = \alpha\mathbf{P}_k^-\mathbf{H}_k^T\left(\alpha\mathbf{H}_k\mathbf{P}_k^-\mathbf{H}_k^T + (1-\alpha)\mathbf{R}_k\right)^{-1}$$
$$= \alpha\left(\mathbf{P}_k^+(\mathbf{P}_k^+)^{-1}\right)\mathbf{P}_k^-\mathbf{H}_k^T\left(\frac{1}{1-\alpha}\mathbf{R}_k^{-1}(1-\alpha)\mathbf{R}_k\right)$$
$$\cdot\left(\alpha\mathbf{H}_k\mathbf{P}_k^-\mathbf{H}_k^T + (1-\alpha)\mathbf{R}_k\right)^{-1}$$
$$= \alpha\left(\mathbf{P}_k^+(\mathbf{P}_k^+)^{-1}\right)\mathbf{P}_k^-\mathbf{H}_k^T\left(\frac{1}{1-\alpha}\mathbf{R}_k^{-1}(1-\alpha)\mathbf{R}_k\right)$$
$$\cdot\frac{1}{1-\alpha}\mathbf{R}_k^{-1}\left(\mathbf{I} + \alpha\mathbf{H}_k\mathbf{P}_k^-\mathbf{H}_k^T\frac{1}{1-\alpha}\mathbf{R}_k^{-1}\right)^{-1} \tag{6.157}$$

Einsetzen von Gl. (6.156) liefert

$$
\begin{aligned}
\mathbf{K}_{\alpha,k} &= \alpha \mathbf{P}_k^+ \left((1-\alpha)(\mathbf{P}_k^-)^{-1} + \alpha \mathbf{H}_k^T \mathbf{R}_k^{-1} \mathbf{H}_k \right) \mathbf{P}_k^- \mathbf{H}_k^T \\
&\quad \cdot \frac{1}{1-\alpha} \mathbf{R}_k^{-1} \left(\mathbf{I} + \alpha \mathbf{H}_k \mathbf{P}_k^- \mathbf{H}_k^T \frac{1}{1-\alpha} \mathbf{R}_k^{-1} \right)^{-1} \\
&= \alpha \mathbf{P}_k^+ \left(\mathbf{I} + \alpha \mathbf{H}_k^T \mathbf{R}_k^{-1} \mathbf{H}_k \frac{1}{1-\alpha} \mathbf{P}_k^- \right) (1-\alpha)(\mathbf{P}_k^-)^{-1} \mathbf{P}_k^- \mathbf{H}_k^T \\
&\quad \cdot \frac{1}{1-\alpha} \mathbf{R}_k^{-1} \left(\mathbf{I} + \alpha \mathbf{H}_k \mathbf{P}_k^- \mathbf{H}_k^T \frac{1}{1-\alpha} \mathbf{R}_k^{-1} \right)^{-1} \\
&= \alpha \mathbf{P}_k^+ \left(\mathbf{I} + \alpha \mathbf{H}_k^T \mathbf{R}_k^{-1} \mathbf{H}_k \frac{1}{1-\alpha} \mathbf{P}_k^- \right) \mathbf{H}_k^T \mathbf{R}_k^{-1} \\
&\quad \cdot \left(\mathbf{I} + \alpha \mathbf{H}_k \mathbf{P}_k^- \mathbf{H}_k^T \frac{1}{1-\alpha} \mathbf{R}_k^{-1} \right)^{-1} \\
&= \alpha \mathbf{P}_k^+ \left(\mathbf{H}_k^T \mathbf{R}_k^{-1} + \alpha \mathbf{H}_k^T \mathbf{R}_k^{-1} \mathbf{H}_k \frac{1}{1-\alpha} \mathbf{P}_k^- \mathbf{H}_k^T \mathbf{R}_k^{-1} \right) \\
&\quad \cdot \left(\mathbf{I} + \alpha \mathbf{H}_k \mathbf{P}_k^- \mathbf{H}_k^T \frac{1}{1-\alpha} \mathbf{R}_k^{-1} \right)^{-1} \\
&= \alpha \mathbf{P}_k^+ \mathbf{H}_k^T \mathbf{R}_k^{-1} \left(\mathbf{I} + \alpha \mathbf{H}_k \frac{1}{1-\alpha} \mathbf{P}_k^- \mathbf{H}_k^T \mathbf{R}_k^{-1} \right) \\
&\quad \cdot \left(\mathbf{I} + \alpha \mathbf{H}_k \mathbf{P}_k^- \mathbf{H}_k^T \frac{1}{1-\alpha} \mathbf{R}_k^{-1} \right)^{-1} \\
\mathbf{K}_{\alpha,k} &= \alpha \mathbf{P}_k^+ \mathbf{H}_k^T \mathbf{R}_k^{-1} \, . \tag{6.158}
\end{aligned}
$$

Multiplikation von Gl. (6.152) von links mit $(\mathbf{P}_k^+)^{-1}$ ergibt

$$
\begin{aligned}
(\mathbf{P}_k^+)^{-1} \hat{\bar{x}}_k^+ &= (\mathbf{P}_k^+)^{-1} \hat{\bar{x}}_k^- - (\mathbf{P}_k^+)^{-1} \mathbf{K}_{\alpha,k} \left(\mathbf{H}_k \hat{\bar{x}}_k^- - \tilde{\bar{y}}_k \right) \\
&= (\mathbf{P}_k^+)^{-1} \hat{\bar{x}}_k^- - (\mathbf{P}_k^+)^{-1} \alpha \mathbf{P}_k^+ \mathbf{H}_k^T \mathbf{R}_k^{-1} \left(\mathbf{H}_k \hat{\bar{x}}_k^- - \tilde{\bar{y}}_k \right) \\
&= (\mathbf{P}_k^+)^{-1} \hat{\bar{x}}_k^- - \alpha \mathbf{H}_k^T \mathbf{R}_k^{-1} \left(\mathbf{H}_k \hat{\bar{x}}_k^- - \tilde{\bar{y}}_k \right) \\
&= \left((\mathbf{P}_k^+)^{-1} - \alpha \mathbf{H}_k^T \mathbf{R}_k^{-1} \mathbf{H}_k \right) \hat{\bar{x}}_k^- + \alpha \mathbf{H}_k^T \mathbf{R}_k^{-1} \mathbf{H}_k \tilde{\bar{y}}_k \\
(\mathbf{P}_k^+)^{-1} \hat{\bar{x}}_k^+ &= (1-\alpha)(\mathbf{P}_k^-)^{-1} \hat{\bar{x}}_k^- + \alpha \mathbf{H}_k^T \mathbf{R}_k^{-1} \mathbf{H}_k \tilde{\bar{y}}_k \\
\hat{\bar{x}}_k^+ &= \mathbf{P}_k^+ \left((1-\alpha)(\mathbf{P}_k^-)^{-1} \hat{\bar{x}}_k^- + \alpha \mathbf{H}_k^T \mathbf{R}_k^{-1} \mathbf{H}_k \tilde{\bar{y}}_k \right) \tag{6.159}
\end{aligned}
$$

Die Invers-Kovarianzform der Gleichungen (6.151)–(6.153) ist durch (6.156) und (6.159) gegeben.

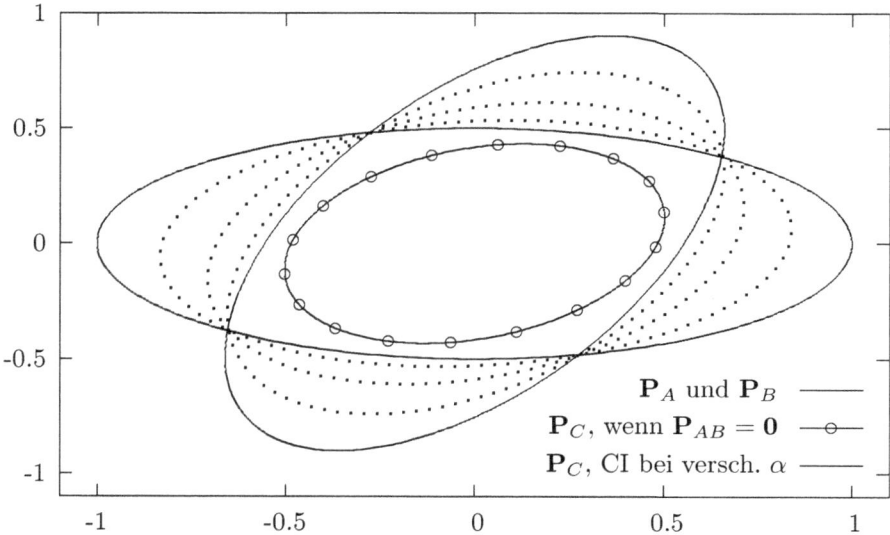

Abbildung 6.5: *Fusion zweier in unbekannter Weise korrelierter Zufallsvektoren mit dem CI-Algorithmus für unterschiedliche Parameter α.*

In den CI-Gleichungen tritt nun ein hier mit α bezeichneter Parameter auf. Abb. 6.5 zeigt nun für das schon im vorigen Abschnitt betrachtete Schätzproblem die Kovarianzellipse des Fusionsergebnisses für unterschiedliche Parameter α. Der Parameter α kann als ein Scharparameter für die Kovarianzellipse des Fusionsergebnisses gesehen werden; es lässt sich leicht überlegen, dass die bei der Fusion resultierende Kovarianzmatrix für $\alpha = 0$ gleich der Kovarianzmatrix des einen Zufallsvektors und für $\alpha = 1$ gleich der Kovarianzmatrix des anderen Zufallsvektors ist. Bei dieser Parameterwahl wäre der gefundene Schätzer zwar sicherlich konservativ, die bei der Fusion gewünschte Verringerung der Schätzfehlervarianz würde jedoch ausbleiben. Der Parameter α sollte so gewählt werden, dass die Spur der a-posteriori-Kovarianzmatrix minimal wird – dieses Optimierungsproblem kann numerisch behandelt werden[9], in [48] werden aber auch analytische Lösungen für α sowohl bei skalaren als auch bei vektorwertigen Messungen angegeben.

Abschließend sei noch darauf hingewiesen, dass eine Vielzahl von Erweiterungen und Verfeinerungen des CI-Algorithmus existieren. So wird z.B. in [49] aufgezeigt, wie bei unbekannten aber beschränkten Korrelationen eine kleinere Kovarianzmatrix des Fusionsergebnisses erzielt werden kann, als dies mit dem hier vorgestellten CI-Algorithmus möglich wäre.

---

[9]Im einfachsten Fall durch Probieren verschiedener Paramter α.

6.7 Adaptive Filterung

Allgemein gesagt ist ein adaptives Filter in der Lage, sich an aktuell vorliegende Bedingungen anzupassen – das kann notwendig sein, weil diese entweder im voraus nicht bekannt sind, oder sich während des Betriebes des Filters ändern können. In Abschnitt 8 zur GPS/INS-Integration werden beispielsweise Filter entwickelt, die im vorhinein unbekannte Parameter, die Biase der Inertialsensoren, schätzen und dadurch ihre Performance verbessern. So gesehen könnte man diese Filter auch als adaptive Filter bezeichnen. Auf diese Art der Adaptivität, die Schätzung unbekannter Parameter durch Erweiterung des Zustandsvektors des Filters, soll hier jedoch nicht weiter eingegangen werden. Ein Grundproblem beim Einsatz eines Kalman-Filters lässt sich auf diese Weise nämlich nicht lösen: Um ein gut funktionierendes Filter zu erhalten, müssen die Kovarianzmatrix des Systemrauschens, $\mathbf{Q}_k$, und die Kovarianzmatrix des Messrauschens, $\mathbf{R}_k$, geeignet gewählt werden. Die Ansätze zur Lösung dieses Problems lassen sich grob in drei Klassen einteilen.

Zum Einen kann anhand der Sensordaten versucht werden, die unbekannten Kovarianzmatrizen zu schätzen – das in Abschnitt 9.5 vorgestellte Verfahren ist ein Beispiel hierfür. Dabei wurde augenutzt, dass bei dem betrachteten Problem das Systemrauschen durch das die Inertialsensordaten behaftende Rauschen gegeben ist, da diese als bekannte Eingangsgrößen modelliert wurden.

Ein anderer Ansatz besteht in der Analyse der Innovation des Filters, also der Differenz zwischen prädizierten und vorliegenden Messwerten, siehe hierzu beispielsweise [92],[88].

Schließlich ist die Gruppe der Multiple-Model-Algorithmen zu nennen; hierbei wird eine Bank von Filtern betrieben, wobei jeder der elementaren Filter unter einer anderen Annahme entworfen wird – diese unterschiedlichen Annahmen können sich auf die Kovarianzmatrizen des System- und/oder Messrauschens beziehen, es können aber auch verschiedene Systemmodelle angenommen werden[10]. Schließlich wird durch Analyse der Innovationen der elementaren Filter eine Gewichtung bestimmt, die festlegt, wie die Schätzungen der elementaren Filter zum endgültigen Schätzergebnis beitragen. Der wichtigste Vertreter dieser Gruppe ist der Interacting Multiple Model (IMM) Filter, der im Folgenden beschrieben werden soll.

6.7.1 Interacting Multiple Model Filter: Problemformulierung

Ein IMM hat das Ziel, den Zustand des Systems

$$\vec{x}_k = \mathbf{\Phi}_k(s_k)\vec{x}_{k-1} + \mathbf{G}_k(s_k)\vec{w}_k \tag{6.160}$$

zu schätzen. Dabei stehen Messungen zur Verfügung, deren Beziehung zum Systemzustand durch das Messmodell

$$\tilde{\vec{y}}_k = \mathbf{H}_k(s_k)\vec{x}_k + \mathbf{C}_k(s_k)\vec{v}_k \tag{6.161}$$

---

[10]Vor allem im Bereich Target Tracking kommen häufig Multiple-Model-Ansätze mit verschiedenen Systemmodellen zum Einsatz, z.B. für Geradeausflug und Kurvenflug des Ziels.

beschrieben wird. Bei diesem System- und Messmodell sind die Transitionsmatrix, die Messmatrix sowie die Einwirkung von System- und Messrauschen in Abhängigkeit eines Parameters s_k formuliert. Bei s_k handelt es sich um eine Markov-Kette, die Werte zwischen 1 und m annehmen kann. Die Markov-Kette wird durch eine Übergangswahrscheinlichkeitsmatrix $\mathbf{M}$ beschrieben, wobei das Element M_{ij} die Wahrscheinlichkeit angibt, dass sich beim Übergang vom Zeitschritt $k-1$ zum Zeitschritt k der Zustand der Markov-Kette von $s_{k-1} = i$ zu $s_k = j$ ändert. Diese Markov-Kette wirkt wie ein Schalter, der zwischen verschiedenen Transitionsmatrizen, Messmatrizen usw. hin- und herschaltet und so das Systemverhalten beeinflusst. Es handelt sich folglich um ein nichtlineares System, da der $\vec{x}_k$ nicht linear von $\vec{x}_{k-1}, s_k$ abhängt[11].

Ein optimaler Schätzalgorithmus für ein solches System würde den bedingten Erwartungswert

$$E\left[\vec{x}_k | \mathbf{Y}_k\right] = \sum_{q=1}^{m^k} E\left[\vec{x}_k | S_q, \mathbf{Y}_k\right] P(S_q | \mathbf{Y}_k) \qquad (6.162)$$

berechnen, wobei $\mathbf{Y}_k$ für alle bis zum Zeitschritt k aufgetretenen Messwerte $\mathbf{Y}_k = \tilde{\vec{y}}_k, \tilde{\vec{y}}_{k-1}, ..., \tilde{\vec{y}}_0$ steht. S_q bezeichnet die q-te Sequenz von m^k möglichen Sequenzen der Zustände der Markov-Kette, $P(S_q | \mathbf{Y}_k)$ ist die Wahrscheinlichkeit dafür, dass die q-te Sequenz der tatsächlich vorliegenden Sequenz von Zuständen der Markov-Kette entspricht. Offensichtlich wächst die Anzahl der möglichen Sequenzen exponentiell mit der Zeit, so dass ein praktisch implementierbarer Filter nicht in der Lage ist, alle möglichen Sequenzen für alle Zeiten zu betrachten.

Die Grundidee des IMM besteht nun darin, Gl. (6.162) anhand von

$$E\left[\vec{x}_k | \mathbf{Y}_k\right] = \sum_{j=1}^{m} E\left[\vec{x}_k | s_k = j, \mathbf{Y}_k\right] P(s_k = j | \mathbf{Y}_k) \qquad (6.163)$$

zu approximieren[12]. Dazu laufen m elementare Filter parallel, wobei jeder dieser Filter für einen bestimmten Zustand s_k der Markov-Kette optimal ist, d.h. sein System- und Messmodell für ein bestimmtes s_k gerade mit Gl. (6.160) und (6.161) übereinstimmt. Diese elementaren Filter werden auch als Modelle bezeichnet. Gleichzeitig wird die Wahrscheinlichkeit der einzelnen Modelle geschätzt, was einer Schätzung des Zustandes der Markov-Kette entspricht.

6.7.2   Herleitung der IMM-Filtergleichungen

Zur Herleitung des IMM werden folgende Schreibweisen eingeführt, um eine kompakte Darstellung zu ermöglichen:

---

[11]Ist s_k bekannt, liegt ein lineares System vor.
[12]Damit ist sofort klar, dass es sich beim IMM um einen suboptimalen Filteralgorithmus handelt.

$\mu_{k-1}^{j_k} = P(s_k = j | \mathbf{Y}_{k-1})$ Bedingte Wahrscheinlichkeit unter der Voraussetzung aller bis zum Zeitpunkt $k-1$ eingetroffenen Messungen, dass das Modell j im Zeitschritt k korrekt ist.

$\mu_{k-1}^{j_k | i_{k-1}} = P(s_k = j | s_{k-1} = i, \mathbf{Y}_{k-1})$ Bedingte Wahrscheinlichkeit unter der Voraussetzung aller bis zum Zeitpunkt $k-1$ eingetroffenen Messungen, dass das Modell j im Zeitschritt k korrekt ist, wenn das Modell i im Zeitschritt $k-1$ korrekt war.

$\mu_{k-1}^{j_k | i_{k-1}} = M_{ij}$ Element der Übergangswahrscheinlichkeitsmatrix

$p(\vec{x}_{k-1} | s_k = i, \mathbf{Y}_{k-1})$ Wahrscheinlichkeitsdichte des Systemzustands, basierend auf Modell i und allen bis zum Zeitpunkt $k-1$ vorliegenden Messwerten. Hierbei handelt es sich um die WDF des elementaren Filters i.

Die a-posteriori-Zustandsschätzung des elementaren Filters i wird mit $\vec{x}_{i,k}^+$ bezeichnet, die zugehörige Kovarianzmatrix mit $\mathbf{P}_{i,k}^+$. Die Zustandsschätzung der Filterbank basierend auf allen elementaren Filtern wird mit $\hat{\vec{x}}_k^+$, die zugehörige Kovarianz mit $\hat{\mathbf{P}}_k^+$ bezeichnet. Alle anderen im folgenden verwendeten Bezeichnungen können anhand dieser Definitionen erschlossen werden.

Der Ablauf des IMM-Algorithmus lässt sich in drei Schritte unterteilen, das Mischen, den Propagationsschritt und den Messschritt. Die nachfolgende Herleitung dieser Schritte orientiert sich an [15].

Mischen

Der erste Schritt des IMM-Algorithmus ist das Mischen. Die Markov-Kette propagiert in der Zeit, daher müssen auch die Schätzungen des Zustands der Markov-Kette und des Systemzustandes angepasst werden. Dazu müssen folgende Übergänge ermittelt werden:

$$\mu_{k-1}^{j_{k-1}} \to \mu_{k-1}^{i_{k-1}}, \quad \forall i,j \tag{6.164}$$
$$p(\vec{x}_{k-1} | s_{k-1} = j, \mathbf{Y}_{k-1}) \to p(\vec{x}_{k-1} | s_k = i, \mathbf{Y}_{k-1}), \quad \forall i,j \tag{6.165}$$

Die Chapman-Kolmogorov-Gl. (7.7) angewandt auf eine Markov-Kette liefert

$$\mu_{k-1}^{i_k} = \sum_{j=1}^{m} \mu_{k-1}^{i_k | j_{k-1}} \mu_{k-1}^{j_{k-1}} = \sum_{j=1}^{m} M_{ij} \mu_{k-1}^{j_{k-1}}, \tag{6.166}$$

der gesuchte Zusammenhang Gl. (6.164) ist damit gefunden.

Mit der Bayes'schen Regel folgt ausserdem

$$\mu_{k-1}^{j_{k-1} | i_k} \mu_{k-1}^{i_k} = \mu_{k-1}^{i_k | j_{k-1}} \mu_{k-1}^{j_{k-1}} = M_{ij} \mu_{k-1}^{j_{k-1}} \tag{6.167}$$

und damit

$$\mu_{k-1}^{j_{k-1}|i_k} = \frac{M_{ij}\mu_{k-1}^{j_{k-1}}}{\mu_{k-1}^{i_k}} = \frac{M_{ij}\mu_{k-1}^{j_{k-1}}}{\sum\limits_{j=1}^{m} M_{ij}\mu_{k-1}^{j_{k-1}}} \ . \tag{6.168}$$

Die gesuchte Dichte Gl. (6.165) lässt sich darstellen als

$$p(\vec{x}_{k-1}|s_k = i, \mathbf{Y}_{k-1}) = \sum_{j=1}^{m} p(\vec{x}_{k-1}|s_k = i, s_{k-1} = j, \mathbf{Y}_{k-1})\mu_{k-1}^{j_{k-1}|i_k} \ . \tag{6.169}$$

Mit Hilfe der Bayes'sche Regel kann man schreiben

$$\begin{aligned} &p(\vec{x}_{k-1}|s_k = i, s_{k-1} = j, \mathbf{Y}_{k-1})P(s_k = i|s_{k-1} = j, \mathbf{Y}_{k-1}) \\ &= P(s_k = i|\vec{x}_{k-1}, s_{k-1} = j, \mathbf{Y}_{k-1})p(\vec{x}_{k-1}|s_{k-1} = j, \mathbf{Y}_{k-1}) \end{aligned} \tag{6.170}$$

und schließlich

$$\begin{aligned} &p(\vec{x}_{k-1}|s_k = i, s_{k-1} = j, \mathbf{Y}_{k-1}) \\ &= \frac{P(s_k = i|\vec{x}_{k-1}, s_{k-1} = j, \mathbf{Y}_{k-1})}{P(s_k = i|s_{k-1} = j, \mathbf{Y}_{k-1})}p(\vec{x}_{k-1}|s_{k-1} = j, \mathbf{Y}_{k-1}) \ . \end{aligned} \tag{6.171}$$

Setzt man $s_{k-1} = j$ voraus, so beeinflusst das die Wahrscheinlichkeit für $s_k = i$. In diesem Fall hat jedoch die zusätzliche Voraussetzung $\vec{x}_{k-1}$ keinen Einfluss auf die Wahrscheinlichkeit für $s_k = i$. Aufgrund dieser Überlegungen folgt

$$P(s_k = i|\vec{x}_{k-1}, s_{k-1} = j, \mathbf{Y}_{k-1}) = P(s_k = i|s_{k-1} = j, \mathbf{Y}_{k-1}) \ , \tag{6.172}$$

Einsetzen in Gl. (6.171) liefert

$$\begin{aligned} &p(\vec{x}_{k-1}|s_k = i, s_{k-1} = j, \mathbf{Y}_{k-1}) \\ &= \frac{P(s_k = i|s_{k-1} = j, \mathbf{Y}_{k-1})}{P(s_k = i|s_{k-1} = j, \mathbf{Y}_{k-1})}p(\vec{x}_{k-1}|s_{k-1} = j, \mathbf{Y}_{k-1}) \\ &= p(\vec{x}_{k-1}|s_{k-1} = j, \mathbf{Y}_{k-1}) \ . \end{aligned} \tag{6.173}$$

Damit kann Gl. (6.169) vereinfacht werden:

$$p(\vec{x}_{k-1}|s_k = i, \mathbf{Y}_{k-1}) = \sum_{j=1}^{m} p(\vec{x}_{k-1}|s_{k-1} = j, \mathbf{Y}_{k-1})\mu_{k-1}^{j_{k-1}|i_k} \tag{6.174}$$

Die Wahrscheinlichkeitsdichte des Systemzustandes $\vec{x}_{k-1}$ unter Voraussetzung des Modells i ist also durch eine gewichtete Summe von m Gaußverteilungen gegeben. Diese

Dichte muss nun durch eine einzelne Gaußverteilung approximiert werden, um mit dieser für den auf das Mischen folgenden Propagationsschritt den elementaren Filter i initialisieren zu können.

Gesucht sind also Erwartungswert und Kovarianzmatrix einer Summe von Gaußverteilungen. Zur Herleitung wird allgemein ein Zufallsvektor $\vec{z}$ betrachtet, dessen WDF $p(\vec{z})$ durch eine gewichtete Summe von Gaußverteilungen $p_i(\vec{z})$

$$p(\vec{z}) = \sum_{i=1}^{m} \alpha_i p_i(\vec{z}) \tag{6.175}$$

gegeben ist, wobei

$$\sum_{i=1}^{m} \alpha_i = 1 \tag{6.176}$$

und

$$p_i(\vec{z}) = \frac{1}{\sqrt{(2\pi)^n |\mathbf{P}_i|}} e^{-\frac{1}{2}(\vec{z} - \hat{\vec{z}}_i)^T \mathbf{P}_i^{-1}(\vec{z} - \hat{\vec{z}}_i)} \tag{6.177}$$

gilt, n ist die Anzahl der Komponenten des Zufallsvektors $\vec{z}$.

Der Erwartungswert von $\vec{z}$ ergibt sich zu

$$E[\vec{z}] = \int_{-\infty}^{\infty} \vec{z} \sum_{i=1}^{m} \alpha_i p_i(\vec{z}) d\vec{z} = \sum_{i=1}^{m} \alpha_i \int_{-\infty}^{\infty} \vec{z} p_i(\vec{z}) d\vec{z} = \sum_{i=1}^{m} \alpha_i \hat{\vec{z}}_i \ . \tag{6.178}$$

Die Kovarianzmatrix des Zufallsvektors $\vec{z}$ lässt sich darstellen als

$$
\begin{aligned}
E\left[(\vec{z} - E[\vec{z}])(\vec{z} - E[\vec{z}])^T\right] &= E\left[\vec{z}\vec{z}^T - \vec{z}\hat{\vec{z}}^T - \hat{\vec{z}}\vec{z}^T + \hat{\vec{z}}\hat{\vec{z}}^T\right] \\
&= E[\vec{z}\vec{z}^T] - E[\vec{z}]\hat{\vec{z}}^T - \hat{\vec{z}}E[\vec{z}^T] + \hat{\vec{z}}\hat{\vec{z}}^T \\
&= E[\vec{z}\vec{z}^T] - \hat{\vec{z}}\hat{\vec{z}}^T \\
&= \int_{-\infty}^{\infty} \vec{z}\vec{z}^T \sum_{i=1}^{m} \alpha_i p_i(\vec{z}) d\vec{z} - \hat{\vec{z}}\hat{\vec{z}}^T \\
&= \sum_{i=1}^{m} \alpha_i \int_{-\infty}^{\infty} \vec{z}\vec{z}^T p_i(\vec{z}) d\vec{z} - \hat{\vec{z}}\hat{\vec{z}}^T \ ,
\end{aligned}
\tag{6.179}
$$

mit

$$\mathbf{P}_i = E\left[(\vec{z} - \hat{\vec{z}}_i)(\vec{z} - \hat{\vec{z}}_i)^T\right] = E[\vec{z}\vec{z}^T] - \hat{\vec{z}}_i\hat{\vec{z}}_i^T \tag{6.180}$$

folgt

$$E[\vec{z}\vec{z}^T] = \mathbf{P}_i + \hat{\vec{z}}_i\hat{\vec{z}}_i^T \tag{6.181}$$

und damit

$$E\left[(\vec{z} - E[\vec{z}])(\vec{z} - E[\vec{z}])^T\right] = \sum_{i=1}^{m} \alpha_i \left(\mathbf{P}_i + \hat{\vec{z}}_i\hat{\vec{z}}_i^T\right) - \hat{\vec{z}}\hat{\vec{z}}^T$$

$$= \sum_{i=1}^{m} \alpha_i\mathbf{P}_i + \left(\sum_{i=1}^{m} \alpha_i\hat{\vec{z}}_i\hat{\vec{z}}_i^T\right) - \hat{\vec{z}}\hat{\vec{z}}^T . \tag{6.182}$$

Gl. (6.182) kann weiter vereinfacht werden. Mit

$$\left(\sum_{i=1}^{m} \alpha_i\hat{\vec{z}}_i\hat{\vec{z}}_i^T\right) - \hat{\vec{z}}\hat{\vec{z}}^T = \left(\sum_{i=1}^{m} \alpha_i\hat{\vec{z}}_i\hat{\vec{z}}_i^T\right) - \hat{\vec{z}}\hat{\vec{z}}^T - \hat{\vec{z}}\hat{\vec{z}}^T + \hat{\vec{z}}\hat{\vec{z}}^T$$

$$= \left(\sum_{i=1}^{m} \alpha_i\hat{\vec{z}}_i\hat{\vec{z}}_i^T\right) - \left(\sum_{i=1}^{m} \alpha_i\hat{\vec{z}}_i\right)\hat{\vec{z}}^T$$

$$-\hat{\vec{z}}\left(\sum_{i=1}^{m} \alpha_i\hat{\vec{z}}_i\right)^T + \hat{\vec{z}}\hat{\vec{z}}^T \sum_{i=1}^{m} \alpha_i$$

$$= \sum_{i=1}^{m} \alpha_i\left(\hat{\vec{z}}_i\hat{\vec{z}}_i^T - \hat{\vec{z}}_i\hat{\vec{z}}^T - \hat{\vec{z}}\hat{\vec{z}}_i^T\,\hat{\vec{z}}\hat{\vec{z}}^T\right)$$

$$= \sum_{i=1}^{m} \alpha_i(\hat{\vec{z}}_i - \hat{\vec{z}})(\hat{\vec{z}}_i - \hat{\vec{z}})^T \tag{6.183}$$

erhält man schließlich

$$E\left[(\vec{z} - E[\vec{z}])(\vec{z} - E[\vec{z}])^T\right] = \sum_{i=1}^{m} \alpha_i\mathbf{P}_i + \sum_{i=1}^{m} \alpha_i(\hat{\vec{z}}_i - \hat{\vec{z}})(\hat{\vec{z}}_i - \hat{\vec{z}})^T$$

$$= \sum_{i=1}^{m} \alpha_i\left(\mathbf{P}_i + (\hat{\vec{z}}_i - \hat{\vec{z}})(\hat{\vec{z}}_i - \hat{\vec{z}})^T\right) . \tag{6.184}$$

Anhand dieser allgemeingültigen Formeln für Erwartungswert und Kovarianz einer Summe von Gaußverteilungen können die elementaren Filter wie folgt initialisiert werden:

$$\vec{x}_{i,k-1}^{0,+} = \sum_{j=1}^{m} \mu_{k-1}^{j_{k-1}|i_k} \vec{x}_{j,k-1}^{+} \tag{6.185}$$

$$\mathbf{P}_{i,k-1}^{0,+} = \sum_{j=1}^{m} \mu_{k-1}^{j_{k-1}|i_k} \left(\mathbf{P}_{j,k-1}^{+} + (\hat{\vec{x}}_{j,k-1}^{+} - \vec{x}_{i,k-1}^{0,+})(\hat{\vec{x}}_{j,k-1}^{+} - \vec{x}_{i,k-1}^{0,+})^T\right) \tag{6.186}$$

Propagationsschritt

Im Propagationsschritt werden die Wahrscheinlichkeitsdichten der einzelnen Modelle in der Zeit propagiert, es wird also der Übergang

$$p(\vec{x}_{k-1}|s_k = i, \mathbf{Y}_{k-1}) \to p(\vec{x}_k|s_k = i, \mathbf{Y}_{k-1}) , \quad \forall i \qquad (6.187)$$

durchgeführt. Realisiert wird dieser Übergang, indem jeder elementare Filter einen gewöhnlichen Propagationsschritt durchführt, dies stellt sich wie folgt dar:

$$\vec{x}_{i,k-1}^{0,+} \to \vec{x}_{i,k}^{-} \qquad (6.188)$$

$$\mathbf{P}_{i,k-1}^{0,+} \to \mathbf{P}_{i,k}^{-} \qquad (6.189)$$

Die Modellwahrscheinlichkeiten sind davon nicht betroffen.

Messschritt

Im Messschritt werden die vorhandenen Messwerte von jedem elementaren Filter verarbeitet. Das Ergebnis davon ist der Übergang

$$p(\vec{x}_k|s_k = i, \mathbf{Y}_{k-1}) \to p(\vec{x}_k|s_k = i, \mathbf{Y}_k) , \quad \forall i \qquad (6.190)$$

bzw.

$$\vec{x}_{i,k}^{-} \to \vec{x}_{i,k}^{+} \qquad (6.191)$$

$$\mathbf{P}_{i,k}^{-} \to \mathbf{P}_{i,k}^{+} . \qquad (6.192)$$

Zusätzlich müssen die Modellwahrscheinlichkeiten angepasst werden:

$$\mu_{k-1}^{i_k} \to \mu_k^{i_k} , \quad \forall i \qquad (6.193)$$

Mit Hilfe der Bayes'schen Regel erhält man

$$P(s_k = i|\tilde{\vec{y}}_k, \mathbf{Y}_{k-1}, \vec{x}_{i,k}^{-}) = \frac{p(\tilde{\vec{y}}_k|s_k = i, \mathbf{Y}_{k-1}, \vec{x}_{i,k}^{-})P(s_k = i|\mathbf{Y}_{k-1}, \vec{x}_{i,k}^{-})}{p(\tilde{\vec{y}}_k|\mathbf{Y}_{k-1}, \vec{x}_{i,k}^{-})} .$$
$$(6.194)$$

Da alle Messwerte bis zum Zeitpunkt $k-1$ bereits in $\vec{x}_{i,k}^{-}$ berücksichtigt sind, kann man schreiben:

$$p(\tilde{\vec{y}}_k|s_k = i, \mathbf{Y}_{k-1}, \vec{x}_{i,k}^{-}) = p(\tilde{\vec{y}}_k|\vec{x}_{i,k}^{-}) \qquad (6.195)$$

Damit ergibt sich aus Gl. (6.194)

$$\mu_k^{i_k} = \frac{p(\tilde{\vec{y}}_k|\vec{x}_{i,k}^{-})\mu_{k-1}^{i_k}}{\sum_i p(\tilde{\vec{y}}_k|\vec{x}_{i,k}^{-})\mu_{k-1}^{i_k}} . \qquad (6.196)$$

Der Nenner in Gl. (6.196) dient dabei zur Normierung der Modellwahrscheinlichkeiten, so dass deren Summe eins ergibt. Um Gl. (6.196) auswerten zu können, muss $p(\tilde{\vec{y}}_k|\vec{x}_{i,k}^-)$ ermittelt werden, die Wahrscheinlichkeitsdichte von $\tilde{\vec{y}}_k$ unter Voraussetzung des Zustands $\vec{x}_{i,k}^-$ des elementaren Filters i. Normalerweise spricht man bei $p(\tilde{\vec{y}}_k|\vec{x}_{i,k}^-)$ nicht von einer Wahrscheinlichkeitsdichte, sondern von einer Likelihood-Funktion. Diese hat die gleiche Form wie eine Wahrscheinlichkeitsdichte und beschreibt, wie 'gut' eine tatsächlich vorliegende Realisation, hier $\tilde{\vec{y}}_k$, zu einer Wahrscheinlichkeitsdichte, hier die von $\vec{x}_{i,k}^-$, 'passt'. Damit erschließt sich eine intuitive Interpretation von Gl. (6.196): Passt der vorliegende Messwert gut zur WDF von Filter i, so wird die zugehörige Modellwahrscheinlichkeit vergrößert. War das Auftreten des Messwertes eher unwahrscheinlich wenn man die WDF von Filter i zugrunde legt, wird die zugehörige Modellwahrscheinlichkeit entsprechend verringert. Der Filter, der auf dem zum tatsächlichen Zustand der Markov-Kette gehörenden Modell basiert, wird besser in der Lage sein, Messwerte vorherzusagen als ein Filter, dessen System- und/oder Messmodell sich vom tatsächlichen System-/Messmodell unterscheidet.

Die Likelihood-Funktion $p(\tilde{\vec{y}}_k|\vec{x}_{i,k}^-)$ ist gegeben durch

$$p(\tilde{\vec{y}}_k|\vec{x}_{i,k}^-) = \frac{1}{\sqrt{(2\pi)^l|\mathbf{S}_{i,k}|}} e^{-\frac{1}{2}\vec{r}_{i,k}^T \mathbf{S}_{i,k}^{-1}\vec{r}_{i,k}} \tag{6.197}$$

mit

$$\mathbf{S}_{i,k} = \mathrm{cov}(\tilde{\vec{y}}_k|\vec{x}_{i,k}^-) = \mathbf{H}_{i,k}\mathbf{P}_{i,k}^-\mathbf{H}_{i,k}^T + \mathbf{R}_{i,k} \tag{6.198}$$

$$\mathbf{R}_{i,k} = \mathrm{cov}\left(\mathbf{C}_k(s_k = i)\vec{v}_k\right) \tag{6.199}$$

$$\vec{r}_{i,k} = \tilde{\vec{y}}_k - E[\tilde{\vec{y}}_k|\vec{x}_{i,k}^-] = \tilde{\vec{y}}_k - \mathbf{H}_{i,k}\vec{x}_{i,k}^- \,, \tag{6.200}$$

die Anzahl der Komponenten von $\tilde{\vec{y}}_k$ ist mit l bezeichnet.

Die Zustandsschätzung der Filterbank ist durch Erwartungswert und Kovarianz der mit den Modellwahrscheinlichkeiten gewichteten Summe der Wahrscheinlichkeitsdichten der elementaren Filter gegeben:

$$\hat{\vec{x}}_k^+ = \sum_{i=1}^m \mu_k^{i_k} \vec{x}_{i,k}^+ \tag{6.201}$$

$$\hat{\mathbf{P}}_k^+ = \sum_{i=1}^m \mu_k^{i_k} \left(\mathbf{P}_{i,k}^+ + (\vec{x}_{i,k}^+ - \hat{\vec{x}}_k^+)(\vec{x}_{i,k}^+ - \hat{\vec{x}}_k^+)^T\right) \tag{6.202}$$

Damit ist ein Zyklus des IMM abgeschlossen, die nach diesem Messschritt zur Verfügung stehenden Größen dienen als Eingangsgrößen für das nächste Mischen.

Beim IMM wird davon ausgegangen, dass sich die Zustände der Markov-Kette mit der Zeit ändern können. Geht man von einem unbekannten, aber konstanten Zustand aus, so reduziert sich der IMM zum Multiple Model Adaptive Estimator (MMAE). Der MMAE identifiziert das korrekte Modell, dessen Wahrscheinlichkeit – ein entsprechendes

Szenario mit aussagekräftigen Messwerten vorausgesetzt – sich dann ziemlich schnell gegen eins bewegt. Dieses Verhalten kann bei dem hier vorgestellten IMM durch eine entsprechende Wahl der Übergangswahrscheinlichkeitsmatrix M erzwungen werden.

Mit wachsender Anzahl von Modellen sinkt im Allgemeinen die Effektivität eines IMM: Es wird zunehmend Rechenleistung für Modelle mit geringer Modellwahrscheinlichkeit verschwendet, die wenig zum Gesamtergebnis beitragen – der dennoch vorhandene Beitrag dieser Modelle bedeutet zudem meist eine Verschlechterung. Dem kann begegnet werden, indem online entschieden wird, welche und wieviele Modelle verwendet werden. Diese als Variable-Structure IMMs (VSIMM) bekannten Algorithmen sollen hier jedoch nicht weiter betrachtet werden.

IMM-Algorithmus

Zur besseren Übersichtlichkeit werden hier die Gleichungen des IMM nochmals zusammengestellt:

Mischen

$$\mu_{k-1}^{j_{k-1}|i_k} = \frac{M_{ij}\mu_{k-1}^{j_{k-1}}}{\sum\limits_{j=1}^{m} M_{ij}\mu_{k-1}^{j_{k-1}}}$$

$$\vec{x}_{i,k-1}^{0,+} = \sum\limits_{j=1}^{m} \mu_{k-1}^{j_{k-1}|i_k} \vec{x}_{j,k-1}^{+}$$

$$\mathbf{P}_{i,k-1}^{0,+} = \sum\limits_{j=1}^{m} \mu_{k-1}^{j_{k-1}|i_k} \left(\mathbf{P}_{j,k-1}^{+} + (\hat{\vec{x}}_{j,k-1}^{+} - \vec{x}_{i,k-1}^{0,+})(\hat{\vec{x}}_{j,k-1}^{+} - \vec{x}_{i,k-1}^{0,+})^T \right)$$

Propagationsschritt
Durchführen gewöhnlicher Propagationsschritte für jeden elementaren Filter i, nachdem diese mit $\vec{x}_{i,k-1}^{0,+}$, $\mathbf{P}_{i,k-1}^{0,+}$ initialisiert wurden:

$$\vec{x}_{i,k-1}^{0,+} \rightarrow \vec{x}_{i,k}^{-}$$

$$\mathbf{P}_{i,k-1}^{0,+} \rightarrow \mathbf{P}_{i,k}^{-}$$

Messschritt
Durchführen gewöhnlicher Messschritte für jeden elementaren Filter i:

$$\vec{x}_{i,k}^{-} \rightarrow \vec{x}_{i,k}^{+}$$

$$\mathbf{P}_{i,k}^{-} \rightarrow \mathbf{P}_{i,k}^{+} .$$

Anpassung der Modellwahrscheinlichkeiten:

$$\mu_k^{i_k} = \frac{p(\tilde{\vec{y}}_k|\vec{x}_{i,k}^-)\mu_{k-1}^{i_k}}{\sum\limits_i p(\tilde{\vec{y}}_k|\vec{x}_{i,k}^-)\mu_{k-1}^{i_k}}$$

$$p(\tilde{\vec{y}}_k|\vec{x}_{i,k}^-) = \frac{1}{\sqrt{(2\pi)^l|\mathbf{S}_{i,k}|}}e^{-\frac{1}{2}\vec{r}_{i,k}^T\mathbf{S}_{i,k}^{-1}\vec{r}_{i,k}}$$

$$\mathbf{S}_{i,k} = \mathbf{H}_{i,k}\mathbf{P}_{i,k}^-\mathbf{H}_{i,k}^T + \mathbf{R}_{i,k}$$

$$\vec{r}_{i,k} = \tilde{\vec{y}}_k - \mathbf{H}_{i,k}\vec{x}_{i,k}^-$$

Berechnung der Ausgangsgrößen:

$$\hat{\vec{x}}_k^+ = \sum_{i=1}^m \mu_k^{i_k}\vec{x}_{i,k}^+$$

$$\hat{\mathbf{P}}_k^+ = \sum_{i=1}^m \mu_k^{i_k}\left(\mathbf{P}_{i,k}^+ + (\vec{x}_{i,k}^+ - \hat{\vec{x}}_k^+)(\vec{x}_{i,k}^+ - \hat{\vec{x}}_k^+)^T\right)$$

7 Monte-Carlo-Methoden

Im vorangegangenen Kapitel wurden mit dem EKF, dem Kalman-Filter zweiter Ordnung und dem Sigma-Point-Kalman-Filter bereits mehrere nichtlineare Filter vorgestellt. Diese Filter beschreiben den Systemzustand als gaußverteilten Zufallsvektor. Dessen Dichtefunktion ist über Mittelwert und Kovarianzmatrix vollständig beschrieben und damit mathematisch gut handhabbar. Eine Gaußverteilung bleibt jedoch nur bei linearen Transformationen erhalten, wird ein gaußverteilter Zufallsvektor durch eine nichtlineare Funktion – sei es ein System- oder ein Messmodell – propagiert, ist das Ergebnis kein gaußverteilter Zufallsvektor mehr. Bei nicht allzu nichtlinearen Schätzproblemen kann die resultierende Dichtefunktion aber durch eine Gaußverteilung gut approximiert werden, wie das eben bei EKF und Sigma-Point-Kalman-Filter geschieht. Liegen massive Nichtlinearitäten vor, ist das nicht mehr möglich. In diesen Fällen kann versucht werden, die Dichtefunktion durch die Überlagerung mehrere Gaußverteilungen zu beschreiben, was auf die Gaussian Sum Filter führt. Einen anderen Ansatz stellen Partikelfilter dar, die die Dichtefunktion durch eine Summe von Partikeln approximieren, wobei jeder Partikel als eine Realisation des Zustandsvektors verstanden werden kann. Dies hat auf den ersten Blick Ähnlichkeit mit den Sigma-Point-Kalman-Filtern – bei einem Partikel Filter werden die Partikel jedoch zufällig gewählt, die Sigma-Punkte werden deterministisch vorgegeben. Auch ist bei einem Partikelfilter die Anzahl der Partikel nicht durch die Dimension des Zustandsvektors vorgegeben, sondern eher ein Tuning-Parameter – viele Partikel erlauben eine genauere Approximation der Dichtefunktion, zu wenige Partikel können zum Scheitern des Filters führen.

In diesem Kapitel soll nur eine kurze Einführung zum Partikelfilter als Beispiel für einen Monte-Carlo-Ansatz gegeben werden; eine umfassende Beschreibung der fast überabzählbar vielen Varianten nichtlinearer Filter, die auf einer numerischen Approximation der Dichtefunktion basieren, wird nicht versucht – für weiterführende Betrachtungen sei auf [104][12][47][22] verwiesen.

7.1 Chapman-Kolmogorov-Gleichung

Ein Partikelfilter modelliert den zu schätzenden Systemzustand als einen Zufallsvektor, dessen Dichtefunktion numerisch approximiert wird. Um mit einem solchen Ansatz einen Filteralgorithmus realisieren zu können, muss zunächst einmal klar sein, wie sich die zeitliche Evolution dieser Dichtefunktion beschreiben lässt und wie Beobachtungen diese Dichtefunktion verändern. Ersteres ist durch die Chapman-Kolmogorov-Gleichung gegeben, die im Folgenden hergeleitet werden soll.

Bei dem zu schätzende Systemzustand soll es sich um einen Markov-Prozess handeln. Das bedeutet, dass die Wahrscheinlichkeitsdichtefunktion des aktuellen Systemzustandes $\vec{x}_k$ vom Systemzustand einen Zeitschritt zuvor, $\vec{x}_{k-1}$, abhängt – eine Abhängigkeit von Systemzuständen mehrere Zeitschritte zuvor besteht aber nicht. Damit kann man schreiben

$$p\left(\vec{x}_k | \vec{x}_{k-1}, \vec{x}_{k-2}, ..., \vec{x}_0\right) = p\left(\vec{x}_k | \vec{x}_{k-1}\right) \tag{7.1}$$

sowie

$$p\left(\vec{x}_k | \vec{x}_{k-1}, \mathbf{Y}_{k-1}\right) = p\left(\vec{x}_k | \vec{x}_{k-1}\right) \ . \tag{7.2}$$

Hierbei bezeichnet $\mathbf{Y}_{k-1}$ alle bis zum Zeitpunkt $k-1$ angefallenen Beobachtungen[1], $\mathbf{Y}_{k-1} = \vec{y}_{k-1}, \vec{y}_{k-2}, ..., \vec{y}_0$. Anschaulich lässt sich Gl. (7.2) so verstehen, dass alle bis zum Zeitpunkt $k-1$ vorliegenden Beobachtungen $\mathbf{Y}_{k-1}$ bereits in $\vec{x}_{k-1}$ eingeflossen sind und $\mathbf{Y}_{k-1}$ daher keine zusätzliche Bedingung darstellt.

Ziel ist es nun, die Wahrscheinlichkeitsdichte $p\left(\vec{x}_k | \mathbf{Y}_{k-1}\right)$ als Funktion von $p\left(\vec{x}_{k-1} | \mathbf{Y}_{k-1}\right)$ zu formulieren. Durch Integration der Verbunddichte erhält man die marginale Dichte

$$p\left(\vec{x}_k, \mathbf{Y}_{k-1}\right) = \int_{V_{\vec{x}_{k-1}}} p\left(\vec{x}_k, \vec{x}_{k-1}, \mathbf{Y}_{k-1}\right) d\vec{x}_{k-1} \ . \tag{7.3}$$

Mit der Bayes'schen Regel $p(A, B) = p(A)p(B|A) = p(B)p(A|B)$ kann der Integrand umgeschrieben werden:

$$p\left(\vec{x}_k, \mathbf{Y}_{k-1}\right) = \int_{V_{\vec{x}_{k-1}}} p\left(\vec{x}_k | \vec{x}_{k-1}, \mathbf{Y}_{k-1}\right) p\left(\vec{x}_{k-1}, \mathbf{Y}_{k-1}\right) d\vec{x}_{k-1} \tag{7.4}$$

Erneutes Anwenden der Bayes'schen Regel auf den zweiten Term ergibt

$$p\left(\vec{x}_k, \mathbf{Y}_{k-1}\right) = \int_{V_{\vec{x}_{k-1}}} p\left(\vec{x}_k | \vec{x}_{k-1}, \mathbf{Y}_{k-1}\right) p\left(\vec{x}_{k-1} | \mathbf{Y}_{k-1}\right) p\left(\mathbf{Y}_{k-1}\right) d\vec{x}_{k-1} \ .$$

$$\tag{7.5}$$

Da $p\left(\mathbf{Y}_{k-1}\right)$ unabhängig von $\vec{x}_{k-1}$ ist, kann diese Dichte vor das Integral gezogen und durch sie dividiert werden:

$$\frac{p\left(\vec{x}_k, \mathbf{Y}_{k-1}\right)}{p\left(\mathbf{Y}_{k-1}\right)} = \int_{V_{\vec{x}_{k-1}}} p\left(\vec{x}_k | \vec{x}_{k-1}, \mathbf{Y}_{k-1}\right) p\left(\vec{x}_{k-1} | \mathbf{Y}_{k-1}\right) d\vec{x}_{k-1} \tag{7.6}$$

Anwenden der Bayes'schen Regel auf die linke Seite von Gl. (7.6) und Ausnützen der Markov-Eigenschaft auf der rechten Seite führt auf

$$p\left(\vec{x}_k | \mathbf{Y}_{k-1}\right) = \int_{V_{\vec{x}_{k-1}}} p\left(\vec{x}_k | \vec{x}_{k-1}\right) p\left(\vec{x}_{k-1} | \mathbf{Y}_{k-1}\right) d\vec{x}_{k-1} \ . \tag{7.7}$$

---

[1]Auf die explizite Kennzeichnung von Messwerten durch eine Tilde (˜) soll im Folgenden verzichtet werden.

Gl. (7.7) ist als Chapman-Kolmogorov-Gleichung bekannt und beschreibt die zeitliche Propagation der Wahrscheinlichkeitsdichte des als Zufallsvektor $\vec{x}_k$ modellierten Systemzustandes. Die Auswirkung von Beobachtungen auf diese Dichte wird im nächsten Abschnitt behandelt.

7.2 Berücksichtigung von Beobachtungen

Liegt eine Beobachtung $\vec{y}_k$ vor, kann ausgehend von der Dichtefunktion $p(\vec{x}_k|\mathbf{Y}_{k-1})$ die Dichte $p(\vec{x}_k|\mathbf{Y}_k)$ berechnet werden. Mit dem Zusammenhang $\mathbf{Y}_k = \{\vec{y}_k, \mathbf{Y}_{k-1}\}$ kann diese Dichte unter Verwendung der Bayes'schen Regel wie folgt dargestellt werden:

$$p(\vec{x}_k|\vec{y}_k, \mathbf{Y}_{k-1}) = \frac{p(\vec{x}_k, \vec{y}_k, \mathbf{Y}_{k-1})}{p(\vec{y}_k, \mathbf{Y}_{k-1})} \tag{7.8}$$

Einsetzen der ebenfalls mittels der Bayes'schen Regel gewonnenen Zusammenhänge

$$p(\vec{x}_k, \vec{y}_k, \mathbf{Y}_{k-1}) = p(\vec{y}_k|\vec{x}_k, \mathbf{Y}_{k-1})\, p(\vec{x}_k, \mathbf{Y}_{k-1}) \tag{7.9}$$

und

$$p(\vec{y}_k, \mathbf{Y}_{k-1}) = p(\vec{y}_k|\mathbf{Y}_{k-1})\, p(\mathbf{Y}_{k-1}) \tag{7.10}$$

führt auf

$$\begin{aligned} p(\vec{x}_k|\mathbf{Y}_k) &= \frac{p(\vec{y}_k|\vec{x}_k, \mathbf{Y}_{k-1})\, p(\vec{x}_k, \mathbf{Y}_{k-1})}{p(\vec{y}_k|\mathbf{Y}_{k-1})\, p(\mathbf{Y}_{k-1})} \\ &= \frac{p(\vec{y}_k|\vec{x}_k, \mathbf{Y}_{k-1})\, p(\vec{x}_k|\mathbf{Y}_{k-1})}{p(\vec{y}_k|\mathbf{Y}_{k-1})} \,. \end{aligned} \tag{7.11}$$

Mit Gl. (7.2) folgt daraus

$$p(\vec{x}_k|\mathbf{Y}_k) = \frac{p(\vec{y}_k|\vec{x}_k)\, p(\vec{x}_k|\mathbf{Y}_{k-1})}{p(\vec{y}_k|\mathbf{Y}_{k-1})} \,. \tag{7.12}$$

Gl. (7.12) beschreibt, wie Beobachtungen die Dichtefunktion des Systemzustandes beeinflussen; zusammen mit Gl. (7.7) zur zeitlichen Propagation ist damit das nichtlineare Filterproblem in diskreter Zeit formal gelöst. Eine analytische Lösung dieser Gleichungen ist im Allgemeinen nicht möglich; unter den einschränkenden Annahmen linearer System- und Messmodelle und gaußverteilter Zufallsvariablen gelingt eine analytische Lösung: das Kalman-Filter[2]. Eine allgemeine Möglichkeit zur numerischen Lösung dieser Gleichungen stellen die Partikelfilter dar.

---

[2]Eine Herleitung der Kalman-Filter-Gleichungen aus Gl. (7.7) und (7.12) ist in [89] zu finden.

7.3   Partikelfilter

Im Folgenden soll der einfachste Partikelfilter, der Bootstrap-Filter, beschrieben werden. Hierzu wird von den nichtlinearen System- und Messmodellen

$$\vec{x}_k = \vec{f}(\vec{x}_{k-1}) + \vec{w}_k \tag{7.13}$$

$$\vec{y}_k = \vec{h}(\vec{x}_k) + \vec{v}_k \tag{7.14}$$

ausgegangen. Bei dem Systemrauschen $\vec{w}_k$ und dem Messrauschen $\vec{v}_k$ handelt es sich um weißes Rauschen, die zugehörigen Wahrscheinlichkeitsdichtefunktionen werden im Folgenden mit $p_{\vec{w}_k}$ und $p_{\vec{v}_k}$ bezeichnet, hierbei muss es sich nicht um Gaußverteilungen handeln. Es wird vorausgesetzt, dass $\vec{w}_k$ und $\vec{v}_k$ nicht miteinander korreliert sind.

7.3.1   Repräsentation der WDF

Grundlage des Partikelfilters ist die Darstellung einer Wahrscheinlichkeitsdichte mit Hilfe von Partikeln. Eine Wahrscheinlichkeitsdichte $p(\vec{x}_{k-1}|\mathbf{Y}_{k-1})$ wird approximiert, indem N Partikel $\vec{x}_{k-1}^i$ mit einem Zufallszahlengenerator gezogen werden, der Zufallsvektoren mit eben dieser Wahrscheinlichkeitsdichte produziert:

$$\vec{x}_{k-1}^i \propto p(\vec{x}_{k-1}|\mathbf{Y}_{k-1}) \tag{7.15}$$

Hierbei beschreibt das Symbol $\propto$ das Ziehen von Zufallsvektoren entsprechend einer Dichtefunktion. Die Wahrscheinlichkeitsdichte $p(\vec{x}_{k-1}|\mathbf{Y}_{k-1})$ wird nun dargestellt durch

$$p(\vec{x}_{k-1}|\mathbf{Y}_{k-1}) = \sum_{i=1}^{N} w^i \cdot \delta\left(\vec{x}_{k-1} - \vec{x}_{k-1}^i\right) \ , \tag{7.16}$$

wobei w^i Gewichte sind, für die $\sum_{i=1}^{N} w^i = 1$ gilt. Bei δ handelt es sich um die Dirac'sche Delta-Funktion, die durch

$$\delta(\vec{x} - \vec{x}_0) = 0 \quad \text{für } \vec{x} \neq \vec{x}_0 \tag{7.17}$$

$$\int_{-\infty}^{\infty} \delta(\vec{x} - \vec{x}_0)\, dx = 1 \tag{7.18}$$

$$\int_{-\infty}^{\infty} f(\vec{x})\, \delta(\vec{x} - \vec{x}_0)\, dx = f(\vec{x}_0) \tag{7.19}$$

gekennzeichnet ist. Die Gleichungen (7.15)–(7.16) stellen zugleich den Initialisierungsschritt des Filteralgorithmus dar, hierbei wird $w^i = 1/N$ gewählt. Es lässt sich zeigen, dass der Approximationsfehler bei dieser Darstellung der Wahrscheinlichkeitsdichte für $N \to \infty$ verschwindet. Auf der anderen Seite ist klar, dass bei einer geringen Anzahl von Partikeln die Wahrscheinlichkeitsdichtefunktion nur ungenügend approximiert wird.

7.3.2 Propagationsschritt

Die propagierte Wahrscheinlichkeitsdichte erhält man durch Auswertung der Chapman-Kolmogorov-Gl. (7.7). Dazu muss die Dichte $p\left(\vec{x}_k | \vec{x}_{k-1}\right)$ bestimmt werden: Setzt man in das Systemmodell Gl. (7.13) einen spezifischen Zustandsvektor $\vec{x}_{k-1}$ ein, so erkennt man, dass $\vec{x}_k$ die gleiche Wahrscheinlichkeitsdichte besitzen muss wie das Systemrauschen $\vec{w}_k$, der Mittelwert ist jedoch um $\vec{f}\left(\vec{x}_{k-1}\right)$ verschoben. Damit ist die gesuchte Dichte gegeben durch

$$p\left(\vec{x}_k | \vec{x}_{k-1}\right) = p_{\vec{w}_k}\left(\vec{x}_k - \vec{f}\left(\vec{x}_{k-1}\right)\right) . \tag{7.20}$$

Einsetzen in Gl. (7.7) liefert

$$
\begin{aligned}
p\left(\vec{x}_k | \mathbf{Y}_{k-1}\right) &= \int_{V_{\vec{x}_{k-1}}} p\left(\vec{x}_k | \vec{x}_{k-1}\right) p\left(\vec{x}_{k-1} | \mathbf{Y}_{k-1}\right) d\vec{x}_{k-1} \\
&= \int_{V_{\vec{x}_{k-1}}} p_{\vec{w}_k}\left(\vec{x}_k - \vec{f}\left(\vec{x}_{k-1}\right)\right) \sum_{i=1}^{N} w^i \cdot \delta\left(\vec{x}_{k-1} - \vec{x}_{k-1}^i\right) d\vec{x}_{k-1} \\
&= \sum_{i=1}^{N} w^i \cdot p_{\vec{w}_k}\left(\vec{x}_k - \vec{f}\left(\vec{x}_{k-1}^i\right)\right) .
\end{aligned}
\tag{7.21}
$$

Die propagierte Wahrscheinlichkeitsdichtefunktion kann also approximiert werden, indem neue Partikel $\vec{x}_k^i$ entsprechend der Wahrscheinlichkeitsdichte $p_{\vec{w}_k}(\vec{x}_k - \vec{f}(\vec{x}_{k-1}^i))$ gezogen werden:

$$\vec{x}_k^i \propto p_{\vec{w}_k}\left(\vec{x}_k - \vec{f}\left(\vec{x}_{k-1}^i\right)\right) \tag{7.22}$$

Die Gewichte w^i bleiben hierbei unverändert.

Alternativ zum Ziehen entsprechend $p_{\vec{w}_k}(\vec{x}_k - \vec{f}(\vec{x}_{k-1}^i))$ können auch Hilfspartikel $\vec{\omega}_{k-1}^i$ entsprechend $p_{\vec{w}_k}(\vec{x}_k)$ gezogen werden,

$$\vec{\omega}_{k-1}^i \propto p_{\vec{w}_k}(\vec{x}_k) , \tag{7.23}$$

die Partikel $\vec{x}_k^i$ ergeben sich dann durch

$$\vec{x}_k^i = \vec{\omega}_{k-1}^i + \vec{f}\left(\vec{x}_{k-1}^i\right) . \tag{7.24}$$

7.3.3 Estimationsschritt

Die Berücksichtigung von Messwerten erfolgt durch Auswertung von Gl. (7.12). Aufgrund analoger Überlegungen wie schon beim Propagationsschritt erhält man mit dem Messmodell Gl. (7.14) für die bedingte Dichte der Messung

$$p\left(\vec{y}_k | \vec{x}_k\right) = p_{\vec{v}_k}\left(\vec{y}_k - \vec{h}(\vec{x}_k)\right) , \tag{7.25}$$

Einsetzen in Gl. (7.12) führt auf

$$
\begin{aligned}
p\left(\vec{x}_k|\mathbf{Y}_k\right) &= \frac{p\left(\vec{y}_k|\vec{x}_k\right)p\left(\vec{x}_k|\mathbf{Y}_{k-1}\right)}{p\left(\vec{y}_k|\mathbf{Y}_{k-1}\right)} \\
&= c \cdot p\left(\vec{y}_k|\vec{x}_k\right)p\left(\vec{x}_k|\mathbf{Y}_{k-1}\right) \\
&= c \cdot p_{\vec{v}_k}\left(\vec{y}_k - \vec{h}(\vec{x}_k)\right)\sum_{i=1}^{N}w^i \cdot \delta\left(\vec{x}_k - \vec{x}_k^i\right) \\
&= \sum_{i=1}^{N}c \cdot p_{\vec{v}_k}\left(\vec{y}_k - \vec{h}(\vec{x}_k^i)\right)\cdot w^i \cdot \delta\left(\vec{x}_k - \vec{x}_k^i\right) \ .
\end{aligned}
\tag{7.26}
$$

Im Estimationsschritt werden folglich neue Gewichte $w^{i,+}$ gemäß

$$
w^{i,+} = c \cdot p_{\vec{v}_k}\left(\vec{y}_k - \vec{h}(\vec{x}_k^i)\right)\cdot w^i
\tag{7.27}
$$

berechnet, die Normierungskonstante c wird dabei so gewählt, dass die Summe der Gewichte eins ergibt:

$$
c = \frac{1}{\sum\limits_{i=1}^{N}p_{\vec{v}_k}\left(\vec{y}_k - \vec{h}(\vec{x}_k^i)\right)\cdot w^i}
\tag{7.28}
$$

Die Partikel bleiben im Estimationsschritt unverändert.

7.3.4   Resampling

Im Propagationsschritt des Filters, Gl. (7.23) und Gl. (7.24), werden die Partikel anhand des Systemmodells propagiert und entsprechend dem Systemrauschen immer weiter verteilt. Im Messschritt, Gl. (7.27) und (7.28), erhalten nur diejenigen Partikel ein großes Gewicht, die gut zu dem vorliegenden Messwert passen. Ohne weitere Maßnahmen würden dadurch nach wenigen Iterationsschritten einige wenige Partikel einen Großteil der Gewichtung auf sich vereinen, während die Gewichte der restlichen Partikel fast verschwinden. Dieser Mechanismus ist als Degeneration der Partikelwolke bekannt und muss verhindert werden, da die Partikel in diesem Fall keine gute Approximation der Wahrscheinlichkeitsdichte mehr darstellen, der Filter divergiert. Da es nicht möglich ist, mit unendlich vielen Partikeln zu arbeiten, müssen andere Wege gefunden werden, um diese Degeneration zu verhindern. Eine Möglichkeit hierzu ist das Resampling.

Zur Beschreibung des Resamplings soll von der in Abb. 7.1 oben dargestellten Situation ausgegangen werden. Gezeigt ist dort die tatsächliche Wahrscheinlichkeitsdichte sowie deren Approximation mit Hilfe von Partikeln, wobei der Durchmesser der Partikel deren Gewicht symbolisieren soll. Hierbei handelt es sich natürlich um kein realistisches Szenario, in der Regel werden einige hundert bis mehrere tausend Partikel benötigt, um einen funktionierenden Filter zu erhalten. Aufgrund der Verarbeitung von Beobachtungen haben einige wenige Partikel ein großes Gewicht, die Gewichte der restlichen Partikel verschwinden nahezu. Ziel des Resamplings ist es, neue Partikel zu wählen, die alle das

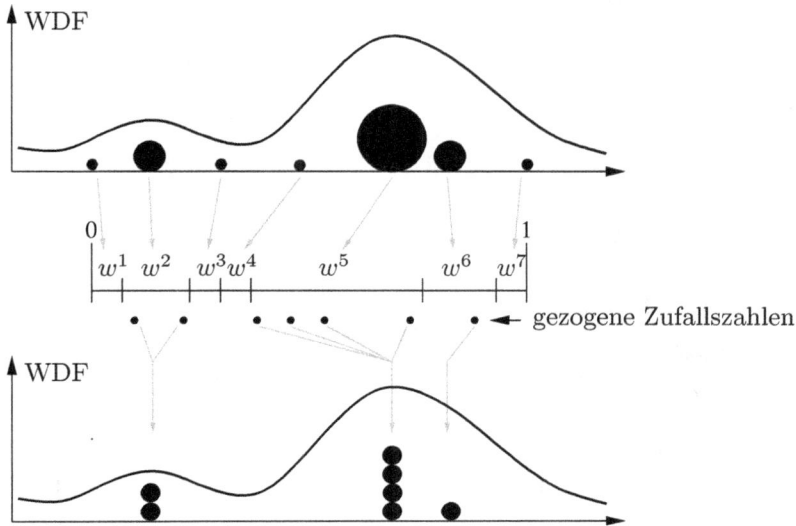

Abbildung 7.1: *Schematische Darstellung des Resamplings. Oben Partikel und deren Gewichte vor dem Resampling, unten nach dem Resampling.*

gleiche Gewicht, $1/N$, besitzen. Neben dem Verhindern der Degeneration wird dadurch auch sichergestellt, dass nicht ein Großteil der Rechenzeit auf Partikel verwendet wird, die nichts zur Approximation der Wahrscheinlichkeitsdichte beitragen. Zunächst wird nun das Intervall [0,1] in N Intervalle entsprechend der Gewichte der Partikel eingeteilt, siehe Abb. 7.1 Mitte. Anschließend werden N Zufallszahlen entsprechend einer Gleichverteilung aus dem Intervall [0,1] gezogen. Der Partikel, in dessen Intervall eine gezogene Zufallszahl fällt, wird reproduziert. Die Partikel mit großem Gewicht werden häufiger reproduziert, Partikel mit geringem Gewicht unter Umständen garnicht. Das Ergebnis des Resamplings für den in Abb. 7.1 Mitte gezeigten, hypothetischen Satz Zufallszahlen ist in Abb. 7.1 unten dargestellt. Alle Partikel besitzen nun das selbe Gewicht und approximieren nach wie vor die tatsächliche Wahrscheinlichkeitsdichte. Man erkennt aber auch eine potentielle Schwierigkeit, die Vielfalt der Partikelpositionen hat abgenommen.

Liegt nur geringes Systemrauschen vor, werden im Propagationsschritt des Filters die Partikel nicht ausreichend verteilt, was dann trotz Resampling zur Divergenz des Filters führen kann. Abhilfe schafft in diesen Fällen eine als Roughening bekannte Technik, die im Wesentlichen einer künstlichen Erhöhung des Systemrauschens entspricht.

Das beschriebene Resampling muss nicht nach jedem Messschritt durchgeführt werden. Einen Hinweis, wann ein Resampling durchgeführt werden muss, liefert die Anzahl der

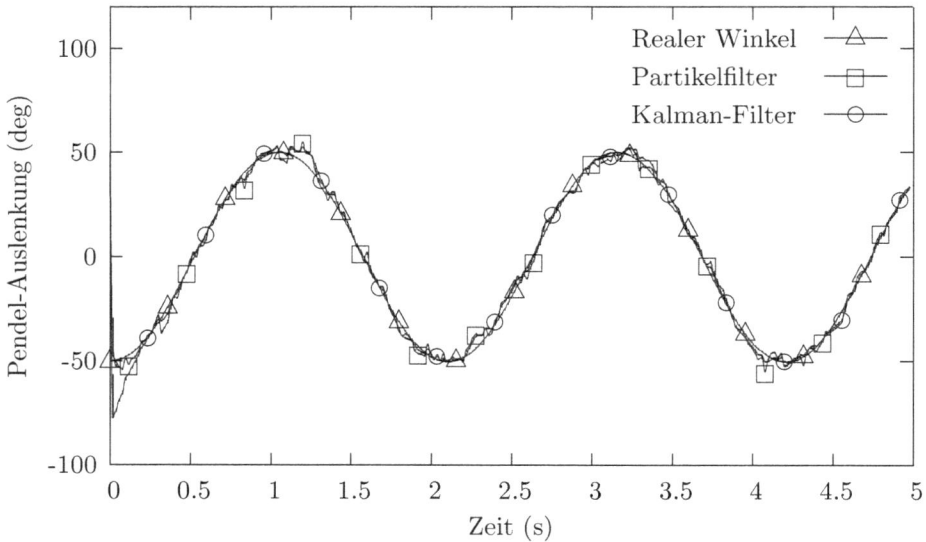

Abbildung 7.2: *Schätzung der Pendelschwingung bei einer Anfangsauslenkung von -50 Grad, wobei Partikelfilter und Kalman-Filter mit jeweils +50 Grad initialisiert wurden.*

effektiven Partikel. Diese ist gegeben durch

$$N_{eff} = \frac{1}{\sum\limits_{i=1}^{N} (w^i)^2} \ . \tag{7.29}$$

Haben alle Partikel das gleiche Gewicht $1/N$, so ist $N_{eff} = N$. Im Extremfall einer degenerierten Partikelwolke, ein einziger Partikel besitzt das gesamte Gewicht, ist $N_{eff} = 1$. Ein Resampling wird nur durchgeführt, wenn N_{eff} unter eine bestimmte Schwelle, meist formuliert als ein bestimmter Prozentsatz von N, gesunken ist.

Mit dem Resampling und dem zuvor beschriebenen Mess- und Propagationsschritt kann bereits ein einfacher Partikelfilter realisiert werden. Die Möglichkeit der Einführung einer Importance Density wurde aus Gründen der Übersichtlichkeit ausgeblendet; deren Einführung kann jedoch je nach Applikation von Vorteil sein.

7.3.5   Simulationsergebnisse

Anhand von zwei Beispielen soll im Folgenden ein Eindruck von den Eigenschaften des Partikelfilters vermittelt werden.

Schätzung der Auslenkung eines Pendels

Als erstes Beispiel soll die Auslenkung eines Pendels anhand von Messungen des Abstandes zwischen dem Lot durch den Drehpunkt und dem Ende des Pendels betrachtet

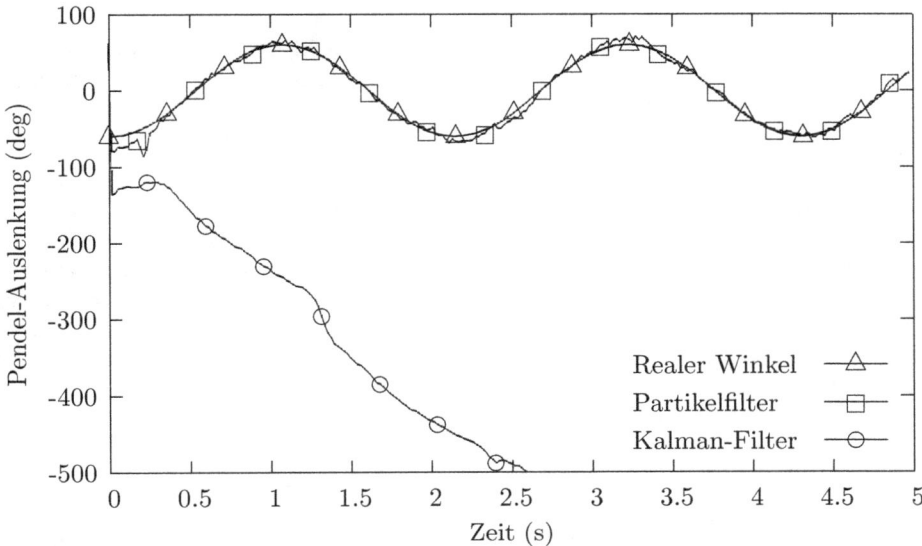

Abbildung 7.3: *Schätzung der Pendelschwingung bei einer Anfangsauslenkung von -60 Grad, wobei Partikelfilter und Kalman-Filter mit jeweils +60 Grad initialisiert wurden.*

werden. Das Systemmodell ist durch die nichtlineare Differentialgleichung des Pendels Gl. (2.109) gegeben, die Messgleichung lautet

$$\tilde{y} = l \cdot \sin \varphi \,, \tag{7.30}$$

siehe hierzu auch Abb. 2.8.

Für dieses Schätzproblem wurden ein Partikelfilter und ein erweitertes Kalman-Filter entworfen. Der MATLAB-Code der beiden Filter ist in Anhang C zu finden.

Die Anfangsauslenkung des Pendels wurde nun zunächst zu -50 Grad gewählt, wobei beide Filter mit jeweils +50 Grad initialisiert wurden; die zugehörige Anfangsunsicherheit wurde entsprechend gewählt. Abb. 7.2 zeigt die Schätzungen beider Filter. Nach einer kurzen Einschwingphase, die beim Kalman-Filter etwas unruhiger und länger ausfällt, sind beide Filter in der Lage, die Pendelposition zu schätzen.

Nun wurdem die Anforderungen weiter verschärft, indem die Anfangsauslenkung des Pendels zu -60 Grad gewählt wurde, beide Filter wurden mit jeweils +60 Grad initialisiert. Wie man in Abb. 7.3 erkennt, ist der Partikelfilter auch in diesem Szenario in der Lage, die Pendelposition korrekt zu schätzen – das erweiterte Kalman-Filter divergiert jedoch.

Bei nicht zu großen Anfangsfehlern liefert das Kalman-Filter bei diesem Schätzproblem vergleichbare Ergebnisse wie das Partikelfilter – letzteres ist bei großen Anfangsfehlern jedoch deutlich robuster.

Positionsbestimmung mit Abstandsmessungen

Während bei einem erweiterten Kalman-Filter und den Sigma-Point-Filtern nur uni-modale Dichtefunktionen möglich sind, stellen multimodale Dichten beim Partikelfilter kein Problem dar. Dies soll anhand einer Simulation der Positionsbestimmung mit Hilfe von Abstandsmessungen verdeutlicht werden.

Hierzu wurde angenommen, dass von einem Gebäude ein Grundrissplan vorhanden ist. Ein fahrbarer Roboter befindet sich an einem unbekannten Ort innerhalb dieses Gebäudes. Der Roboter ist mit einem Odometer und einem Gyroskop ausgerüstet; desweiteren ist ein Laser-Scanner vorhanden, mit dem Abstandsmessungen innerhalb eines Öffnungswinkels von 180 Grad zu den umgebenden Wänden vorgenommen werden können. Diese Abstandsmessungen werden mit einem Partikelfilter verarbeitet, Odometrie und Gyroskop-Daten werden als bekannte Eingangsgrößen behandelt. Die Partikelwolke und die Position des Roboters sind in Abb. 7.4 für verschiedene Zeitschritte zu sehen. Für den ersten Zeitschritt (obere Reihe links) wurde für die Partikelwolke eine Gleichverteilung angenommen, da keinerlei Informationen über die Roboterposition vorlagen. Nach einigen Zeitschritten führt die Verarbeitung der Messungen dazu, dass sich die Partikel zunächst vornehmlich in den Räumen auf der rechten Seite konzentrieren. Die Räume auf der linken Seite sind kleiner, so dass diese zunächst unwahrscheinlicher werden und schließlich ab dem vierten dargestellten Zeitschritt (untere Reihe links) anhand der vorliegenden Messungen bereits ganz ausgeschlossen werden können. Als der Roboter den Gang erreicht, sind alle Mehrdeutigkeiten eliminiert und die Position des Roboters eindeutig bestimmt.

Ohne die Möglichkeit mit multimodalen Dichtefunktionen zu arbeiten, ist in diesem Szenario eine initiale Positionsbestimmung unmöglich. Ist die Position des Roboters aber einmal gefunden, kann die Roboterposition auch mit einem Kalman-Filter propagiert und korrigiert werden, was wesentlich weniger Rechenzeit benötigt.

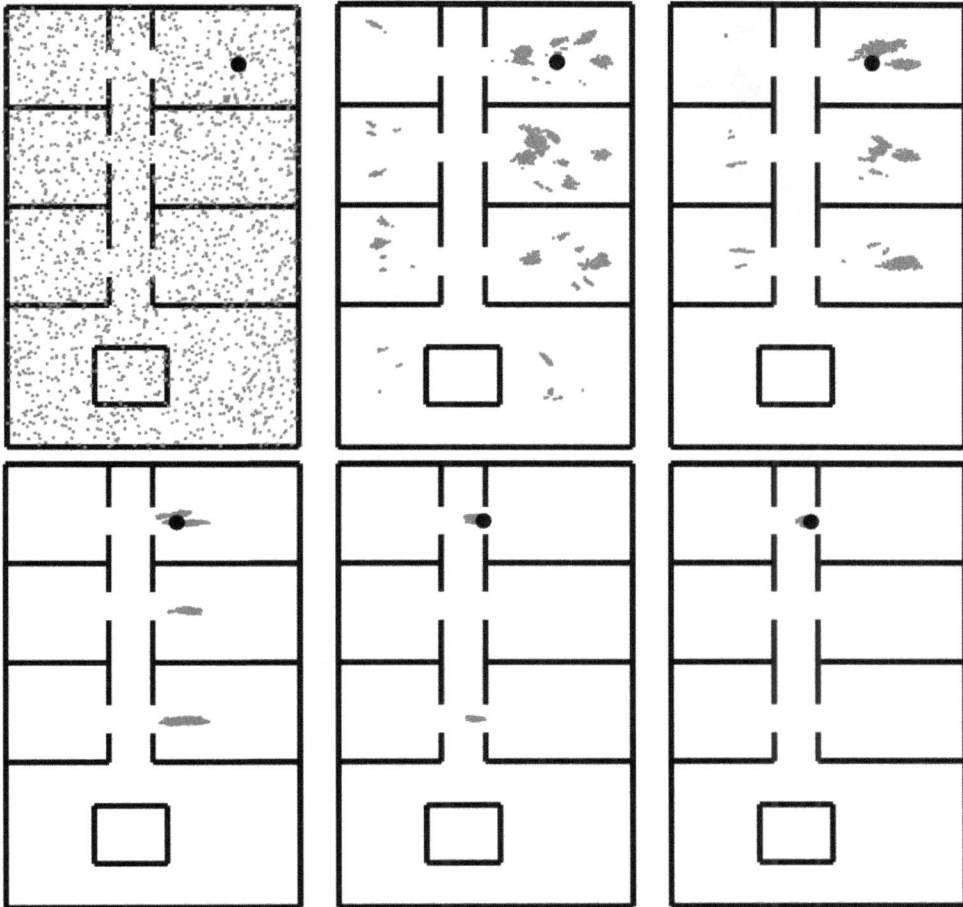

Abbildung 7.4: *Positionsschätzung eines fahrbaren Roboters mit Hilfe von Abstandsmessungen; erster Zeitschritt obere Reihe links, letzter Zeitschritt untere Reihe rechts. Die Anfangsposition befindet sich im rechten oberen Raum. Die Partikelwolke zeigt mögliche Positionen auf, bis bei Erreichen des Ganges alle Mehrdeutigkeiten eliminiert sind und die wahre Position gefunden ist.*

8 Anwendungsbeispiel GPS/INS-Integration

Ein integriertes Navigationssystem ist dadurch gekennzeichnet, dass verschiedene Navigationssensoren und Navigationsverfahren miteinander kombiniert werden. Aufgrund der komplementären Charakteristiken dieser Informationsquellen können hierbei die Nachteile des einen Verfahrens oder Sensors durch die Vorteile eines anderen kompensiert werden. Das Ergebnis ist ein Navigationssystem, dass die Leistungsfähigkeit der einzelnen Subsysteme bei weitem übersteigt. Häufig kann auch eine gewisse Redundanz geschaffen werden, so dass Verfahren zur Fehlererkennung und Isolation eingesetzt werden können. Weit verbreitet ist die Kombination von inertialer Navigation mit GPS, da sich diese Verfahren hervorragend ergänzen.

Das Inertialnavigationssystem kann durch externe Einflüsse nicht gestört werden und stellt somit die kontinuierliche Verfügbarkeit einer vollständigen Navigationslösung bestehend aus Position, Geschwindigkeit und Lage sicher. Diese Navigationslösung liegt mit einer hohen Datenrate vor, was bei vielen Anwendungen unabdingbar ist, z.B. wenn diese Navigationslösung als Eingangsgröße eines Fluglagereglers dient. Wie in Kapitel 3 aufgezeigt handelt es sich bei inertialer Navigation jedoch nur um ein kurzzeitgenaues Navigationsverfahren, die Navigationsfehler wachsen mit der Zeit an. Dies wird durch Kombination mit einem GPS-Empfänger verhindert.

Ein GPS-Empfänger stellt langzeitgenaue Positions- und Geschwindigkeitsinformationen bzw. Pseudoranges, Deltaranges und Trägerphasenmessungen zur Verfügung, Lageinformationen können mit einer einzelnen GPS-Antenne jedoch nicht gewonnen werden[1]. Die Datenrate eines GPS-Empfängers ist vergleichsweise gering, typischerweise liegen ein bis vier Messungen pro Sekunde vor, einige hochwertige Empfänger liefern bis zu zwanzig Messwerte pro Sekunde oder mehr. Eine kontinuierliche Verfügbarkeit dieser Messwerte ist jedoch nicht gegeben, sinkt die Anzahl der sichtbaren Satelliten auf weniger als vier, kann ohne zusätzliche Annahmen keine Position oder Geschwindigkeit mehr ermittelt werden[2]. Die Ursachen hierfür können vielfältig sein. Eine häufige Ursache sind Abschattungen, wenn z.B. Gebäude, Berge oder Teile des den Empfänger tragenden Fahrzeugs die Sicht auf Satelliten verdecken. Desweiteren können durch mutwilliges oder unbeabsichtigtes Jamming GPS-Ausfälle verursacht werden. Während mutwilliges Jamming – ebenso wie Spoofing – eher im militärischen Bereich anzusiedeln

---

[1]Die Genauigkeit von Trägerphasenmessungen reicht aus, um mit mehreren GPS-Antennen Lageinformationen zu gewinnen, wobei der Abstand der Antennen die Genauigkeit der Lageinformationen bestimmt.

[2]Bei bekannter Höhe genügen drei Satelliten zur Positionsbestimmung. Bei einigen Anwendungen ist nur eine Positionskoordinate unbekannt, z.B. wenn sich ein Schienenfahrzeug auf einem bekannten Gleis befindet. Hier genügen zwei sichtbare Satelliten.

ist, kann ein unbeabsichtigtes Stören der Satellitensignale von Fernseh- oder WLAN-Sendern verursacht werden.

Zur Fusion der Daten eines Inertialnavigationssystems und eines GPS-Empfängers werden fast ausschließlich Kalman-Filter eingesetzt. Üblicherweise kommen error-state-space-Kalman-Filter zum Einsatz, die anhand der vom GPS-Empfänger gelieferten Stützinformationen die Fehler der Inertialnavigationslösung schätzen, die daraufhin korrigiert wird. Zusätzlich werden meist deterministische Fehler der Inertialsensorik wie Biase, manchmal auch noch Skalenfaktorfehler und Misalignment, geschätzt. Durch diese Online-Kalibration der IMU verbessert sich die Performance des Inertialnavigationssystems, was insbesondere bei GPS-Ausfällen relevant ist.

Bei einem solchen integrierten Navigationssystem sind verschiedene Systemarchitekturen möglich.

8.1 GPS/INS-Integrationsstrategien

Anhand der verwendeten Stützinformationen kann zwischen den verschiedenen Systemarchitekturen unterschieden werden.

8.1.1 Loosely Coupled System

Ein Loosely Coupled System ist dadurch gekennzeichnet, dass GPS-Positions- und Geschwindigkeitsmessungen als Stützinformationen verwendet werden. Diese Integrationsvariante ist am weitesten verbreitet, nicht zuletzt weil die Realisierung eines solchen Systems verglichen mit anderen Ansätzen den geringsten Entwicklungsaufwand erfordert. Der wesentliche Nachteil dieses Ansatzes besteht darin, das bei weniger als vier sichtbaren Satelliten keine Stützung der Inertialnavigation mehr erfolgen kann, die Navigationsfehler wachsen also während GPS-Ausfällen entsprechend der Güte des Inertialnavigationssystems an. Weitere Probleme können auftreten, wenn die vom GPS-Empfänger gelieferten Positions- und Geschwindigkeitsinformationen aus einem empfängerinternen Kalman-Filter stammen[3]. Die gefilterten Positionen und Geschwindigkeiten weisen Zeitkorrelationen auf, die potentiell zu Problemen im Navigationsfilter führen können. Unter Umständen liefert der GPS-Empfänger basierend auf dem empfängerinternen Kalman-Filter auch bei weniger als vier sichtbaren Satelliten noch Messwerte. Die Verarbeitung dieser Messwerte als unabhängig führt dazu, dass der Navigationsfilter zu einer überoptimistischen Einschätzung der Güte der Zustandsschätzung gelangt, was bis zur Divergenz des Filters führen kann. Prinzipiell kann versucht werden, diesen Problemen mit sogenannten Federated-Filter-Architekturen zu begegnen, siehe [20], darauf soll hier jedoch nicht näher eingegangen werden.

---

[3] Aufgrund der Hintereinanderschaltung zweier Filter ist auch die Bezeichnung Cascaded Integration geläufig.

8.1.2 Tightly Coupled System

Für die meisten Autoren ist ein Tightly Coupled System dadurch gekennzeichnet, dass im Navigationsfilter direkt Pseudorange- und Deltarange-Messungen als Stützinformationen verarbeitet werden [13], [108], [98], [66]. Für andere Autoren ist zusätzlich die Stützung des GPS-Empfängers durch das Inertialnavigationssystem ein entscheidender Gesichtspunkt, [123],[99], ohne diese Stützung wird von einem Closely Coupled System gesprochen [74]. Die Stützung des GPS-Empfängers kann sich dabei sowohl auf die Akquisition bzw. Re-Akquisition als auch auf das Tracking beziehen. Während im ersteren Fall die für die Akquisition benötigte Zeit verkürzt werden soll, ist das Ziel bei der Stützung des Trackings eine geringe Bandbreite der Tracking Loops des GPS-Empfängers zu ermöglichen: Für eine gute Jamming-Robustheit ist eine geringe Bandbreite vorteilhaft, um Trajektoriendynamiken folgen zu können, ist jedoch eine größere Bandbreite notwendig [44]. Wird die Trajektoriendynamik dem Inertialnavigationssystem entnommen, kann auch bei signifikanten Manövern eine geringe Bandbreite beibehalten werden.

Der entscheidende Vorteil eines Tightly Coupled Systems besteht nun darin, dass auch bei weniger als vier sichtbaren Satelliten eine eingeschränkte Stützung des Inertialnavigationssystems anhand der Pseudorange- und Deltarange-Messungen erfolgt. Dadurch kann das in dieser Situation bei einem Loosely Coupled System vorliegende Anwachsen der Navigationsfehler je nach Szenario verlangsamt oder eventuell sogar verhindert werden. Nachteilig ist der deutlich größere Integrationsaufwand: Abhängig von den vom Empfänger zur Verfügung gestellten Nachrichten müssen nun GPS-Subframe-Daten dekodiert, Satellitenpositionen und Geschwindigkeiten aus Ephemeriden-Daten berechnet und Korrekturen der Satellitenuhrenfehler sowie relativistische Korrekturen durchgeführt werden. Die meisten Empfänger liefern Pseudorange- und Deltarange-Messungen die zur vollen Sekunde der GPS-Zeit gültig sind, über den Sendezeitpunkt des Satellitensignals ist in der Regel jedoch nichts bekannt. Da zur Verarbeitung dieser Messungen aber die Satellitenpositionen und -geschwindigkeiten zu den jeweiligen Sendezeitpunkten relevant sind, müssen diese iterativ berechnet werden.

8.1.3 Ultra-Tight Integration und Deep Integration

Bei diesen Integrationsvarianten werden im Navigationsfilter die in der empfängerinternen Signalverarbeitung anfallenden I & Q samples verarbeitet, die Tracking Loops des GPS-Empfängers werden durch das Navigationsfilter geschlossen. Diese sind damit nicht mehr unabhängig voneinander, wie das bei den bisher angesprochenen Integrationsstrategien der Fall war. Durch diese Verknüpfung profitiert das Tracking eines Satelliten von dem Tracking weiterer Satelliten [123],[46],[13]. Der Vorteil dieser Integrationsvariante besteht in einer gesteigerten Genauigkeit der Navigationslösung, vor allem aber in der Fähigkeit, ein schlechteres Signal-Rauschverhältnisdes GPS-Signals zu tolerieren. Dies resultiert in einer größeren Jamming-Robustheit, so dass diese Systemarchitektur vor allem bei militärischen Anwendungen von Interesse ist. Der Nachteil dieser Ansätze besteht in einem nochmals gesteigerten Integrationsaufwand, darüber hinaus sind Eingriffe in die empfängerinterne Signalverarbeitung notwendig, was in der Regel nur den

Empfängerherstellern oder in enger Zusammenarbeit mit diesen möglich ist. Diese Integrationsvarianten werden daher im Folgenden nicht näher betrachtet, weiterführende Informationen sind z.B. in [41] und [84] zu finden.

8.2   Entwurf eines Navigationsfilters

Im Folgenden soll exemplarisch der Entwurf eines Navigationsfilters zur Fusion von GPS- und Inertialsensordaten gezeigt werden. Aufgrund der vielen Gemeinsamkeiten werden Loosely und Tightly Coupled Integration parallel betrachtet. Es wird ein error-state-space-Kalman-Filter entworfen.

8.2.1   Systemmodell

Zu Beginn des Filterentwurfs sind eine Reihe von Designentscheidungen zu treffen. Neben der Wahl einer error-state-space-Formulierung zählt dazu die Behandlung der Inertialsensordaten als bekannte Eingangsgrößen, die somit im Propagationsschritt des Filters und nicht – obwohl es sich natürlich um Messwerte handelt – im Messschritt verarbeitet werden. Das Rauschen der Inertialsensoren wird dem Systemrauschen zugeschlagen. Durch diese Vorgehensweise lässt sich ohne merkliche Einbußen in der Performance die Rechenlast deutlich reduzieren: Bei einer Verarbeitung der Inertialsensordaten im Messschritt des Filters müsste dieser mit der Taktrate der Inertialsensordaten ausgeführt werden, was aufgrund der Berechnung einer Inversen und der Anpassung der Kovarianzmatrix der Zustandsschätzung mit einer massiven Rechenlast verbunden wäre. Bei einer Berücksichtigung der Inertialsensordaten im Propagationsschritt des Filters muss dieser nicht zwingend mit der Taktrate der Inertialsensordaten ausgeführt werden. Bei einem error-state-space-Kalman-Filter besteht die Aufgabe des Propagationsschrittes in der Fortschreibung der Kovarianzmatrix des Schätzfehlers; die nach dem letzten Messschritt im Zustandsvektor enthaltenen geschätzten Fehler verschwinden nach deren Korrektur, so dass eine Propagation des Filterzustandsvektors entfallen kann. Während die eigentliche Verarbeitung der Inertialsensordaten im Strapdown-Algorithmus natürlich mit der vollen Datenrate erfolgen muss, kann der Einfluss dieser Propagation auf die Kovarianzmatrix der Zustandsschätzung in der Regel mit einer niedrigeren Taktrate gerechnet werden, ein typischer Wert wären zehn Hertz.

Neben einer Schätzung der Navigationsfehler sollen auch die Fehler der angenommenen Inertialsensorbiase geschätzt werden, um eine Online-Kalibration der IMU zu ermöglichen. Mit diesen Vorgaben resultiert für ein Loosely Coupled System ein Filter mit einem Zustandsvektor der Dimension fünfzehn:

$$\Delta \vec{x} = \bigg(\underbrace{\Delta x_n, \Delta x_e, \Delta x_d}_{\text{Positionsfehler } \Delta \vec{p}}, \underbrace{\Delta v^n_{eb,n}, \Delta v^n_{eb,e}, \Delta v^n_{eb,d}}_{\text{Geschwindigkeitsfehler } \Delta \vec{v}}, \underbrace{\Delta \alpha, \Delta \beta, \Delta \gamma}_{\text{Lagefehler } \Delta \vec{\psi}},$$

$$\underbrace{\Delta b_{a,x}, \Delta b_{a,y}, \Delta b_{a,z}}_{\text{Fehler der B.-Messer-Biase } \vec{b}_a}, \underbrace{\Delta b_{\omega,x}, \Delta b_{\omega,y}, \Delta b_{\omega,z}}_{\text{Fehler der Drehratensenor-Biase } \vec{b}_\omega} \bigg)^T \qquad (8.1)$$

Prinzipiell hätten die Positionsfehler in Nord- und Ostrichtung als Winkelfehler von Längen- und Breitengrad auch in Radian angegeben werden können. Dies kann jedoch zu numerischen Problemen führen, falls in einem Messchritt eine vollständige GPS-Positionsmessung bestehend aus Längengrad, Breitengrad und Höhe verarbeitet werden soll: Eine Standardabweichung der GPS-Positionsmessung in Nord- und Ostrichtung von $\sigma_x = 10\,\text{m}$ führt auf eine Standardabweichung in Längen- und Breitengrad in der Größenordnung $\sigma_{\varphi,\lambda} \approx \frac{\sigma_x}{R_{Erde}} = \frac{10\,\text{m}}{6378137\,\text{m}} \approx 1.57 \times 10^{-6}\,\text{rad}$. Betrachtet man nun den Fall, dass die Standardabweichung der Positionsschätzung in allen drei Raumrichtungen ebenfalls $10\,\text{m}$ beträgt, so muss zur Berechnung der Kalman-Gain-Matrix die Inverse einer Matrix berechnet werden, deren relevante Einträge im Wertebereich zwischen 4.9×10^{-12} und 200 liegen. Die Inversion einer solchen Matrix ist numerisch extrem anspruchsvoll, mit einer Standard-Floating-Point-Arithmetik ohne weitere Maßnahmen sogar unmöglich. Die Angabe der Positionsfehler in Nord- und Ostrichtung in Metern ist eine Möglichkeit, diese Schwierigkeiten sehr einfach zu vermeiden.

Das Systemmodell des Kalman-Filters muss – neben den deterministischen Inertialsensorfehlern – die Propagation der Navigationsfehler mit der Zeit beschreiben. Diese Fehlerdifferentialgleichungen können aus den Gleichungen der inertialen Navigation gewonnen werden. Da es sich hierbei um nichtlineare Gleichungen handelt, muss um den geschätzten Systemzustand linearisiert werden.

Positionsfehlerdifferentialgleichungen

Die Änderung des Positionsfehlers in Nordrichtung hängt im Wesentlichen von dem Geschwindigkeitsfehler in Nordrichtung $\Delta v^n_{eb,n}$ und dem Höhenfehler Δx_d ab. Die zeitliche Ableitung des Breitengrades ist gegeben durch

$$\dot{\varphi} = \frac{v^n_{eb,n}}{R_n - h}. \qquad (8.2)$$

Unter der Annahme, dass für die Bestimmung der Fehlerdifferentialgleichungen die Krümmungsradien der Erde als konstant angenommen werden können, ist die Taylor-Reihenentwicklung von Gl. (8.2) gegeben durch

$$\Delta \dot{\varphi} = \frac{\partial \dot{\varphi}}{\partial h} \cdot \Delta x_d + \frac{\partial \dot{\varphi}}{\partial v^n_{eb,n}} \cdot \Delta v^n_{eb,n}$$

$$= \frac{v^n_{eb,n}}{(R_n - h)^2} \Delta x_d + \frac{1}{R_n - h} \Delta v^n_{eb,n}. \qquad (8.3)$$

Da der Positionsfehler in Nordrichtung in Metern angegeben werden soll, muss der Breitengradfehler durch Multiplikation mit dem entsprechenden Faktor umgerechnet werden:

$$
\begin{aligned}
\Delta \dot{x}_n &= (R_n - h) \cdot \Delta \dot{\varphi} \\
&= \frac{v_{eb,n}^{\,n}}{(R_n - h)} \Delta x_d + \Delta v_{eb,n}^{\,n}
\end{aligned}
\tag{8.4}
$$

In der gleichen Weise lässt sich die Änderung des Positionsfehlers in Ostrichtung herleiten. Die Ableitung des Längengrades ist gegeben durch

$$
\dot{\lambda} = \frac{v_{eb,e}^{\,n}}{(R_e - h)\cos\varphi} \; ,
\tag{8.5}
$$

die Taylor-Reihenentwicklung liefert

$$
\begin{aligned}
\Delta \dot{\lambda} &= \frac{\partial \dot{\lambda}}{\partial \varphi} \cdot \Delta \varphi + \frac{\partial \dot{\lambda}}{\partial h} \cdot \Delta x_d + \frac{\partial \dot{\lambda}}{\partial v_{eb,e}^{\,n}} \cdot \Delta v_{eb,e}^{\,n} \\
&= \frac{\partial \dot{\lambda}}{\partial \varphi} \cdot \frac{\Delta x_n}{R_n - h} + \frac{\partial \dot{\lambda}}{\partial h} \cdot \Delta x_d + \frac{\partial \dot{\lambda}}{\partial v_{eb,e}^{\,n}} \cdot \Delta v_{eb,e}^{\,n} \\
&= \frac{v_{eb,e}^{\,n}\sin\varphi}{(R_e - h)\cos^2\varphi} \cdot \frac{\Delta x_n}{R_n - h} + \frac{v_{eb,e}^{\,n}}{(R_e - h)^2 \cos\varphi} \cdot \Delta x_d \\
&\quad + \frac{1}{(R_e - h)\cos\varphi} \cdot \Delta v_{eb,e}^{\,n} \; .
\end{aligned}
\tag{8.6}
$$

Die Änderung des Positionsfehlers in Ostrichtung erhält man aus der Änderung des Längengradfehlers zu

$$
\begin{aligned}
\Delta \dot{x}_e &= (R_e - h)\cos\varphi \cdot \Delta \dot{\lambda} \\
&= \frac{v_{eb,e}^{\,n}\tan\varphi}{R_n - h} \cdot \Delta x_n + \frac{v_{eb,e}^{\,n}}{(R_e - h)} \cdot \Delta x_d + \Delta v_{eb,e}^{\,n} \; .
\end{aligned}
\tag{8.7}
$$

Die zeitliche Ableitung der Höhe h über dem Erdellipsoid ist gleich der Vertikalgeschwindigkeit, daher ist der Zusammenhang zwischen Höhenfehler und Vertikalgeschwindigkeitsfehler gegeben durch

$$
\Delta \dot{x}_d = \Delta v_{eb,d}^{\,n} \; .
\tag{8.8}
$$

Geschwindigkeitsfehlerdifferentialgleichungen

Im Rahmen der Strapdown-Rechnung muss die von den Beschleunigungsmessern mitgemessene Schwerebeschleunigung rechnerisch aus den Beschleunigungsmesserdaten eliminiert werden. Da hierzu Lageinformationen notwendig sind, führen Lagefehler zu einer fehlerhaften Interpretation der Beschleunigungsmesserdaten und damit zu Geschwindigkeitsfehlern. Natürlich beeinflussen die deterministischen Fehler der Beschleunigungsmesser ebenfalls die zeitliche Propagation der Geschwindigkeitsfehler.

Ausgangspunkt der Herleitung der Geschwindigkeitsfehlerdifferentialgleichungen ist die aus Abschnitt 3 bekannte Gleichung (3.151)

$$\dot{\vec{v}}_{eb}^{\,n} = \mathbf{C}_b^n \vec{f}_{ib}^{\,b} - (2\vec{\omega}_{ie}^{\,n} + \vec{\omega}_{en}^{\,n}) \times \vec{v}_{eb}^{\,n} + \vec{g}_l^{\,n} \ .$$

Zunächst müssen die Zusammenhänge der darin enthaltenen Größen mit den Größen, deren Fehler im Zustandsvektor des Kalman-Filters enthalten sind, ermittelt werden: Die reale Richtungskosinusmatrix $\mathbf{C}_b^n$ ist natürlich nicht bekannt, der Zusammenhang zwischen der realen Richtungskosinusmatrix und der bekannten, geschätzten Richtungskosinusmatrix $\mathbf{C}_b^{\hat{n}}$ wird durch eine Richtungskosinusmatrix $\mathbf{C}_n^{\hat{n}}$ beschrieben:

$$\mathbf{C}_b^{\hat{n}} = \mathbf{C}_n^{\hat{n}} \mathbf{C}_b^n \tag{8.9}$$

Die geschätzte Richtungskosinusmatrix transformiert Größen, die in Koordinaten des körperfesten Koordinatensystems gegeben sind, in ein geschätztes Navigationskoordinatensystem, das sich vom realen Navigationskoordinatensystem unterscheidet. Die Transformation vom realen ins geschätzte Navigationskoordinatensystem ist durch die Lagefehler $\vec{\psi} = (\alpha, \beta, \gamma)^T$ gegeben. Da diese als klein angenommen werden können, kann eine entsprechende Näherung der Richtungskosinusmatrix verwendet werden:

$$\mathbf{C}_n^{\hat{n}} = \begin{pmatrix} 1 & -\gamma & \beta \\ \gamma & 1 & -\alpha \\ -\beta & \alpha & 1 \end{pmatrix} = (\mathbf{I} + [\vec{\psi}_n^{\hat{n}} \times]) = (\mathbf{I} + \mathbf{\Psi}_n^{\hat{n}}) \tag{8.10}$$

Insgesamt erhält man so

$$\mathbf{C}_b^{\hat{n}} = (\mathbf{I} + \mathbf{\Psi}_n^{\hat{n}}) \mathbf{C}_b^n \tag{8.11}$$

sowie

$$\mathbf{C}_b^n = (\mathbf{I} - \mathbf{\Psi}_n^{\hat{n}}) \mathbf{C}_b^{\hat{n}} \ . \tag{8.12}$$

Das Äquivalent zu Gleichung (3.151) formuliert mit geschätzten Größen lautet

$$\dot{\hat{\vec{v}}}_{eb}^{\,n} = \mathbf{C}_b^{\hat{n}} \hat{\vec{f}}_{ib}^{\,b} - \left(2\hat{\mathbf{\Omega}}_{ie}^{\,n} + \hat{\mathbf{\Omega}}_{en}^{\,n}\right) \hat{\vec{v}}_{eb}^{\,n} + \hat{\vec{g}}_l^{\,n} \ . \tag{8.13}$$

Mit der Definition $\hat{x} = x + \Delta x$ erhält man

$$
\begin{aligned}
\dot{\hat{\vec{v}}}_{eb}^{\,n} &= \mathbf{C}_b^{\hat{n}} \left(\vec{f}_{ib}^{\,b} + \Delta\vec{f}_{ib}^{\,b} \right) \\
&\quad - (2\mathbf{\Omega}_{ie}^{\,n} + 2\Delta\mathbf{\Omega}_{ie}^{\,n} + \mathbf{\Omega}_{en}^{\,n} + \Delta\mathbf{\Omega}_{en}^{\,n})(\vec{v}_{eb}^{\,n} + \Delta\vec{v}_{eb}^{\,n}) + \vec{g}_l^{\,n} + \Delta\vec{g}_l^{\,n} \\
&\approx \mathbf{C}_b^{\hat{n}} \left(\vec{f}_{ib}^{\,b} + \Delta\vec{f}_{ib}^{\,b} \right) - (2\mathbf{\Omega}_{ie}^{\,n} + \mathbf{\Omega}_{en}^{\,n})(\vec{v}_{eb}^{\,n} + \Delta\vec{v}_{eb}^{\,n}) \\
&\quad - (2\Delta\mathbf{\Omega}_{ie}^{\,n} + \Delta\mathbf{\Omega}_{en}^{\,n})\vec{v}_{eb}^{\,n} + \vec{g}_l^{\,n} + \Delta\vec{g}_l^{\,n} \qquad \text{da } \Delta \cdot \Delta \approx 0. \tag{8.14}
\end{aligned}
$$

Damit kann man schreiben

$$
\begin{aligned}
\Delta\dot{\vec{v}}_{eb}^{\,n} &= \dot{\hat{\vec{v}}}_{eb}^{\,n} - \dot{\vec{v}}_{eb}^{\,n} \\
&= \mathbf{C}_b^{\hat{n}}\left(\vec{f}_{ib}^{\,b} + \Delta\vec{f}_{ib}^{\,b}\right)\vec{f}_{ib}^{\,b} - \mathbf{C}_b^{n}\vec{f}_{ib}^{\,b} \\
&\quad - (2\boldsymbol{\Omega}_{ie}^{\,n} + \boldsymbol{\Omega}_{en}^{\,n})\Delta\vec{v}_{eb}^{\,n} - (2\Delta\boldsymbol{\Omega}_{ie}^{\,n} + \Delta\boldsymbol{\Omega}_{en}^{\,n})\vec{v}_{eb}^{\,n} + \Delta\vec{g}_l^{\,n} \\
&= \mathbf{C}_b^{\hat{n}}\left(\vec{f}_{ib}^{\,b} + \Delta\vec{f}_{ib}^{\,b}\right) - (\mathbf{I} - \boldsymbol{\Psi}_n^{\hat{n}})\mathbf{C}_b^{\hat{n}}\vec{f}_{ib}^{\,b} \\
&\quad - (2\boldsymbol{\Omega}_{ie}^{\,n} + \boldsymbol{\Omega}_{en}^{\,n})\Delta\vec{v}_{eb}^{\,n} + [\vec{v}_{eb}^{\,n}\times](2\Delta\vec{\omega}_{ie}^{\,n} + \Delta\vec{\omega}_{en}^{\,n}) + \Delta\vec{g}_l^{\,n} \\
&= \mathbf{C}_b^{\hat{n}}\Delta\vec{f}_{ib}^{\,b} + \boldsymbol{\Psi}_n^{\hat{n}}\mathbf{C}_b^{\hat{n}}\vec{f}_{ib}^{\,b} \\
&\quad - (2\boldsymbol{\Omega}_{ie}^{\,n} + \boldsymbol{\Omega}_{en}^{\,n})\Delta\vec{v}_{eb}^{\,n} + [\vec{v}_{eb}^{\,n}\times](2\Delta\vec{\omega}_{ie}^{\,n} + \Delta\vec{\omega}_{en}^{\,n}) + \Delta\vec{g}_l^{\,n} \\
&= \mathbf{C}_b^{\hat{n}}\Delta\vec{f}_{ib}^{\,b} - \left[\mathbf{C}_b^{\hat{n}}\vec{f}_{ib}^{\,b}\times\right]\vec{\psi}_n^{\hat{n}} \\
&\quad - (2\boldsymbol{\Omega}_{ie}^{\,n} + \boldsymbol{\Omega}_{en}^{\,n})\Delta\vec{v}_{eb}^{\,n} + [\vec{v}_{eb}^{\,n}\times](2\Delta\vec{\omega}_{ie}^{\,n} + \Delta\vec{\omega}_{en}^{\,n}) + \Delta\vec{g}_l^{\,n}
\end{aligned}
$$

und schließlich

$$
\begin{aligned}
\Delta\dot{\vec{v}}_{eb}^{\,n} = \;& \mathbf{C}_b^{\hat{n}}\Delta\vec{f}_{ib}^{\,b} - \left[\mathbf{C}_b^{\hat{n}}\vec{f}_{ib}^{\,b}\times\right]\vec{\psi}_n^{\hat{n}} \\
& - (2\boldsymbol{\Omega}_{ie}^{\,n} + \boldsymbol{\Omega}_{en}^{\,n})\Delta\vec{v}_{eb}^{\,n} + [\vec{v}_{eb}^{\,n}\times](2\Delta\vec{\omega}_{ie}^{\,n} + \Delta\vec{\omega}_{en}^{\,n}) + \Delta\vec{g}_l^{\,n} \, .
\end{aligned}
\tag{8.15}
$$

Die Größe $\Delta\vec{g}_l^{\,n}$ kann in aller Regel problemlos vernachlässigt werden und wird daher im Folgenden nicht weiter betrachtet.

Der Zusammenhang zwischen den Größen $\Delta\vec{\omega}_{ie}^{\,n}$ und $\Delta\vec{\omega}_{en}^{\,n}$ mit den Fehlergrößen, die im Zustandsvektor des Kalman-Filters enthalten sind, lässt sich wie folgt darstellen:

$$
\Delta\vec{\omega}_{ie}^{\,n} = \frac{\partial\vec{\omega}_{ie}^{\,n}}{\partial\varphi, \lambda, h}\frac{\partial\varphi, \lambda, h}{\partial x_n, x_e, x_d}\Delta\vec{p}
\tag{8.16}
$$

$$
\Delta\vec{\omega}_{en}^{\,n} = \frac{\partial\vec{\omega}_{en}^{\,n}}{\partial\varphi, \lambda, h}\frac{\partial\varphi, \lambda, h}{\partial x_n, x_e, x_d}\Delta\vec{p} + \frac{\partial\vec{\omega}_{en}^{\,n}}{\partial\vec{v}_{eb}^{\,n}}\Delta\vec{v}_{eb}^{\,n}
\tag{8.17}
$$

Hierbei gilt

$$
\frac{\partial\varphi, \lambda, h}{\partial x_n, x_e, x_d} = \begin{pmatrix} \frac{1}{R_n - h} & 0 & 0 \\ 0 & \frac{1}{(R_e - h)\cos\varphi} & 0 \\ 0 & 0 & 1 \end{pmatrix} ,
\tag{8.18}
$$

und für Erddrehrate und Transportrate

$$
\vec{\omega}_{ie}^{\,n} = \begin{pmatrix} \Omega\cos\varphi & 0 & -\Omega\sin\varphi \end{pmatrix}^T
\tag{8.19}
$$

$$
\vec{\omega}_{en}^{\,n} = \begin{pmatrix} \dfrac{v_{eb,e}^{\,n}}{R_e - h} & -\dfrac{v_{eb,n}^{\,n}}{R_n - h} & -\dfrac{v_{eb,e}^{\,n}\tan\varphi}{R_e - h} \end{pmatrix}^T
\tag{8.20}
$$

abgeleitet nach den entsprechenden Größen erhält man

$$\frac{\partial \vec{\omega}_{ie}^{\,n}}{\partial \varphi, \lambda, h} = \begin{pmatrix} -\Omega \sin \varphi & 0 & 0 \\ 0 & 0 & 0 \\ -\Omega \cos \varphi & 0 & 0 \end{pmatrix} , \tag{8.21}$$

$$\frac{\partial \vec{\omega}_{en}^{\,n}}{\partial \varphi, \lambda, h} = \begin{pmatrix} 0 & 0 & \frac{v_{eb,e}^{n}}{(R_e - h)^2} \\ 0 & 0 & -\frac{v_{eb,n}^{n}}{(R_n - h)^2} \\ \frac{v_{eb,e}^{n}}{(R_e - h) \cos^2 \varphi} & 0 & -\frac{v_{eb,e}^{n} \tan \varphi}{(R_e - h)^2} \end{pmatrix} , \tag{8.22}$$

sowie

$$\frac{\partial \vec{\omega}_{en}^{\,n}}{\partial \vec{v}_{eb}^{\,n}} = \begin{pmatrix} 0 & \frac{1}{(R_e - h)} & 0 \\ -\frac{1}{(R_n - h)} & 0 & 0 \\ 0 & -\frac{\tan \varphi}{(R_e - h)} & 0 \end{pmatrix} . \tag{8.23}$$

Bei diesen Ableitungen können die Terme, bei denen durch das Quadrat des Erdradius dividiert wird, ohne jeden Performance-Verlust vernachlässigt werden.

Der Zusammenhang zwischen $\Delta \vec{f}_{ib}^{\,b}$ und den Fehlergrößen, die im Zustandsvektor des Kalman-Filters enthalten sind, kann erst nach Definition eines Inertialsensorfehlermodells spezifiziert werden.

Lagefehlerdifferentialgleichungen

Auch die Lagefehler selbst sind einer Dynamik unterworfen, die im Systemmodell des Kalman-Filters erfasst werden muss. Zum Einen führen nicht oder unvollständig kompensierte Drehratensensorbiase zu einer Änderung der Lagefehler mit der Zeit. Zum Anderen wird die Erddrehrate von den Drehratensensoren mitgemessen und muss im Strapdown-Algorithmus rechnerisch kompensiert werden. Fehler bei dieser Kompensation tragen ebenfalls zu einer Änderung des Lagefehlers bei. Die entsprechenden Gleichungen werden im Folgenden hergeleitet.

Mit der zeitlichen Ableitung der Richtungskosinusmatrix nach Gl. (3.110) erhält man

$$\dot{\mathbf{C}}_{b}^{n} = \mathbf{C}_{b}^{n} \mathbf{\Omega}_{nb}^{b} = \mathbf{C}_{b}^{n} \left(\mathbf{\Omega}_{ib}^{b} - \mathbf{\Omega}_{in}^{b} \right) , \tag{8.24}$$

formuliert mit geschätzten Größen ergibt sich

$$\dot{\mathbf{C}}_{b}^{\hat{n}} = \mathbf{C}_{b}^{\hat{n}} \hat{\mathbf{\Omega}}_{nb}^{b} = \mathbf{C}_{b}^{\hat{n}} \left(\hat{\mathbf{\Omega}}_{ib}^{b} - \hat{\mathbf{\Omega}}_{in}^{b} \right) . \tag{8.25}$$

Aufgrund der Produktregel erhält man für die zeitliche Ableitung der geschätzten Richtungskosinusmatrix mit Gl. (8.9)

$$\dot{\mathbf{C}}_b^{\hat{n}} = \dot{\mathbf{C}}_n^{\hat{n}} \mathbf{C}_b^n + \mathbf{C}_n^{\hat{n}} \dot{\mathbf{C}}_b^n \ . \tag{8.26}$$

Einsetzen von Gl. (8.11) ergibt

$$\begin{aligned}
\dot{\mathbf{C}}_b^{\hat{n}} &= \left(\mathbf{I} + \boldsymbol{\Psi}_n^{\hat{n}}\right)^{\bullet} \mathbf{C}_b^n + (\mathbf{I} + \boldsymbol{\Psi}_n^{\hat{n}}) \dot{\mathbf{C}}_b^n \\
&= \dot{\boldsymbol{\Psi}}_n^{\hat{n}} \mathbf{C}_b^n + (\mathbf{I} + \boldsymbol{\Psi}_n^{\hat{n}}) \dot{\mathbf{C}}_b^n \ .
\end{aligned} \tag{8.27}$$

Damit erhält man

$$\begin{aligned}
\dot{\boldsymbol{\Psi}}_n^{\hat{n}} \mathbf{C}_b^n + (\mathbf{I} + \boldsymbol{\Psi}_n^{\hat{n}}) \dot{\mathbf{C}}_b^n &= \mathbf{C}_b^{\hat{n}} \left(\hat{\boldsymbol{\Omega}}_{ib}^b - \hat{\boldsymbol{\Omega}}_{in}^b\right) \\
\dot{\boldsymbol{\Psi}}_n^{\hat{n}} \mathbf{C}_b^n + (\mathbf{I} + \boldsymbol{\Psi}_n^{\hat{n}}) \mathbf{C}_b^n &= (\mathbf{I} + \boldsymbol{\Psi}_n^{\hat{n}}) \mathbf{C}_b^n \left(\boldsymbol{\Omega}_{ib}^b + \Delta\boldsymbol{\Omega}_{ib}^b - (\boldsymbol{\Omega}_{in}^b + \Delta\boldsymbol{\Omega}_{in}^b)\right) \\
\dot{\boldsymbol{\Psi}}_n^{\hat{n}} \mathbf{C}_b^n &= (\mathbf{I} + \boldsymbol{\Psi}_n^{\hat{n}}) \mathbf{C}_b^n \left(\Delta\boldsymbol{\Omega}_{ib}^b - \Delta\boldsymbol{\Omega}_{in}^b\right) \\
\dot{\boldsymbol{\Psi}}_n^{\hat{n}} \left(\mathbf{I} - \boldsymbol{\Psi}_n^{\hat{n}}\right) \mathbf{C}_b^{\hat{n}} &= (\mathbf{I} + \boldsymbol{\Psi}_n^{\hat{n}}) \left(\mathbf{I} - \boldsymbol{\Psi}_n^{\hat{n}}\right) \mathbf{C}_b^{\hat{n}} \left(\Delta\boldsymbol{\Omega}_{ib}^b - \Delta\boldsymbol{\Omega}_{in}^b\right) \\
\dot{\boldsymbol{\Psi}}_n^{\hat{n}} \mathbf{C}_b^{\hat{n}} &\approx \mathbf{C}_b^{\hat{n}} \left(\Delta\boldsymbol{\Omega}_{ib}^b - \Delta\boldsymbol{\Omega}_{in}^b\right) \qquad \text{da } \Delta \cdot \Delta \approx 0 \\
\dot{\boldsymbol{\Psi}}_n^{\hat{n}} &= \mathbf{C}_b^{\hat{n}} \left(\Delta\boldsymbol{\Omega}_{ib}^b - \Delta\boldsymbol{\Omega}_{in}^b\right) \mathbf{C}_b^{\hat{n},T}
\end{aligned} \tag{8.28}$$

Dies lässt sich wie folgt umschreiben:

$$\dot{\vec{\psi}}_n^{\hat{n}} = \mathbf{C}_b^{\hat{n}} \left(\Delta\vec{\omega}_{ib}^b - \Delta\vec{\omega}_{in}^b\right) \tag{8.29}$$

Während $\Delta\vec{\omega}_{ib}^b$ erst nach Definition eines Drehratensensorfehlermodells näher spezifiziert werden kann, erhält man für $\Delta\vec{\omega}_{in}^b$:

$$\begin{aligned}
\Delta\vec{\omega}_{in}^b &= \hat{\vec{\omega}}_{in}^b - \vec{\omega}_{in}^b = \mathbf{C}_{\hat{n}}^b \hat{\vec{\omega}}_{in}^n - \mathbf{C}_n^b \vec{\omega}_{in}^n \\
&= \mathbf{C}_{\hat{n}}^b (\vec{\omega}_{in}^n + \Delta\vec{\omega}_{in}^n) - \mathbf{C}_{\hat{n}}^b \left(\mathbf{I} + \boldsymbol{\Psi}_n^{\hat{n}}\right) \vec{\omega}_{in}^n \\
&= \mathbf{C}_{\hat{n}}^b \left(\Delta\vec{\omega}_{in}^n - \boldsymbol{\Psi}_n^{\hat{n}} \vec{\omega}_{in}^n\right)
\end{aligned} \tag{8.30}$$

Einsetzen liefert

$$\begin{aligned}
\dot{\vec{\psi}}_n^{\hat{n}} &= \mathbf{C}_b^{\hat{n}} \left(\Delta\vec{\omega}_{ib}^b - \mathbf{C}_{\hat{n}}^b \left(\Delta\vec{\omega}_{in}^n - \boldsymbol{\Psi}_n^{\hat{n}} \vec{\omega}_{in}^n\right)\right) \\
&= \boldsymbol{\Psi}_n^{\hat{n}} \vec{\omega}_{in}^n - \Delta\vec{\omega}_{in}^n + \mathbf{C}_b^{\hat{n}} \Delta\vec{\omega}_{ib}^b
\end{aligned} \tag{8.31}$$

und schließlich

$$\dot{\vec{\psi}}_n^{\hat{n}} = -\boldsymbol{\Omega}_{in}^n \vec{\psi}_n^{\hat{n}} - \Delta\vec{\omega}_{in}^n + \mathbf{C}_b^{\hat{n}} \Delta\vec{\omega}_{ib}^b \ . \tag{8.32}$$

Der Term $\Delta\vec{\omega}_{in}^{\,n}$ kann auf die bereits im vorigen Abschnitt berechneten Größen zurückgeführt werden:

$$\Delta\vec{\omega}_{in}^{\,n} = \Delta\vec{\omega}_{ie}^{\,n} + \Delta\vec{\omega}_{en}^{\,n} \tag{8.33}$$

Sind nach einem Messschritt Lagefehler $\vec{\psi}$ bekannt, so werden diese unmittelbar zur Korrektur der geschätzten Richtungskosinusmatrix herangezogen. Anschließend müssen die aufgrund dieser Korrektur verschwundenen Lagefehler zu $\vec{\psi} = \vec{0}$ gesetzt werden. Damit besteht aber vor einem Propagationsschritt kein Unterschied mehr zwischen den Fehlern der Lagefehler $\Delta\vec{\psi}$ und den totalen Größen $\vec{\psi}$.

Inertialsensorfehlerdifferentialgleichungen

Als Drehratensensorfehlermodell soll angenommen werden, dass sich die gemessene Drehrate $\tilde{\vec{\omega}}_{ib}^{\,b}$ aus der Summe der realen Drehrate, einem Bias $\vec{b}_\omega$ und einem Rauschterm $\vec{n}_\omega$ ergibt:

$$\tilde{\vec{\omega}}_{ib}^{\,b} = \vec{\omega}_{ib}^{\,b} + \vec{b}_\omega + \vec{n}_\omega \, , \tag{8.34}$$

Eine Schätzung der Drehrate aus dieser Messung ist durch

$$\hat{\vec{\omega}}_{ib}^{\,b} = \tilde{\vec{\omega}}_{ib}^{\,b} - \hat{\vec{b}}_\omega \tag{8.35}$$

gegeben. Damit lässt sich nun $\Delta\vec{\omega}_{ib}^{\,b}$ wie folgt bestimmen:

$$\begin{aligned}
\Delta\vec{\omega}_{ib}^{\,b} &= \hat{\vec{\omega}}_{ib}^{\,b} - \vec{\omega}_{ib}^{\,b} \\
&= \tilde{\vec{\omega}}_{ib}^{\,b} - \hat{\vec{b}}_\omega - \vec{\omega}_{ib}^{\,b} \\
&= \vec{\omega}_{ib}^{\,b} + \vec{b}_\omega + \vec{n}_\omega - \hat{\vec{b}}_\omega - \vec{\omega}_{ib}^{\,b} \\
\Delta\vec{\omega}_{ib}^{\,b} &= -\Delta\vec{b}_\omega + \vec{n}_\omega
\end{aligned} \tag{8.36}$$

Analog dazu erhält man für die Beschleunigungssensoren

$$\Delta\vec{f}_{ib}^{\,b} = -\Delta\vec{b}_a + \vec{n}_a \, . \tag{8.37}$$

Damit sind alle Größen in der Geschwindigkeitsfehlerdifferentialgleichung Gl. (8.15) und der Lagefehlerdifferentialgleichung Gl. (8.32) bestimmt.

Bei der Modellierung der Inertialsensorbiase selbst sind verschiedene Modelle möglich. Handelt es sich um hochwertige Beschleunigungsmesser und hochwertige Drehratensensoren wie Ringlaserkreisel oder Faserkreisel, kann in der Regel die Biasdrift vernachlässigt werden, die Biase können als konstant angenommen werden:

$$\dot{\vec{b}}_a = \vec{0} \quad , \quad \dot{\vec{b}}_\omega = \vec{0} \tag{8.38}$$

Muss eine Biasdrift berücksichtigt werden, bieten sich zur Modellierung Gauß-Markov-Prozesse erster Ordnung an,

$$\dot{\vec{b}}_a = -\frac{1}{\tau_{b_a}}\vec{b}_a + \vec{n}_{b_a} \quad , \quad \dot{\vec{b}}_\omega = -\frac{1}{\tau_{b_\omega}}\vec{b}_\omega + \vec{n}_{b_\omega} \tag{8.39}$$

eine Modellierung als Random-Walk-Prozesse ist ebenfalls möglich:

$$\dot{\vec{b}}_a = \vec{n}_{b_a} \quad , \quad \dot{\vec{b}}_\omega = \vec{n}_{b_\omega} \tag{8.40}$$

Die Vektoren $\vec{n}_{b_a}$ und $\vec{n}_{b_\omega}$ bezeichnen hierbei das die Rauschprozesse treibende, weiße Rauschen.

Uhrenfehlerdifferentialgleichungen

Um Pseudorange- und Deltarange-Messungen direkt im Navigationsfilter verarbeiten zu können, muss das Kalman-Filter-Systemmodell um ein Modell des Empfängeruhrenfehlers erweitert werden.

Ein einfaches Empfängeruhrenfehlermodell ist durch

$$c\vec{T}^\bullet = \begin{pmatrix} c\delta t \\ c\delta \dot{t} \end{pmatrix}^\bullet = \begin{pmatrix} 0 & 1 \\ 0 & 0 \end{pmatrix}\begin{pmatrix} c\delta t \\ c\delta \dot{t} \end{pmatrix} + \begin{pmatrix} n_{c\delta t} \\ n_{c\delta \dot{t}} \end{pmatrix} \tag{8.41}$$

gegeben. Der Zustandsvektor $c\vec{T}$ des Uhrenfehlermodells beinhaltet den Uhrenfehler $c\delta t$ und die Uhrenfehlerdrift $c\delta \dot{t}$, bei dem Vektor $\vec{n}_{cT} = (n_{c\delta t}, n_{c\delta \dot{t}})^T$ handelt es sich um weißes, normalverteiltes Rauschen.

Eine Alternative zur Erweiterung des Systemmodells um ein Uhrenfehlermodell besteht darin, Differenzen der zum selben Zeitpunkt vorliegenden Pseudorange- und Deltarange-Messungen zu verarbeiten. Da jede Pseudorange- und Deltarange-Messung mit dem selben Uhrenfehler bzw. der selben Uhrenfehlerdrift behaftet ist, werden durch eine Differenzenbildung Uhrenfehler und Uhrenfehlerdrift aus den Gleichungen eliminiert. Ein Vorteil dieser Vorgehensweise besteht darin, dass eine Bestimmung der Uhrenfehlermodellparameter, d.h. der spektralen Leistungsdichte des treibenden Rauschens, nicht notwendig ist. Während ein Uhrenfehlermodell das tatsächliche Verhalten nur näherungsweise beschreibt, werden durch den Verzicht auf ein Uhrenfehlermodell natürlich auch Modellierungsfehler vermieden. Um überhaupt sinnvoll mit einem Uhrenfehlermodell arbeiten zu können, ist es notwendig, dass der Empfänger ein Driften des Uhrenfehlers zulässt und diesen nicht in jedem Zeitschritt korrigiert. Selbst wenn diese Voraussetzung gegeben ist, setzen die meisten Empfänger den Uhrenfehler von Zeit zu Zeit zurück: Genau genommen kann der in den Pseudorange-Messungen enthaltene Uhrenfehler nicht größer werden als die Periodendauer des C/A-Codes, also eine Millisekunde bzw. umgerechnet ungefähr 300 km, da eine größere Laufzeitverschiebung nicht gemessen werden kann. Übersteigt der Fehler der Empfängeruhr die Länge des C/A-Codes, ändern sich einfach die empfängerinternen Pseudorange-Mehrdeutigkeitswerte. Da das auch mit einem großen Sprung in den Pseudorange-Messungen verbunden ist, kann das jedoch mit einer einfachen Heuristik detektiert und entsprechend behandelt werden. Nachteilig bei der Differenzenbildung ist, dass die als Messwerte zu verarbeitenden Differenzen der zum selben Zeitpunkt vorliegenden Pseudoranges miteinander korreliert sind, da der selbe Pseudorange in mehrere Differenzen eingeht. Gleiches gilt natürlich auch für die Deltaranges. Diese Korrelationen können berücksichtigt werden, indem für eine Verarbeitung im Kalman-Filter alle Messwertdifferenzen zu einem Messvektor zusammengefasst werden und eine entsprechende Kovarianzmatrix $\mathbf{R}_k$ dieses Vektors bestimmt wird, die diese Korrelationen enthält. Eine sequentielle Verarbeitung der einzelnen Messwertdifferenzen ist auch möglich, falls vorher durch eine geeignete Transformation eine Dekorrelation durchgeführt wird.

Die Verarbeitung von Differenzen der zum selben Zeitpunkt vorliegenden Pseudoranges und Deltaranges wird im Folgenden nicht weiter betrachtet, Näheres ist in [38] zu finden. Betrachtungen zu Empfängeruhrenfehlermodellen sind in [18] und [26] enthalten.

Zusammenfassung der Gleichungen

Der Übersichtlichkeit halber sind in Gl. (8.52) und (8.53) die vollständigen Systemmodelle eines Loosely und eines Tightly Coupled Systems in Zustandsraumdarstellung angegeben, die Inertialsensorbiase wurden als Random-Walk-Prozesse modelliert. Die auftretenden Submatrizen können den Gl. (8.42)–(8.49) entnommen werden.

$$\mathbf{F}_{11} = \begin{pmatrix} 0 & 0 & \frac{v_{eb,n}^n}{R_n - h} \\ \frac{v_{eb,e}^n \tan\varphi}{R_n - h} & 0 & \frac{v_{eb,e}^n}{R_e - h} \\ 0 & 0 & 0 \end{pmatrix} \tag{8.42}$$

$$\mathbf{F}_{21} = [\vec{v}_{eb}^{\,n} \times] \left(2 \frac{\partial \vec{\omega}_{ie}^{\,n}}{\partial \varphi, \lambda, h} + \frac{\partial \vec{\omega}_{en}^{\,n}}{\partial \varphi, \lambda, h} \right) \frac{\partial \varphi, \lambda, h}{\partial x_n, x_e, x_d} \tag{8.43}$$

$$\mathbf{F}_{22} = -(2\boldsymbol{\Omega}_{ie}^{\,n} + \boldsymbol{\Omega}_{en}^{\,n}) + [\vec{v}_{eb}^{\,n} \times] \frac{\partial \vec{\omega}_{en}^{\,n}}{\partial \vec{v}_{eb}^{\,n}} \tag{8.44}$$

$$\mathbf{F}_{23} = -\left[\mathbf{C}_b^{\hat{n}} \vec{f}_{ib}^{\,b} \times \right] \tag{8.45}$$

$$\mathbf{F}_{31} = -\left(\frac{\partial \vec{\omega}_{ie}^{\,n}}{\partial \varphi, \lambda, h} + \frac{\partial \vec{\omega}_{en}^{\,n}}{\partial \varphi, \lambda, h} \right) \frac{\partial \varphi, \lambda, h}{\partial x_n, x_e, x_d} \tag{8.46}$$

$$\mathbf{F}_{32} = -\frac{\partial \vec{\omega}_{en}^{\,n}}{\partial \vec{v}_{eb}^{\,n}} \tag{8.47}$$

$$\mathbf{F}_{33} = -\boldsymbol{\Omega}_{in}^n \tag{8.48}$$

$$\mathbf{F}_{66} = \begin{pmatrix} 0 & 1 \\ 0 & 0 \end{pmatrix} \tag{8.49}$$

Um die Matrix $\mathbf{F}_{23}$ exakt berechnen zu können, müsste die reale specific force, $\vec{f}_{ib}^{\,b}$, bekannt sein; dies ist natürlich nicht der Fall, es steht nur eine Messung dieser Größe zur Verfügung. Analog zu Gl. (8.34) ist der Zusammenhang zwischen gemessener und realer specific force gegeben durch

$$\tilde{\vec{f}}_{ib}^{\,b} = \vec{f}_{ib}^{\,b} + \vec{b}_a + \vec{n}_a \,. \tag{8.50}$$

Eine näherungsweise Berechnung der Matrix $\mathbf{F}_{23}$ ist damit unter Verwendung von

$$\vec{f}_{ib}^{\,b} \approx \hat{\vec{f}}_{ib}^{\,b} = \tilde{\vec{f}}_{ib}^{\,b} - \hat{\vec{b}}_a \tag{8.51}$$

möglich.

Loosely Coupled System

$$
\begin{pmatrix} \Delta\vec{p} \\ \Delta\vec{v} \\ \Delta\vec{\psi} \\ \Delta\vec{b}_a \\ \Delta\vec{b}_\omega \end{pmatrix}^{\bullet} =
\begin{pmatrix}
\mathbf{F}_{11} & \mathbf{I} & \mathbf{0} & \mathbf{0} & \mathbf{0} \\
\mathbf{F}_{21} & \mathbf{F}_{22} & \mathbf{F}_{23} & -\mathbf{C}_b^{\hat{n}} & \mathbf{0} \\
\mathbf{F}_{31} & \mathbf{F}_{32} & \mathbf{F}_{33} & \mathbf{0} & -\mathbf{C}_b^{\hat{n}} \\
\mathbf{0} & \mathbf{0} & \mathbf{0} & \mathbf{0} & \mathbf{0} \\
\mathbf{0} & \mathbf{0} & \mathbf{0} & \mathbf{0} & \mathbf{0}
\end{pmatrix}
\begin{pmatrix} \Delta\vec{p} \\ \Delta\vec{v} \\ \Delta\vec{\psi} \\ \Delta\vec{b}_a \\ \Delta\vec{b}_\omega \end{pmatrix}
$$
$$
+ \begin{pmatrix}
\mathbf{0} & \mathbf{0} & \mathbf{0} & \mathbf{0} \\
-\mathbf{C}_b^{\hat{n}} & \mathbf{0} & \mathbf{0} & \mathbf{0} \\
\mathbf{0} & -\mathbf{C}_b^{\hat{n}} & \mathbf{0} & \mathbf{0} \\
\mathbf{0} & \mathbf{0} & \mathbf{I} & \mathbf{0} \\
\mathbf{0} & \mathbf{0} & \mathbf{0} & \mathbf{I}
\end{pmatrix}
\begin{pmatrix} \vec{n}_a \\ \vec{n}_\omega \\ \vec{n}_{b_a} \\ \vec{n}_{b_\omega} \end{pmatrix} \tag{8.52}
$$

Tightly Coupled System

$$
\begin{pmatrix} \Delta\vec{p} \\ \Delta\vec{v} \\ \Delta\vec{\psi} \\ \Delta\vec{b}_a \\ \Delta\vec{b}_\omega \\ \Delta c\vec{T} \end{pmatrix}^{\bullet} =
\begin{pmatrix}
\mathbf{F}_{11} & \mathbf{I} & \mathbf{0} & \mathbf{0} & \mathbf{0} & \mathbf{0} \\
\mathbf{F}_{21} & \mathbf{F}_{22} & \mathbf{F}_{23} & -\mathbf{C}_b^{\hat{n}} & \mathbf{0} & \mathbf{0} \\
\mathbf{F}_{31} & \mathbf{F}_{32} & \mathbf{F}_{33} & \mathbf{0} & -\mathbf{C}_b^{\hat{n}} & \mathbf{0} \\
\mathbf{0} & \mathbf{0} & \mathbf{0} & \mathbf{0} & \mathbf{0} & \mathbf{0} \\
\mathbf{0} & \mathbf{0} & \mathbf{0} & \mathbf{0} & \mathbf{0} & \mathbf{0} \\
\mathbf{0} & \mathbf{0} & \mathbf{0} & \mathbf{0} & \mathbf{0} & \mathbf{F}_{66}
\end{pmatrix}
\begin{pmatrix} \Delta\vec{p} \\ \Delta\vec{v} \\ \Delta\vec{\psi} \\ \Delta\vec{b}_a \\ \Delta\vec{b}_\omega \\ \Delta c\vec{T} \end{pmatrix}
$$
$$
+ \begin{pmatrix}
\mathbf{0} & \mathbf{0} & \mathbf{0} & \mathbf{0} & \mathbf{0} \\
-\mathbf{C}_b^{\hat{n}} & \mathbf{0} & \mathbf{0} & \mathbf{0} & \mathbf{0} \\
\mathbf{0} & -\mathbf{C}_b^{\hat{n}} & \mathbf{0} & \mathbf{0} & \mathbf{0} \\
\mathbf{0} & \mathbf{0} & \mathbf{I} & \mathbf{0} & \mathbf{0} \\
\mathbf{0} & \mathbf{0} & \mathbf{0} & \mathbf{I} & \mathbf{0} \\
\mathbf{0} & \mathbf{0} & \mathbf{0} & \mathbf{0} & \mathbf{I}
\end{pmatrix}
\begin{pmatrix} \vec{n}_a \\ \vec{n}_\omega \\ \vec{n}_{b_a} \\ \vec{n}_{b_\omega} \\ \vec{n}_{cT} \end{pmatrix} \tag{8.53}
$$

8.2.2 Messmodelle

Die Zusammenhänge zwischen den vom GPS-Empfänger gelieferten Messwerten und dem zu schätzenden Systemzustand sind nichtlinear. Daher muss die zur Berechnung der Kalman-Gain-Matrix und zur Anpassung der Kovarianzmatrix der Schätzfehler im Messschritt benötigte Messmatrix $\mathbf{H}_k$ durch Linearisierung der nichtlinearen Zusammenhänge gewonnen werden. Um diese Linearisierung kompakt und übersichtlich gestalten zu können, werden Regeln zur Berechnung von Ableitungen definiert.

Die Ableitung eines Skalars c nach einem Vektor $\vec{x}$ ist – hier demonstriert für einen Vektor der Dimension zwei – gegeben durch

$$\frac{\partial c}{\partial \vec{x}} = \begin{pmatrix} \frac{\partial c}{\partial x_1} & \frac{\partial c}{\partial x_2} \end{pmatrix} . \tag{8.54}$$

Die Ableitung eines Vektors $\vec{x}$ nach einem Vektor $\vec{y}$ ist gegeben durch

$$\frac{\partial \vec{x}}{\partial \vec{y}} = \begin{pmatrix} \frac{\partial x_1}{\partial y_1} & \frac{\partial x_1}{\partial y_2} \\ \frac{\partial x_2}{\partial y_1} & \frac{\partial x_2}{\partial y_2} \end{pmatrix} . \tag{8.55}$$

Diese Definitionen erlauben auch die konsistente Berechnung verketteter Ableitungen, die Kettenregel lautet hier

$$\begin{aligned}
\frac{\partial c}{\partial \vec{y}} &= \frac{\partial c}{\partial \vec{x}} \frac{\partial \vec{x}}{\partial \vec{y}} \\
&= \begin{pmatrix} \frac{\partial c}{\partial x_1} & \frac{\partial c}{\partial x_2} \end{pmatrix} \begin{pmatrix} \frac{\partial x_1}{\partial y_1} & \frac{\partial x_1}{\partial y_2} \\ \frac{\partial x_2}{\partial y_1} & \frac{\partial x_2}{\partial y_2} \end{pmatrix} \\
&= \begin{pmatrix} \frac{\partial c}{\partial x_1} \frac{\partial x_1}{\partial y_1} + \frac{\partial c}{\partial x_2} \frac{\partial x_2}{\partial y_1} & \frac{\partial c}{\partial x_1} \frac{\partial x_1}{\partial y_2} + \frac{\partial c}{\partial x_2} \frac{\partial x_2}{\partial y_2} \end{pmatrix} .
\end{aligned} \tag{8.56}$$

Beschreibt eine nichtlineare Funktion den Zusammenhang zwischen einem Messvektor der Dimension $m \times 1$ und einem Zustandsvektor der Dimension $n \times 1$, liefern diese Definitionen wie gewünscht eine Messmatrix der Dimension $m \times n$. Bei anderen, durchaus üblichen Definitionen von Ableitungen und Kettenregel ist dies nicht der Fall[4].

Positionsmessung

Das betrachtete Navigationsfilter schätzt Positionsfehler in Koordinaten des Navigationskoordinatensystems. Daher soll für die Herleitung der Messmatrix zunächst angenommen werden, dass die vom GPS-Empfänger gelieferte Positionsmessung ebenfalls im Navigationskoordinatensystem gegeben sei.

---

[4]Häufig findet man auch folgende Definitionen der Ableitungen von Skalaren bzw. Vektoren nach Vektoren: $\frac{\partial c}{\partial \vec{x}} = \begin{pmatrix} \frac{\partial c}{\partial x_1} \\ \frac{\partial c}{\partial x_2} \end{pmatrix}$, $\frac{\partial \vec{x}}{\partial \vec{y}} = \begin{pmatrix} \frac{\partial x_1}{\partial y_1} & \frac{\partial x_2}{\partial y_1} \\ \frac{\partial x_1}{\partial y_2} & \frac{\partial x_2}{\partial y_2} \end{pmatrix}$. Die Kettenregel lautet mit diesen Definitionen $\frac{\partial c}{\partial \vec{y}} = \frac{\partial \vec{x}}{\partial \vec{y}} \frac{\partial c}{\partial \vec{x}}$.

Ein GPS-Empfänger liefert die Position der GPS-Antenne, diese sei mit $\vec{r}_A^n$ bezeichnet. Das Navigationssystem schätzt die Position des gemeinsamen Ursprungs von körperfestem Koordinatensystem und Navigationskoordinatensystem, die sich von dieser Antennenposition unterscheidet. Diese Position sei mit $\vec{r}_U^n$ bezeichnet. Es wird ferner angenommen, dass die Position der GPS-Antenne im körperfesten Koordinatensystem durch einen bekannten, konstanten Vektor

$$\vec{l}^{\,b} = (l_x, l_y, l_z)^T \tag{8.57}$$

beschrieben wird, der von der im Ursprung des körperfesten Koordinatensystems befindlichen IMU zur GPS-Antenne weist. Dieser Vektor lässt sich in Koordinaten des Navigationskoordinatensystems umrechnen:

$$\vec{l}^{\,n} = (l_n, l_e, l_d)^T = \mathbf{C}_b^n \vec{l}^{\,b} \tag{8.58}$$

Damit erhält man für den Zusammenhang zwischen $\vec{r}_A^n$ und $\vec{r}_U^n$

$$\vec{r}_A^n = \vec{r}_U^n + \mathbf{C}_b^n \vec{l}^{\,b} \tag{8.59}$$

bzw. formuliert mit geschätzten Größen

$$\hat{\vec{r}}_A^n = \hat{\vec{r}}_U^n + \mathbf{C}_b^{\hat{n}} \vec{l}^{\,b} \; . \tag{8.60}$$

Damit ergibt sich

$$
\begin{aligned}
\Delta\vec{r}_A^n &= \hat{\vec{r}}_A^n - \vec{r}_A^n \\
&= \hat{\vec{r}}_U^n - \vec{r}_U^n + \mathbf{C}_b^{\hat{n}} \vec{l}^{\,b} - \left(\mathbf{I} - \mathbf{\Psi}_n^{\hat{n}} \right) \mathbf{C}_b^{\hat{n}} \vec{l}^{\,b} \\
&= \Delta\vec{r}_U^n + \mathbf{\Psi}_n^{\hat{n}} \mathbf{C}_b^{\hat{n}} \vec{l}^{\,b} \\
&= \Delta\vec{r}_U^n - \left[\mathbf{C}_b^{\hat{n}} \vec{l}^{\,b} \times \right] \vec{\psi}_n^{\hat{n}} \; .
\end{aligned}
\tag{8.61}
$$

Die Messmatrix $\mathbf{H}_{pos,k}$ des Loosely Coupled Systems ist somit gegeben durch

$$\mathbf{H}_{pos,k} = \begin{pmatrix} \mathbf{H}_{p1} & \mathbf{H}_{p2} & \mathbf{H}_{p3} & \mathbf{H}_{p4} & \mathbf{H}_{p5} \end{pmatrix} \tag{8.62}$$

mit

$$\mathbf{H}_{p1} = \mathbf{I} \tag{8.63}$$
$$\mathbf{H}_{p2} = \mathbf{0} \tag{8.64}$$
$$\mathbf{H}_{p3} = -[\hat{\vec{l}}^{\,n} \times] \tag{8.65}$$
$$\mathbf{H}_{p4} = \mathbf{0} \tag{8.66}$$
$$\mathbf{H}_{p5} = = \mathbf{0} \; . \tag{8.67}$$

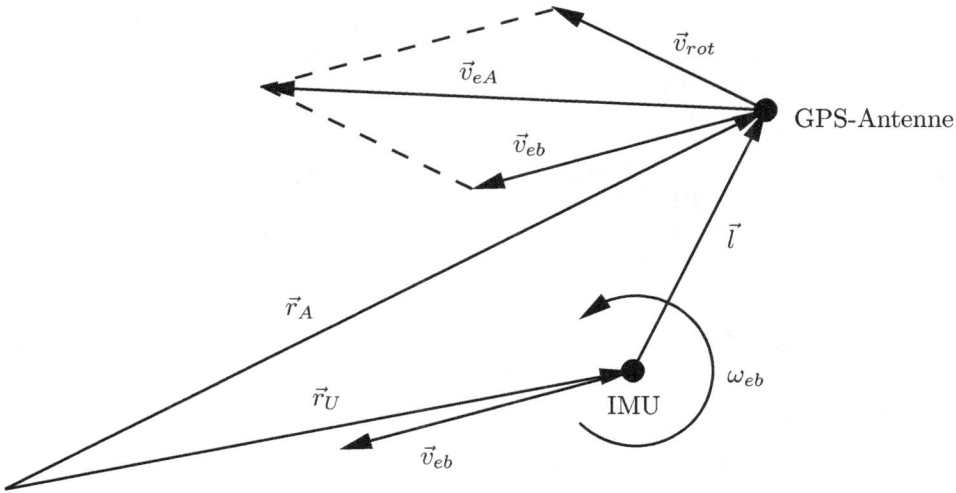

Abbildung 8.1: *Unterschiedliche Geschwindigkeiten von GPS-Antenne und IMU.*

Wie in Abschnitt 6.4 gezeigt verarbeitet ein error-state-space-Kalman-Filter als Messwert $\Delta \vec{y}_k$ die Differenz zwischen dem erwarteten Messwert $\hat{\tilde{y}}_k$, der auf der aktuellen Zustandsschätzung basiert, und der eigentlichen Messung $\tilde{y}_k$. Bei der hier gewählten Formulierung muss diese Differenz in Koordinaten des Navigationskoordinatensystems gegeben sein und die Einheit Meter besitzen. Liefert der GPS-Empfänger eine Positionsmessung in Form von Breitengrad $\tilde{\varphi}$, Längengrad $\tilde{\lambda}$ und Höhe $\tilde{h}$, so ist $\Delta \vec{y}_{pos,k}$ durch

$$\Delta \vec{y}_{pos,k} = \begin{pmatrix} (\hat{\varphi} - \tilde{\varphi}) \cdot (R_n - \hat{h}) \\ (\hat{\lambda} - \tilde{\lambda}) \cdot (R_e - \hat{h}) \cos \hat{\varphi} \\ (\hat{h} - \tilde{h}) \end{pmatrix}_k \tag{8.68}$$

gegeben. Hierbei bezeichnen $\hat{\varphi}$, $\hat{\lambda}$ und $\hat{h}$ die a-priori-Schätzungen von Breitengrad, Längengrad und Höhe.

Geschwindigkeitsmessung

Die Relativposition von GPS-Antenne und IMU muss auch bei Verarbeitung einer GPS-Geschwindigkeitsmessung berücksichtigt werden: Ändert das Fahrzeug seine Lage, haben die damit verdundenen Rotationen zur Folge, dass sich die Geschwindigkeiten von GPS-Antenne und Ursprung des körperfesten Koordinatensystems unter Umständen signifikant unterscheiden, siehe Abb. 8.1.

Die Geschwindigkeit der GPS-Antenne $\vec{v}_{eA}^{\,n}$ bezüglich des erdfesten Koordinatensystems ist in Koordinaten des Navigationskoordinatensystems gegeben durch

$$\vec{v}_{eA}^{\,n} = \vec{v}_{eb}^{\,n} + \mathbf{C}_b^n \left(\vec{\omega}_{eb}^{\,b} \times \vec{l}^{\,b} \right) \quad . \tag{8.69}$$

Die für die Relativgeschwindigkeit verantwortliche Drehrate $\vec{\omega}_{eb}^{b}$ lässt sich in die Erddrehrate und die Drehrate des körperfesten Koordinatensystems bezüglich des Inertialkoordinatensystems zerlegen:

$$\vec{\omega}_{eb}^{b} = -\vec{\omega}_{ie}^{b} + \vec{\omega}_{ib}^{b} \tag{8.70}$$

Die Drehbewegungen des Fahrzeugs können je nach Anwendung mit mehreren hundert Grad pro Sekunde stattfinden, während die Erddrehrate nur etwas mehr als fünfzehn Grad pro Stunde beträgt. Diese kann daher bei der Berücksichtigung der Relativgeschwindigkeit von GPS-Antenne und IMU im Kalman-Filter vernachlässigt werden, man erhält

$$\vec{v}_{eA}^{n} \approx \vec{v}_{eb}^{n} + \mathbf{C}_{b}^{n}\mathbf{\Omega}_{ib}^{b}\vec{l}^{b} \quad , \tag{8.71}$$

bzw. formuliert mit geschätzten Größen

$$\hat{\vec{v}}_{eA}^{n} \approx \hat{\vec{v}}_{eb}^{n} + \mathbf{C}_{b}^{\hat{n}}\hat{\mathbf{\Omega}}_{ib}^{b}\vec{l}^{b} \ . \tag{8.72}$$

Somit folgt

$$\begin{aligned}
\Delta\vec{v}_{eA}^{n} &= \hat{\vec{v}}_{eA}^{n} - \vec{v}_{eA}^{n} \\
&= \Delta\vec{v}_{eb}^{n} + \mathbf{C}_{b}^{\hat{n}}\hat{\mathbf{\Omega}}_{ib}^{b}\vec{l}^{b} - \left(\mathbf{I} - \mathbf{\Psi}_{n}^{\hat{n}}\right)\mathbf{C}_{b}^{\hat{n}}\mathbf{\Omega}_{ib}^{b}\vec{l}^{b} \\
&= \Delta\vec{v}_{eb}^{n} + \mathbf{C}_{b}^{\hat{n}}\Delta\mathbf{\Omega}_{ib}^{b}\vec{l}^{b} + \mathbf{\Psi}_{n}^{\hat{n}}\mathbf{C}_{b}^{\hat{n}}\mathbf{\Omega}_{ib}^{b}\vec{l}^{b} \\
&= \Delta\vec{v}_{eb}^{n} - \mathbf{C}_{b}^{\hat{n}}\left[\vec{l}^{b}\times\right]\Delta\vec{\omega}_{ib}^{b} - \left[\mathbf{C}_{b}^{\hat{n}}\mathbf{\Omega}_{ib}^{b}\vec{l}^{b}\times\right]\vec{\psi}_{n}^{\hat{n}} \\
&\approx \Delta\vec{v}_{eb}^{n} - \mathbf{C}_{b}^{\hat{n}}\left[\vec{l}^{b}\times\right]\Delta\vec{\omega}_{ib}^{b} - \left[\mathbf{C}_{b}^{\hat{n}}\hat{\mathbf{\Omega}}_{ib}^{b}\vec{l}^{b}\times\right]\vec{\psi}_{n}^{\hat{n}} \\
&= \Delta\vec{v}_{eb}^{n} + \mathbf{C}_{b}^{\hat{n}}\left[\vec{l}^{b}\times\right]\Delta\vec{b}_{\omega} - \left[\mathbf{C}_{b}^{\hat{n}}\hat{\mathbf{\Omega}}_{ib}^{b}\vec{l}^{b}\times\right]\vec{\psi}_{n}^{\hat{n}} \ .
\end{aligned} \tag{8.73}$$

Die in einem Loosely Coupled Systen für die Verarbeitung einer Geschwindigkeitsmessung benötigte Messmatrix $\mathbf{H}_{velo,k}$ ist daher gegeben durch

$$\mathbf{H}_{velo,k} = \begin{pmatrix} \mathbf{H}_{v1} & \mathbf{H}_{v2} & \mathbf{H}_{v3} & \mathbf{H}_{v4} & \mathbf{H}_{v5} \end{pmatrix} \tag{8.74}$$

mit

$$\mathbf{H}_{v1} = \mathbf{0} \tag{8.75}$$

$$\mathbf{H}_{v2} = \mathbf{I} \tag{8.76}$$

$$\mathbf{H}_{v3} = -\left[\mathbf{C}_{b}^{\hat{n}}\hat{\mathbf{\Omega}}_{ib}^{b}\vec{l}^{b}\times\right] \tag{8.77}$$

$$\mathbf{H}_{v4} = \mathbf{0} \tag{8.78}$$

$$\mathbf{H}_{v5} = \mathbf{C}_{b}^{\hat{n}}\left[\vec{l}^{b}\times\right] \ . \tag{8.79}$$

Die als Messwert $\Delta\vec{v}_{eA,k}^{n}$ verarbeitete Differenz zwischen dem erwarteten Messwert $\hat{\vec{v}}_{eA,k}^{n}$ und dem vorliegenden Messwert $\tilde{\vec{v}}_{eA,k}^{n}$ ist gegeben durch

$$\Delta\vec{v}_{eA,k}^{n} = \hat{\vec{v}}_{eb}^{n} + \mathbf{C}_{b}^{\hat{n}}\hat{\vec{\omega}}_{ib}^{b}\times\vec{l}^{b} - \tilde{\vec{v}}_{eA,k}^{n} \ . \tag{8.80}$$

Geringe Trajektoriendynamik

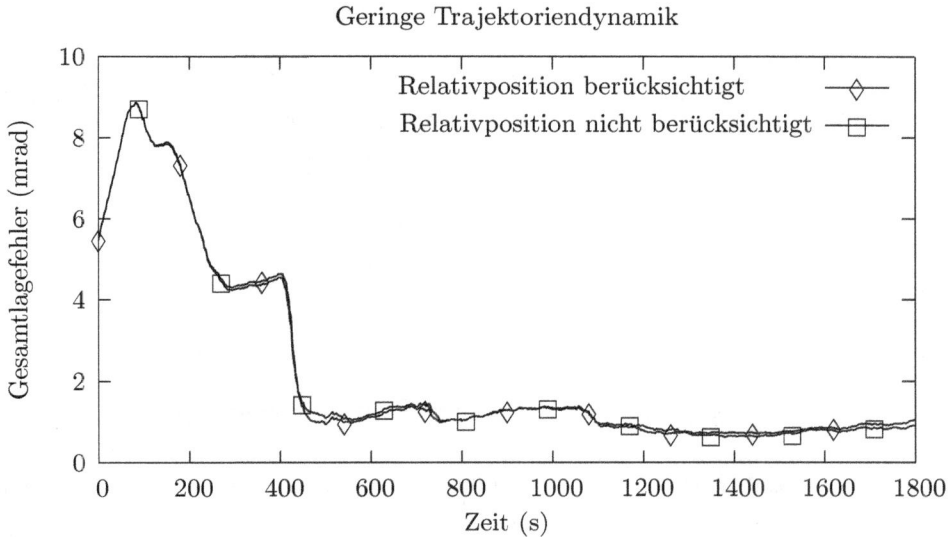

Abbildung 8.2: *Gesamtlagefehler bei Berücksichtigung bzw. Vernachlässigung der Relativposition von GPS-Antenne und IMU.*

Ob die Relativposition zwischen GPS-Antenne und IMU im Navigationsfilter berücksichtigt werden muss, hängt im Wesentlichen von der Länge des Vektors $\vec{l}^b$, der Güte der eingesetzten Sensoren und der Trajektoriendynamik ab. Dies wird in Abb. 8.2 und 8.3 illustriert, die den rms-Wert des Gesamtlagefehlers bei zehn Simulationsläufen eines integrierten GPS/INS-Navigationssystems zeigen. Der Gesamtlagefehler wurde hierbei ermittelt, indem in jedem Zeitschritt eine Drehmatrix $(\mathbf{I} + \mathbf{\Psi}_{err})$ berechnet wurde, die die Drehung von der geschätzten in die – da es sich um eine Simulation handelt, bekannte – tatsächliche Lage vermittelt. Der gezeigte Gesamtlagefehler ist durch den rms-Wert der drei in der Drehmatrix $(\mathbf{I} + \mathbf{\Psi}_{err})$ enthaltenen Winkel gegeben. Desweiteren wurde ein Abstand zwischen GPS-Antenne und IMU von fünf Metern angenommen, es wurden tactical-grade-Inertialsensoren simuliert. Bei den in Abb. 8.2 gezeigten Simulationsergebnissen lag eine geringe Trajektoriendynamik vor, die Winkelgeschwindigkeit von Drehbewegungen blieb auf wenige Grad pro Sekunde beschränkt. Man erkennt, dass sich die Vernachlässigung der Relativposition von GPS-Antenne und IMU nicht negativ auf die Lagegenauigkeit auswirkt. Bei den in Abb. 8.3 gezeigten Simulationsergebnissen erkennt man jedoch massive Unterschiede, hier wurden Drehbewegungen bis fünfzehn Grad pro Sekunde und Beschleunigungen bis zur zweieinhalbfachen Schwerebeschleunigung angenommen. Ohne Berücksichtigung der Relativposition verschlechtert sich die Lagegenauigkeit deutlich: Zum Einen wird der Anfangslagefehler durch die ersten Manöver langsamer abgebaut, zum Anderen wird auch mit fortschreitender Simulationsdauer die bei Berücksichtigung der Relativposition resultierende Genauigkeit nicht erreicht. Es ist klar, dass sich durch die Vernachlässigung der Relativposition auch

Trajektoriendynamik bis 2.5 g und 15 °/s

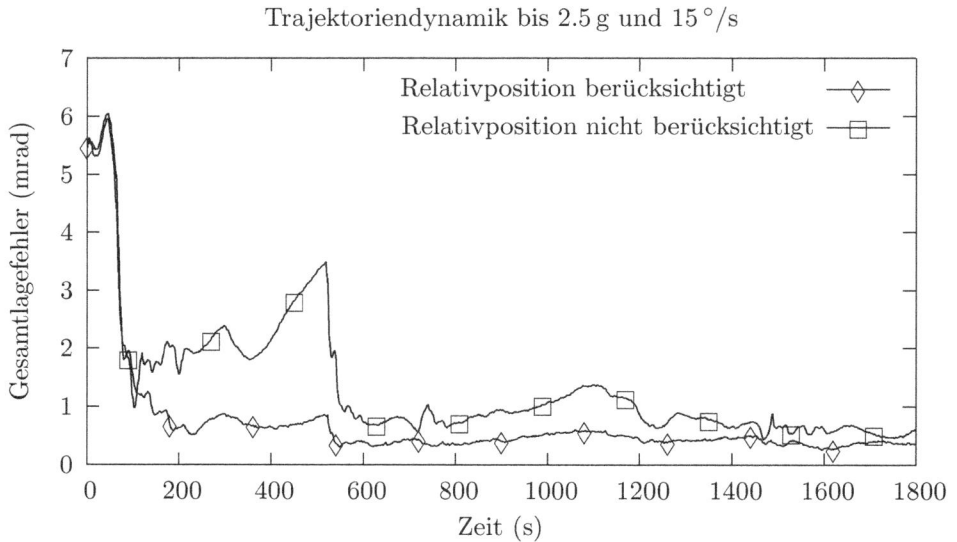

Abbildung 8.3: *Gesamtlagefehler bei Berücksichtigung bzw. Vernachlässigung der Relativposition von GPS-Antenne und IMU.*

entsprechende Positionsfehler ergeben, die Geschwindigkeit ist durch die während Drehbewegungen vorliegenden systematischen Fehler der Geschwindigkeitsmessung ebenfalls beeinträchtigt. Abschließend fällt auf, dass bei größerer Trajektoriendynamik die Lagefehler schneller abgebaut werden und eine insgesamt größere Lagegenauigkeit erzielt wird. Die Ursache dafür liegt in der Struktur des Systemmodells, dieser Aspekt wird in Abschnitt 10.1 näher betrachtet.

Pseudorange-Messung

In einem Tightly Coupled System werden GPS-Pseudorange- und Deltarange-Messungen verarbeitet. Hierbei bietet sich eine sequentielle Verarbeitung dieser Messwerte an: Jede Messung wird als skalare Einzelmessung verarbeitet, d.h. liegen zu einem Zeitpunkt n Pseudorange-Messungen vor, werden nacheinander n Messschritte durchgeführt. Die Alternative hierzu wäre, aus allen zu einem Zeitpunkt vorliegenden Messwerten einen Messwertvektor aufzubauen und diese Messwerte so in einem einzigen Messschritt zu verarbeiten. Dabei müsste jedoch eine Matrix invertiert werden, deren Dimension durch die Anzahl der vorliegenden Messwerte bestimmt ist, was durchaus kritisch und aufwändig sein kann. Außerdem müsste bei der Implementierung einer solchen Parallelverarbeitung der Messwerte die variierende – da von der Anzahl der Messwerte abhängige – Dimension der Messmatrix beachtet werden, was einen zusätzlichen Programmieraufwand bedeuten würde.

Der Zusammenhang zwischen Pseudorange ρ_i und Position der GPS-Antenne $\vec{r}_A^n$ ist gegeben durch

$$\rho_i = \sqrt{(\vec{r}_{S,i}^n - \vec{r}_A^n)^T (\vec{r}_{S,i}^n - \vec{r}_A^n)} + c\delta t \, , \qquad (8.81)$$

wobei $\vec{r}_{S,i}^n = (x_{S,i}, y_{S,i}, z_{S,i})^T$ die in das Navigationskoordinatensystem umgerechnete Satellitenposition bezeichnet, $\vec{r}_A^n = (x_A, y_A, z_A)^T$ ist die Position der GPS-Antenne. Die Messmatrix einer Pseudorange-Messung ist durch die Jacobi-Matrix der rechten Seite von Gl. (8.81) gegeben. Bereits in Abschnitt 4.3.1 wurde die Ableitung

$$\frac{\partial \rho_i}{\partial \vec{r}_A^n} = \frac{-\vec{r}_A^{n,T}}{\sqrt{(x_{S,i} - x_A)^2 + (y_{S,i} - y_A)^2 + (z_{S,i} - z_A)^2}} = -\vec{e}_{S,i}^{n,T} \qquad (8.82)$$

ermittelt. Mit Gl. (8.61) erhält man

$$\begin{aligned}
\Delta\rho_i &= \frac{\partial \rho_i}{\partial \vec{r}_A^n} \Delta \vec{r}_A^n + \frac{\partial \rho_i}{\partial c\vec{T}} \Delta c\vec{T} \\
&= -\vec{e}_{S,i}^{n,T} \left(\Delta \vec{r}_U^n - \left[\mathbf{C}_b^{\hat{n}} \vec{l}^b \times \right] \vec{\psi}_n^{\hat{n}} \right) + \frac{\partial \rho_i}{\partial c\vec{T}} \Delta c\vec{T} \, ,
\end{aligned} \qquad (8.83)$$

die gesuchte Messmatrix zur Verarbeitung einer Pseudorange-Messung ergibt sich daher zu

$$\mathbf{H}_{\rho,k} = \begin{pmatrix} \mathbf{H}_{\rho 1} & \mathbf{H}_{\rho 2} & \mathbf{H}_{\rho 3} & \mathbf{H}_{\rho 4} & \mathbf{H}_{\rho 5} & \mathbf{H}_{\rho 6} \end{pmatrix} \qquad (8.84)$$

mit

$$\mathbf{H}_{\rho 1} = -\vec{e}_{S,i}^{n,T} \qquad (8.85)$$

$$\mathbf{H}_{\rho 2} = \mathbf{0} \qquad (8.86)$$

$$\mathbf{H}_{\rho 3} = \vec{e}_{S,i}^{n,T} [\hat{\vec{l}}^n \times] \qquad (8.87)$$

$$\mathbf{H}_{\rho 4} = \mathbf{0} \qquad (8.88)$$

$$\mathbf{H}_{\rho 5} = \mathbf{0} \qquad (8.89)$$

$$\mathbf{H}_{\rho 6} = \begin{pmatrix} 1 & 0 \end{pmatrix} \qquad (8.90)$$

Die vom Filter verarbeitete Differenz zwischen erwarteter und vorliegender Pseudorange-Messung ist gegeben durch

$$\Delta\rho_i = \sqrt{\left(\vec{r}_{S,i}^n - \hat{\vec{r}}_U^n - \mathbf{C}_b^{\hat{n}} \vec{l}^b \right)^T \left(\vec{r}_{S,i}^n - \hat{\vec{r}}_U^n - \mathbf{C}_b^{\hat{n}} \vec{l}^b \right)} + c\hat{\delta}t - \tilde{\rho}_i \, . \qquad (8.91)$$

Deltarange-Messung

Die Messmatrix zur Verarbeitung einer Deltarange-Messung wird auf dem gleichen Wege wie die Messmatrix der Pseudorange-Messung bestimmt. Der Zusammenhang zwischen Deltarange $v_{rel,\vec{e}_{S,i}}$ und der Geschwindigkeit der GPS-Antenne ist gegeben durch

$$v_{rel,\vec{e}_{S,i}} = \vec{e}_{S,i}^{\,n,T} \left(\vec{v}_{eS,i}^{\,n} - \vec{v}_{eA}^{\,n} \right) + c\delta\dot{t} \,, \tag{8.92}$$

wobei $\vec{v}_{eS,i}^{\,n}$ die ins Navigationskoordinatensystem umgerechnete Satellitengeschwindigkeit bezeichnet.

Mit Gl. (8.73) erhält man

$$\begin{aligned} \Delta v_{rel,\vec{e}_{S,i}} &= \frac{\partial v_{rel,\vec{e}_{S,i}}}{\partial \vec{v}_{eA}^{\,n}} \Delta \vec{v}_{eA}^{\,n} + \frac{\partial v_{rel,\vec{e}_{S,i}}}{\partial c\vec{T}} \Delta c\vec{T} \\ &= -\vec{e}_{S,i}^{\,n,T} \left(\Delta\vec{v}_{eb}^{\,n} + \mathbf{C}_b^{\hat{n}} \left[\vec{l}^{\,b} \times \right] \Delta\vec{b}_\omega - \left[\mathbf{C}_b^{\hat{n}} \hat{\boldsymbol{\Omega}}_{ib}^{\,b} \vec{l}^{\,b} \times \right] \vec{\psi}_n^{\hat{n}} \right) \\ &\quad + \frac{\partial v_{rel,\vec{e}_{S,i}}}{\partial c\vec{T}} \Delta c\vec{T} \,, \end{aligned} \tag{8.93}$$

die gesuchte Messmatrix zur Verarbeitung einer Deltarange-Messung ergibt sich daher zu

$$\mathbf{H}_{dr,k} = \begin{pmatrix} \mathbf{H}_{dr1} & \mathbf{H}_{dr2} & \mathbf{H}_{dr3} & \mathbf{H}_{dr4} & \mathbf{H}_{dr5} & \mathbf{H}_{dr6} \end{pmatrix} \tag{8.94}$$

mit

$$\mathbf{H}_{dr1} = \mathbf{0} \tag{8.95}$$

$$\mathbf{H}_{dr2} = -\vec{e}_{S,i}^{\,n,T} \tag{8.96}$$

$$\mathbf{H}_{dr3} = \vec{e}_{S,i}^{\,n,T} \cdot \left[\mathbf{C}_b^{\hat{n}} \hat{\boldsymbol{\Omega}}_{ib}^{\,b} \vec{l}^{\,b} \times \right] \tag{8.97}$$

$$\mathbf{H}_{dr4} = \mathbf{0} \tag{8.98}$$

$$\mathbf{H}_{dr5} = -\vec{e}_{S,i}^{\,n,T} \cdot \mathbf{C}_b^{\hat{n}} [\vec{l}^{\,b} \times] \tag{8.99}$$

$$\mathbf{H}_{dr6} = \begin{pmatrix} 0 & 1 \end{pmatrix} \,. \tag{8.100}$$

Die vom Filter verarbeitete Differenz zwischen erwarteter und vorliegender Deltarange-Messung ist gegeben durch

$$\Delta v_{dr} = \vec{e}_{S,i}^{\,n,T} \left(\vec{v}_{eS,i}^{\,n} - \hat{\vec{v}}_{eb}^{\,n} - \mathbf{C}_b^{\hat{n}} \hat{\boldsymbol{\Omega}}_{ib}^{\,b} \vec{l}^{\,b} \right) + c\hat{\delta\dot{t}} - \tilde{v}_{rel,\vec{e}_{S,i}} \,. \tag{8.101}$$

8.2.3   Korrektur der totalen Größen

Nachdem die zu einem Zeitpunkt vorliegenden Messwerte verarbeitet wurden, enthält der Zustandsvektor des Kalman-Filters die geschätzten Fehler der Navigationslösung, der angenommenen Inertialsensorbiase und, im Falle eines Tightly Coupled Systems, des

Uhrenfehlers und der Uhrenfehlerdrift. Die totalen Größen werden daher nach jedem Messschritt mit Hilfe dieser geschätzten Fehler korrigiert.

Die Gleichungen für die Korrektur der Position sind gegeben durch

$$\hat{\varphi}^+ = \hat{\varphi}^- - \frac{\Delta\hat{x}_n^+}{R_n - \hat{h}^-} \tag{8.102}$$

$$\hat{\lambda}^+ = \hat{\lambda}^- - \frac{\Delta\hat{x}_e^+}{(R_e - \hat{h}^-)\cos\hat{\varphi}^-} \tag{8.103}$$

$$\hat{h}^+ = \hat{h}^- - \Delta\hat{x}_d^+ \;, \tag{8.104}$$

die Korrektur der Geschwindigkeit erfolgt gemäß

$$\hat{\vec{v}}_{eb}^{\,n,+} = \hat{\vec{v}}_{eb}^{\,n,-} - \Delta\hat{\vec{v}}_{eb}^{\,n,+} \;. \tag{8.105}$$

Zur Korrektur der Lage wird aus den geschätzten Lagefehlern ein Korrekturquaternion $\mathbf{q}_c$ berechnet und mit dem a-priori-Lagequaternion multipliziert. Hierbei bietet es sich ebenfalls an, die Reihenentwicklungen der trigonometrischen Funktionen zu verwenden, um eine Division durch Null ausschließen zu können. Diese würde bei $\Delta\hat{\vec{\psi}} = \vec{0}$ auftreten, falls die Funktion $\mathrm{si}(x)$ einfach als $\mathrm{si}(x) = \sin(x)/x$ implementiert würde. Die Korrektur des Lagequaternions ist somit durch die Gleichungen

$$\vec{\sigma}_c = -\Delta\hat{\vec{\psi}} \tag{8.106}$$

$$\sigma_c = \sqrt{\vec{\sigma}_c^T \vec{\sigma}_c} \tag{8.107}$$

$$\mathbf{q}_c = \begin{pmatrix} \cos\frac{\sigma_c}{2} \\ \frac{\vec{\sigma}_c}{\sigma_c}\sin\frac{\sigma_c}{2} \end{pmatrix} \approx \begin{pmatrix} 1 - \frac{1}{8}\sigma_c^2 + \frac{1}{384}\sigma_c^4 + \frac{1}{46080}\sigma_c^6 + \cdots \\ \vec{\sigma}_c\,(\frac{1}{2} - \frac{1}{48}\sigma_c^2 + \frac{1}{3840}\sigma_c^4 - \frac{1}{645120}\sigma_c^6 + \cdots) \end{pmatrix} \tag{8.108}$$

$$\hat{\mathbf{q}}_b^{n,+} = \mathbf{q}_c \bullet \hat{\mathbf{q}}_b^{n,-} \tag{8.109}$$

gegeben.

Die Korrektur der Inertialsensorbiase, des Uhrenfehlers und der Uhrenfehlerdrift erfolgt gemäß

$$\hat{\vec{b}}_a^+ = \hat{\vec{b}}_a^- - \Delta\hat{\vec{b}}_a^+ \tag{8.110}$$

$$\hat{\vec{b}}_\omega^+ = \hat{\vec{b}}_\omega^- - \Delta\hat{\vec{b}}_\omega^+ \tag{8.111}$$

$$c\hat{\delta t}^+ = c\hat{\delta t}^- - \Delta c\hat{\delta t}^+ \tag{8.112}$$

$$c\hat{\dot{\delta t}}^+ = c\hat{\dot{\delta t}}^- - \Delta c\hat{\dot{\delta t}}^+ \;. \tag{8.113}$$

Nachdem die totalen Größen mit Hilfe der geschätzten Fehler korrigiert wurden, müssen die geschätzten Fehler, d.h. der Zustandsvektor des Kalman-Filters, zu Null gesetzt werden:

$$\Delta\vec{x} = \vec{0} \tag{8.114}$$

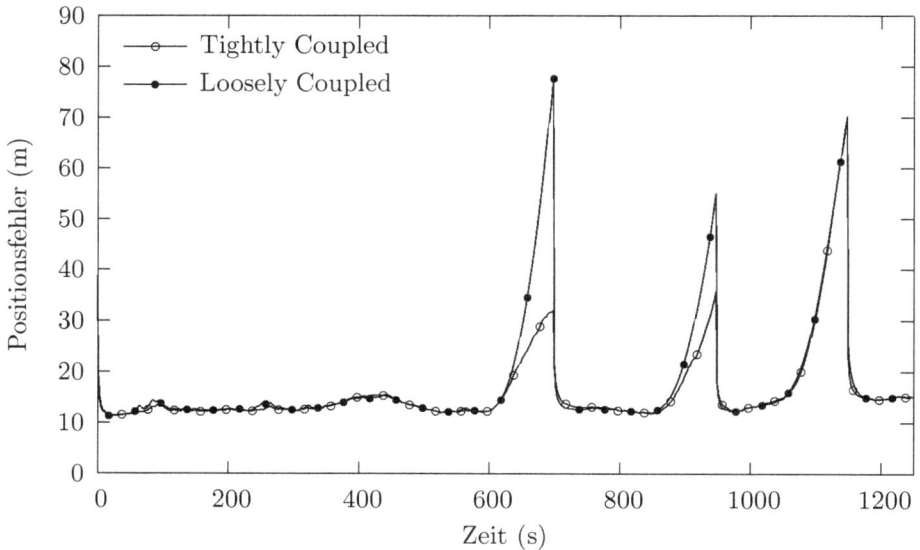

Abbildung 8.4: *Mittlere Positionsfehler bei 50 Simulationsläufen.*

Würde dieses Rücksetzen des Zustandsvektors versäumt, würden die geschätzten Fehler nach dem nächsten Zeitschritt erneut zur Korrektur der totalen Größen herangezogen, was natürlich algorithmisch nicht korrekt wäre.

8.2.4 Vergleich von Loosely Coupled und Tightly Coupled Systemen

Bereits in den neunziger Jahren wurden die ersten Vergleiche von Loosely Coupled und Tightly Coupled GPS/INS-Systemen veröffentlicht, siehe [83],[82], die Vorteile von Tightly Coupled Systemen aufzeigten. Dennoch wird auch heute noch häufig eine Verarbeitung von GPS-Positions- und Geschwindigkeitsmessungen vorgezogen, meist um den für die Verarbeitung von Pseudoranges und Deltaranges nötigen Entwicklungsaufwand zu umgehen.

Im Folgenden soll die Leistungsfähigkeit der beiden Integrationsansätze anhand von numerischen Simulationen verglichen werden. Um eine realistische Konstellation zu garantieren, wurden die Satellitenbahnen anhand von realen Almanach-Daten simuliert. Es wurde eine Vibrationsumgebung angenommen, wie sie z.B. bei manchen Flugkörpern anzutreffen ist. Diese wirkte sich natürlich negativ auf die Inertialnavigation aus, die basierend auf den Parametern einer typischen tactical-grade-IMU simuliert wurde.

Zunächst wurde ein Szenario betrachtet, bei dem von 600 Sekunden bis 700 Sekunden nach Simulationsbeginn drei Satelliten und von 850 Sekunden bis 950 Sekunden zwei Satelliten sichtbar waren. Von 1050 Sekunden bis 1150 Sekunden lagen nur von

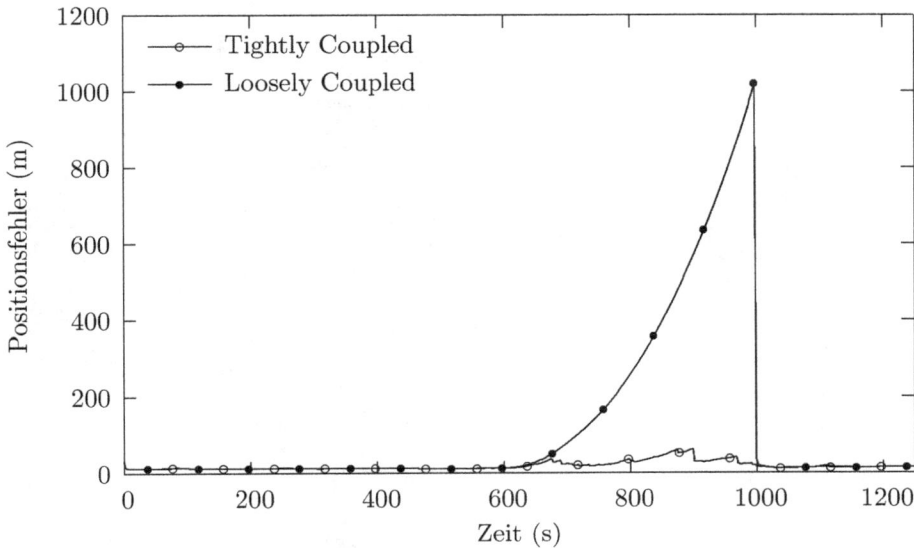

Abbildung 8.5: *Mittlere Positionsfehler bei 50 Simulationsläufen. Während unvollständiger Konstellationen zwischen 600 und 1000 Sekunden wurde zu jedem Zeitpunkt nur ein Satellitensignal empfangen, der sichtbare Satellit wechselte jedoch mehrmals.*

einem Satelliten Pseudorange- und Deltarange-Messungen vor. Zu allen anderen Zeitpunkten waren vier oder mehr Satelliten verfügbar. Abb. 8.4 zeigt die rms-Werte der während fünfzig Simulationsläufen aufgetretenen Positionsfehler. Bei vier oder mehr sichtbaren Satelliten liefern Loosely Coupled und Tightly Coupled Systeme praktisch identische Ergebnisse[5]. Bei weniger als vier sichtbaren Satelliten wachsen die Navigationsfehler des Loosely Coupled Systems entsprechen der Inertialnavigationsperformance an, das Tightly Coupled System profitiert von der Stützung durch die Pseudorange- und Deltarange-Messungen zu den verbliebenen Satelliten. Bei nur einem sichtbaren Satellit ist hier kein Vorteil mehr zu erkennen, diese Feststellung lässt sich jedoch nicht verallgemeinern. Die Performance des Tightly Coupled Systems hängt bei weniger als vier sichtbaren Satelliten unter anderem von der Güte der Empfängeruhr und von der Satellitenkonstellation ab. Während bei den in Abb. 8.4 gezeigten Simulationsergebnissen bei unvollständigen Konstellationen keine Satellitenwechsel vorlagen, wurde bei den in Abb. 8.5 gezeigten Simulationsergebnissen angenommen, dass in der Zeit von 600 Sekunden bis 1000 Sekunden zwar zu jedem Zeitpunkt nur ein Satellit sichtbar ist, dass der sichtbare Satellit jedoch mehrmals wechselt. Solche oder ähnliche Situationen sind in Stadtgebieten nicht ungewöhnlich, hier schränken Gebäude die Sicht auf die GPS-Satelliten massiv ein. Die Richtung der befahrenen Straße beeinflusst so, welche Satelliten sichtbar sind. Ändert sich z.B. aufgrund eines Abbiegevorganges die Him-

---

[5] Das setzt voraus, dass ungefilterte Positions- und Geschwindigkeitsmessungen sowie Informationen bezüglich der Güte der Messwerte vom GPS-Empfänger zur Verfügung gestellt werden.

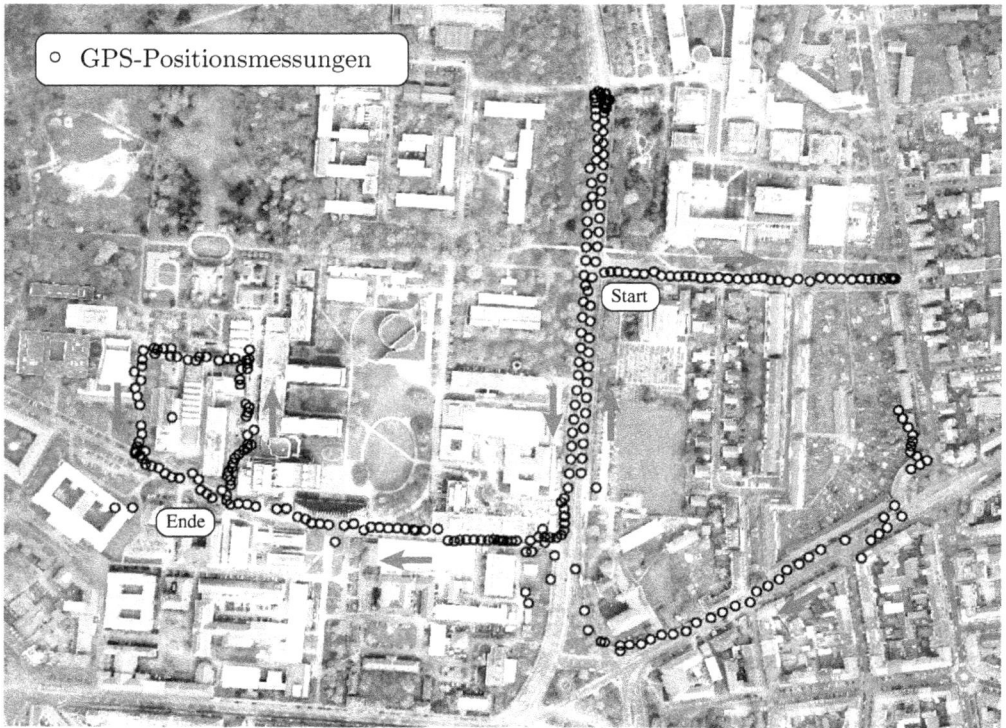

Abbildung 8.6: *GPS-Positionsmessungen während der Testfahrt. Kartengrundlage: ©Stadt Karlsruhe, Vermessung, Liegenschaften, Wohnen.*

melsrichtung der befahrenen Straße, ändern sich häufig auch die sichtbaren Satelliten: Bisher sichtbare Satelliten werden durch Gebäude verdeckt, bisher verdeckte Satelliten werden sichtbar.

Man erkennt in Abb. 8.5, dass das Tightly Coupled System in einem solchen Szenario noch eine brauchbare Positionsgenauigkeit aufrechterhalten kann, während die Navigationsfehler des Loosely Coupled Systems aufgrund der fehlenden Stützung unbeschränkt anwachsen.

Ein ähnliches Verhalten wie bei den in Abb. 8.4 und Abb. 8.5 gezeigten Positionsfehlern ist auch für die Geschwindigkeits- und Lagefehler zu beobachten.

Die in den numerischen Simulationen beobachteten Eigenschaften von Loosely Coupled und Tightly Coupled Systemen konnten auch experimentell bestätigt werden, die Ergebnisse einer Testfahrt sind in Abb. 8.6 bis Abb. 8.8 dargestellt. Hierbei wurden während der Testfahrt die Daten aller Navigationssensoren aufgezeichnet und anschließend offline mit den verschiedenen Navigationsalgorithmen verarbeitet. Dadurch wurde sichergestellt, dass beide Navigationssystemarchitekturen identische Sensordaten erhal-

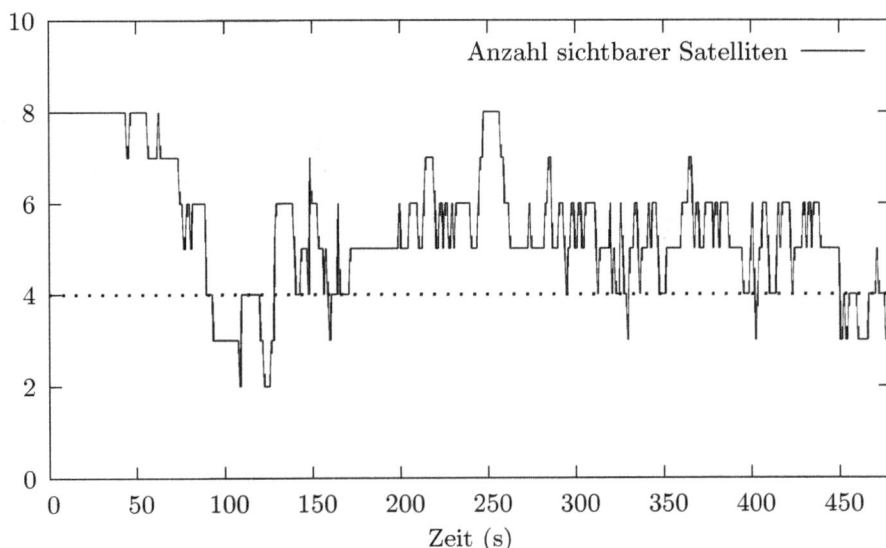

Abbildung 8.7: Anzahl der sichtbaren Satelliten während der Testfahrt.

ten, was die Vergleichbarkeit der Ergebnisse garantiert.

Abb. 8.6 zeigt die vom GPS-Empfänger gelieferten Positionsmessungen. Man erkennt im rechten Teil des Bildes eine große Lücke in den GPS-Positionsmessungen, hier wurden so viele Satelliten durch die umstehenden Gebäude abgeschattet, dass der GPS-Empfänger keine Positions- und Geschwindigkeitsmessungen mehr liefern konnte. Dies wird durch Abb. 8.7 bestätigt, die die Anzahl der verfügbaren Satelliten zeigt: Im Bereich zwischen 80 und 130 Sekunden sank die Anzahl der sichtbaren Satelliten teilweise dauerhaft auf unter vier.

Abb. 8.8 zeigt die Positionslösungen eines Loosely Coupled und eines Tightly Coupled Systems, die durch Fusion der GPS-Daten mit den Daten einer low-cost-MEMS-IMU erzielt wurden. Größtenteils liefern beide Systeme praktisch identische Ergebnisse. In dem angesprochenen Teilstück mit weniger als vier sichtbaren Satelliten wachsen die Positionsfehler des Loosely Coupled Systems jedoch – nicht zuletzt aufgrund der geringen Güte der MEMS-IMU – schnell an, während die Stützung mit den Pseudorange- und Deltarange-Messungen zu den verbleibenden Satelliten bei dem Tightly Coupled System eine gute Positionsgenauigkeit aufrecht erhält.

8.3 Nutzung von Trägerphasenmessungen

Bei Anwendungen, bei denen eine hochgenaue Positionsbestimmung im Vordergrund steht, werden GPS-Trägerphasenmessungen genutzt. Die Messgleichung einer Träger-

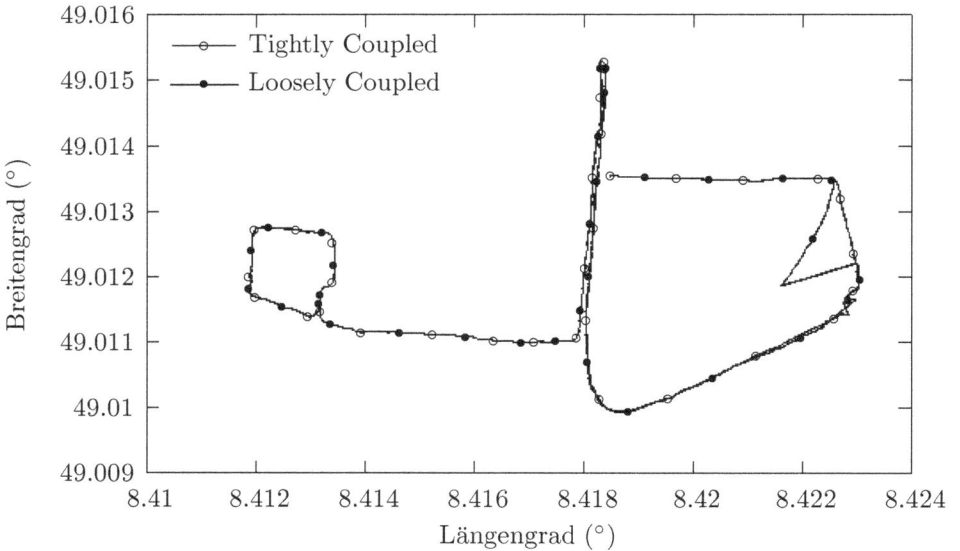

Abbildung 8.8: *Positionslösung eines Loosely Coupled und eines Tightly Coupled Systems basierend auf den während einer Testfahrt aufgezeichneten Navigationssensordaten.*

phasenmessung kann wie folgt formuliert werden:

$$(\tilde{\varphi}_k + N)\lambda_c = |\vec{r}_{S,k} - \vec{r}_{A,k}| + c\delta t_k + e_{cm,k} + e_{mp,k} + n_k \ , \qquad (8.115)$$

siehe auch Abschnitt 4.3.2. Hierbei bezeichnet $e_{cm,k}$ die Common-Mode-Fehler, $e_{mp,k}$ sind durch Mehrwegeausbreitung verursachte Fehler und n_k ist ein weiterer Rauschterm, der als weiß angenommen werden kann. Während die Common-Mode-Fehler einer Trägerphasenmessung in der gleichen Größenordnung wie bei einer Pseudorange-Messung liegen, können die durch Mehrwegeausbreitung verursachten Fehler ein Viertel der Wellenlänge, beim C/A-Code also ungefähr fünf Zentimeter, nicht übersteigen, siehe [53]. Bei einer Pseudorange-Messung hingegen kann der durch Mehrwegeausbreitung verursachte Fehler leicht mehrere Meter betragen. Das Messrauschen n_k schließlich bewegt sich bei einer Trägerphasenmessung im Millimeterbereich, bei einer Pseudorange-Messung ist selbst bei hochwertigen Empfängern mit einigen Dezimetern zu rechnen. Werden nun die Common-Mode-Fehler mit Hilfe einer DGPS-Basisstation eliminiert, verbleibt je nach Mehrwegeausbreitung bei einer Pseudorange-Messung ein Fehlerbudget von einigen Dezimetern bis wenigen Metern, bei einer Trägerphasenmessung liegt der Restfehler in der Größenordnung einiger Millimeter bis weniger Zentimeter.

Auch wenn die Common-Mode-Fehler mit Hilfe einer DGPS-Basisstation eliminiert werden, verhindert der unbekannte Trägerphasenmehrdeutigkeitswert N, dass von der größeren Präzision der Trägerphasenmessung bei der Positionsbestimmung direkt profitiert werden kann. Die üblichen Ansätze zur Nutzung von Trägerphasenmessungen versuchen

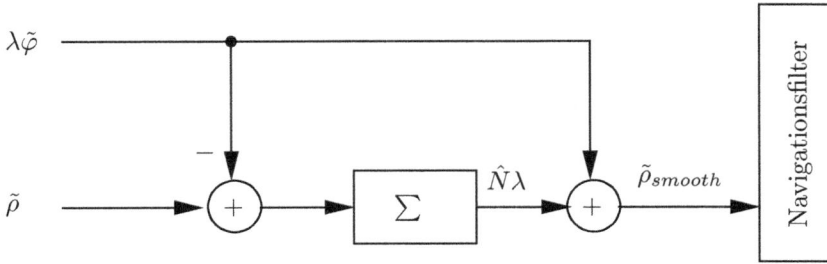

Abbildung 8.9: *Carrier Aided Smoothing.*

daher, diesen unbekannten Trägerphasenmehrdeutigkeitswert zu schätzen. Der einfach-ste Ansatz hierzu ist als Carrier Aided Smoothing bekannt.

8.3.1 Carrier Aided Smoothing

Subtrahiert man Gl. (8.115) von der Messgleichung einer Pseudorange-Messung,

$$\tilde{\rho}_k = |\vec{r}_{S,k} - \vec{r}_{A,k}| + c\delta t_k + e_{\rho k} , \tag{8.116}$$

so ergibt sich

$$\tilde{\rho}_k - \lambda_c \tilde{\varphi}_k = N\lambda_c + e_{\rho,k} - e_{\varphi,k} . \tag{8.117}$$

Anhand der Differenz $\tilde{\rho}_k - \lambda_c\tilde{\varphi}_k$ kann folglich der Trägerphasenmehrdeutigkeitswert geschätzt werden. Um den Einfluss des Rauschens von Pseudorange- und Trägerpha-senmessung zu minimieren, werden alle bis zum aktuellen Zeitpunkt vorliegenden Mes-sungen zur Bestimmung des Mehrdeutigkeitswertes herangezogen:

$$\hat{N}_k \lambda_c = \frac{1}{k} \sum_{l=1}^{k} \tilde{\rho}_l - \lambda_c\tilde{\varphi}_l \tag{8.118}$$

Addiert man den geschätzten Mehrdeutigkeitswert zur aktuellen Trägerphasenmessung, so ergibt sich eine Messgröße

$$\tilde{\rho}_{smooth,k} = \lambda_c\tilde{\varphi}_k + \hat{N}_k\lambda_c = |\vec{r}_{S,k} - \vec{r}_{A,k}| + c\delta t_k + e_{mp,k} + n_k + e_N , \tag{8.119}$$

die analog einer Pseudorange-Messung im Navigationsfilter verarbeitet werden kann.

Nachteilig bei dieser Vorgehensweise ist, dass die Schätzung der Trägerphasenmehrdeu-tigkeitswerte unabhängig voneinander erfolgt. Die Schätzung des Mehrdeutigkeitswertes eines Satelliten profitiert nicht von anderen, bereits geschätzten Mehrdeutigkeitswerten und der daraus resultierenden Positionsgenauigkeit.

Das Grundprinzip des Carrier Aided Smoothing ist in Abb. 8.9 nochmals schematisch dargestellt, detailliertere Betrachtungen sind in [51] und [18] zu finden.

8.3.2 Festlegung der Trägerphasenmehrdeutigkeitswerte

Die angesprochenen Nachteile des Carrier Aided Smoothing können umgangen werden, wenn die unbekannten Trägerphasenmehrdeutigkeitswerte in das Systemmodell des Navigationsfilters aufgenommen werden. Es ergibt sich ein erweitertes Systemmodell der Form

$$
\begin{pmatrix} \Delta\vec{x} \\ \Delta N_1 \\ \Delta N_2 \\ \vdots \end{pmatrix}^{\bullet} = \begin{pmatrix} \mathbf{F} & \mathbf{0} & \mathbf{0} & \dots \\ \mathbf{0} & \mathbf{0} & \mathbf{0} & \dots \\ \mathbf{0} & \mathbf{0} & \mathbf{0} & \dots \\ \vdots & \vdots & \vdots & \ddots \end{pmatrix} \begin{pmatrix} \Delta\vec{x} \\ \Delta N_1 \\ \Delta N_2 \\ \vdots \end{pmatrix} + \begin{pmatrix} \mathbf{G} \\ \mathbf{0} \\ \mathbf{0} \\ \vdots \end{pmatrix} \vec{w} \, ,
\tag{8.120}
$$

das neben der Verarbeitung von Pseudorange-Messungen die direkte Verarbeitung von Trägerphasenmessungen erlaubt. Der Vorteil dieser Vorgehensweise besteht darin, dass z.B. bei Konstellationsänderungen die Schätzung des Mehrdeutigkeitswertes eines neu hinzu gekommenen Satelliten von den bereits geschätzten Mehrdeutigkeitswerten anderer Satelliten profitiert. Nachteilig ist der mit der Erweiterung des Zustandsvektors verbundene, größere Rechenaufwand. In der Regel wird man den Zustandsvektor nur um die Mehrdeutigkeitswerte der gerade sichtbaren Satelliten erweitern, das verursacht jedoch einen größeren Aufwand bei der Implementierung, da die Dimension des Systemmodells variiert, Zustände hinzugefügt und entfernt werden müssen.

Die Trägerphasenmehrdeutigkeitswerte sind ganzzahlige Werte, das Kalman-Filter schätzt jedoch Gleitkommazahlen, man spricht hier auch von Float Ambiguities. Die größtmögliche Positionsgenauigkeit kann nur erreicht werden, wenn die geschätzten Mehrdeutigkeitswerte auf ganze Zahlen festgelegt werden können. Dies ist nur möglich, wenn mit sogenannten Doppeldifferenzen gearbeitet wird. Das bedeutet, dass neben den Differenzen der Messungen von DGPS-Basisstation und dem betreffenden GPS-Empfänger noch zusätzlich Differenzen zwischen den zu einem Zeitpunkt vorliegenden Messungen gebildet werden. Da alle diese Messungen mit dem gleichen Empfängeruhrenfehler behaftet sind, wird auf diese Weise der Empfängeruhrenfehler aus den Gleichungen eliminiert. Dadurch entfällt auch die Notwendigkeit, das Systemmodell um den Empfängeruhrenfehler zu erweitern, andererseits resultieren Kreuzkorrelationen, die bei der Verarbeitung der Doppeldifferenzen im Navigationsfilter beachtet werden müssen. Die eigentliche Festlegung der vom Filter geschätzten Mehrdeutigkeitswerte auf ganzzahlige Werte kann z.B. mit der LAMBDA-Methode erfolgen, die diese Gleitkommaschätzungen sowie die Kovarianzmatrix des Schätzfehlers des Kalman-Filters als Eingangsgrößen erhält. Details zur LAMBDA-Methode sind in [58] zu finden; Systeme die auf der beschriebenen Vorgehensweise beruhen, werden in [27] und [108] vorgestellt.

Relevanz der DGPS-Korrekturdaten

Selbst wenn nicht versucht wird, die Trägerphasenmehrdeutigkeitswerte auf ganze Zahlen festzulegen, kann auf die Verwendung von Korrekturdaten einer DGPS-Basisstation bei den angesprochenen Verfahren nicht verzichtet werden. Dies soll im Folgenden anhand der Ergebnisse eines Hardware-in-the-Loop-Tests illustriert werden.

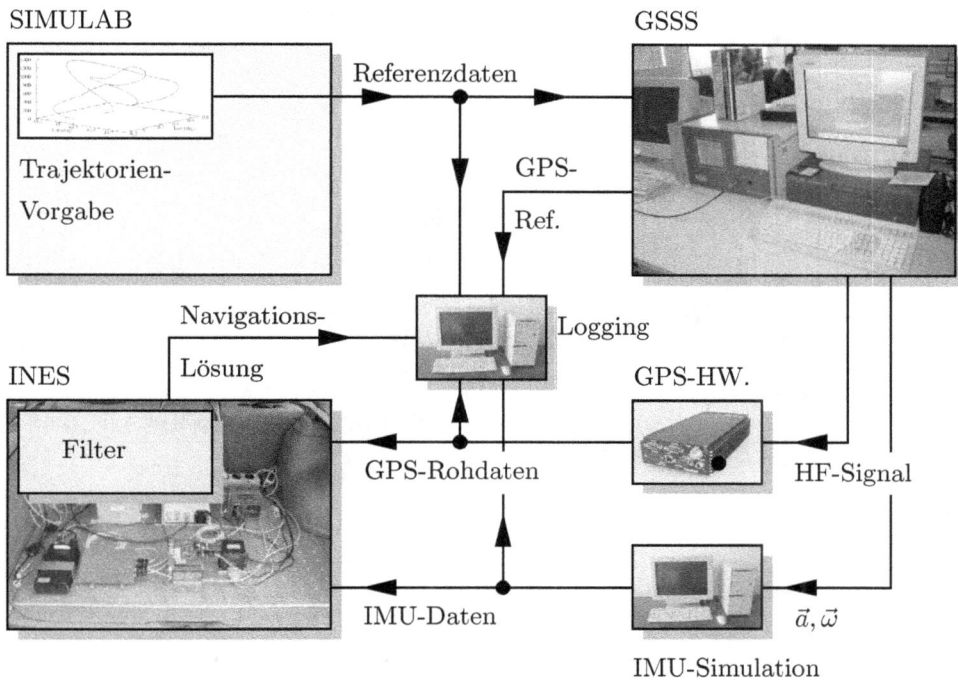

Abbildung 8.10: *Vereinfachtes Blockdiagramm des Hardware-in-the-Loop-Testsystems.*

Hierzu wurde das in Abb. 8.10 schematisch dargestellte HIL-Testsystem verwendet. Dieses System erlaubt es, beliebige Fahrzeugtrajektorien vorzugeben, die einem GPS Space Segment Simulator (GSSS) zur Verfügung gestellt werden. Dieser Space Segment Simulator erzeugt die HF-Signale, die ein GPS-Empfänger in diesem Szenario von der GPS-Antenne erhalten würde. Die Messungen des GPS-Empfängers wiederum werden an einen Navigationscomputer weiter gegeben. Gleichzeitig werden anhand der Trajektorieninformationen unter Verwendung entsprechender Inertialsensorfehlermodelle realistische IMU-Daten erzeugt, die ebenfalls dem Navigationscomputer zur Verfügung gestellt werden. Dieser errechnet in Echtzeit eine Navigationslösung, die mit der vorgegebenen Trajektorie verglichen wird. Dadurch können die Fehler der Navigationslösung explizit berechnet werden, was bei einer Testfahrt oder einem Testflug aufgrund der fehlenden Referenz nicht möglich ist. Ein weiterer Vorteil eines HIL-Tests ist dessen Wiederholbarkeit, so können z.B. die Auswirkungen algorithmischer Änderungen im Navigationssystem unter definierten Bedingungen analysiert werden. Darüber hinaus erlaubt die synthetische Generierung der Inertialsensordaten, die in der Applikation erwartete Vibrationsumgebung nachzubilden. Die Verwendung eines rea-

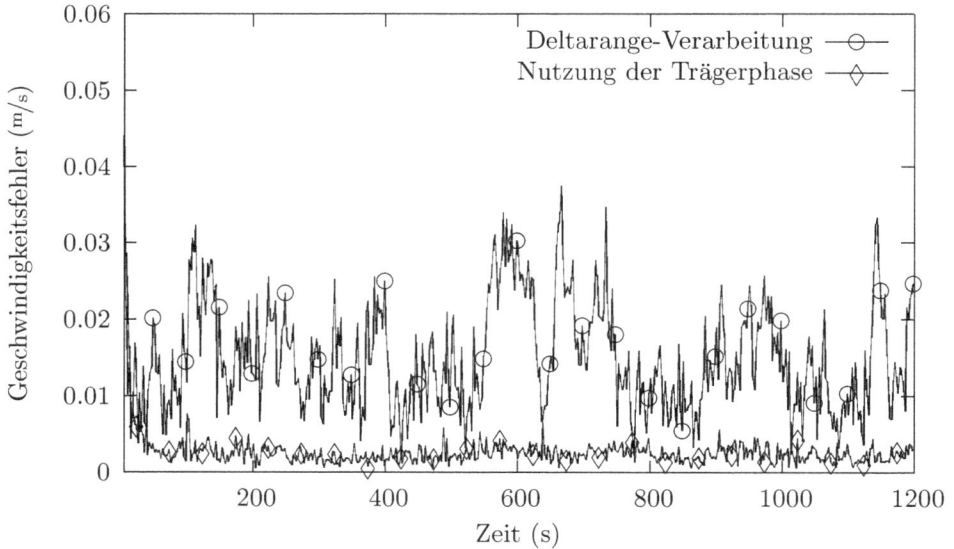

Abbildung 8.11: *Geschwindigkeitsfehler bei Deltarange-Verarbeitung und bei Schätzung der Trägerphasenmehrdeutigkeitswerte, mit Simulation von DGPS-Korrekturdaten.*

len GPS-Empfängers ist jedoch von entscheidender Bedeutung, da sich das Verhalten verschiedener GPS-Empfänger unter Umständen deutlich unterscheidet. Beispiele hierfür sind die Re-Akquisition nach Abschattungen von Satelliten oder das Tracking bei größerer Trajektoriendynamik. Diese Eigenschaften des Empfängers werden von den Empfängerherstellern in der Regel nicht beschrieben.

Mit diesem HIL-Testsystem wurde ein Tightly Coupled GPS/INS-System, das Pseudorange- und Deltarange-Messungen verarbeitet, mit einem System, das Pseudorange- und Trägerphasenmessungen verarbeitet, verglichen. Zur Verarbeitung der Trägerphasenmessungen wurde der Zustandsvektor des Navigationsfilters wie im vorigen Abschnitt beschrieben um die Trägerphasenmehrdeutigkeitswerte erweitert. Abb. 8.11 zeigt exemplarisch die Geschwindigkeitsgenauigkeit, die mit diesen beiden Verfahren bei vorhandenen DGPS-Korrekturdaten erzielt werden kann. Die DGPS-Korrekturdaten wurden dabei simuliert, indem die Fehlermodelle des Space Segment Simulators für Ionosphäre und Ephemeriden abgeschaltet wurden. Offensichtlich führt die Nutzung der Trägerphase zu einer deutlichen Steigerung der – bei dem eingesetzten, hochwertigen Empfänger ohnehin schon beeindruckenden – Geschwindigkeitsgenauigkeit. Die hier nicht gezeigte Positionslösung ist ebenfalls deutlich rauschärmer. Fehlen jedoch die DGPS-Korrekturdaten, erhält man die in Abb. 8.12 dargestellten Ergebnisse. Das angesprochene Verfahren zur Nutzung der Trägerphase liefert hier schlechtere Ergebnisse als die Stützung mit Deltarange-Messungen.

Im Folgenden soll daher ein Verfahren vorgestellt werden, mit dem auch ohne Korrek-

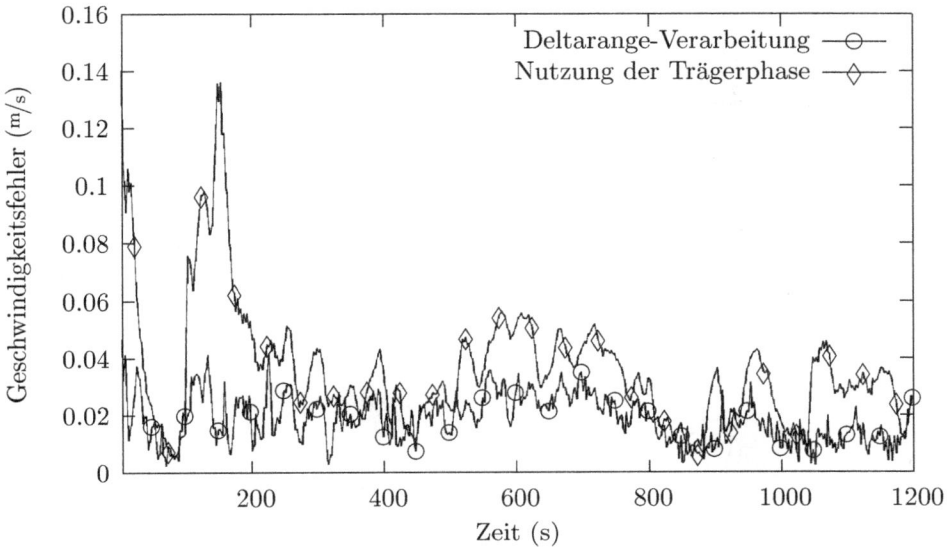

Abbildung 8.12: *Geschwindigkeitsfehler bei Deltarange-Verarbeitung und bei Schätzung der Trägerphasenmehrdeutigkeitswerte, ohne DGPS-Korrekturdaten.*

turdaten einer DGPS-Basisstation die Trägerphasenmessungen nutzbringend eingesetzt werden können.

8.3.3 Zeitlich differenzierte Trägerphasenmessungen

Bei den mit Hilfe von DGPS-Korrekturdaten eliminierbaren Common-Mode-Fehlern handelt es sich im Wesentlichen um atmosphärische Fehler und Ephemeridenfehler. Diese Fehler können daher als langsam veränderlich angesehen werden, d.h. man kann davon ausgehen, das bei zwei aufeinanderfolgenden Trägerphasenmessungen diese Fehlerterme nahezu identisch sind. Daher können durch die Bildung zeitlicher Differenzen der Trägerphasenmessungen diese Fehler fast vollständig beseitigt werden. Eine einzelne Trägerphasenmessung stellt eine – mit einem aufgrund der Trägerphasenmehrdeutigkeit unbekannten Offset behaftete – Messung des Abstandes zwischen GPS-Antenne und Satellit dar. Die zeitliche Differenz zweier aufeinanderfolgender Trägerphasenmessungen ist dagegen ein Maß für die Abstandsänderung zwischen GPS-Antenne und Satellit in dem betrachteten Zeitintervall, typischerweise eine Sekunde. Diese Differenz kann daher als Geschwindigkeitsmessung interpretiert werden. Neben der Eliminierung der Common-Mode-Fehler ist ein weiterer Vorteil der Differenzenbildung, dass die konstanten Trägerphasenmehrdeutigkeitswerte aus den Gleichungen verschwinden.

Zeitliche Differenzen von Trägerphasenmessungen werden in Form von Dreifachdifferenzen bei einer Reihe von Anwendungen eingesetzt. Bei Dreifachdifferenzen ist die erste Differenzbildung die Korrektur der Trägerphasenmessungen mit DGPS-

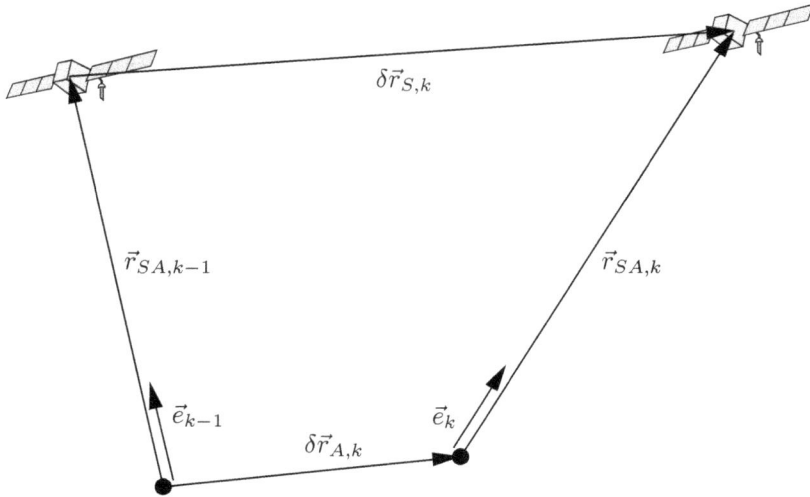

Abbildung 8.13: *Geometrie zeitlicher Differenzen von Trägerphasenmessungen.*

Korrekturdaten, die zweite Differenz wird zwischen Trägerphasenmessungen zu verschiedenen Satelliten zur Elimination des Empfängeruhrenfehlers gebildet und die dritte Differenzenbildung ist die zwischen den so gewonnenen, aufeinanderfolgenden Doppeldifferenzen. Dreifachdifferenzen werden häufig zur Detektion von Cycle Slips eingesetzt, aber auch die Lagebestimmung mit Mehrantennenempfängern ist möglich [95]. In [45] und [122] werden bei mindestens sieben sichtbaren Satelliten verschiedene Verfahren zur Positionsbestimmung anhand dieser Messwerte vorgeschlagen. Hierbei müssen vor einer ersten Positionsbestimmung Änderungen der Satellitengeometrie abgewartet werden. In [79] wird vorgeschlagen, diese Phase durch die Integration eines LEO[6]-Satelliten zu verkürzen. Bei den meisten der angesprochenen Anwendungen steht die Schätzung des als Baseline bezeichneten Vektors zwischen DGPS-Basisstation und GPS-Empfänger im Vordergrund.

In [28] und [121] wird jedoch ein Verfahren vorgeschlagen, bei dem mit DGPS-Korrekturdaten korrigierte Trägerphasenmessungen hauptsächlich zur Steigerung der Geschwindigkeitsgenauigkeit des Navigationssystems eingesetzt werden. Im Folgenden soll aufgezeigt werden, dass sich dieser Ansatz auch bei fehlenden DGPS-Korrekturen einsetzen lässt.

Bestimmung der Messgleichung

Die Differenz zweier aufeinanderfolgender Trägerphasenmessungen zum selben Satelli-

---

[6]Low Earth Orbit.

ten ergibt sich mit Gl. (8.115) zu

$$(\tilde{\varphi}_k - \tilde{\varphi}_{k-1})\lambda_c = |\vec{r}_{SA,k}| - |\vec{r}_{SA,k-1}| + c\delta t_k - c\delta t_{k-1} + n'_k \ . \tag{8.121}$$

Hierbei bezeichnen t_{k-1} und t_k die Gültigkeitszeitpunkte der beiden Messungen, deren zeitlicher Abstand $\Delta t = t_k - t_{k-1}$ o.B.d.A. zu einer Sekunde angenommen werden kann. Der Term n'_k bezeichnet den nicht durch die Differenzbildung eliminierten Restfehler. Für die Differenz der Abstände $|\vec{r}_{SA,k}|$ und $|\vec{r}_{SA,k-1}|$ zwischen GPS-Antenne und Satellit erhält man mit Abb. 8.13

$$\begin{aligned} |\vec{r}_{SA,k}| - |\vec{r}_{SA,k-1}| &= \vec{e}_k^T \vec{r}_{SA,k} - \vec{e}_{k-1}^T \vec{r}_{SA,k-1} \\ &\approx \vec{e}_k^T (\vec{r}_{SA,k} - \vec{r}_{SA,k-1}) = \vec{e}_k^T (\delta\vec{r}_{S,k} - \delta\vec{r}_{A,k}) \ . \end{aligned} \tag{8.122}$$

Bei $\delta\vec{r}_{S,k}$ und $\vec{r}_{A,k}$ handelt es sich um die Änderung der Satellitenposition bzw. der Antennenposition im betrachteten Zeitintervall, durch Einsetzen in Gl. (8.121) erhält man

$$(\tilde{\varphi}_k - \tilde{\varphi}_{k-1})\lambda_c - \vec{e}_k^T \delta\vec{r}_{S,k} = -\vec{e}_k^T \delta\vec{r}_{A,k} + c\delta t_k - c\delta t_{k-1} + n'_k \ . \tag{8.123}$$

Die Änderung der Antennenposition setzt sich aus zwei Komponenten zusammen, der Änderung der Position des Navigationskoordinatensystems $\delta\vec{r}_{N,k}$ und der Änderung des Vektors vom Ursprung des Navigationskoordinatensystems zur Antenne. Formuliert in Koordinaten des Navigationskoordinatensystems ergibt sich

$$\delta\vec{r}_{A,k}^n = \delta\vec{r}_{N,k}^n + (\mathbf{C}_{b,k}^n - \mathbf{C}_{b,k-1}^n)\vec{l}^b \tag{8.124}$$

Der Vektor $\delta\vec{r}_{N,k}^n$ kann als Integral der Geschwindigkeit formuliert werden, ebenso kann die Differenz der Uhrenfehler zu den Zeitpunkten t_k und t_{k-1} als Integral der Uhrenfehlerdrift dargestellt werden. Insgesamt erhält man so

$$\begin{aligned} (\tilde{\varphi}_k - \tilde{\varphi}_{k-1})\lambda_c - \vec{e}_k^T \delta\vec{r}_{S,k}^n &= -\vec{e}_k^T \left(\delta\vec{r}_{N,k}^n + (\mathbf{C}_{b,k}^n - \mathbf{C}_{b,k-1}^n)\vec{l}^b \right) \\ &\quad + c\delta t_k - c\delta t_{k-1} + n'_k \\ &= \int_{t_{k-1}}^{t_k} -\vec{e}_k^T \vec{v}_{eb}^n + c\delta\dot{t} \ dt \\ &\quad -\vec{e}_k^T (\mathbf{C}_{b,k}^n - \mathbf{C}_{b,k-1}^n)\vec{l}^b + n'_k \ . \end{aligned} \tag{8.125}$$

Nun soll der Term, der aus der Differenz der Richtungskosinusmatrizen zu den Zeitpunkten t_{k-1} und t_k und der Relativposition von GPS-Antenne und Ursprung des körperfesten Koordinatensystems besteht, umgeschrieben werden. Mit Gl. (8.12) erhält man

$$(\mathbf{C}_{b,k}^n - \mathbf{C}_{b,k-1}^n)\vec{l}^{\,b} = \left((\mathbf{I} - \boldsymbol{\Psi}_{n,k}^{\hat{n}})\hat{\mathbf{C}}_{b,k}^n - (\mathbf{I} - \boldsymbol{\Psi}_{n,k-1}^{\hat{n}})\hat{\mathbf{C}}_{b,k-1}^n\right)\vec{l}^{\,b}$$

$$= (\mathbf{I} - \boldsymbol{\Psi}_{n,k}^{\hat{n}})\hat{\vec{l}}_{k}^{n} - (\mathbf{I} - \boldsymbol{\Psi}_{n,k-1}^{\hat{n}})\hat{\vec{l}}_{k-1}^{n} \ . \tag{8.126}$$

Erweitern von Gl. (8.126) führt auf

$$(\mathbf{C}_{b,k}^n - \mathbf{C}_{b,k-1}^n)\vec{l}^{\,b} = (\mathbf{I} - \boldsymbol{\Psi}_{n,k}^{\hat{n}})\hat{\vec{l}}_{k}^{n} - (\mathbf{I} - \boldsymbol{\Psi}_{n,k-1}^{\hat{n}})\hat{\vec{l}}_{k-1}^{n}$$

$$-(\mathbf{I} - \boldsymbol{\Psi}_{n,k}^{\hat{n}})\hat{\vec{l}}_{k-1}^{n} + (\mathbf{I} - \boldsymbol{\Psi}_{n,k}^{\hat{n}})\hat{\vec{l}}_{k-1}^{n}$$

$$= (\mathbf{I} - \boldsymbol{\Psi}_{n,k}^{\hat{n}})(\hat{\vec{l}}_{k}^{n} - \hat{\vec{l}}_{k-1}^{n}) - (\boldsymbol{\Psi}_{n,k}^{\hat{n}} - \boldsymbol{\Psi}_{n,k-1}^{\hat{n}})\hat{\vec{l}}_{k-1}^{n} \tag{8.127}$$

Interpretiert man die Differenz der kreuzproduktbildenden Matrix der Lagefehler als Differenzenquotient, kann diese durch die zeitliche Ableitung ersetzt werden:

$$(\mathbf{C}_{b,k}^n - \mathbf{C}_{b,k-1}^n)\vec{l}^{\,b} = (\mathbf{I} - \boldsymbol{\Psi}_{n,k}^{\hat{n}})(\hat{\vec{l}}_{k}^{n} - \hat{\vec{l}}_{k-1}^{n}) - \Delta t \cdot \dot{\boldsymbol{\Psi}}_{n,k}^{\hat{n}}\hat{\vec{l}}_{k-1}^{n} \ . \tag{8.128}$$

Bei diesen Betrachtungen können die Erddrehrate und die Transportrate vernachlässigt werden, so dass man als Lagefehlerdifferentialgleichung

$$\dot{\vec{\psi}}_{n}^{\hat{n}} \approx \hat{\mathbf{C}}_{b}^n \Delta\vec{\omega}_{ib}^{b} \tag{8.129}$$

erhält; Einsetzen führt auf

$$(\mathbf{C}_{b,k}^n - \mathbf{C}_{b,k-1}^n)\vec{l}^{\,b} = (\hat{\vec{l}}_{k}^{n} - \hat{\vec{l}}_{k-1}^{n}) - \vec{\psi}_{n,k}^{\hat{n}} \times (\hat{\vec{l}}_{k}^{n} - \hat{\vec{l}}_{k-1}^{n}) - \Delta t \cdot \dot{\vec{\psi}}_{n,k}^{\hat{n}} \times \hat{\vec{l}}_{k-1}^{n}$$

$$= \delta\hat{\vec{l}}_{k}^{n} - \vec{\psi}_{n,k}^{\hat{n}} \times \delta\hat{\vec{l}}_{k}^{n} - \Delta t \cdot \hat{\mathbf{C}}_{b}^n \Delta\vec{\omega}_{ib}^{b} \times \hat{\vec{l}}_{k-1}^{n}$$

$$= \delta\hat{\vec{l}}_{k}^{n} + \delta\hat{\vec{l}}_{k}^{n} \times \vec{\psi}_{n,k}^{\hat{n}} + \Delta t[\hat{\vec{l}}_{k-1}^{n}\times]\hat{\mathbf{C}}_{b}^n \Delta\vec{\omega}_{ib}^{b} \ . \tag{8.130}$$

Die Messgleichung der Differenz aufeinanderfolgender Trägerphasenmessungen ist daher gegeben durch

$$(\tilde{\varphi}_k - \tilde{\varphi}_{k-1})\lambda_c - \vec{e}_k^T\left(\delta\vec{r}_{S,k}^n - \delta\hat{\vec{l}}^n\right) = \int_{t_{k-1}}^{t_k} -\vec{e}_k^T\vec{v}_{eb}^n + c\delta\dot{t} \ dt$$

$$-\vec{e}_k^T\left(\delta\hat{\vec{l}}_{k}^{n} \times \vec{\psi}_{n,k}^{\hat{n}} + \Delta t[\hat{\vec{l}}_{k-1}^{n}\times]\hat{\mathbf{C}}_{b}^n \Delta\vec{\omega}_{ib}^{b}\right) + n_k' \ . \tag{8.131}$$

Der in dieser Messgleichung auftretende Integralterm enthält jedoch Größen, die vom Navigationsfilter geschätzt werden sollen; damit liegt diese Messgleichung nicht in der üblichen Form eines Kalman-Filter-Messmodells Gl. (6.3) vor, bei der der Zusammen-hang zwischen Messgrößen und zu schätzenden Größen durch Multiplikation mit einer Messmatrix $\mathbf{H}_k$ vermittelt wird. Die Behandlung einer solchen Messgleichung mit Inte-gralterm im Rahmen des Kalman-Filter-Formalismus wird daher im folgenden Abschnitt näher betrachtet.

Verarbeitung im Kalman-Filter

Prinzipiell könnte zur Verarbeitung der Trägerphasendifferenzen ein Delayed State Kalman-Filter verwendet werden, wie er in [18] beschrieben wird. Hier soll jedoch ein anderes Verfahren zum Einsatz kommen, das bei Vergleichen geringfügig bessere Ergeb-nisse lieferte, sich aber vor allem als numerisch robuster erwiesen hat, siehe [124].

Definiert man in Anlehnung an den Zustandsvektor des Tightly Coupled Systems einen Zustandsvektor $\vec{x}(t)$, der jeweils drei Zustände für Position, Geschwindigkeit, Lage, Be-schleunigungsmesserbiase und Drehratensensorbiase enthält sowie Uhrenfehler und Uh-renfehlerdrift beinhaltet, lässt sich der Integralterm in Gl. (8.131) mit

$$\mathbf{H}'_k = \left(\vec{0}^T, -\vec{e}_k^T, \vec{0}^T, \vec{0}^T, \vec{0}^T, 0, 1 \right) \tag{8.132}$$

umschreiben zu

$$\int_{t_{k-1}}^{t_k} -\vec{e}_k^T \vec{v}_{eb}^n + c\delta \dot{t} \; dt = \int_{t_{k-1}}^{t_k} \mathbf{H}'_k \vec{x}(t) \; dt \quad . \tag{8.133}$$

Der zeitkontinuierliche Zustandsvektor $\vec{x}(t)$ kann mit Hilfe geeigneter Transitionsmatri-zen in Beziehung zum Zustandsvektor $\vec{x}_k$ zum Zeitpunkt t_k gesetzt werden, es gilt

$$\vec{x}(t) = \mathbf{\Phi}_{t,t_{k-1}} \mathbf{\Phi}_{t_{k-1},t_k} \vec{x}_k \; . \tag{8.134}$$

Der Zustandsvektor $\vec{x}_k$ und die Transitionsmatrix $\mathbf{\Phi}_{t_{k-1},t_k}$ sind keine Funktionen der Zeit, setzt man Gl. (8.134) in Gl. (8.133) ein, können diese Größen daher außerhalb des Integrals gestellt werden:

$$\int_{t_{k-1}}^{t_k} \mathbf{H}'_k \vec{x}(t) \; dt = \mathbf{H}'_k \int_{t_{k-1}}^{t_k} \mathbf{\Phi}_{t,t_{k-1}} \; dt \cdot \mathbf{\Phi}_{t_{k-1},t_k} \vec{x}_k \tag{8.135}$$

Dadurch wurde der Integralterm auf die bei einem Kalman-Filter-Messmodell übliche Form gebracht, insgesamt erhält man

$$(\tilde{\varphi}_k - \tilde{\varphi}_{k-1})\lambda_c - \vec{e}_k^T \left(\delta \vec{r}_{S,k}^n - \delta \hat{\vec{l}}_k^n \right) = \mathbf{H}_k \vec{x}_k + n'_k \tag{8.136}$$

mit

$$\mathbf{H}_k = \mathbf{H}'_k \int_{t_{k-1}}^{t_k} \boldsymbol{\Phi}_{t,t_{k-1}}\, dt \cdot \boldsymbol{\Phi}_{t_{k-1},t_k}$$

$$+ \left(\vec{0}^{\,T}, \vec{0}^{\,T}, -\vec{e}_k^{\,T}[\delta\hat{\vec{l}}_k^{\,n}\times], \vec{0}^{\,T}, -\vec{e}_k^{\,T}\Delta t \cdot [\hat{\vec{l}}_{k-1}^{\,n}\times]\hat{\mathbf{C}}_{b,k}^n, 0, 0 \right) \quad . \qquad (8.137)$$

Innerhalb des Zeitintervalls zwischen zwei Trägerphasenmessungen werden mehrere Propagationsschritte des Kalman-Filters stattfinden. Anhand der dabei anfallenden Matrizen können die für den Aufbau der Messmatrix Gl. (8.137) benötigten Transitionsmatrizen sukzessive aufgebaut werden. Das in einem Propagationsschritt überbrückte Zeitintervall sei mit δt bezeichnet. Die Transitionsmatrix, die zur Propagation der Kovarianzmatrix der Zustandsschätzung vom Zeitpunkt $(i-1)\delta t + t_{k-1}$ bis zum Zeitpunkt $i\delta t + t_{k-1}$ benötigt wird, ist durch

$$\boldsymbol{\Phi}_{i\delta t+t_{k-1},(i-1)\delta t+t_{k-1}} = \mathbf{I} + \mathbf{F}\delta t \qquad (8.138)$$

gegeben, wobei $\mathbf{F}$ die für dieses Zeitintervall gültige Systemmatrix bezeichnet. Die Propagation rückwärts in der Zeit wird in diesem Intervall folglich durch die Matrix

$$\boldsymbol{\Phi}_{(i-1)\delta t+t_{k-1},i\delta t+t_{k-1}} = \mathbf{I} - \mathbf{F}\delta t \qquad (8.139)$$

vermittelt. Damit kann ausgehend von der Einheitsmatrix zum Zeitpunkt t_{k-1} die in der Messmatrix benötigte Transitionsmatrix $\boldsymbol{\Phi}_{t_{k-1},t_k}$ Stück für Stück aufgebaut werden:

$$\boldsymbol{\Phi}_{t_{k-1},i\delta t+t_{k-1}} = \boldsymbol{\Phi}_{t_{k-1},(i-1)\delta t+t_{k-1}} \boldsymbol{\Phi}_{(i-1)\delta t+t_{k-1},i\delta t+t_{k-1}} \qquad (8.140)$$

Das Zeitintegral der Transitionsmatrix $\boldsymbol{\Phi}_{t,t_{k-1}}$ erhält man ausgehend von der Nullmatrix zum Zeitpunkt t_{k-1} mit

$$\int_{t_{k-1}}^{i\delta t+t_{k-1}} \boldsymbol{\Phi}_{t,t_{k-1}}\, dt = \int_{t_{k-1}}^{(i-1)\delta t+t_{k-1}} \boldsymbol{\Phi}_{t,t_{k-1}}\, dt + \delta t \cdot \boldsymbol{\Phi}_{i\delta t+t_{k-1},(i-1)\delta t+t_{k-1}} \cdot$$

$$(8.141)$$

Damit verteilt sich der zum Aufbau der Messmatrix benötigte Rechenaufwand gleichmäßig über das Zeitintervall zwischen den zwei Trägerphasenmessungen, was sicherlich ein Vorteil ist. Im Gegensatz zu anderen Verfahren bleibt bei dieser Vorgehensweise außerdem eine Diagonalgestalt der Kovarianzmatrix des Messrauschens, sofern sie vorlag, erhalten. Damit wird für eine aus numerischen Gründen erstrebenswerte, sequentielle Verarbeitung der Trägerphasendifferenzen keine vorherige Dekorrelation benötigt. Ein weiterer Vorteil des Verfahrens besteht darin, dass die prinzipielle Struktur des Navigationsfilters unverändert bleibt. Es wird lediglich anstelle der Deltarange-Verarbeitung ein anderer Messschritt eingeführt.

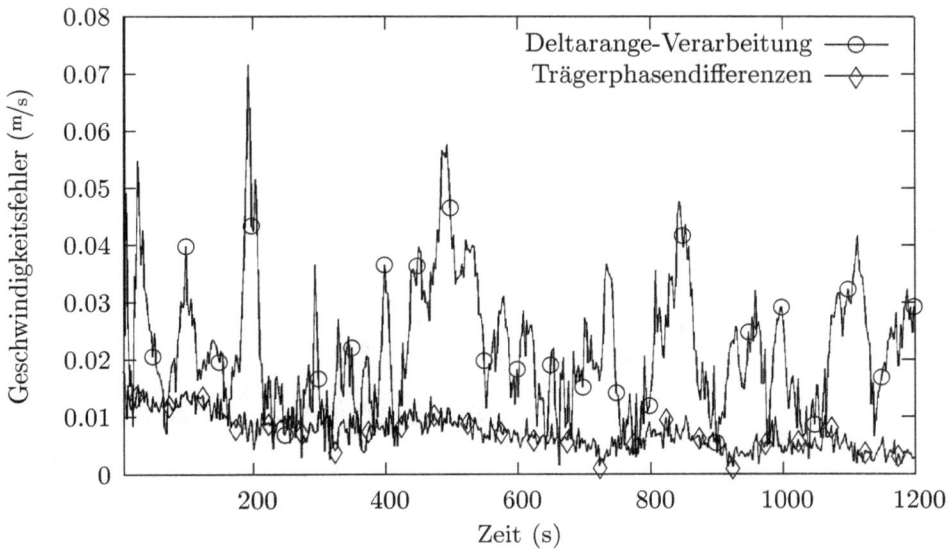

Abbildung 8.14: *Geschwindigkeitsfehler bei Deltarange-Verarbeitung und bei Verarbeitung zeitlicher Differenzen von Trägerphasenmessungen.*

Ergebnisse

Ein Vergleich zwischen einem Tightly Coupled System mit Pseudorange- und Deltarange-Stützung und dem vorgestellten Verfahren zur Nutzung von Trägerphasenmessungen ohne Verwendung von DGPS-Korrekturen ist in Abb. 8.14 und Abb. 8.15 zu sehen. Hierzu wurde erneut das HIL-Testsystem eingesetzt.

Man erkennt, dass durch die Verarbeitung der Trägerphasendifferenzen eine deutliche Steigerung der Geschwindigkeitsgenauigkeit erreicht wird, die bei Stützung mit Pseudoranges und Deltaranges nicht erreicht werden kann. Ohne die Differenzenbildung hatte die Stützung mit Trägerphasenmessungen zu einer Verschlechterung der Ergebnisse geführt, siehe Abb. 8.12. In Abb. 8.15 sind die zugehörigen Gesamtlagefehler dargestellt. Offensichtlich profitiert die Lagegenauigkeit massiv von der gesteigerten Genauigkeit der Stützinformationen. Die größeren Lagefehler in den ersten dreihundert Sekunden des HIL-Tests wurden durch den Yaw-Winkel verursacht, hier lag keine Trajektoriendynamik vor, was die Unbeobachtbarkeit des Yaw-Winkels zur Folge hat. Mit einsetzender Dynamik wird der Yaw-Winkel-Fehler rasch abgebaut.

Abschließend sind in Abb. 8.16 die Ergebnisse eines statischen Tests dargestellt. Hierbei wurde im Freien mit realen Satellitensignalen gearbeitet, da dynamisch keine Referenz zur Verfügung steht, blieb die Position der GPS-Antenne während des gesamten Zeitraumes unverändert. In Abb. 8.16 sind die bei Stützung mit Deltarange-Messungen und mit Trägerphasendifferenzen erzielten Höheninformationen zu sehen, offensichtlich ist die Positionslösung bei Verwendung von Trägerphasendifferenzen deutlich rauschärmer.

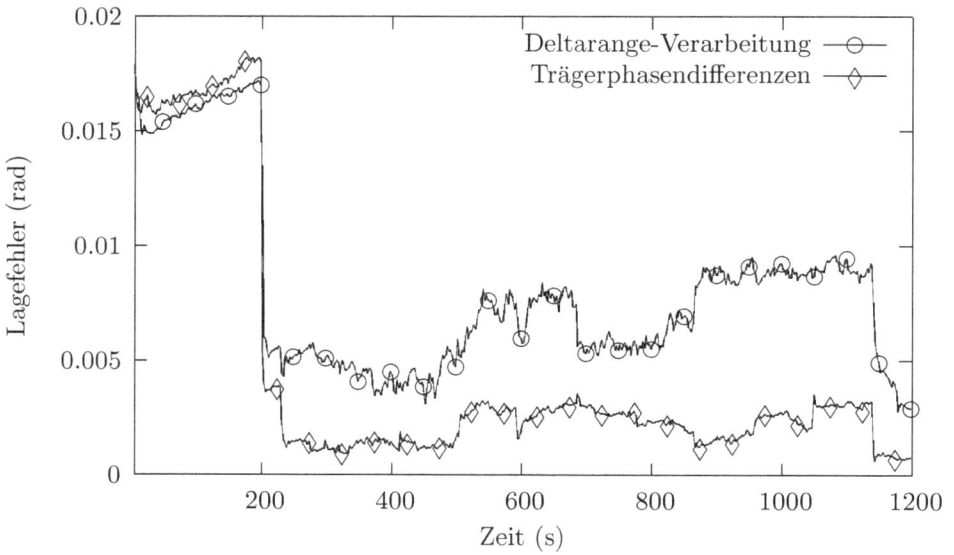

Abbildung 8.15: *Lagefehler bei Deltarange-Verarbeitung und bei Verarbeitung zeitlicher Differenzen von Trägerphasenmessungen.*

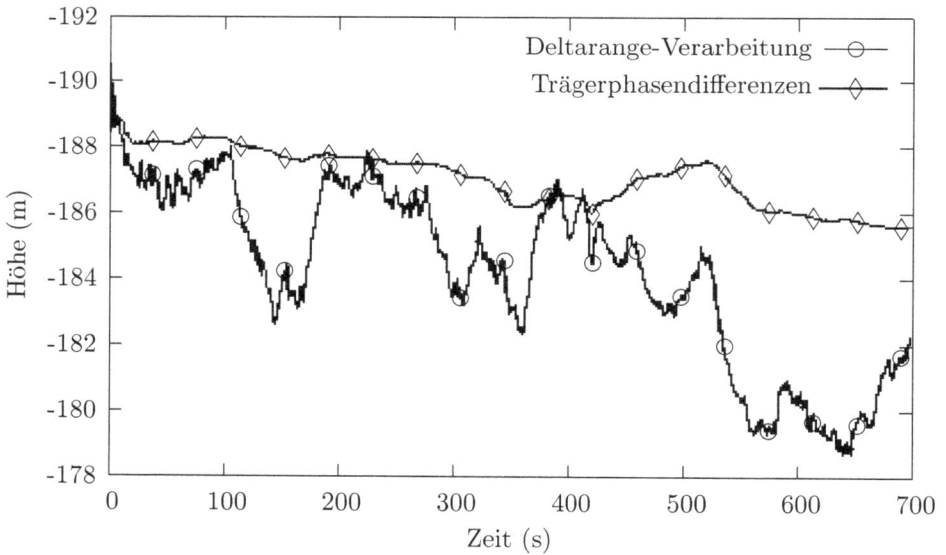

Abbildung 8.16: *Höheninformationen bei Deltarange-Verarbeitung und bei Verarbeitung zeitlicher Differenzen von Trägerphasenmessungen.*

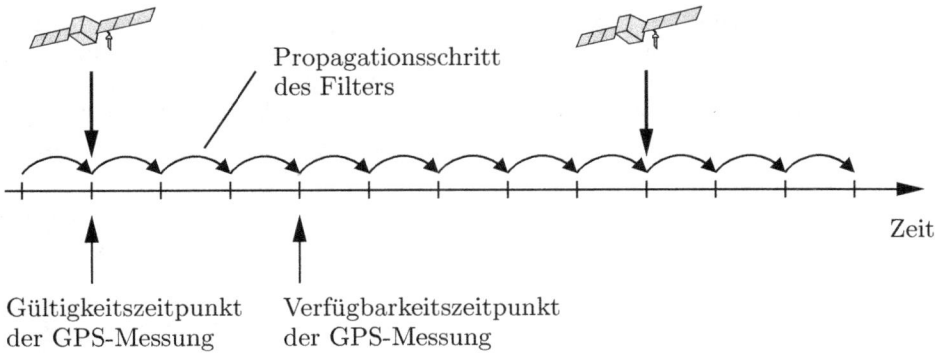

Abbildung 8.17: *Gültigkeits- und Verfügbarkeitszeitpunkt von GPS-Messungen.*

Dies bestätigt die Ergebnisse der HIL-Tests. Die zu erkennende, langfristige Drift der Positionslösung geht im Wesentlichen auf atmosphärische Störungen und Ephemeridenfehler zurück und kann ohne Verwendung von DGPS-Korrekturdaten natürlich nicht verhindert werden.

8.4 Verzögerte Verfügbarkeit von Messwerten

Das dem Messschritt eines Kalman-Filters zugrundeliegende Messmodell Gl. (6.3) beschreibt mathematisch den Zusammenhang zwischen Zustandsvektor und Messwerten. Hierbei wird davon ausgegangen, dass Systemzustand und Messwert zum selben Zeitpunkt betrachtet werden können. In der Realität wird eine Messung, die zu einem bestimmten Zeitpunkt gültig ist, immer erst zu einem späteren Zeitpunkt zur Verfügung stehen. Diese verzögerte Verfügbarkeit kann durch eine sensorinterne Signalverarbeitung oder durch die zur Übertragung der Informationen zum Navigationscomputer benötigte Zeit verursacht sein.

In einem GPS/INS-System kann der Unterschied zwischen Gültigkeitszeitpunkt und Verfügbarkeitszeitpunkt bei den Inertialsensoren vernachlässigt werden, bei dem GPS-Empfänger in der Regel jedoch nicht. Die Verzögerung der Messwerte eines GPS-Empfängers kann leicht hundert Millisekunden übersteigen, so dass innerhalb des Verzögerungszeitraumes mehrere Propagationsschritte des Filters stattfinden, siehe Abb. 8.17. Die Zustandsschätzung und die zugehörige Kovarianzmatrix ändern sich also innerhalb des Verzögerungszeitraumes. Wird die Verzögerung ignoriert, d.h. werden die GPS-Messwerte so verarbeitet als wären sie aktuell, so resultieren bei signifikanter Trajektoriendynamik unmodellierte, systematische Messfehler, die zu einer deutlichen Verschlechterung des Filterergebnisses führen können.

Es gibt verschiedene Möglichkeiten, die Verzögerung der GPS-Messungen zu berücksichtigen. Eine einfache Möglichkeit würde darin bestehen, den ganzen Filteralgorithmus mit einer entsprechenden Verzögerung gegenüber der Realität ablaufen zu lassen. Dadurch steht bei Verfügbarkeit der GPS-Messung die passende Zustandsschätzung und Kovarianzmatrix des Filters zur Verfügung. Geht man davon aus, dass die Zustandsschätzung des Navigationssystems häufig als Eingangsgröße z.B. eines Flugreglers dient, ist die bei dieser Vorgehensweise resultierende Verzögerung der Zustandsschätzung nicht tolerierbar.

Eine andere theoretische Möglichkeit besteht in der Erweiterung des Systemmodells des Filters. Hierzu wird angenommen, dass das Systemmodell in der üblichen Form

$$\vec{x}_k = \mathbf{\Phi}_{k,k-1} \, \vec{x}_{k-1} + \mathbf{B}_{k-1}\vec{u}_{k-1} + \mathbf{G}_{k-1}\vec{w}_{k-1} \qquad (8.142)$$

gegeben ist. Zur eindeutigen Bezeichnung eines Messwertes

$$\tilde{\vec{y}}_k^{\,k-n}$$

werden zwei Indizes verwendet, der obere Index $k-n$ kennzeichnet den Gültigkeitszeitpunkt des Messwertes, der untere Index gibt den Verfügbarkeitszeitpunkt an. Damit erhält man als Messmodell

$$\tilde{\vec{y}}_k^{\,k-n} = \mathbf{H}_{k-n}\vec{x}_{k-n} + \vec{v}_{k-n} \ . \qquad (8.143)$$

Bildet man ein erweitertes Systemmodell, das neben dem aktuellen Systemzustand auch noch die Zustandsschätzungen zu den Zeitpunkten $k-1$ bis $k-n$ enthält,

$$
\begin{pmatrix} \vec{x}_k \\ \vec{x}_{k-1} \\ \vdots \\ \vec{x}_{k-n} \end{pmatrix} = \begin{pmatrix} \mathbf{\Phi}_{k,k-1} & \mathbf{0} & \dots & \mathbf{0} \\ \mathbf{I} & \mathbf{0} & \dots & \mathbf{0} \\ \mathbf{0} & \ddots & \ddots & \mathbf{0} \\ \mathbf{0} & \dots & \mathbf{I} & \mathbf{0} \end{pmatrix} \begin{pmatrix} \vec{x}_{k-1} \\ \vec{x}_{k-2} \\ \vdots \\ \vec{x}_{k-n-1} \end{pmatrix}
$$
$$
+ \begin{pmatrix} \mathbf{B}_{k-1} \\ \mathbf{0} \\ \vdots \\ \mathbf{0} \end{pmatrix} \vec{u}_{k-1} + \begin{pmatrix} \mathbf{G}_{k-1} \\ \mathbf{0} \\ \vdots \\ \mathbf{0} \end{pmatrix} \vec{w}_{k-1} \qquad (8.144)
$$

so kann mit dem Messmodell

$$\tilde{\vec{y}}_k^{\,k-n} = \begin{pmatrix} \mathbf{0} & \dots & \mathbf{0} & \mathbf{H}_{k-n} \end{pmatrix} \begin{pmatrix} \vec{x}_k \\ \vec{x}_{k-1} \\ \vdots \\ \vec{x}_{k-n} \end{pmatrix} + \vec{v}_{k-n} \qquad (8.145)$$

der vorliegende Messwert $\tilde{\vec{y}}_k^{\,k-n}$ korrekt in Beziehung zu Komponenten des Zustandsvektors gesetzt werden. Diese Vorgehensweise kann jedoch nur als eine theoretische Lösung des Problems der verzögerten Messwertverfügbarkeit gesehen werden; der mit der Erweiterung des Zustandsvektors verbundene Rechenaufwand verhindert eine sinnvolle, praktische Umsetzung dieses Ansatzes.

Im Folgenden soll daher eine andere Möglichkeit zur Lösung des Problems aufgezeigt werden, die sich an [78] orientiert. Hierbei handelt es sich zwar nur um ein suboptimales Verfahren, dafür ist jedoch die praktische Einsetzbarkeit gegeben. Die Grundidee dieses Ansatzes besteht darin, einen extrapolierten Messwert $\tilde{y}_k^{k*}$ zu berechnen, der auf das gleiche Residuum führt das aufgetreten wäre, wenn der betreffende Messwert zum Gültigkeitszeitpunkt auch tatsächlich hätte verarbeitet werden können. Letzteres Residuum ist gegeben durch

$$\epsilon_{k-n} = \tilde{y}_k^{k-n} - \mathbf{H}_{k-n}\hat{\vec{x}}_{k-n}^- \, , \tag{8.146}$$

für das bei der Verarbeitung des extrapolierten Messwertes auftretende Residuum erhält man

$$\epsilon_k^* = \tilde{y}_k^{k*} - \mathbf{H}_k\hat{\vec{x}}_k^- \, . \tag{8.147}$$

Gleichsetzen und Auflösen nach dem extrapolierten Messwert liefert

$$\tilde{y}_k^{k*} - \mathbf{H}_k\hat{\vec{x}}_k^- = \tilde{y}_k^{k-n} - \mathbf{H}_{k-n}\hat{\vec{x}}_{k-n}^-$$
$$\tilde{y}_k^{k*} = \tilde{y}_k^{k-n} + \mathbf{H}_k\hat{\vec{x}}_k^- - \mathbf{H}_{k-n}\hat{\vec{x}}_{k-n}^- \, . \tag{8.148}$$

Mit dem Messmodell Gl. (8.143) ergibt sich

$$\begin{aligned}
\tilde{y}_k^{k*} &= \mathbf{H}_{k-n}\vec{x}_{k-n} + \vec{v}_{k-n} + \mathbf{H}_k\hat{\vec{x}}_k^- - \mathbf{H}_{k-n}\hat{\vec{x}}_{k-n}^- \\
&= -\mathbf{H}_{k-n}(\hat{\vec{x}}_{k-n}^- - \vec{x}_{k-n}) + \mathbf{H}_k(\hat{\vec{x}}_k^- - \vec{x}_k) + \mathbf{H}_k\vec{x}_k + \vec{v}_{k-n} \\
&= \mathbf{H}_k\vec{x}_k + \mathbf{H}_k\delta\vec{x}_k^- - \mathbf{H}_{k-n}\delta\vec{x}_{k-n}^- + \vec{v}_{k-n}
\end{aligned} \tag{8.149}$$

Damit liegt formal ein gewöhnliches Kalman-Filter-Messmodell vor,

$$\tilde{y}_k^{k*} = \mathbf{H}_k\vec{x}_k + \vec{v}_k^* \, , \tag{8.150}$$

das Messrauschen des extrapolierten Messwertes ist gegeben durch

$$\vec{v}_k^* = \mathbf{H}_k\delta\vec{x}_k^- - \mathbf{H}_{k-n}\delta\vec{x}_{k-n}^- + \vec{v}_{k-n} \, . \tag{8.151}$$

Da in dieses Messrauschen aber die Zustandsvektoren zu den Zeitpunkt k und $k - n$ eingehen, sind Messrauschen und Zustandsvektor korreliert. Um den extrapolierten Messwert $\tilde{y}_k^{k*}$ verarbeiten zu können, müssen modifizierte Kalman-Filter-Gleichungen hergeleitet werden, die eine Berücksichtigung dieser Korrelationen erlauben. Eine mögliche Vorgehensweise hierzu ist die allgemeine Berechnung der a-posteriori-Kovarianzmatrix des Schätzfehlers und die anschließende Minimierung deren Spur.

Die Anpassung des Zustandsvektors im Messschritt lässt sich mit einer noch unbekannten Gewichtungsmatrix $\mathbf{K}_k^*$ wie folgt formulieren:

$$\hat{\vec{x}}_k^+ = \hat{\vec{x}}_k^- - \mathbf{K}_k^* \left(\mathbf{H}_k \hat{\vec{x}}_k^- - \tilde{\vec{y}}_k^{k*} \right) \tag{8.152}$$

Einsetzen des Messmodells Gl. (8.150) und Erweitern mit dem Zustandsvektor führt auf

$$\hat{\vec{x}}_k^+ = \hat{\vec{x}}_k^- - \vec{x}_k - \mathbf{K}_k^* \left(\mathbf{H}_k \hat{\vec{x}}_k^- - (\mathbf{H}_k \hat{\vec{x}}_k + \vec{v}_k^*) \right)$$

$$\delta \vec{x}_k^+ = (\mathbf{I} - \mathbf{K}_k^* \mathbf{H}_k) \delta \vec{x}_k^- + \mathbf{K}_k^* \vec{v}_k^* . \tag{8.153}$$

Damit erhält man für die a-posteriori-Kovarianzmatrix

$$\begin{aligned}
\mathbf{P}_k^+ &= E[\delta \vec{x}_k^+ \delta \vec{x}_k^{+,T}] \\
&= (\mathbf{I} - \mathbf{K}_k^* \mathbf{H}_k) \mathbf{P}_k^- (\mathbf{I} - \mathbf{K}_k^* \mathbf{H}_k)^T + (\mathbf{I} - \mathbf{K}_k^* \mathbf{H}_k) E[\delta \vec{x}_k^- \vec{v}_k^{*,T}] \mathbf{K}_k^{*,T} \\
&\quad + \mathbf{K}_k^* E[\vec{v}_k^* \delta \vec{x}_k^{-,T}] (\mathbf{I} - \mathbf{K}_k^* \mathbf{H}_k)^T + \mathbf{K}_k^* E[\vec{v}_k^* \vec{v}_k^{*,T}] \mathbf{K}_k^{*,T} . \tag{8.154}
\end{aligned}$$

Bevor die Spur von $\mathbf{P}_k^+$ minimiert werden kann, müssen alle in Gl. (8.154) auftretenden Erwartungswerte berechnet werden. Für den ersten Erwartungswert erhält man

$$\begin{aligned}
E[\delta \vec{x}_k^- \vec{v}_k^{*,T}] &= E[\delta \vec{x}_k^- (\mathbf{H}_k \delta \vec{x}_k^- - \mathbf{H}_{k-n} \delta \vec{x}_{k-n}^- + \vec{v}_{k-n})^T] \\
&= \mathbf{P}_k^- \mathbf{H}_k^T - E[\delta \vec{x}_k^- \delta \vec{x}_{k-n}^{-,T}] \mathbf{H}_{k-n}^T + E[\delta \vec{x}_k^- \vec{v}_{k-n})^T] \tag{8.155}
\end{aligned}$$

Der letzte Erwartungswert verschwindet, da das Messrauschen $\vec{v}_{k-n}$ nicht mit dem Schätzfehler zum Zeitpunkt k korreliert sein kann, schließlich ist der betreffende Messwert noch nicht verarbeitet worden. Setzt man

$$\mathbf{C}_{k,k-n} = E[\delta \vec{x}_k^- \delta \vec{x}_{k-n}^{-,T}] , \tag{8.156}$$

so ergibt sich

$$E[\vec{v}_k^* \delta \vec{x}_k^{-,T}] = E[\delta \vec{x}_k^- \vec{v}_k^{*,T}]^T = \mathbf{H}_k \mathbf{P}_k^- - \mathbf{H}_{k-n} \mathbf{C}_{k,k-n}^T . \tag{8.157}$$

Mit diesen Ergebnissen kann der letzte Erwartungswert in Gl. (8.154) wie folgt formuliert werden:

$$\begin{aligned}
E[\vec{v}_k^* \vec{v}_k^{*,T}] &= E[(\mathbf{H}_k \delta \vec{x}_k^- - \mathbf{H}_{k-n} \delta \vec{x}_{k-n}^- + \vec{v}_{k-n}) \\
&\qquad \cdot (\mathbf{H}_k \delta \vec{x}_k^- - \mathbf{H}_{k-n} \delta \vec{x}_{k-n}^- + \vec{v}_{k-n})^T] \\
&= \mathbf{H}_k \mathbf{P}_k^- \mathbf{H}_k^T - \mathbf{H}_k \mathbf{C}_{k,k-n} \mathbf{H}_{k-n}^T - \mathbf{H}_{k-n} \mathbf{C}_{k,k-n}^T \mathbf{H}_k^T \\
&\quad + \mathbf{H}_{k-n} \mathbf{P}_{k-n}^- \mathbf{H}_{k-n}^T + \mathbf{R}_{k-n} \tag{8.158}
\end{aligned}$$

Was nun noch bleibt ist die Berechnung des Erwartungswertes Gl. (8.156), hierfür muss der Propagationsschritt des Filters betrachtet werden. Während die zeitliche Propagation des Systemzustandes durch Gl. (8.142) beschrieben wird, ist die Propagation der Zustandsschätzung gegeben durch

$$\hat{\vec{x}}_k^- = \mathbf{\Phi}_{k-1}\,\hat{\vec{x}}_{k-1}^+ + \mathbf{B}_{k-1}\,\vec{u}_{k-1}\ . \tag{8.159}$$

Subtrahiert man Gl. (8.142) von Gl. (8.159), erhält man die Änderung des Schätzfehlers im Propagationsschritt:

$$\delta\vec{x}_k^- = \mathbf{\Phi}_{k-1}\delta\vec{x}_{k-1}^+ - \mathbf{G}_{k-1}\vec{w}_{k-1} \tag{8.160}$$

Im Allgemeinen können in dem Zeitraum zwischen Gültigkeit und Verfügbarkeit der Messung weitere Messwerte anderer Sensoren anfallen. Es soll angenommen werden, dass bei diesen zusätzlichen Messungen keine verzögerte Verfügbarkeit beachtet werden muss. Die Änderung des Schätzfehlers bei Verarbeitung dieser gewöhnlichen, unmittelbar verfügbaren Messung ist in Analogie zu Gl. (8.153) gegeben durch

$$\delta\vec{x}_k^+ = (\mathbf{I} - \mathbf{K}_k\mathbf{H}_k)\delta\vec{x}_k^- + \mathbf{K}_k\vec{v}_k^{\#}\ , \tag{8.161}$$

deren Messrauschen ist zur Unterscheidung von dem Messrauschen der verzögert verfügbaren Messung durch ein hochgestelltes Gatter $()^{\#}$ gekennzeichnet. Mit Gl. (8.161) ist es nun möglich, eine Beziehung zwischen den Schätzfehlern $\delta\vec{x}_k^-$ und $\delta\vec{x}_{k-n}^-$ herzustellen. Durch sukzessives Einsetzen von Gl. (8.160) und Gl. (8.161) erhält man

$$
\begin{aligned}
\delta\vec{x}_k^- ={}& \mathbf{\Phi}_{k-1}\delta\vec{x}_{k-1}^+ - \mathbf{G}_{k-1}\vec{w}_{k-1}\\
={}& \mathbf{\Phi}_{k-1}\Big((\mathbf{I} - \mathbf{K}_{k-1}\mathbf{H}_{k-1})\,\delta\vec{x}_{k-1}^- + \mathbf{K}_{k-1}\vec{v}_{k-1}^{\#}\Big) - \mathbf{G}_{k-1}\vec{w}_{k-1}\\
={}& \mathbf{\Phi}_{k-1}\Big((\mathbf{I} - \mathbf{K}_{k-1}\mathbf{H}_{k-1})\big(\mathbf{\Phi}_{k-2}\delta\vec{x}_{k-2}^+ - \mathbf{G}_{k-2}\vec{w}_{k-2}\big)\\
& + \mathbf{K}_{k-1}\vec{v}_{k-1}^{\#}\Big) - \mathbf{G}_{k-1}\vec{w}_{k-1}\\
={}& \mathbf{\Phi}_{k-1}\Big((\mathbf{I} - \mathbf{K}_{k-1}\mathbf{H}_{k-1})\Big(\mathbf{\Phi}_{k-2}\big((\mathbf{I} - \mathbf{K}_{k-2}\mathbf{H}_{k-2})\,\delta\vec{x}_{k-2}^-\\
& + \mathbf{K}_{k-2}\vec{v}_{k-2}^{\#}\big) - \mathbf{G}_{k-2}\vec{w}_{k-2}\Big) + \mathbf{K}_{k-1}\vec{v}_{k-1}^{\#}\Big) - \mathbf{G}_{k-1}\vec{w}_{k-1}\\
={}& \mathbf{\Phi}_{k-1}\,(\mathbf{I} - \mathbf{K}_{k-1}\mathbf{H}_{k-1})\,\mathbf{\Phi}_{k-2}\,(\mathbf{I} - \mathbf{K}_{k-2}\mathbf{H}_{k-2}) \cdot ...\\
& \cdot\mathbf{\Phi}_{k-n}\,(\mathbf{I} - \mathbf{K}_{k-n}\mathbf{H}_{k-n})\,\delta\vec{x}_{k-n}^-\\
& + \vec{f}_1(\vec{v}_{k-1}^{\#},...,\vec{v}_{k-n}^{\#}) + \vec{f}_2(\vec{w}_{k-1},...,\vec{w}_{k-n})\\
={}& \left(\prod_{i=1}^{n} \mathbf{\Phi}_{k-i}\,(\mathbf{I} - \mathbf{K}_{k-i}\mathbf{H}_{k-i})\right)\delta\vec{x}_{k-n}^-\\
& + \vec{f}_1(\vec{v}_{k-1}^{\#},...,\vec{v}_{k-n}^{\#}) + \vec{f}_2(\vec{w}_{k-1},...,\vec{w}_{k-n}) \tag{8.162}
\end{aligned}
$$

Das Messrauschen $\vec{v}_{k-1}^{\#}, ..., \vec{v}_{k-n}^{\#}$ der unmittelbar verfügbaren Messungen und das Systemrauschen $\vec{w}_{k-1}, ..., \vec{w}_{k-n}$ sind nicht korreliert mit dem Schätzfehler $\delta \vec{x}_{k-n}^{-}$, so dass die Erwartungswerte $E\left[f_1(...)\delta \vec{x}_{k-n}^{-,T}\right]$ und $E\left[f_2(...)\delta \vec{x}_{k-n}^{-,T}\right]$ verschwinden. Damit ergibt sich der Erwartungswert Gl. (8.156) zu

$$\mathbf{C}_{k,k-n} = E\left[\delta \vec{x}_k^{-}\delta \vec{x}_{k-n}^{-,T}\right] = \left(\prod_{i=1}^{n}\mathbf{\Phi}_{k-i}\left(\mathbf{I} - \mathbf{K}_{k-i}\mathbf{H}_{k-i}\right)\right)E\left[\delta \vec{x}_{k-n}^{-}\delta \vec{x}_{k-n}^{-,T}\right]$$

$$= \left(\prod_{i=1}^{n}\mathbf{\Phi}_{k-i}\left(\mathbf{I} - \mathbf{K}_{k-i}\mathbf{H}_{k-i}\right)\right)\mathbf{P}_{k-n}^{-} , \qquad (8.163)$$

für die a-posteriori-Kovarianzmatrix erhält man

$$\begin{aligned}
\mathbf{P}_k^{+} = \;& (\mathbf{I} - \mathbf{K}_k^{*}\mathbf{H}_k)\mathbf{P}_k^{-}(\mathbf{I} - \mathbf{K}_k^{*}\mathbf{H}_k)^{T} \\
& + (\mathbf{I} - \mathbf{K}_k^{*}\mathbf{H}_k)(\mathbf{P}_k^{-}\mathbf{H}_k^{T} - \mathbf{C}_{k,k-n}\mathbf{H}_{k-n}^{T})\mathbf{K}_k^{*,T} \\
& + \mathbf{K}_k^{*}(\mathbf{H}_k\mathbf{P}_k^{-} - \mathbf{H}_{k-n}\mathbf{C}_{k,k-n}^{T})(\mathbf{I} - \mathbf{K}_k^{*}\mathbf{H}_k)^{T} \\
& + \mathbf{K}_k^{*}\left(\mathbf{H}_k\mathbf{P}_k^{-}\mathbf{H}_k^{T} - \mathbf{H}_k\mathbf{C}_{k,k-n}\mathbf{H}_{k-n}^{T} - \mathbf{H}_{k-n}\mathbf{C}_{k,k-n}^{T}\mathbf{H}_k^{T}\right. \\
& \qquad \left. + \mathbf{H}_{k-n}\mathbf{P}_{k-n}^{-}\mathbf{H}_{k-n}^{T} + \mathbf{R}_{k-n}\right)\mathbf{K}_k^{*,T} \\
= \;& \mathbf{P}_k^{-} - \mathbf{C}_{k,k-n}\mathbf{H}_{k-n}^{T}\mathbf{K}_k^{*,T} - \mathbf{K}_k^{*}\mathbf{H}_{k-n}\mathbf{C}_{k,k-n}^{T} \\
& + \mathbf{K}_k^{*}\mathbf{H}_{k-n}\mathbf{P}_{k-n}^{-}\mathbf{H}_{k-n}^{T}\mathbf{K}_k^{*,T} + \mathbf{K}_k^{*}\mathbf{R}_{k-n}\mathbf{K}_k^{*,T} . \qquad (8.164)
\end{aligned}$$

Die gesucht Gewichtungsmatrix erhält man durch Nullsetzen der Ableitung der Spur der Kovarianzmatrix nach der Gewichtungsmatrix, man erhält

$$\frac{d\,Spur(\mathbf{P}_k^{+})}{d\,\mathbf{K}_k^{*}} = -2\mathbf{C}_{k,k-n}\mathbf{H}_{k-n}^{T} + 2\mathbf{K}_k^{*}\mathbf{H}_{k-n}\mathbf{P}_{k-n}^{-}\mathbf{H}_{k-n}^{T} + 2\mathbf{K}_k^{*}\mathbf{R}_{k-n}$$

$$(8.165)$$

und damit

$$\mathbf{K}_k^{*} = \mathbf{C}_{k,k-n}\mathbf{H}_{k-n}^{T}(\mathbf{H}_{k-n}\mathbf{P}_{k-n}^{-}\mathbf{H}_{k-n}^{T} + \mathbf{R}_{k-n})^{-1} . \qquad (8.166)$$

Abschließend soll die aufgezeigte Vorgehensweise zur Verarbeitung eines verzögert verfügbaren Messwertes nochmals zusammengefasst werden:

Im Zeitraum zwischen Gültigkeit, Zeitpunkt $k-n$, und Verfügbarkeit, Zeitpunkt k, der verzögerten Messung werden unmittelbar anfallende Messwerte wie gewöhnlich verarbeitet und auch die Kovarianzmatrix des Schätzfehlers anhand der üblichen Gleichungen propagiert. Parallel dazu wird jedoch die Matrix $\mathbf{C}_{k,k-n}$ aufgebaut:

$$\mathbf{C}_{k,k-n} = \left(\prod_{i=1}^{n}\mathbf{\Phi}_{k-i}\left(\mathbf{I} - \mathbf{K}_{k-i}\mathbf{H}_{k-i}\right)\right)\mathbf{P}_{k-n}^{-} \qquad (8.167)$$

Liegt der verzögerte Messwert nun vor, wird eine Gewichtungsmatrix $\mathbf{K}_k^*$ berechnet:

$$\mathbf{K}_k^* = \mathbf{C}_{k,k-n}\mathbf{H}_{k-n}^T(\mathbf{H}_{k-n}\mathbf{P}_{k-n}^-\mathbf{H}_{k-n}^T + \mathbf{R}_{k-n})^{-1} \tag{8.168}$$

Durch Einsetzen von Gl. (8.148) in Gl. (8.152) erkennt man, dass die explizite Berechnung eines extrapolierten Messwertes nicht notwendig ist, vielmehr kann man schreiben

$$\hat{\vec{x}}_k^+ = \hat{\vec{x}}_k^- - \mathbf{K}_k^*\left(\mathbf{H}_{k-n}\hat{\vec{x}}_{k-n}^- - \tilde{\vec{y}}_k^{k-n}\right) . \tag{8.169}$$

Es genügt also, einfach die Innovation basierend auf der zum Gültigkeitszeitpunkt der Messung vorliegenden Zustandsschätzung zu berechnen. Die abschließende Anpassung der Kovarianzmatrix des Schätzfehlers erfolgt gemäß

$$\mathbf{P}_k^+ = \mathbf{P}_k^- - \mathbf{K}_k^*\mathbf{H}_{k-n}\mathbf{C}_{k,k-n}^T . \tag{8.170}$$

Die hier beschriebene Vorgehensweise ist suboptimal in dem Sinne, dass die verzögerte Verfügbarkeit eines Messwertes prinzipiell einen Einfluss hat: Wäre der Messwert zum Gültigkeitszeitpunkt verfügbar gewesen, hätte seine Verarbeitung zu einer Änderung der Kovarianzmatrix des Schätzfehlers geführt, so dass anschließend die unmittelbar verfügbaren Messwerte mit einer anderen Gewichtung verarbeitet worden wären. Diese Vorgehensweise ist jedoch der optimale Ansatz zur Verarbeitung des extrapolierten Messwertes bzw. der Innovation, die auf der zum Gültigkeitszeitpunkt vorliegenden Zustandsschätzung beruht. Wenn die Änderung des Schätzfehlers im Zeitraum zwischen Gültigkeit und Verfügbarkeit des Messwertes vernachlässigt werden kann – was sicherlich bei einem Großteil der Anwendungen gegeben ist – so kann man näherungsweise

$$\mathbf{C}_{k,k-n} \approx \mathbf{P}_k^- \approx \mathbf{P}_{k-n}^- \tag{8.171}$$

setzen. Das bedeutet, das die einzige Änderung gegenüber der Verarbeitung eines gewöhnlichen, unmittelbar verfügbaren Messwertes in der veränderten Berechnung der Innovation in Gl. (8.169) besteht, was praktisch keinen Mehraufwand bedeutet.

Natürlich sind auch Applikationen denkbar, bei denen der Gültigkeitszeitpunkt der Messung im voraus nicht bekannt ist. In diesem Fall kann eine einfache Berücksichtigung der Messwertverzögerung bei Eintreffen des Messwertes durch Umformulierung der Messgleichung mit Hilfe der Transitionsmatrix $\mathbf{\Phi}_{k-n,k} = \mathbf{\Phi}_{k,k-n}^{-1}$ erfolgen, die die Propagation des Systemzustandes vom Zeitschritt k zum Zeitschritt $k-n$ beschreibt:

$$\begin{aligned}\tilde{\vec{y}}_k^{k-n} &= \mathbf{H}_{k-n}\vec{x}_{k-n} + \vec{v}_{k-n} \\ &= \mathbf{H}_{k-n}\mathbf{\Phi}_{k,k-n}^{-1}\vec{x}_k + \vec{v}_{k-n}\end{aligned} \tag{8.172}$$

Die neue Messmatrix ist durch $\mathbf{H}_{k-n}\mathbf{\Phi}_{k,k-n}^{-1}$ gegeben, es können nun die üblichen Kalman-Filter-Gleichungen verwendet werden. Dieses Verfahren berücksichtigt die verzögerte Verfügbarkeit des Messwertes nur näherungsweise, da der Einfluss des Systemrauschens nicht exakt erfasst wird. Für das Anwendungsgebiet GPS/INS-Integration dürfte das unproblematisch sein. Mit etwas Mehraufwand kann je nach Szenario dieser Einfluss aber auch exakt oder zumindest näherungsweise erfasst werden, hierzu sind in der Target-Tracking-Literatur unter dem Stichwort out-of-sequence measurements (OOSM) eine Reihe von Verfahren zu finden.

8.5   Integrity Monitoring

In praktisch jedem Integrierten Navigationssystem ist irgendeine Form von Integrity Monitoring realisiert. Darunter versteht man Algorithmen, die die Konsistenz des Filteralgorithmus sicherstellen sollen, indem z.B. fehlerhafte Messwerte abgelehnt werden. Ein verbreitetes Verfahren ist, die Differenz zwischen vorliegendem Messwert $\tilde{\vec{y}}_k$ und Messwertvorhersage $\mathbf{H}_k \vec{x}_k^-$, sprich die Innovation, zu betrachten. Die Kovarianz der Innovation ist $\mathbf{H}_k \mathbf{P}_k^- \mathbf{H}_k^T + \mathbf{R}_k$; ist die Innovation größer als z.B. die dreifache Standardabweichung, sollte der Messwert unter Umständen abgelehnt werden. Dabei muss jedoch darauf geachtet werden, dass es zu keiner Entkopplung des Filters von der Realität kommt: Werden Messwerte abgelehnt, können je nach Szenario die Navigationsfehler mit der Zeit anwachsen, die Innovationen werden daher ebenfalls größer ausfallen. Wird dieses Anwachsen der Navigationsfehler nicht exakt in der $\mathbf{P}$-Matrix abgebildet, kann das zum Ablehnen von weiteren Messwerten führen, die keineswegs fehlerhaft waren.

In den meisten GPS-Empfängern werden Vorkehrungen getroffen, um zumindest möglichst wenige fehlerhafte Messungen an den Benutzer weiterzugeben, man spricht hier von Receiver Autonomous Integrity Monitoring (RAIM). Die bekanntesten Vertreter hierbei sind die Range-Comparison-Methode, die Least-Square-Methode und die Parity-Space-Methode[7]. Diese drei Methoden sind als äquivalent anzusehen, siehe [17], daher soll hier nur die einfachste beschrieben werden: Bei der Range-Comparison-Methode wird zunächst aus vier Pseudoranges die User-Position berechnet. Basierend auf dieser Position können die Pseudoranges zu weiteren Satelliten vorhergesagt und mit den tatsächlich gemessenen Pseudoranges verglichen werden. Fallen nun eine oder mehrere dieser Differenzen zwischen Vorhersage und Messung größer aus als die aufgrund des Messrauschens erwartete Ungenauigkeit, liegen mit großer Wahrscheinlichkeit fehlerhafte Messungen vor[8]. Um einen solchen Fehlerfall erklären zu können, müssen mindestens fünf Pseudoranges vorliegen. Bei mindestens sechs Pseudoranges kann durch Bildung geeigneter Permutationen eine einzelne fehlerhafte Messung identifiziert werden, bei sieben Pseudoranges sind zwei fehlerhafte Messungen identifizierbar.

Ein anderer Integrity-Monitoring-Ansatz wird in [96] beschrieben: Hier wird ein IMM verwendet, dessen elementare Filter durch Tightly Coupled GPS/INS-Filter gegeben sind, deren Zustandsvektor um jeweils einen Pseudorange-Bias, jeweils für einen anderen Satelliten, erweitert wurde. Bei dieser Vorgehensweise kann schon bei nur fünf Satelliten ein fehlerhafter Satellit nicht nur erkannt, sondern auch identifiziert werden –

---

[7]Für eine Implementierung bietet sich die Parity-Space-Methode an, da zur Identifikation einer fehlerhaften Messung nicht verschiedene Permutationen untersucht werden müssen wie z.B. bei der Range-Comparison-Methode.

[8]Gerade in städtischen Gebieten kann aufgrund der Abschattung von Satelliten ein so schlechtes GDOP auftreten, dass auch ohne fehlerhafte Messungen eine mit unakzeptabel großen Fehlern behaftete Positionsbestimmung resultiert.

natürlich ist der Rechenzeitbedarf bei diesem Verfahren, das zur Gruppe der Aircraft-Autonomous-Integrity-Monitoring-Verfahren (AAIM) zählt, beträchtlich.

8.6 Sigma-Point-Kalman-Filter

Momentan werden zur Fusion der Daten von GPS-Empfänger und Inertialsensoren fast ausschließlich erweiterte oder linearisierte Kalman-Filter eingesetzt, ihre prinzipielle Eignung für diese Aufgabe ist seit Jahrzehnten unumstritten. Dennoch liegt bei diesem Schätzproblem ein nichtlineares Systemmodell und zumindest im Falle eines Tightly Coupled Systems auch ein nichtlineares Messmodell vor. Wie in Abschnitt 6.4.3 ausgeführt approximiert ein Sigma-Point-Kalman-Filter bei nichtlinearen Transformationen die Kovarianz und den Mittelwert einer Zufallsvariable genauer als ein erweitertes Kalman-Filter. In der Literatur werden daher auch eine Reihe von Anwendungen beschrieben, bei denen mit einem Sigma-Point-Kalman-Filter bessere Ergebnisse erzielt werden konnten als mit einem erweiterten Kalman-Filter, dazu zählen z.B. die Zielverfolgung mittels Radar [129] und das Trainieren neuronaler Netze [118]. Im Folgenden soll untersucht werden, ob auch auf dem Gebiet der GPS/INS-Integration eine Steigerung von Genauigkeit, Zuverlässigkeit und Integrität des Navigationssystems erreicht werden kann, indem anstelle eines erweiterten Kalman-Filters ein Sigma-Point-Kalman-Filter eingesetzt wird.

8.6.1 Nichtlinearität eines Schätzproblems

Einen Unterschied in den Filterergebnissen von Sigma-Point-Kalman-Filter und erweitertem Kalman-Filter kann es nur geben, wenn die Terme höherer Ordnung, die von einem Sigma-Point-Kalman-Filter noch erfasst werden, bei den betreffenden Transformationen einen signifikanten Beitrag zu Mittelwert und Kovarianz liefern. Auf den ersten Blick überraschend sind dafür die nichtlinearen Gleichungen des System- und Messmodells nur von sekundärer Bedeutung, wesentlich entscheidender für die 'Nichtlinearität' des Schätzproblems sind die gewählte Zeitschrittweite und die Unsicherheit der Zustandsschätzung. Diese Zusammenhänge sollen anhand eines einfachen Beispiels illustriert werden.

Hierzu wird die zweidimensionale Bewegung eines Fahrzeugs in einer Ebene betrachtet. Das Fahrzeug soll sich mit einer konstanten, bekannten Geschwindigkeit v_{abs} in Fahrzeuglängsrichtung bewegen. Der Systemzustand lässt sich mit drei Zustandsvariablen beschreiben, der Fahrzeugposition in x- und y-Richtung und dem Yaw-Winkel $\vec{\psi}$, der die Bewegungsrichtung angibt. Das nichtlineare Systemmodell ist somit durch die Gleichungen

$$\dot{x} = -v_{abs}\sin\psi \qquad (8.173)$$

$$\dot{y} = v_{abs}\cos\psi \qquad (8.174)$$

$$\dot{\psi} = \omega \qquad (8.175)$$

gegeben, ω ist die Drehrate der Drehung um die Fahrzeughochachse. Wird diese ebenfalls

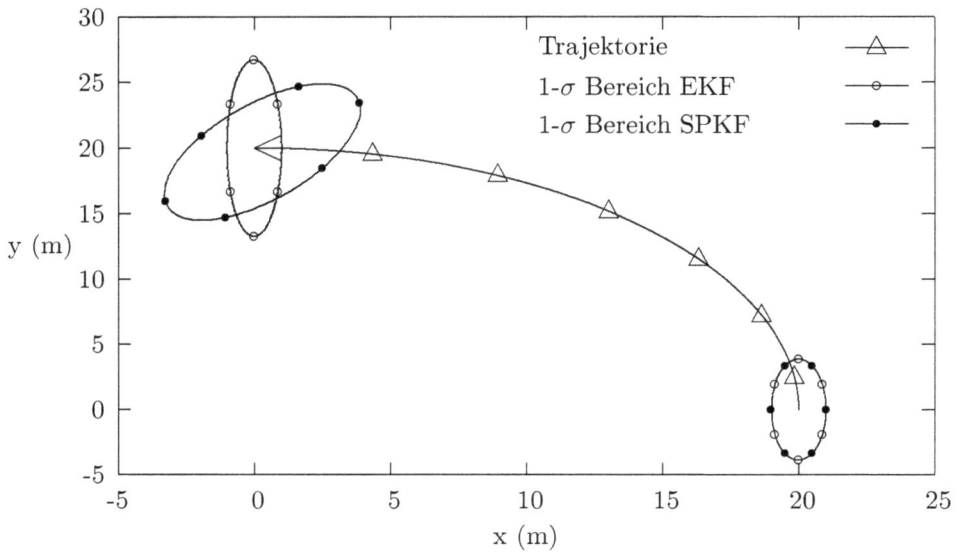

Abbildung 8.18: *Propagation der Kovarianz mit EKF und SPKF, Standardabweichung Yaw zu Beginn zehn Grad, ein Zeitschritt.*

als konstant angenommen, kann sehr leicht eine analytische Lösung des Differentialgleichungssystems (8.173)–(8.175) bestimmt werden. Anhand dieses Besipiels soll analysiert werden, wie die Kovarianz der Fahrzeugposition während einer neunzig Grad Kreisbogenfahrt von einem erweiterten Kalman-Filter und von einem Sigma-Point-Kalman-Filter propagiert wird.

Abb. 8.18 zeigt die initialen 1-Sigma-Kovarianzellipsen der beiden Filter, die Standardabweichung der Positionsunsicherheit in Fahrzeuglängsrichtung wurde zu 3.9 m, in Fahrzeugquerrichtung zu 1.0 m gewählt. Die initiale Standardabweichung des Yaw-Winkels wurde zu zehn Grad angenommen, der gesamte Kreisbogen wird in einem einzigen Zeitschritt durchfahren. Abb. 8.18 zeigt zusätzlich die propagierten Kovarianzellipsen nach der Kreisbogenfahrt an den von den Filtern bestimmten Positionen, die analytisch berechnete Trajektorie ist ebenfalls eingezeichnet. Offensichtlich unterscheiden sich die propagierten Kovarianzellipsen deutlich. Bestimmt man die korrekte Kovarianzellipse z.B. durch ein Monte-Carlo-Sampling, stellt man fest, dass der Sigma-Point-Kalman-Filter ein sehr gutes Ergebnis liefert, die Kovarianzellipse des erweiterten Kalman-Filters spiegelt die tatsächliche Unsicherheit der propagierten Position massiv fehlerhaft wieder, in Fahrzeugquerrichtung wird eine zu große Unsicherheit, in Fahrzeuglängsrichtung eine zu kleine Unsicherheit berechnet. Dadurch würden Positionsmessungen, die die Position in Fahrzeuglängsrichtung korrigieren könnten zu gering gewichtet, was bis zur Divergenz des Filters führen könnte. Die bei der Kovarianz-Ellipse des Sigma-Point-Kalman-Filters vorliegende Verdrehung lässt sich auch anschaulich erklären: Denkt man sich die Trajektorie aufgrund der Winkelunsicherheit um einige Grad in die eine oder

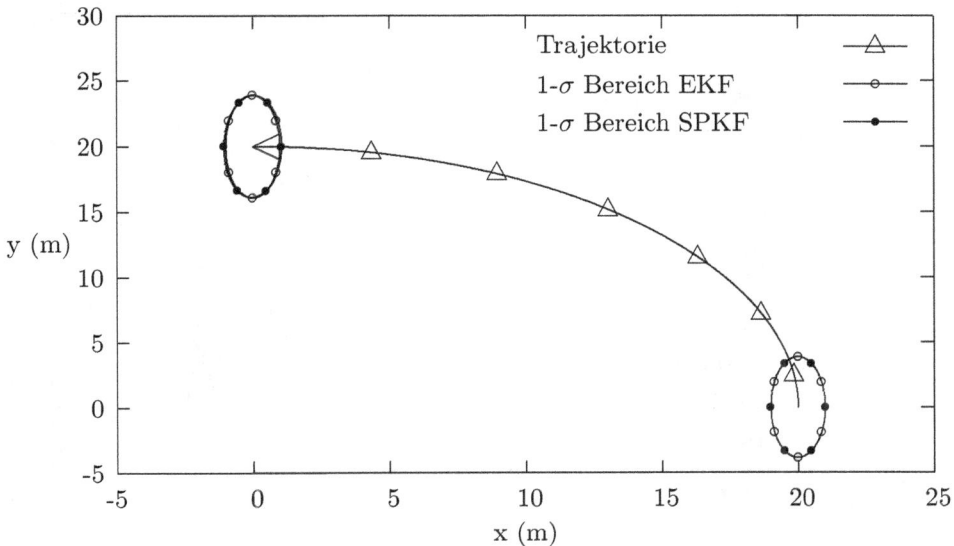

Abbildung 8.19: *Propagation der Kovarianz mit EKF und SPKF, Standardabweichung Yaw zu Beginn ein Grad, ein Zeitschritt.*

in die andere Richtung verdreht, so kommt der Endpunkt der Trajektorie in der Nähe des Schnittpunktes der großen Halbachse mit dem Ellipsenrand zu liegen.

In dem betrachteten Szenario spielen die vom erweiterten Kalman-Filter nicht erfassten Terme offensichtlich eine wichtige Rolle, ihre Vernachlässigung führt zu massiven Fehlern. Das ändert sich, wenn anstelle einer initialen Winkelunsicherheit von zehn Grad eine Winkelunsicherheit von einem Grad angenommen wird, die restlichen Parameter der Simulation bleiben unverändert. Für dieses Szenario erhält man die in Abb. 8.19 dargestellten Ergebnisse. Aufgrund der geringeren Anfangsunsicherheit des Winkels, die maßgeblich in die Terme höherer Ordnung eingeht, können diese ohne weiteres vernachlässigt werden. Das Sigma-Point-Kalman-Filter und das erweiterte Kalman-Filter liefern nahezu identische Ergebnisse.

Ähnliche Ergebnisse erhält man auch für die große Anfangswinkelunsicherheit von zehn Grad, wenn man eine geringere Zeitschrittweite wählt. Wird der Kreisbogen z.B. in dreißig Zeitschritten durchfahren, erhält man die in Abb. 8.20 dargestellten Ergebnisse. Die durch die große Winkelunsicherheit verursachte Verdrehung der Kovarianzellipse, die in Abb. 8.18 nur vom Sigma-Point-Kalman-Filter erfasst werden konnte, ist auch beim erweiterten Kalman-Filter feststellbar.

Dieses einfache Beispiel illustriert eindrucksvoll, dass bei dem selben Schätzproblem verglichen mit einem Sigma-Point-Kalman-Filter ein erweitertes Kalman-Filter gleichwertige, aber auch deutlich schlechtere Ergebnisse liefern kann. Ob unterschiedliche Ergebnisse resultieren, hängt in erster Linie von der Zeitschrittweite und der Kovarianz

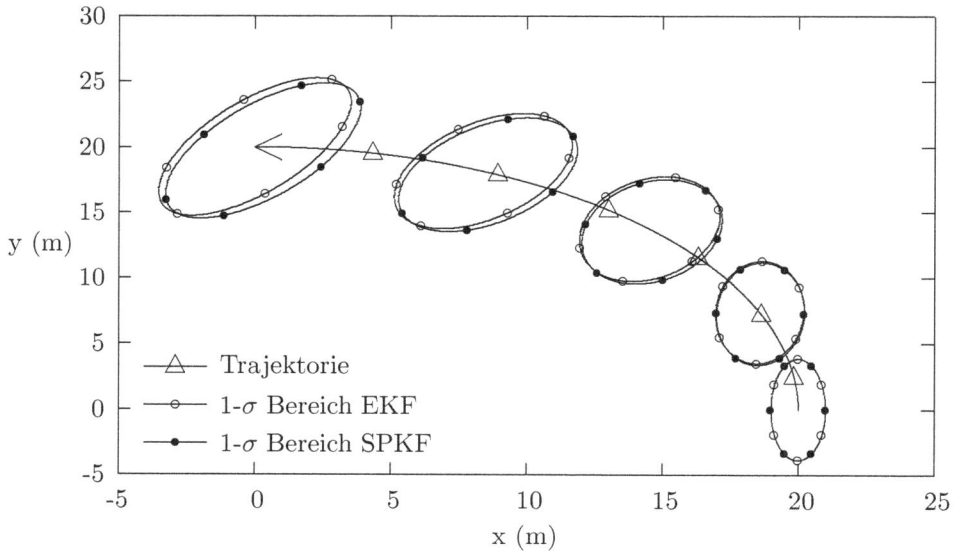

Abbildung 8.20: *Propagation der Kovarianz mit EKF und SPKF, Standardabweichung Yaw zu Beginn zehn Grad, dreißig Zeitschritte.*

der Zustandsschätzung ab.

8.6.2   Simulationsergebnisse

In diesem Abschnitt werden zwei Tightly Coupled GPS/INS-Systeme, basierend auf einem linearisierten Kalman-Filter und einem Sigma-Point-Kalman-Filter, in numerischen Simulationen verglichen. Grundlage beider Filter sind die nichtlinearen Gleichungen der Inertialnavigation. Bei dem Sigma-Point-Kalman-Filter wurde eine totalstate-space-Formulierung gewählt, um die unvermeidlichen Linearisierungsfehler bei der Bestimmung eines Fehlersystemmodells zu vermeiden. Bei dem linearisierten Kalman-Filter konnte mit Eulerwinkelfehlern gearbeitet werden, da diese als klein angenommen werden können und die bei neunzig Grad Pitch auftretenden Singularitäten und Mehrdeutigkeiten somit keine Rolle spielen, siehe Abschnitt 8.2.1. Die absoluten Lagewinkel hingegen können nicht als klein angenommen werden, daher wurden in den Zustandsvektor des Sigma-Point-Kalman-Filters anstelle von drei Winkeln die vier Komponenten des Lage-Quaternions aufgenommen.

In den numerischen Simulationen wurden Inertialsensoren unterschiedlicher Güte betrachtet, von low-cost-MEMS bis FOG. Die gewählten Sensorparameter sind in Tab. 8.1 angegeben. Damit wird eine große Bandbreite von Anwendungen abgedeckt, von Flugkörpernavigation bis Micro-Aerial-Vehicles (MAV).

Die GPS-Pseudorange- und Deltarange-Messungen wurden ebenfalls synthetisch er-

Tabelle 8.1: Parameter der in den numerischen Simulationen angenommenen Inertialsensoren.

	Low-Cost MEMS IMU	MEMS IMU	FOG IMU
B.-Messer const. Bias	10 mg	5 mg	5 mg
B.-Messer Bias Drift*	0.2 mg, 1000 s	1.0 mg, 3600 s	0.0
B.-Messer random walk	$0.4\,\mathrm{mg}/\sqrt{\mathrm{Hz}}$	$0.4\,\mathrm{mg}/\sqrt{\mathrm{Hz}}$	$0.05\,\mathrm{mg}/\sqrt{\mathrm{Hz}}$
B.-Messer Skalenfaktorf.	0.5%	0.5%	200 ppm
B.-Messer Misalignment	3.5 mrad	3.5 mrad	0.5 mrad
Gyroscope const. Bias	360 °/h	75 °/h	5 °/h
Gyroscope Bias Drift*	72 °/h, 1000 s	3 °/h, 3600 s	0.0
Gyroscope Random Walk	$3.5\,°/\sqrt{\mathrm{h}}$	$0.3\,°/\sqrt{\mathrm{h}}$	$0.1\,°/\sqrt{\mathrm{h}}$
Gyroscope Skalenfaktorf.	0.5%	0.5%	100 ppm
Gyroscope Misalignment	3.5 mrad	3.5 mrad	0.5 mrad
Update-Rate	100 Hz	100 Hz	200 Hz

* Parameter eines Gauss-Markov-Prozesses erster Ordnung.

zeugt, wobei ein C/A-Code-Empfänger angenommen wurde. Als Messfehler wurden Ionosphärenfehler, Tropsphärenfehler, Ephemeridenfehler, Fehler durch Mehrwegeausbreitung und Empfängerrauschen simuliert. Die dafür benötigten Fehlermodelle wurden [101] entnommen und anhand von realen Messdaten validiert. Für das Empfänger-Uhrenfehlermodell wurden typische Werte verwendet, wie sie in [18] angegeben sind. Die Satellitenkonstellation wurde anhand realer Almanach-Daten simuliert. Als Anfangspositionsfehler wurden 30 m angenommen, die Geschwindigkeitsfehler betrugen 1 m/s, die Lagefehler wurden für Roll und Pitch zu 35 mrad, für Yaw zu 85 mrad gewählt. Diese Anfangsfehler sind jeweils als Standardabweichungen zu verstehen, d.h. die tatsächlichen Anfangsfehler wurden vor jedem Simulationslauf mit einem Zufallszahlengenerator bestimmt.

Zuerst wurden Simulationen mit einer guten Satellitenverfügbarkeit durchgeführt, die Ergebnisse für eine low-cost-MEMS-IMU und eine FOG-IMU sind in Abb. 8.21 bis 8.23 und Abb. 8.24 bis 8.26 dargestellt. Offensichtlich liefern das linearisierte Kalman-Filter und das Sigma-Point-Kalman-Filter nahezu identische Ergebnisse, lediglich in der ersten Phase der Simulation scheinen die Geschwindigkeits- und Lageschätzungen bei dem auf einer FOG-IMU basierenden System bei Verwendung eines Sigma-Point-Kalman-Filters geringfügig schneller zu konvergieren.

Der wesentliche Vorteil eines Tightly Coupled Systems gegenüber einem Loosely Coupled System besteht in der Fähigkeit, bei weniger als vier sichtbaren Satelliten eine – wenn auch eingeschränkte – Stützung der Inertialnavigation realisieren zu können. Um das Verhalten der Filter in einem solchen Szenario beurteilen zu können wurden Simulationen durchgeführt, bei denen in der Zeit von 150 Sekunden bis 300 Sekunden nur drei Satelliten, von 300 Sekunden bis 350 Sekunden nur zwei Satelliten, von 450 Sekunden bis 500 Sekunden nur ein Satellit und schließlich von 650 Sekunden bis 700 Sekunden kein Satellit sichtbar war. Außerhalb dieser Zeiträume standen sechs bis sieben Satelliten zur Verfügung. Die Positions-, Geschwindigkeits- und Lagefehler in diesem Szenario bei Verwendung einer low-cost-MEMS-IMU sind in Abb. 8.27 bis 8.29 dargestellt. Wie

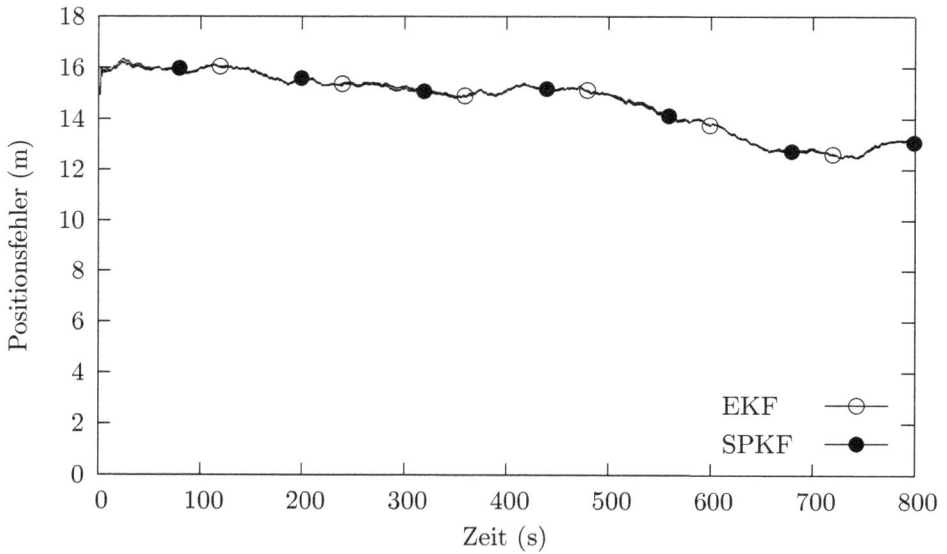

Abbildung 8.21: *RMS-Werte der Positionsfehler gemittelt über 25 Simulationsläufe, gute Satellitenverfügbarkeit, low-cost-MEMS-IMU.*

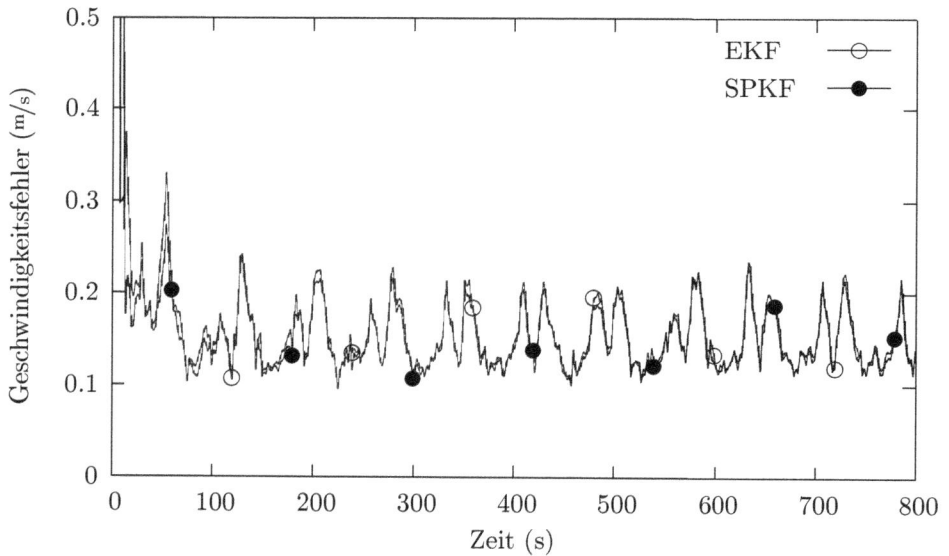

Abbildung 8.22: *RMS-Werte der Geschwindigkeitsfehler gemittelt über 25 Simulationsläufe, gute Satellitenverfügbarkeit, low-cost-MEMS-IMU.*

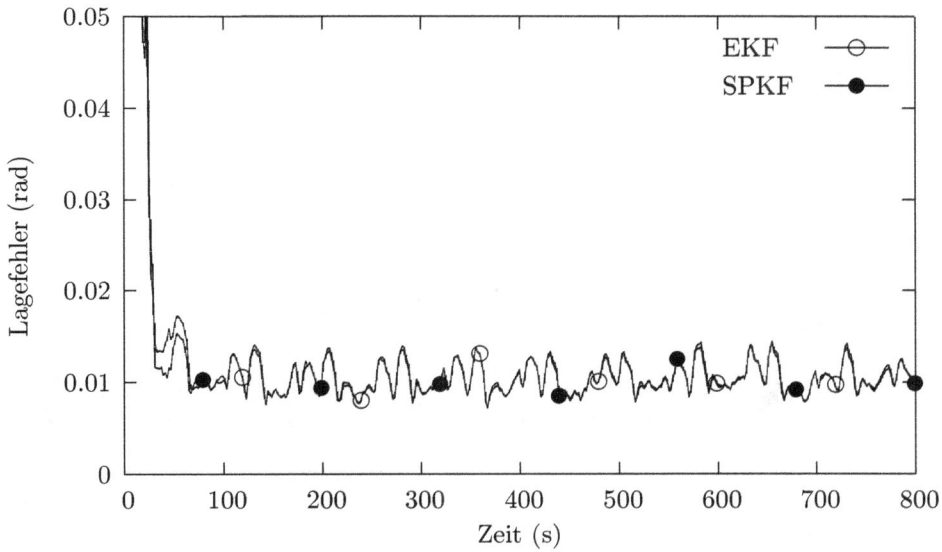

Abbildung 8.23: *RMS-Werte der Lagefehler gemittelt über 25 Simulationsläufe, gute Satellitenverfügbarkeit, low-cost-MEMS-IMU.*

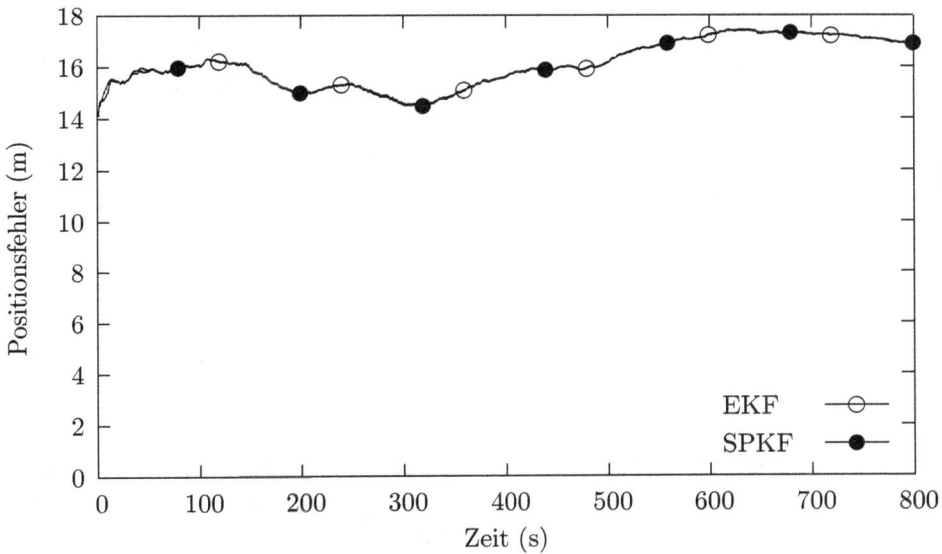

Abbildung 8.24: *RMS-Werte der Positionsfehler gemittelt über 25 Simulationsläufe, gute Satellitenverfügbarkeit, low-cost-MEMS-IMU.*

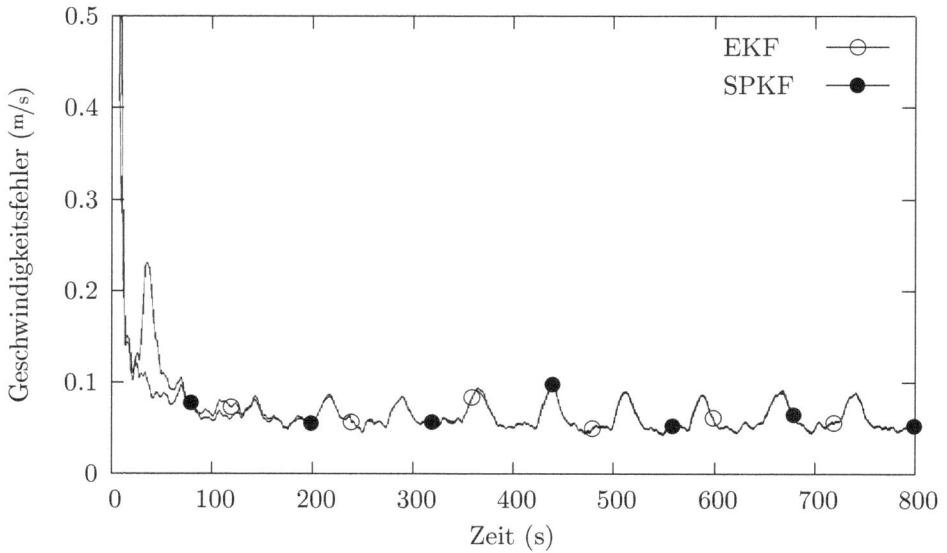

Abbildung 8.25: *RMS-Werte der Geschwindigkeitsfehler gemittelt über 25 Simulationsläufe, gute Satellitenverfügbarkeit, low-cost-MEMS-IMU.*

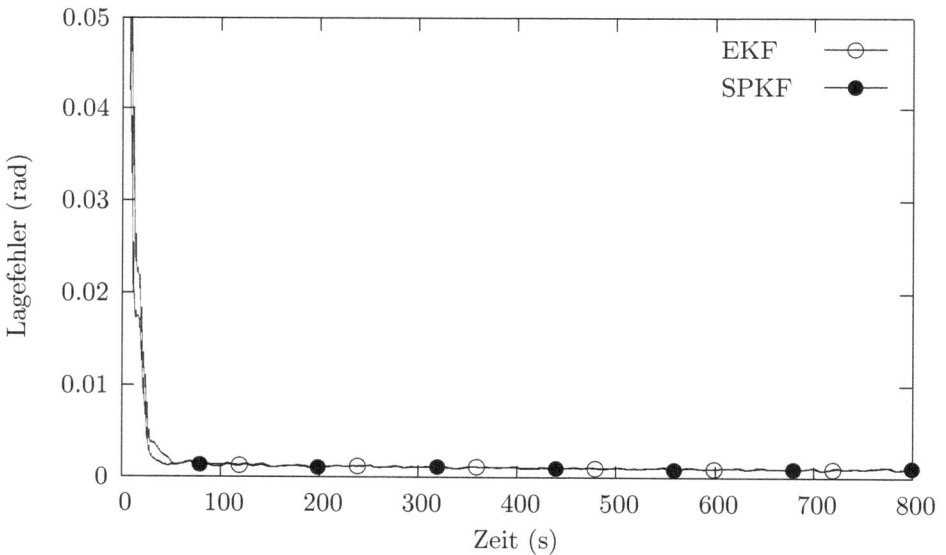

Abbildung 8.26: *RMS-Werte der Lagefehler gemittelt über 25 Simulationsläufe, gute Satellitenverfügbarkeit, low-cost-MEMS-IMU.*

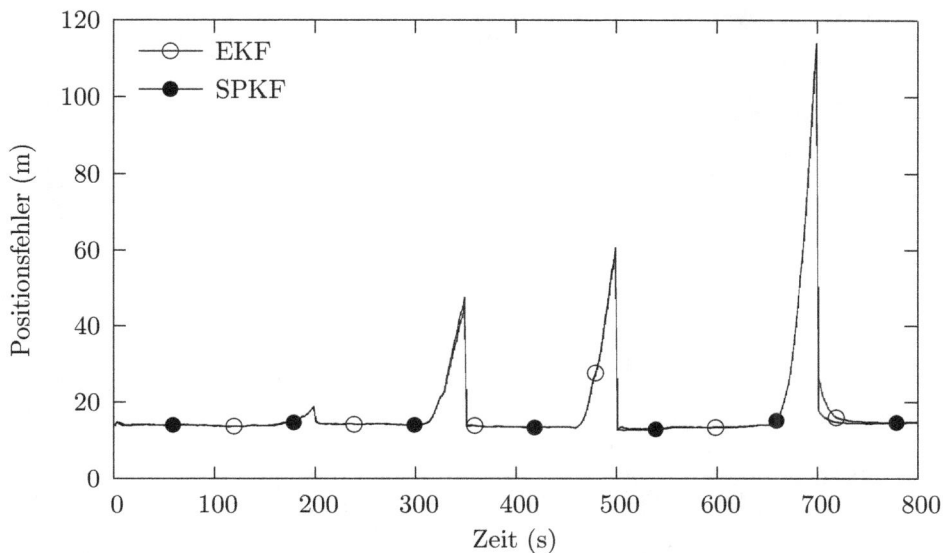

Abbildung 8.27: *RMS-Werte der Positionsfehler gemittelt über 25 Simulationsläufe, einge-schränkte Satellitenverfügbarkeit, low-cost-MEMS-IMU.*

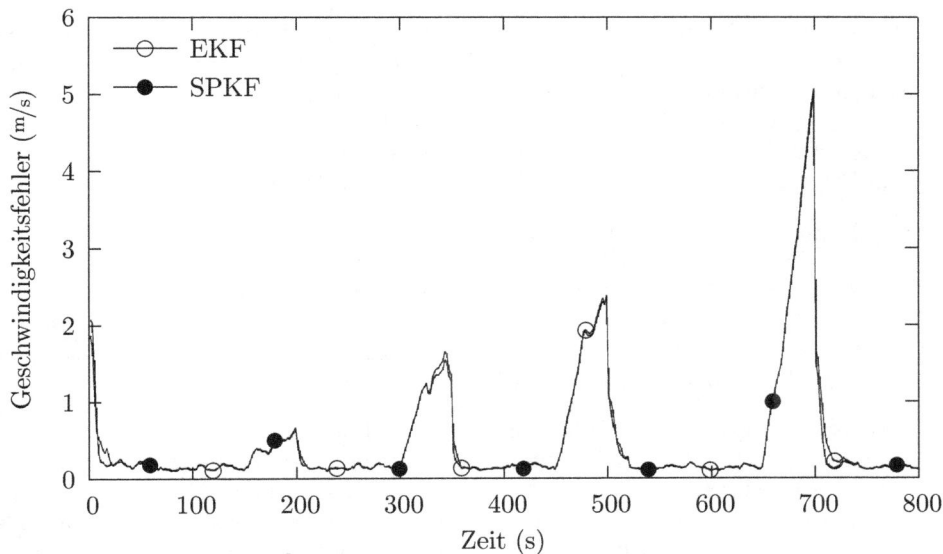

Abbildung 8.28: *RMS-Werte der Geschwindigkeitsfehler gemittelt über 25 Simulationsläufe, eingeschränkte Satellitenverfügbarkeit, low-cost-MEMS-IMU.*

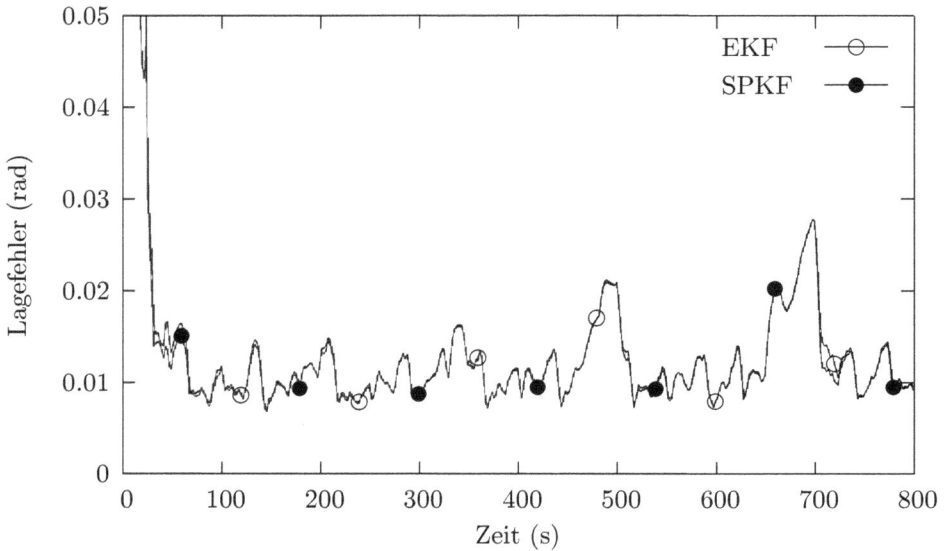

Abbildung 8.29: *RMS-Werte der Lagefehler gemittelt über 25 Simulationsläufe, eingeschränkte Satellitenverfügbarkeit, low-cost-MEMS-IMU.*

erwartet wachsen die Navigationsfehler bei reduzierter Satellitenverfügbarkeit zwar mit der Zeit an, das jedoch deutlich langsamer als in dem letzten Zeitintervall, in dem keinerlei Satelliten sichtbar waren. Das relativ schnelle Anwachsen der Navigationsfehler ist auf die geringe Güte der MEMS-IMU zurückzuführen. Wie bei den Simulationen mit vollständigen Satellitenkonstellationen liefern hier das linearisierte Kalman-Filter und das Sigma-Point-Kalman-Filter praktisch identische Ergebnisse.

Diese Simulationsergebnisse konnten anhand realer Sensordaten verifiziert werden. Dazu wurden die in einer Testfahrt aufgezeichneten Daten herangezogen, die bereits in Abschnitt 8.2.4 beim Vergleich von Loosely und Tightly Coupled Systemen verwendet wurden. Die Positionslösungen beider Filter sind in Abb. 8.30 dargestellt, diese sind praktisch identisch. Gleiches gilt für die Geschwindigkeits-, Lage- und Bias-Schätzungen, auf deren Darstellung hier verzichtet wurde.

Aus diesen Ergebnissen kann geschlossen werden, das für realistische Szenarien durch Einsatz eines Sigma-Point-Kalman-Filters nicht mit einer Verbesserung der Navigationsergebnisse zu rechnen ist. Dass es dennoch prinzipielle Unterschiede zwischen den beiden Filtertypen gibt, zeigt sich, wenn z.B. unrealistisch große Anfangspositionsfehler angenommen werden. Diese Situation ist am Beispiel eines auf einer MEMS-IMU basierenden Systems in Abb. 8.31 dargestellt. Man erkennt, dass das erweiterte Kalman-Filter deutlich langsamer konvergiert und auch nach längerer Zeit noch nicht die Genauigkeit des Sigma-Point-Kalman-Filters erreicht. Die Ursache hierfür ist jedoch nicht darin zu sehen, dass ein linearisiertes oder erweitertes Kalman-Filter in diesem Szenario grund-

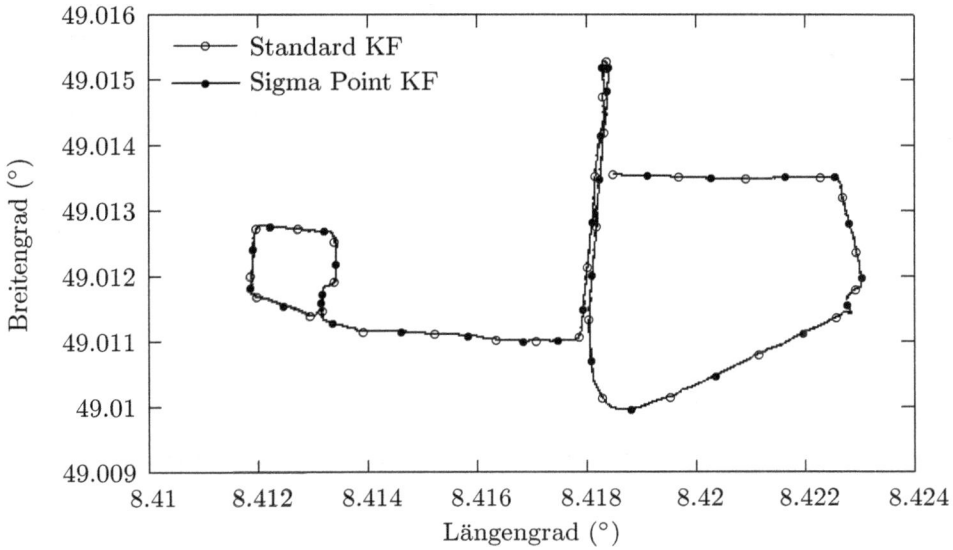

Abbildung 8.30: *Positionslösung eines linearisierten und eines Sigma-Point-Kalman-Filters bei Verarbeitung realer Sensordaten.*

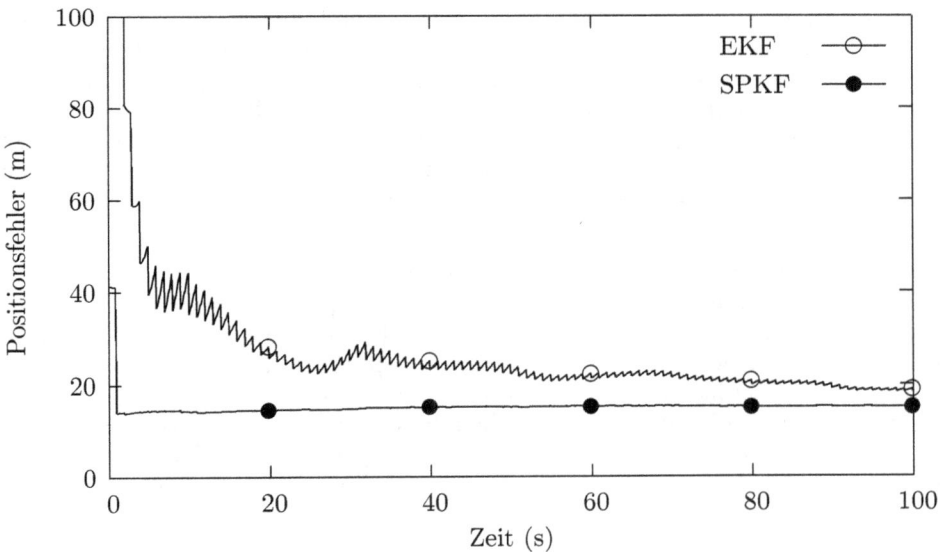

Abbildung 8.31: *RMS-Werte der Positionsfehler gemittelt über 25 Simulationsläufe bei unrealistisch großen Anfangspositionsfehlern von 30 km, gute Satellitenverfügbarkeit, MEMS-IMU.*

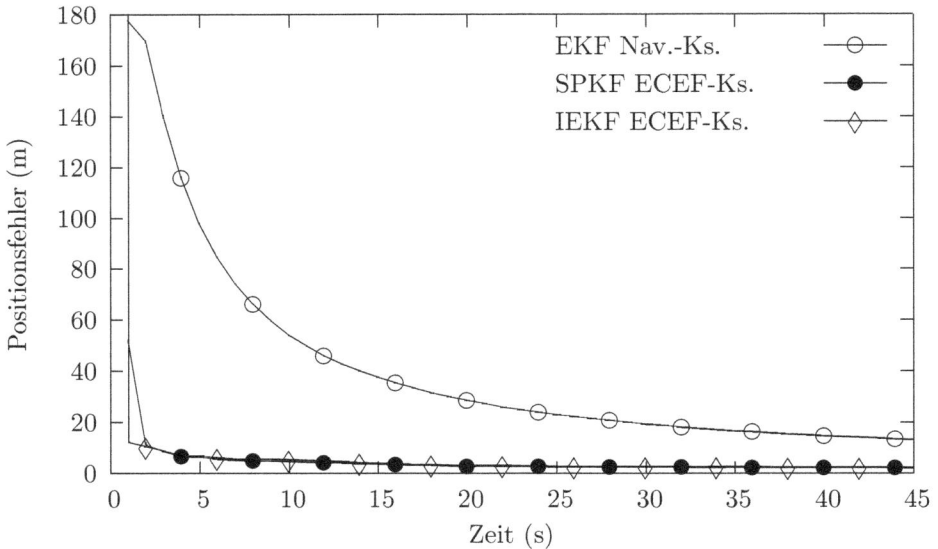

Abbildung 8.32: *RMS-Werte der Positionsfehler bei einer Positionsbestimmung anhand von Pseudoranges, 100 Simulationsläufe, Anfangspositionsfehler 60 km, gute Satellitenverfügbarkeit*

sätzlich schlechter geeignet ist – lediglich die getroffenen Designentscheidungen sind hier ungeeignet. Dazu zählt vor allem die Wahl einer Mechanisierung in Koordinaten des Navigationskoordinatensystems; ist die Position massiv fehlerhaft, so ergeben sich bei der Umrechnung der Satellitenpositionen in das Navigationskoordinatensystem zusätzliche Fehler. Abhilfe könnte hier eine Mechanisierung in Koordinaten des erdfesten Koordinatensystems schaffen. Dies wird in Abb. 8.32 illustriert, die Simulationsergebnisse einer Positionsbestimmung anhand von Pseudorange-Messungen zeigt. Die Anfangspositionsfehler betrugen 60 km.

Verglichen werden ein Sigma-Point-Kalman-Filter, das die Position im erdfesten Koordinatensystem bestimmt, ein erweitertes Kalman-Filter, das in Navigationskoordinaten arbeitet und ein sogenanntes iteriertes erweitertes Kalman-Filter, das ebenfalls die Position im erdfesten Koordinatensystem schätzt. Ein iteriertes Kalman-Filter ist dadurch gekennzeichnet, dass im Messschritt zunächst wie gewöhnlich die Gewichtungsmatrix $\mathbf{K}_k$ berechnet und anhand der vorliegenden Messwerte die Zustandsschätzung angepasst wird. Anschließend erfolgt aber nicht die Anpassung der Kovarianzmatrix des Schätzfehlers, stattdessen wird um die verbesserte Zustandsschätzung erneut linearisiert, eine verbesserte Messmatrix und eine verbesserte Gewichtsmatrix bestimmt und damit eine neue, verbesserte Zustandsschätzung ermittelt. Dieser Vorgang wird einige Male wiederholt, bevor am Ende schließlich die Anpassung der Kovarianzmatrix des Schätzfehlers den Messschritt abschließt. Betrachtet man die Simulationsergebnisse in Abb. 8.32, so erkennt man, dass auch hier die großen Anfangspositionsfehler bei einem error-state-space-Kalman-Filter in Navigationskoordinaten zu einer sehr langsamen

Konvergenz und bleibenden Abweichungen führen. Das Sigma-Point-Kalman-Filter hingegen kommt mit diesem Szenario sehr gut zurecht. Interessanterweise zeigt das iterierte Kalman-Filter eine noch schnellere Konvergenz als das Sigma-Point-Kalman-Filter. Ebenso relevant wie die Unsicherheit der Zustandsschätzung und die Zeitschrittweite ist also die Wahl einer geeigneten Filter Implementierung. Der Entwurf eines Sigma-Point-Kalman-Filters erfordert hierbei sicherlich weniger Erfahrung, was ein Vorteil ist. Mit einem an das erwartete Szenario angepassten Kalman-Filter hingegen kann in vielen Fällen mit deutlich weniger Rechenzeit die gleiche Genauigkeit und Integrität, d.h. Übereinstimmung zwischen der Kovarianzmatrix der Schätzfehler des Filters und den tatsächlich vorliegenden Schätzfehlern, erzielt werden.

Es gibt jedoch auch Anwendungsfälle, bei denen ein Sigma-Point-Kalman-Filter deutlich bessere Ergebnisse liefert als ein erweitertes oder linearisiertes Kalman-Filter, ein Beispiel hierfür ist die Objektverfolgung mittels Radar.

8.6.3 Theoretischer Vergleich mit Objektverfolgung

Die Messgleichung einer Radar-Abstandsmessung ist gegeben durch

$$\tilde{y}_r = h(x, y, z, v_r) = \sqrt{x^2 + y^2 + z^2} + v_r = r + v_r \,, \tag{8.176}$$

wobei $(x, y, z)^T$ den Vektor bezeichnet, der vom Radar zum Ziel weist. Diese Gleichung ist, abgesehen von dem linear eingehenden Uhrenfehler, identisch zu einer Pseudorange-Messgleichung. Mehrere Autoren berichten bei der Objektverfolgung mittels Radar von besseren Ergebnissen beim Einsatz eines Sigma-Point-Kalman-Filters anstelle eines erweiterten Kalman-Filters, während in den vorigen Abschnitten gezeigt wurde, dass bei GPS/INS-Systemen nicht mit einer Leistungssteigerung zu rechnen ist. Die Ursache hierfür ist, dass sich bei einem Objektverfolgungsszenario die Nichtlinearität der Messgleichung und die Unsicherheiten der Zustandsschätzung in einem Bereich bewegen können, in dem die Terme höherer Ordnung, die von einem erweiterten Kalman-Filter nicht erfasst werden, eine Rolle spielen – es muss also eine ähnliche Situation vorliegen wie bei der im vorigen Abschnitt beschriebenen GPS/INS-Integration mit unrealistisch großen Anfangspositionsfehlern, siehe Abb. 8.31. Diese Vermutung soll im Folgenden durch die explizite Berechnung des Terms zweiter Ordnung für in beiden Anwendungsbereichen typische Zahlenwerte bestätigt werden.

Für die Messgleichung (8.176) ergibt sich der Term zweiter Ordnung, siehe Abschnitt 6.4.3, zu

$$\begin{aligned}
\left(\frac{\nabla^T \mathbf{P} \nabla}{2!}\right) h(\vec{x}) &= \frac{1}{2!} \begin{pmatrix} \frac{\partial}{\partial x} & \frac{\partial}{\partial y} & \frac{\partial}{\partial z} \end{pmatrix} \cdot \mathbf{P} \begin{pmatrix} \frac{\partial}{\partial x} \\ \frac{\partial}{\partial y} \\ \frac{\partial}{\partial z} \end{pmatrix} h(\vec{x}) \\
&= \frac{1}{2} P_{11} \frac{\partial^2 h(\vec{x})}{\partial x^2} + \frac{1}{2} P_{22} \frac{\partial^2 h(\vec{x})}{\partial y^2} + \frac{1}{2} P_{33} \frac{\partial^2 h(\vec{x})}{\partial z^2}) \\
&\quad + P_{12} \frac{\partial^2 h(\vec{x})}{\partial x \partial y} + P_{23} \frac{\partial^2 h(\vec{x})}{\partial y \partial z} + P_{13} \frac{\partial^2 h(\vec{x})}{\partial x \partial z} \,.
\end{aligned} \tag{8.177}$$

Für die darin auftretenden Ableitungen erhält man

$$\frac{\partial^2 h(\vec{x})}{\partial x^2} = \frac{1}{r} - \frac{x^2}{r^3}\,, \quad \frac{\partial^2 h(\vec{x})}{\partial y^2} = \frac{1}{r} - \frac{y^2}{r^3}\,, \quad \frac{\partial^2 h(\vec{x})}{\partial z^2} = \frac{1}{r} - \frac{z^2}{r^3}\,, \quad (8.178)$$

$$\frac{\partial^2 h(\vec{x})}{\partial x \partial y} = -\frac{xy}{r^3}\,, \quad \frac{\partial^2 h(\vec{x})}{\partial y \partial z} = -\frac{yz}{r^3}\,, \quad \frac{\partial^2 h(\vec{x})}{\partial x \partial z} = -\frac{xz}{r^3}\,. \quad (8.179)$$

Bei jedem dieser Terme steht der Abstand bzw. die dritte Potenz des Abstandes im Nenner. Bei einer Pseudorange-Messung ist das der Abstand zwischen GPS-Antenne und Satellit, dieser beträgt ungefähr 20 000 km. Der Abstand zwischen Radar und Ziel ist bei der Objektverfolgung natürlich wesentlich kleiner. Gleichzeitig erkennt man an der Gestalt dieser Ableitungen, dass die Terme vierter oder sechster Ordnung deutlich kleiner sein müssen als der hier betrachtete Term zweiter Ordnung.

Setzt man als einen typischen Abstandsvektor zwischen GPS-Antenne und Satellit

$$\vec{x} = \begin{pmatrix} 7.0e6\,\text{m} & 9.4e6\,\text{m} & 1.7e7\,\text{m} \end{pmatrix} \quad (8.180)$$

an, so erhält man bei einer Positionsunsicherheit von zehn Metern,

$$\mathbf{P} = \begin{pmatrix} 100\,\text{m}^2 & 0 & 0 \\ 0 & 100\,\text{m}^2 & 0 \\ 0 & 0 & 100\,\text{m}^2 \end{pmatrix}\,, \quad (8.181)$$

als Zahlenwert des Terms zweiter Ordnung

$$\left(\frac{\nabla^T \mathbf{P} \nabla}{2!} \right) h(\vec{x}) = 5.9 \times 10^{-6}\,\text{m}\,. \quad (8.182)$$

Bei der Objektverfolgung ist der Abstand zwischen Radar und Zielobjekt typischerweise kleiner als zweihundert Kilometer, die Positionsunsicherheit ist in Richtung des Zielobjektes sehr viel kleiner als senkrecht dazu. Setzt man hier nun als Zahlenwerte beispielsweise

$$\vec{x} = \begin{pmatrix} 7.0e4\,\text{m} & 0\,\text{m} & 0\,\text{m} \end{pmatrix} \quad (8.183)$$

und

$$\mathbf{P} = \begin{pmatrix} 100\,\text{m}^2 & 0 & 0 \\ 0 & 4.0e5\,\text{m}^2 & 0 \\ 0 & 0 & 4.0e5\,\text{m}^2 \end{pmatrix}\,, \quad (8.184)$$

so ergibt sich für den Term zweiter Ordnung

$$\left(\frac{\nabla^T \mathbf{P} \nabla}{2!} \right) h(\vec{x}) = 5.7\,\text{m}\,. \quad (8.185)$$

Als Genauigkeit einer Radar-Abstandsmessung können zwei Meter angenommen werden. Der Fehler, der bei der Vernachlässigung des Terms zweiter Ordnung resultiert, ist also deutlich größer als die Messunsicherheit. Bei der GPS-Pseudorange-Messung liegt die Messgenauigkeit selbst bei Verwendung von DGPS-Korrekturen im Bereich einiger Dezimeter, der hier bei der Vernachlässigung des Terms zweiter Ordnung resultierende Fehler von einigen Mikrometern ist also vollkommen irrelevant. Diese Überlegungen bestätigen daher die Ergebnisse der numerischen Simulationen aus Abschnitt 8.6.2.

Auch bei der Objektverfolgung mittels Radar können Szenarien auftreten, in denen ein erweitertes Kalman-Filter eine vergleichbare Genauigkeit erreicht wie ein Sigma-Point-Kalman-Filter, das trifft vor allem bei einer guten Winkelauflösung des Radars zu[9]. Als interessante Alternative zum Einsatz eines Sigma-Point-Kalman-Filters bei allen Szenarien ist der BLUE-Filter zu nennen, BLUE steht für 'best linear unbiased estimator'. Eine Beschreibung dieses Filtertyps ist z.B. in [132] zu finden.

8.7   Fixed-Interval Smoother

Unter der Voraussetzung, dass die benötigte Rechenleistung zur Verfügung gestellt werden kann, sind die bisher vorgestellten Algorithmen in der Lage, in Echtzeit eine Navigationslösung zu liefern. Ist Echtzeitfähigkeit kein Kriterium, kann anstelle eines Filters ein fixed-interval Smoother[10] eingesetzt werden. Hierzu werden alle Navigationssensordaten aufgezeichnet und anschließend off-line prozessiert. Dabei kann, verglichen mit der Echtzeit-Lösung eines Filters, eine unter Umständen deutliche Genauigkeitssteigerung erzielt werden.

8.7.1   Gleichungen des RTS-Smoothers

Prinzipiell werden drei Arten von Smoothern unterschieden, fixed-lag, fixed-point und fixed-interval Smoother.

Die Zustandsschätzung eines Filters zum Zeitpunkt k basiert auf allen bis zum Zeitpunkt k vorhandenen Messwerten:

$$\hat{\vec{x}}_k^+ = E\left[\vec{x}_k | \tilde{\vec{y}}_k, \tilde{\vec{y}}_{k-1}, \ldots, \tilde{\vec{y}}_0\right] \qquad (8.186)$$

Ein fixed-lag Smoother hingegen betrachtet zur Berechnung des Schätzwertes zum Zeitpunkt k alle Messwerte bis zum Zeitpunkt $k+m$, der Schätzwert des fixed-lag Smoothers kann daher formuliert werden als

$$\hat{\vec{x}}_{s,k} = E\left[\vec{x}_k | \tilde{\vec{y}}_{k+m}, \tilde{\vec{y}}_{k+m-1}, \ldots, \tilde{\vec{y}}_0\right] \ . \qquad (8.187)$$

Dieser Typ Smoother kann so implementiert werden, dass Schätzwerte beinahe in Echtzeit, eben mit m Zeitschritten Verzögerung, zur Verfügung stehen.

---

[9]Neben der diskutierten Abstandsmessung liegen bei der Objektverfolgung mittels Radar auch noch nichtlineare Winkelmessungen vor.

[10]Smoother werden auch als Glättungsfilter bezeichnet.

Ein fixed-point Smoother hat das Ziel, zu einem festen Zeitpunkt j einen Schätzwert zu liefern, der dann bei Eintreffen weiterer Messwerte ständig verbessert wird. Dieser Schätzwert ist gegeben durch

$$\hat{\vec{x}}_{s,j} = E\left[\vec{x}_j | \tilde{\vec{y}}_k, \tilde{\vec{y}}_{k-1}, \dots, \tilde{\vec{y}}_0\right] , \quad k > j. \tag{8.188}$$

Ein fixed-interval Smoother schließlich liefert den Schätzwert

$$\hat{\vec{x}}_{s,k} = E\left[\vec{x}_k | \tilde{\vec{y}}_N, \tilde{\vec{y}}_{N-1}, \dots, \tilde{\vec{y}}_0\right] , \tag{8.189}$$

wobei N die Anzahl aller jemals zur Verfügung stehenden Messwerte ist. Die Genauigkeitssteigerung gegenüber einem Filter resultiert daraus, dass auch die nach dem Zeitpunkt k zur Verfügung stehenden Messwerte Informationen bezüglich des Systemzustandes zum Zeitpunkt k enthalten; diese Informationen werden vom Smoother genutzt, bei einem Filter bleiben sie aufgrund der geforderten Echtzeitfähigkeit zwangsweise unberücksichtigt.

Ein fixed-interval Smoother kann auf unterschiedliche Weisen realisiert werden, am häufigsten kommt wohl der Rauch-Tung-Striebel-Smoother (RTS-Smoother)[102] zum Einsatz. Eine ausführliche Herleitung ist in [114] zu finden, hier soll nur kurz die Vorgehensweise beschrieben werden: Es sollen Zustandsschätzungen des linearen Systems Gl. (6.1) ermittelt werden, das Messmodell ist durch Gl. (6.3) gegeben. Zunächst werden nun alle aufgezeichneten Messwerte mit einem herkömmlichen Kalman-Filter, Gl. (6.17)–(6.19), (6.24),(6.26) verarbeitet:

$$\mathbf{K}_k = \mathbf{P}_k^- \mathbf{H}_k^T \left(\mathbf{H}_k\,\mathbf{P}_k^-\,\mathbf{H}_k^T + \mathbf{R}_k\right)^{-1}$$

$$\hat{\vec{x}}_k^+ = \hat{\vec{x}}_k^- + \mathbf{K}_k\left(\tilde{\vec{y}}_k - \mathbf{H}_k\hat{\vec{x}}_k^-\right)$$

$$\mathbf{P}_k^+ = \mathbf{P}_k^- - \mathbf{K}_k\mathbf{H}_k\mathbf{P}_k^- = (\mathbf{I} - \mathbf{K}_k\mathbf{H}_k)\mathbf{P}_k^-$$

$$\hat{\vec{x}}_{k+1}^- = \mathbf{\Phi}_k\,\hat{\vec{x}}_k^+ + \mathbf{B}_k\,\vec{u}_k$$

$$\mathbf{P}_{k+1}^- = \mathbf{\Phi}_k\mathbf{P}_k^+\mathbf{\Phi}_k^T + \mathbf{G}_k\mathbf{Q}_k\mathbf{G}_k^T$$

Dabei werden in jedem Zeitschritt die a-posteriori- und a-priori-Schätzwerte, $\hat{\vec{x}}_k^+$ und $\hat{\vec{x}}_k^-$, sowie die zugehörigen Kovarianzmatrizen, $\mathbf{P}_k^+$ und $\mathbf{P}_k^-$, gespeichert. Anschließend wird rückwärts in der Zeit, beginnend mit dem vorletzten Zeitschritt, die Zustandsschätzung des Smoothers, $\hat{\vec{x}}_{s,k}$, anhand folgender Gleichungen berechnet:

$$\mathbf{K}_{s,k} = \mathbf{P}_k^+ \mathbf{\Phi}_k^T \left(\mathbf{P}_{k+1}^-\right)^{-1} \tag{8.190}$$

$$\hat{\vec{x}}_{s,k} = \hat{\vec{x}}_k^+ + \mathbf{K}_{s,k}\left(\hat{\vec{x}}_{s,k+1} - \hat{\vec{x}}_{k+1}^-\right) , \quad k = N-1, N-2, \dots, 1, 0 \tag{8.191}$$

Die Initialisierung erfolgt bei $k = N$ gemäß

$$\hat{\vec{x}}_{s,N} = \hat{\vec{x}}_N^+ \tag{8.192}$$

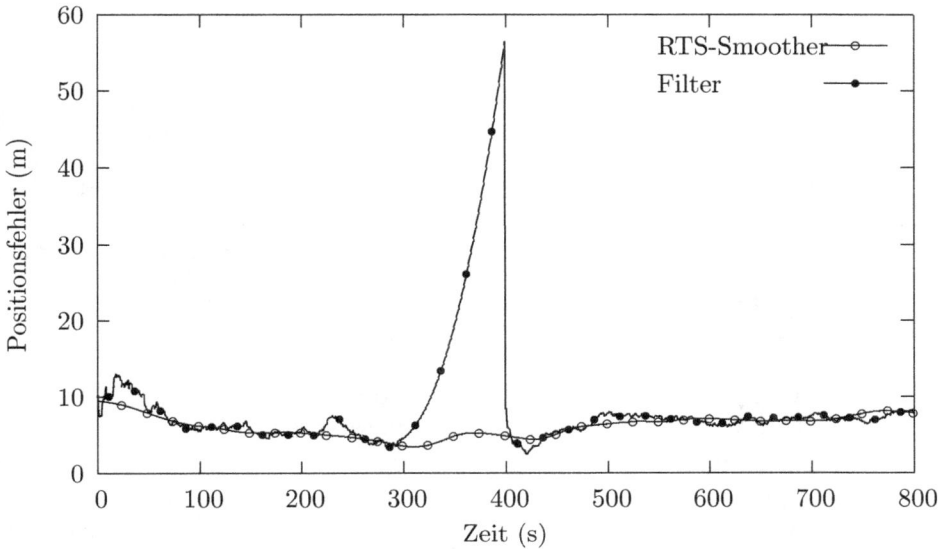

Abbildung 8.33: *Positionsfehler der online-Lösung eines Filters und der durch post-processing ermittelten Lösung eines RTS-Smoothers.*

Die Kovarianzmatrix des Schätzfehlers des Smoothers wird für den Ablauf des Algorithmus nicht benötigt; sie kann ebenfalls rückwärts in der Zeit anhand von

$$\mathbf{P}_{s,k} = \mathbf{P}_k^+ + \mathbf{K}_{s,k} \left(\mathbf{P}_{s,k} - \mathbf{P}_{k+1}^- \right) \mathbf{K}_{s,k}^T \, , \; k = N - 1, N - 2, \ldots, 1, 0 \quad (8.193)$$

berechnet werden, die Initialisierung erfolgt ebenfalls bei $k = N$ mit

$$\mathbf{P}_{s,N} = \mathbf{P}_N^+ \, . \tag{8.194}$$

Der RTS-Smoother kann analog der beim EKF angewandten Vorgehensweise auf nichtlineare System- und Messmodelle erweitert werden, auch eine error-state-space-Formulierung ist möglich. Diese Aspekte sollen hier jedoch nicht weiter betrachtet werden.

8.7.2 Simulationsergebnisse

Die Verwendung eines RTS-Smoothers bei der Prozessierung von aufgezeichneten Navigationssensordaten bringt Vorteile mit sich: Bei einem integrierten GPS/INS-System dauert es in der Regel einige Minuten, bis die Schätzung der Beschleunigungsmesser- und Drehratensensorbiase konvergiert ist. Unter der Voraussetzung, dass diese Biase zeitlich konstant sind, kann ein Smoother auch in dieser Phase eine Navigationslösung basierend auf einer bereits konvergierten Bias-Schätzung liefern, was sich in der Regel positiv auf die Lagegenauigkeit auswirkt. Von besonderem Vorteil ist der Einsatz eines Smoothers bei GPS-Ausfällen. Ohne die Verfügbarkeit von GPS-Messungen wachsen bei Verwendung eines Filters die Navigationsfehler entsprechend der Inertialnavigationsperformance an; stehen nach einem GPS-Ausfall wieder GPS-Messungen zur Verfügung, erkennt man, wie die Navigationsfehler angewachsen sind – ein Smoother kann aufgrund dieser Information eine genauere Navigationslösung für den Zeitraum des GPS-Ausfalls berechnen. Dieser Mechanismus wird in Abb. 8.33 illustriert. Hierzu wurden GPS- und Inertialsensordaten simuliert, wobei zwischen 300 und 400 Sekunden ein vollständiger GPS-Ausfall angenommen wurde. Abb. 8.33 zeigt die Positionsfehler, die sich bei Verwendung eines Filters und eines RTS-Smoothers ergeben. Ein Anwachsen der Positionsfehler während des GPS-Ausfalls ist bei dem RTS-Smoother praktisch noch nicht feststellbar, während bei der Echtzeitlösung des Filters ein deutlicher Anstieg der Positionsfehler zu verzeichnen ist. Bei längeren GPS-Ausfällen würden natürlich auch bei dem RTS-Smoother die Navigationsfehler merklich anwachsen, wobei die größten Fehler in der Mitte des Ausfallsintervalls zu erwarten sind.

Ergebnisse einer Testfahrt, die das Simulationsergebnis Abb. 8.33 bestätigen, sind in [91] zu finden. Dort wurde auch gezeigt, dass bei Verarbeitung von Trägerphasenmesswerten durch Einsatz eines Smoothers ein größerer Prozentsatz der ganzzahligen Trägerphasenmehrdeutigkeitswerte gefunden werden kann.

9 Anwendungsbeispiel Transfer Alignment

Unter Transfer Alignment versteht man die Bestimmung einer initialen Navigations-lösung eines Navigationssystems unter Verwendung von Informationen eines anderen Navigationssystems. Das zu initialisierende Navigationssystem wird als Slave bezeichnet. Das Navigationssystem, das die zur Initialisierung verwendeten Informationen zur Verfügung stellt, wird Master oder Host genannt. Die Notwendigkeit, ein Navigations-system mit Hilfe eines anderen zu initialisieren, tritt bei einer Reihe von Anwendungen auf. Beispiele hierfür wären die Initialisierung des Navigationssystems eines Flugkör-pers, der an einem Flugzeug montiert ist oder die Bestimmung der Ausrichtung eines flugzeuggetragenen SAR-Sensors, die sehr genau erfolgen muss damit bei der Georefe-renzierung der vom SAR-Sensor gelieferten Bilder die Fehler möglichst gering ausfallen. Auch andere an einem Flugzeug montierte Sensoren benötigen hochgenaue Lageinfor-mationen, ein weiteres Beispiel wäre ein Warnsensor, der anfliegende Objekte detektiert und deren Position schätzt.

Bei der Initialisierung des Slave ist die Bestimmung von Position und Geschwindigkeit meist unkritisch, die Initialisierung der Lage hingegen ist ein komplexes Problem. Meist werden als erster Schritt vom Slave die Lageinformationen des Masters übernommen, dies wird auch als 'one-shot alignment' bezeichnet. Die dabei erzielte Genauigkeit ist in der Regel unzureichend, da sich die Ausrichtung des Slave Systems zwangsläufig von der Ausrichtung des Masters unterscheidet: Unter Umständen sind die mechanischen Gegebenheiten, die die relative Orientierung von Master und Slave bestimmen, nur näherungsweise bekannt. Häufig variiert diese relative Orientierung aber auch mit der Zeit, z.B. wenn das Slave-System an einem Flügel oder Höhenleitwerk befestigt ist, das unter Krafteinwirkung natürlich flexibel reagiert.

Im Folgenden werden unterschiedliche Transfer-Alignment-Verfahren aufgezeigt und in numerischen Simulationen verglichen.

9.1 Konventionelle Transfer-Alignment-Verfahren

Bei einem konventionellen Transfer Alignment wird die Lage des Slave von einem Kalman-Filter geschätzt, das die Geschwindigkeit des Masters als Messung verarbei-tet. Um den Einfluss von Vibrationen zu minimieren, wird manchmal auch das Integral der Geschwindigkeit des Masters als Messwert verwendet, siehe [106]. Dies soll jedoch, ebenso wie die Verwendung der zweifach integrierten Geschwindigkeit, nicht weiter be-trachtet werden.

Das Systemmodell des bei einem solchen Transfer Alignment benötigten Kalman Filters kann identisch zu dem Systemmodell gewählt werden, das in Abschnitt 8.2.1 zur GPS/INS Integration verwendet wurde. Wenn das Alignment Filter anschließend nicht als Navigationsfilter dient, werden natürlich keine Positionsfehler im Zustandsvektor benötigt und können eingespart werden.

Bei dem zur Verarbeitung der Geschwindigkeit des Masters benötigten Messmodell muss beachtet werden, dass sich die Geschwindigkeiten von Master und Slave bei vorliegenden Drehbewegungen unterscheiden. Das körperfeste Koordinatensystem des Masters wird durch einen Index bH gekennzeichnet, beim Slave wird die Indizierung bS verwendet. Der Zusammenhang der Geschwindigkeiten von Master und Slave lautet damit

$$
\begin{aligned}
\vec{v}_{ebH}^{\,n} &= \vec{v}_{ebS}^{\,n} + \mathbf{C}_{bS}^{n}\vec{\omega}_{ebS}^{\,bS} \times \vec{l}^{\,bS} \\
&\approx \vec{v}_{ebS}^{\,n} + \mathbf{C}_{bS}^{n}\vec{\omega}_{ibS}^{\,bS} \times \vec{l}^{\,bS} \ .
\end{aligned}
\tag{9.1}
$$

Der Vektor $\vec{l}^{\,bS}$ weist hierbei vom Ursprung des körperfesten Koordinatensystems des Masters zum Ursprung des körperfesten Koordinatensystems des Slaves. Die Fehler $\vec{\psi}_{n,bS}$ der geschätzten Slave-Lage werden über die Gleichung

$$
\mathbf{C}_{bS}^{n} = (\mathbf{I} + \mathbf{\Psi}_{n,bS})\mathbf{C}_{bS}^{\hat{n}}
\tag{9.2}
$$

definiert, die dem Slave zur Verfügung stehenden Drehraten $\tilde{\vec{\omega}}_{ibS}^{\,bS}$ unterscheiden sich von den realen Drehraten aufgrund der Drehratensensorbiase $\vec{b}_{\omega,S}$, das Rauschen der Drehratensensoren soll für die Berechnung der Relativgeschwindigkeit vernachlässigt werden:

$$
\tilde{\vec{\omega}}_{ibS}^{\,bS} \approx \vec{\omega}_{ibS}^{\,bS} + \vec{b}_{\omega,S}
\tag{9.3}
$$

Damit erhält man schließlich das Messmodell

$$
\vec{v}_{ebH}^{\,n} = \vec{v}_{ebS}^{\,n} + (\mathbf{I} + \mathbf{\Psi}_{n,bS})\mathbf{C}_{bS}^{\hat{n}}(\tilde{\vec{\omega}}_{ibS}^{\,bS} - \vec{b}_{\omega,S}) \times \vec{l}^{\,bS} \ .
\tag{9.4}
$$

Eine weitere Beschreibung dieses Alignment-Filters ist aufgrund der Parallelität zu der in Abschnitt 8.2 beschriebenen GPS/INS-Integration hier nicht notwendig.

Der Nachteil eines solchen konventionellen Transfer-Alignment-Verfahrens ist, dass zur vollen Beobachtbarkeit der Lage des Slave-Systems horizontale Beschleunigungen benötigt werden, das Flugzeug muss daher während des Alignments eine S-Kurve oder Ähnliches fliegen. Dieser Nachteil kann durch Einsatz eines Rapid-Transfer-Alignment-Verfahrens überwunden werden, das darüber hinaus eine schnellere Initialisierung der Slave-Lage erlaubt.

9.2 Rapid Transfer Alignment

Rapid-Transfer-Alignment-Verfahren sind dadurch gekennzeichnet, dass neben der Geschwindigkeit des Masters auch noch die Lage des Masters als Messung im Alignment

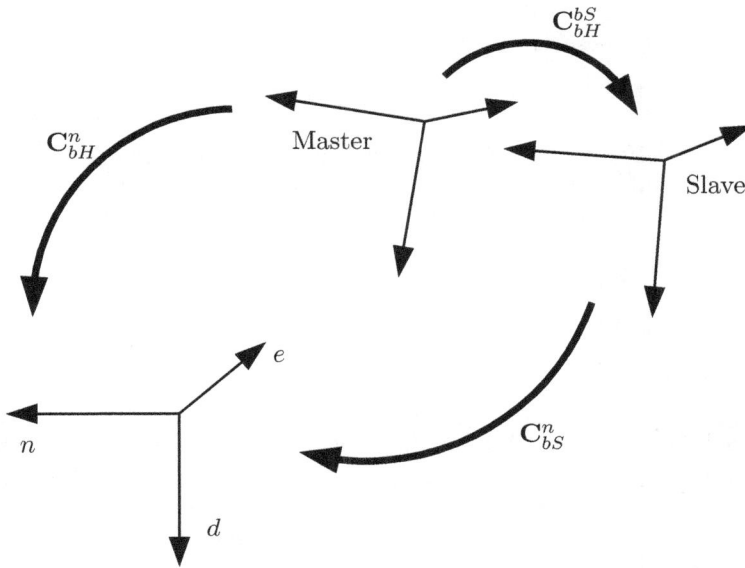

Abbildung 9.1: *Körperfeste Koordinatensysteme und relative Orientierung von Master und Slave.*

Filter verarbeitet wird. Dazu muss die relative Orientierung zwischen Master und Slave explizit geschätzt werden, der Zustandsvektor des Alignment-Filters muss daher um drei Lagefehler der geschätzten relativen Orientierung erweitert werden. Eine der ersten Beschreibungen eines solchen Rapid-Transfer-Alignment-Verfahrens ist in [62] zu finden, die Ergebnisse von Flugversuchen werden in [36],[37] und [113] beschrieben.

Für die Herleitung der zur Verarbeitung der Lage des Masters benötigten Messgleichung wird die Lage das Masters als perfekt angenommen, diese soll in Form der Richtungskosinusmatrix $\mathbf{C}_{bH}^{n}$ vorliegen. Zusätzlich wird angenommen, dass sich die relative Orientierung von Master und Slave nicht ändert, die Schätzung des Slaves dieser relativen Orientierung ist durch $\hat{\mathbf{C}}_{bS}^{bH}$ gegeben. Die eigentliche Lagemessung ist durch den Unterschied zwischen der Lage des Masters $\mathbf{C}_{bH}^{n}$ und der erwarteten Lage des Masters $\hat{\mathbf{C}}_{bH}^{n}$ bestimmt, die auf der geschätzten relativen Orientierung $\hat{\mathbf{C}}_{bS}^{bH}$ und der geschätzten Lage $\hat{\mathbf{C}}_{n}^{bS}$ des Slaves basiert. Die Zusammenhänge zwischen den beteiligten Koordinatensystemen sind in Abb. 9.1 veranschaulicht; genau genommen existieren in diesem Szenario zwei Navigationskoordinatensysteme, deren Ursprünge mit den Ursprüngen der körperfesten Koordinatensysteme von Master und Slave zusammenfallen. Zur besseren Übersichtlichkeit ist in Abb. 9.1 nur ein Koordinatensystem mit den Koordinatenachsen Norden, Osten und Unten dargestellt. Das ist zulässig, da durch die Richtungskosinusmatrizen sowieso nur Drehungen, nicht aber Translationen erfasst werden und somit die Positionen der Koordinatensystemursprünge irrelevant sind.

Der Unterschied zwischen der Lage des Masters und der vom Slave erwarteten Lage des Masters kann wie folgt beschrieben werden:

$$\mathbf{C}_{bH}^n = (\mathbf{I} + \mathbf{\Psi}_{n,bH})\hat{\mathbf{C}}_{bH}^n \tag{9.5}$$

Die als Messung verarbeiteten Größen sind durch die drei Winkelfehler $\vec{\psi}_{n,bH}$ gegeben, die in der kreuzproduktbildenden Matrix $\mathbf{\Psi}_{n,bH}$ enthalten sind. Um diese berechnen zu können, muss Gl. (9.5) nach dieser Matrix aufgelöst werden. Man erhält

$$\begin{aligned}
\mathbf{C}_{bH}^n \hat{\mathbf{C}}_n^{bH} &= (\mathbf{I} + \mathbf{\Psi}_{n,bH}) \\
\mathbf{\Psi}_{n,bH} &= \mathbf{C}_{bH}^n \hat{\mathbf{C}}_n^{bH} - \mathbf{I} \\
&= \mathbf{C}_{bH}^n \hat{\mathbf{C}}_{bS}^{bH} \hat{\mathbf{C}}_n^{bS} - \mathbf{I} \ .
\end{aligned} \tag{9.6}$$

Das Messmodell beschreibt die Beziehung zwischen den so gewonnenen Winkelfehlern $\vec{\psi}_{n,bH}$ und den Fehlern $\vec{\psi}_{n,bS}$ der Slave-Lage und der geschätzten relativen Orientierung $\vec{\psi}_{bS,bH}$ von Master und Slave. Mit Gl. (9.2) und dem Zusammenhang

$$\mathbf{C}_{bH}^{bS} = (\mathbf{I} + \mathbf{\Psi}_{bS,bH})\hat{\mathbf{C}}_{bH}^{bS} \tag{9.7}$$

kann man schreiben:

$$\begin{aligned}
\mathbf{C}_{bH}^n &= \mathbf{C}_{bS}^n \mathbf{C}_{bH}^{bS} \\
\mathbf{C}_{bH}^n &= (\mathbf{I} + \mathbf{\Psi}_{n,bS})\hat{\mathbf{C}}_{bS}^n (\mathbf{I} + \mathbf{\Psi}_{bS,bH})\hat{\mathbf{C}}_{bH}^{bS} \\
\mathbf{C}_{bH}^n \hat{\mathbf{C}}_n^{bH} &= (\mathbf{I} + \mathbf{\Psi}_{n,bS})\hat{\mathbf{C}}_{bS}^n (\mathbf{I} + \mathbf{\Psi}_{bS,bH})\hat{\mathbf{C}}_{bH}^{bS} \hat{\mathbf{C}}_n^{bH} \\
\mathbf{C}_{bH}^n \hat{\mathbf{C}}_n^{bH} - \mathbf{I} &= (\mathbf{I} + \mathbf{\Psi}_{n,bS})\hat{\mathbf{C}}_{bS}^n (\mathbf{I} + \mathbf{\Psi}_{bS,bH})\hat{\mathbf{C}}_{bH}^{bS} \hat{\mathbf{C}}_n^{bH} - \mathbf{I}
\end{aligned} \tag{9.8}$$

Durch Vergleich mit Gl. (9.6) erkennt man, dass die linke Seite von Gl. (9.8) gerade der kreuzproduktbildenden Matrix der als Messung verarbeiteten Winkelfehler entspricht. Damit ergibt sich

$$\begin{aligned}
\mathbf{\Psi}_{n,bH} &= (\mathbf{I} + \mathbf{\Psi}_{n,bS})\hat{\mathbf{C}}_{bS}^n (\mathbf{I} + \mathbf{\Psi}_{bS,bH})\hat{\mathbf{C}}_n^{bS} - \mathbf{I} \\
&= \left(\hat{\mathbf{C}}_{bS}^n + \hat{\mathbf{C}}_{bS}^n \mathbf{\Psi}_{bS,bH} + \mathbf{\Psi}_{n,bS}\hat{\mathbf{C}}_{bS}^n + \mathbf{\Psi}_{n,bS}\hat{\mathbf{C}}_{bS}^n \mathbf{\Psi}_{bS,bH} \right) \hat{\mathbf{C}}_n^{bS} - \mathbf{I} \\
&= \hat{\mathbf{C}}_{bS}^n \mathbf{\Psi}_{bS,bH}\hat{\mathbf{C}}_n^{bS} + \mathbf{\Psi}_{n,bS} + \mathbf{\Psi}_{n,bS}\hat{\mathbf{C}}_{bS}^n \mathbf{\Psi}_{bS,bH}\hat{\mathbf{C}}_n^{bS} \ .
\end{aligned} \tag{9.9}$$

Da Winkelfehler als klein angenommen werden können, ist das Produkt von Winkelfehlern vernachlässigbar, man erhält

$$\mathbf{\Psi}_{n,bH} = \hat{\mathbf{C}}_{bS}^n \mathbf{\Psi}_{bS,bH}\hat{\mathbf{C}}_n^{bS} + \mathbf{\Psi}_{n,bS} \ . \tag{9.10}$$

Durch Übergang zur vektoriellen Schreibweise kann man schließlich das Messmodell formulieren:

$$\vec{\psi}_{n,bH} = \hat{\mathbf{C}}_{bS}^n \vec{\psi}_{bS,bH} + \vec{\psi}_{n,bS} + [\text{Rauschen}] \tag{9.11}$$

Wird neben der Geschwindigkeit des Masters zusätzlich mit Hilfe des Messmodells Gl. (9.11) die Lage des Masters als Messung vom Alignment-Filter verarbeitet, ist für die vollständige Beobachtbarkeit der Slave-Lage ein sogenanntes wing-rock-Manöver ausreichend, es müssen also keine S-Kurven mehr geflogen werden. Unter wing rock versteht man ein kurzes Rollen in eine Schräglage und wieder zurück. Die unter Umständen wenigen Sekunden, die ein Rapid Transfer Alignment dauert, genügen oft nicht, um die Inertialsensoren des Slave zu kalibrieren. Stehen nach dem Alignment weiterhin Stützinformationen z.B. durch einen GPS-Empfänger zur Verfügung, kann diese Kalibration auch im Anschluss an das Alignment erfolgen, siehe [112].

Bei der Entwicklung eines Aligmnent-Verfahrens muss die Vibrationsumgebung, in der sich das Slave-System befindet, besonders beachtet werden. So wurden beispielsweise in [105] Positionsinformationen im Alignment-Filter verarbeitet, da sich der resultierende Algorithmus als robuster gegenüber den dort vorliegenden Vibrationen herausgestellt hatte. Vibrationen können als rotatorische und translatorische Oszillationen betrachtet werden, die anhand der Inertialsensoren nicht korrekt aufgelöst werden. Diese Vibrationen stellen sich daher in den Inertialsensordaten als zusätzliches Rauschen dar, das bei der üblichen Berücksichtigung der Inertialsensordaten als Eingangsgrößen im Propagationsschritt des Filters als Systemrauschen in den Filtergleichungen erscheint. Da typischerweise die Eigenfrequenzen des Systems angeregt werden, konzentriert sich die Rauschleistung des vibrationsinduzierten Rauschens bei bestimmten Frequenzen, die von Anwendung zu Anwendung stark variieren können. In [62] wird von vibrationsinduziertem Rauschen mit Frequenzen um die zehn Hertz berichtet, in [106] konzentiert sich die Rauschleistung bei fünfzig Hertz nahe der halben Abtastfrequenz der dort eingesetzten Inertialsensorik. In [125] wurden bei der Analyse von Flugversuchsdaten Vibrationen um die achtzig Hertz festgestellt. Hierbei besteht immer die Möglichkeit, dass die eigentlichen Vibrationsfrequenzen höher liegen und durch Aliasing in den festgestellten Frequenzbereich abgebildet werden. Auf jeden Fall handelt es sich bei dem vibrationsinduzierten Rauschen um zeitkorreliertes Rauschen. Werden diese Zeitkorrelationen ignoriert, kann das einen negativen Einfluss auf die Dauer und die Genauigkeit des Transfer Alignments haben. In [113] werden daher die Zeitkorrelationen des vibrationsinduzierten Rauschens durch eine Erweiterung des Zustandsvektors mit geeigneten Rauschprozessmodellen berücksichtigt. Der Nachteil dieser in Abschnitt 6.5.1 beschriebenen Vorgehensweise zur Berücksichtigung von Zeitkorrelationen besteht in einem deutlich gesteigerten Rechenaufwand, numerische Probleme können ebenfalls auftreten. Daher wird im Folgenden ein Verfahren aufgezeigt, mit dem zeitkorreliertes Rauschen berücksichtigt werden kann, ohne dass eine Erweiterung des Zustandsvektors des Filters notwendig ist.

9.3 Effiziente Berücksichtigung von Zeitkorrelationen

Um ein effizientes Vefahren zur Berücksichtigung von Zeitkorrelationen entwickeln zu können, muss zunächst der Einfluss von Zeitkorrelationen im Rahmen eines Filterproblems verstanden werden.

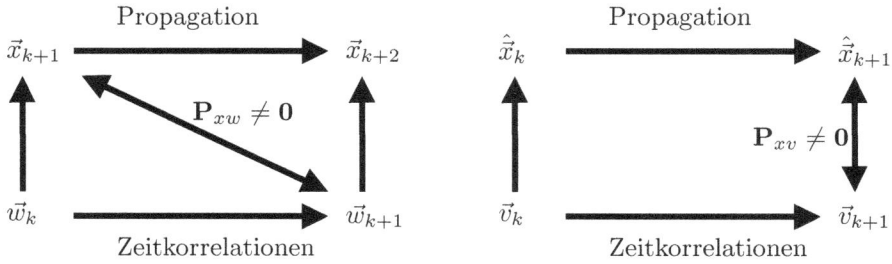

Abbildung 9.2: Kreuzkorrelationen zwischen Systemrauschen und Zustandsvektor (links) und zwischen Messrauschen und Zustandsschätzung (rechts) als Folge von zeitkorreliertem Mess- und Systemrauschen.

Hierzu wird wie in Abschnitt 6.5.1 ein Systemmodell der Form

$$\vec{x}_{k+1} = \mathbf{\Phi}_k \, \vec{x}_k + \mathbf{G}_k \vec{w}_k \tag{9.12}$$

betrachtet, das zeitkorrelierte Systemrauschen wird durch

$$\vec{w}_k = \mathbf{C}\vec{w}_{k-1} + \vec{\eta}_k \tag{9.13}$$

beschrieben. Auf bekannte Eingangsgrößen wird aus Übersichtsgründen verzichtet.

Liegt nun Systemrauschen vor, so beeinflusst das Systemrauschen $\vec{w}_k$ den Systemzustand $\vec{x}_{k+1}$. Ist das Systemrauschen zeitkorreliert, so geht $\vec{w}_k$ auch in das Systemrauschen zum nächsten Zeitschritt, $\vec{w}_{k+1}$, ein. Damit müssen aber auch $\vec{w}_{k+1}$ und $\vec{x}_{k+1}$ korreliert sein, siehe Abb. 9.2. Diese Korrelationen werden in den üblichen Kalman-Filter-Gleichungen nicht berücksichtigt.

Die Situation bei zeitkorreliertem Messrauschen gestaltet sich ähnlich, es soll ein Messmodell der Form

$$\tilde{\vec{y}}_k = \mathbf{H}_k \, \vec{x}_k + \vec{v}_k \tag{9.14}$$

angenommen werden, das zeitkorrelierte Messrauschen wird durch

$$\vec{v}_k = \mathbf{D}\vec{v}_{k-1} + \vec{\mu}_k \tag{9.15}$$

beschrieben.

Wird zum Zeitpunkt k ein Messwert verarbeitet, so beeinflusst dessen Messrauschen $\vec{v}_k$ die Zustandsschätzung $\hat{\vec{x}}_k$. Diese wird zum nächsten Zeitschritt $k+1$ propagiert. Ist das Messrauschen $\vec{v}_k$ mit dem Messrauschen $\vec{v}_{k+1}$ korreliert, so muss $\vec{v}_k + 1$ mit $\hat{\vec{x}}_k$ ebenfalls korreliert sein, auch diese Zusammenhänge sind in Abb. 9.2 veranschaulicht. Die üblichen Kalman-Filter-Gleichungen setzen voraus, das keine Korrelationen zwischen Messrauschen und Zustandsschätzung vorliegen.

Zeitkorreliertes Mess- und Systemrauschen lässt sich also berücksichtigen, in dem die resultierenden Kreuzkorrelationen zwischen Messrauschen und Zustandsschätzung bzw. Systemrauschen und Zustandsvektor korrekt behandelt werden. Die entsprechenden Filtergleichungen werden im Folgenden hergeleitet.

9.3.1 Propagationsschritt

Im Propagationsschritt des Filters wird die Zustandsschätzung und die zugehörige Kovarianzmatrix in der Zeit propagiert, Grundlage hierfür ist das Systemmodell Gl. (9.12). Während die Propagation des Systemzustandes wie üblich erfolgt, müssen bei der Propagation der Kovarianzmatrix die Korrelationen des Systemzustandes mit dem Systemrauschen berücksichtigt werden. Mit

$$\mathbf{P}_{xw,k}^{+} = E\left[\left(\vec{x}_k - \hat{\vec{x}}_k^{+}\right)\vec{w}_k^T\right] \tag{9.16}$$

$$\mathbf{P}_{xv,k}^{+} = E\left[\left(\vec{x}_k - \hat{\vec{x}}_k^{+}\right)\vec{v}_k^T\right] \tag{9.17}$$

$$\mathbf{P}_{ww,k} = E\left[\vec{w}_k\vec{w}_k^T\right] \tag{9.18}$$

$$\mathbf{P}_{vv,k} = E\left[\vec{v}_k\vec{v}_k^T\right] \tag{9.19}$$

ergibt sich

$$\begin{aligned}
\mathbf{P}_{k+1}^{-} &= E\left[\left(\vec{x}_{k+1} - \hat{\vec{x}}_{k+1}^{-}\right)\left(\vec{x}_{k+1} - \hat{\vec{x}}_{k+1}^{-}\right)^T\right] \\
&= E\left[\left(\boldsymbol{\Phi}_k\left(\vec{x}_k - \vec{x}_k^{+}\right) + \mathbf{G}_k\vec{w}_k\right)\left(\boldsymbol{\Phi}_k\left(\vec{x}_k - \hat{\vec{x}}_k^{+}\right) + \mathbf{G}_k\vec{w}_k\right)^T\right] \\
&= \boldsymbol{\Phi}_k\mathbf{P}_k^{+}\boldsymbol{\Phi}_k^T + \boldsymbol{\Phi}_k\mathbf{P}_{xw,k}^{+}\mathbf{G}_k^T + \mathbf{G}_k\mathbf{P}_{wx,k}^{+}\boldsymbol{\Phi}_k^T + \mathbf{G}_k\mathbf{P}_{ww,k}\mathbf{G}_k^T \, . \tag{9.20}
\end{aligned}$$

Wenn sich durch die Propagation die Zustandsschätzung ändert, muss natürlich auch die Korrelation mit dem Mess- und Systemrauschen entsprechend angepasst werden. Die zugehörigen Gleichungen lauten

$$\begin{aligned}
\mathbf{P}_{xw,k+1}^{-} &= E\left[\left(\vec{x}_{k+1} - \hat{\vec{x}}_{k+1}^{-}\right)\vec{w}_{k+1}^T\right] \\
&= E\left[\left(\boldsymbol{\Phi}_k\left(\vec{x}_k - \hat{\vec{x}}_k^{+}\right) + \mathbf{G}_k\vec{w}_k\right)\left(\mathbf{C}\vec{w}_k + \vec{\eta}_{k+1}\right)^T\right] \\
&= \boldsymbol{\Phi}_k\mathbf{P}_{xw,k}^{+}\mathbf{C}^T + \mathbf{G}_k\mathbf{P}_{ww,k}\mathbf{C}^T \tag{9.21}
\end{aligned}$$

und

$$\begin{aligned}
\mathbf{P}_{xv,k+1}^{-} &= E\left[\left(\vec{x}_{k+1} - \hat{\vec{x}}_{k+1}^{-}\right)\vec{v}_{k+1}^T\right] \\
&= E\left[\left(\boldsymbol{\Phi}_k\left(\vec{x}_k - \hat{\vec{x}}_k^{+}\right) + \mathbf{G}_k\vec{w}_k\right)\left(\mathbf{D}\vec{v}_k + \vec{\mu}_{k+1}\right)^T\right] \\
&= \boldsymbol{\Phi}_k\mathbf{P}_{xv,k}^{+}\mathbf{D}^T \, . \tag{9.22}
\end{aligned}$$

Hierbei wurde ausgenutzt, dass die weißen Rauschprozesse $\vec{\eta}_{k+1}$ und $\vec{\mu}_{k+1}$, die die zeit-korrelierten System- und Messrauschprozesse treiben, nicht mit dem Systemrauschen $\vec{w}_k$ und dem Messrauschen $\vec{v}_k$ korreliert sind. Die Kovarianz der zeitkorrelierten Rausch-prozesse wird ebenfalls propagiert:

$$\mathbf{P}_{ww,k+1} = \mathbf{C}\mathbf{P}_{ww,k}\mathbf{C}^T + E[\vec{\eta}_{k+1}\vec{\eta}_{k+1}^T] \tag{9.23}$$

$$\mathbf{P}_{vv,k+1} = \mathbf{D}\mathbf{P}_{vv,k}\mathbf{D}^T + E[\vec{\mu}_{k+1}\vec{\mu}_{k+1}^T] \tag{9.24}$$

Sind die Rauschprozessparameter konstant, so kann die Kovarianz der zeitkorrelierten Rauschprozesse auch im Voraus berechnet werden, die Gleichungen (9.23) und (9.24) werden dann nicht benötigt.

9.3.2   Messwertverarbeitung

Grundlage der Messwertverarbeitung sind die bei Normalverteilungen gültigen Glei-chungen (5.31) und (5.32) für den bedingten Mittelwert und die bedingte Kovarianz. Um diese berechnen zu können, muss zunächst die Kovarianz der Messwertvorhersa-ge und die Korrelation von Messwertvorhersage und Zustandsvektor bestimmt werden, man erhält

$$\begin{aligned}
\mathbf{P}_{yy,k} &= E\left[\left(\vec{y}_k - \hat{\vec{y}}_k\right)\left(\vec{y}_k - \hat{\vec{y}}_k\right)^T\right] \\
&= E\left[\left(\mathbf{H}_k(\vec{x}_k - \hat{\vec{x}}_k^-) + \vec{v}_k\right)\left(\mathbf{H}_k(\vec{x}_k - \hat{\vec{x}}_k^-) + \vec{v}_k\right)^T\right] \\
&= \mathbf{H}_k\mathbf{P}_k^-\mathbf{H}_k^T + \mathbf{H}_k\mathbf{P}_{xv,k}^- + \mathbf{P}_{vx,k}^-\mathbf{H}_k^T + \mathbf{P}_{vv,k}
\end{aligned} \tag{9.25}$$

und

$$\begin{aligned}
\mathbf{P}_{xy,k} &= E\left[\left(\vec{x}_k - \hat{\vec{x}}_k^-\right)\left(\vec{y}_k - \hat{\vec{y}}_k\right)^T\right] \\
&= E\left[\left(\vec{x}_k - \hat{\vec{x}}_k^-\right)\left(\mathbf{H}_k(\vec{x}_k - \hat{\vec{x}}_k^-) + \vec{v}_k\right)^T\right] \\
&= \mathbf{P}_k^-\mathbf{H}_k^T + \mathbf{P}_{xv,k}^- \, .
\end{aligned} \tag{9.26}$$

Mit der Gewichtsmatrix

$$\begin{aligned}
\mathbf{K}_k &= \mathbf{P}_{xy,k}\mathbf{P}_{yy,k}^{-1} \\
&= \left(\mathbf{P}_k^-\mathbf{H}_k^T + \mathbf{P}_{xv,k}^-\right)\left(\mathbf{H}_k\mathbf{P}_k^-\mathbf{H}_k^T + \mathbf{H}_k\mathbf{P}_{xv,k}^- + \mathbf{P}_{vx,k}^-\mathbf{H}_k^T + \mathbf{P}_{vv,k}\right)^{-1}
\end{aligned} \tag{9.27}$$

ergibt sich für die a-posteriori-Zustandsschätzung

$$\hat{\vec{x}}_k^+ = \hat{\vec{x}}_k^- + \mathbf{K}_k\left(\vec{y}_k - \mathbf{H}_k\hat{\vec{x}}_k^-\right) \, , \tag{9.28}$$

die zugehörige Kovarianzmatrix ist durch

$$\mathbf{P}_k^+ = \mathbf{P}_k^- - \mathbf{K}_k \left(\mathbf{P}_k^- \mathbf{H}_k^T + \mathbf{P}_{xv,k}^- \right)^T$$
$$= (\mathbf{I} - \mathbf{K}_k \mathbf{H}_k) \mathbf{P}_k^- - \mathbf{K}_k \mathbf{P}_{vx,k}^- \tag{9.29}$$

gegeben. Genau wie beim Propagationsschritt müssen aufgrund der Anpassung der Zustandsschätzung die Korrelationen mit Mess- und Systemrauschen aktualisiert werden. Man erhält

$$\begin{aligned}
\mathbf{P}_{xw,k}^+ &= E\left[\left(\vec{x}_k - \hat{\vec{x}}_k^+ \right) \vec{w}_k^T \right] \\
&= E\left[\left(\vec{x}_k - \hat{\vec{x}}_k^- - \mathbf{K}_k \left(\vec{y}_k - \mathbf{H}_k \hat{\vec{x}}_k^- \right) \right) \vec{w}_k^T \right] \\
&= E\left[\left(\vec{x}_k - \hat{\vec{x}}_k^- - \mathbf{K}_k \left(\mathbf{H}_k \vec{x}_k + \vec{v}_k - \mathbf{H}_k \hat{\vec{x}}_k^- \right) \right) \vec{w}_k^T \right] \\
&= E\left[\left((\vec{x}_k - \hat{\vec{x}}_k^-) - \mathbf{K}_k \left(\mathbf{H}_k (\vec{x}_k - \hat{\vec{x}}_k^-) + \vec{v}_k \right) \right) \vec{w}_k^T \right] \\
&= \mathbf{P}_{xw,k}^- - \mathbf{K}_k \mathbf{H}_k \mathbf{P}_{xw,k}^- \\
&= (\mathbf{I} - \mathbf{K}_k \mathbf{H}_k) \mathbf{P}_{xw,k}^- \tag{9.30}
\end{aligned}$$

sowie

$$\begin{aligned}
\mathbf{P}_{xv,k}^+ &= E\left[\left(\vec{x}_k - \hat{\vec{x}}_k^+ \right) \vec{v}_k^T \right] \\
&= E\left[\left((\vec{x}_k - \hat{\vec{x}}_k^-) - \mathbf{K}_k \left(\mathbf{H}_k (\vec{x}_k - \hat{\vec{x}}_k^-) + \vec{v}_k \right) \right) \vec{v}_k^T \right] \\
&= \mathbf{P}_{xv,k}^- - \mathbf{K}_k \mathbf{H}_k \mathbf{P}_{xv,k}^- - \mathbf{K}_k \mathbf{P}_{vv,k} \\
&= (\mathbf{I} - \mathbf{K}_k \mathbf{H}_k) \mathbf{P}_{xv,k}^- - \mathbf{K}_k \mathbf{P}_{vv,k} \,. \tag{9.31}
\end{aligned}$$

Damit sind die modifizierten Filtergleichungen zur Berücksichtigung von zeitkorreliertem Mess- und Systemrauschen vollständig bekannt.

9.3.3 Diskussion der Filtergleichungen

Zur Übersicht sollen hier die zu implementierenden Filtergleichungen nochmals zusammengestellt werden:

Propagationsschritt

$$\begin{aligned}
\vec{x}_{k+1}^- &= \mathbf{\Phi}_k \vec{x}_k^+ \\
\mathbf{P}_{k+1}^- &= \mathbf{\Phi}_k \mathbf{P}_k^+ \mathbf{\Phi}_k^T + \mathbf{\Phi}_k \mathbf{P}_{xw,k}^+ \mathbf{G}_k^T + \mathbf{G}_k \mathbf{P}_{wx,k}^+ \mathbf{\Phi}_k^T + \mathbf{G}_k \mathbf{P}_{ww,k} \mathbf{G}_k^T \\
\mathbf{P}_{xw,k+1}^- &= \mathbf{\Phi}_k \mathbf{P}_{xw,k}^+ \mathbf{C}^T + \mathbf{G}_k \mathbf{P}_{ww,k} \mathbf{C}^T \\
\mathbf{P}_{xv,k+1}^- &= \mathbf{\Phi}_k \mathbf{P}_{xv,k}^+ \mathbf{D}^T \,.
\end{aligned}$$

Messschritt

$$\mathbf{K}_k = \left(\mathbf{P}_k^- \mathbf{H}_k^T + \mathbf{P}_{xv,k}^-\right) \left(\mathbf{H}_k \mathbf{P}_k^- \mathbf{H}_k^T + \mathbf{H}_k \mathbf{P}_{xv,k}^- + \mathbf{P}_{vx,k}^- \mathbf{H}_k^T + \mathbf{P}_{vv,k}\right)^{-1}$$

$$\hat{\vec{x}}_k^+ = \hat{\vec{x}}_k^- + \mathbf{K}_k \left(\vec{y}_k - \mathbf{H}_k \hat{\vec{x}}_k^-\right)$$

$$\mathbf{P}_k^+ = \left(\mathbf{I} - \mathbf{K}_k \mathbf{H}_k\right) \mathbf{P}_k^- - \mathbf{K}_k \mathbf{P}_{vx,k}^-$$

$$\mathbf{P}_{xw,k}^+ = \left(\mathbf{I} - \mathbf{K}_k \mathbf{H}_k\right) \mathbf{P}_{xw,k}^-$$

$$\mathbf{P}_{xv,k}^+ = \left(\mathbf{I} - \mathbf{K}_k \mathbf{H}_k\right) \mathbf{P}_{xv,k}^- - \mathbf{K}_k \mathbf{P}_{vv,k}$$

Werden für die Matrizen $\mathbf{C}$ und $\mathbf{D}$ Nullmatrizen angenommen, wird aus dem zeitkorrelierten Mess- und Systemrauschen weißes Rauschen. Man erkennt sofort, dass in obigen Filtergleichungen damit auch sämtliche Korrelationsmatrizen $\mathbf{P}_{xw}$ und $\mathbf{P}_{xv}$ verschwinden, die hergeleiteten Filtergleichungen reduzieren sich zu den üblichen Kalman-Filter-Gleichungen.

Dieses Verfahren zur Berücksichtigung zeitkorrelierten Rauschens hat zwei entscheidende Vorteile gegenüber einer Erweiterung des Zustandsvektors: Zum Einen ist der Rechenaufwand deutlich geringer, zum Anderen handelt es sich um ein modulares Verfahren: Soll untersucht werden, ob eine Berücksichtigung der Zeitkorrelationen eine Verbesserung mit sich bringt und welche Ordnung der Rauschprozessmodelle akzeptable Ergebnisse liefert, sind bei einer Erweiterung des Zustandsvektors aufgrund der Änderung der Dimension des Zustandsvektors jeweils umfangreiche Modifikationen des Filteralgorithmus notwendig. Bei dem hier beschriebenen Verfahren hingegen können einfach die zusätzlichen Gleichungen und Terme implementiert werden, während der Kern des Filteralgorithmus, die üblichen Kalman-Filter Gleichungen, unverändert bleibt.

Abschließend sei darauf hingewiesen, dass es bei anderen Anwendungen als Transfer Alignment und GPS/INS-Integration möglich sein kann, bei einer Erweiterung des Zustandsvektors tatsächlich die Vektoren $\vec{w}_k$ und $\vec{v}_k$ zu schätzen. In diesem Fall profitiert das Filterergebnis bei Berücksichtigung der Zeitkorrelationen nicht nur von der korrekten Berechnung der Kovarianzmatrix des Schätzfehlers, sondern auch von dieser Schätzung der Rauschterme. Da eine Schätzung der Rauschterme bei obigem Verfahren nicht stattfindet, kann bei solchen Problemstellungen die Erweiterung des Zustandsvektors unter Umständen bessere Ergebnisse liefern.

9.4 Numerische Simulation

Die bei Berücksichtigung der Zeitkorrelationen des Systemrauschens möglichen Verbesserungen wurden für verschiedene Transfer-Alignment-Szenarien in numerischen Simulationen untersucht. Um diese Simulationen durchführen zu können, müssen unter anderem die Daten der Inertialsensoren von Master und Slave generiert werden. Dabei müssen deren unterschiedliche Positionen berücksichtigt werden.

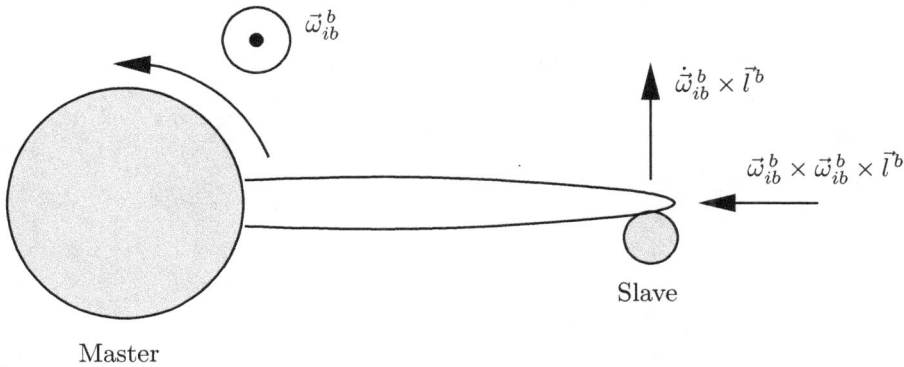

Abbildung 9.3: *Einfluss von Rotationen auf die von der Inertialsensorik des Slave detektierten Beschleunigungen.*

9.4.1 Erzeugung von Inertialsensordaten

Zur Erzeugung der Inertialsensordaten von Master und Slave kann im ersten Schritt davon ausgegangen werden, dass sich die relative Position und Orientierung von Master und Slave nicht ändert; eventuelle rotatorische und translatorische Relativbewegungen z.B. aufgrund der Flexibilität eines Flügels können anschließend hinzugefügt werden. Während unabhängig von der Relativposition von Master und Slave identische Drehraten vorliegen, unterscheiden sich die gemessenen Beschleunigungen je nach Manöver unter Umständen deutlich.

Exemplarisch soll hier gezeigt werden, welche Beschleunigungen sich am Ort des Slaves in Abhängigkeit von den Beschleunigungen und Rotationen eines Referenzkoordinatensystems ergeben. Dieses Referenzkoordinatensystem soll die gleiche Lage besitzen wie das körperfeste Koordinatensystem des Slaves und durch den Index b gekennzeichnet sein. Im Inertialkoordinatensystem lässt sich folgender Zusammenhang formulieren:

$$\vec{r}_{bS}^{\,i} = \vec{r}_b^{\,i} + \mathbf{C}_b^i \vec{l}^{\,b} \tag{9.32}$$

Hierbei bezeichnet $\vec{r}_{bS}^{\,i}$ den Vektor vom Ursprung des Inertialkoordinatensystems zum Ursprung des körperfesten Koordinatensystems des Slaves, $\vec{r}_{bS}^{\,i}$ ist der Vektor zum Ursprung des Referenzkoordinatensystems und $\vec{l}^{\,b}$ ist der Vektor, der vom Ursprung des Referenzkoordinatensystems zum Ursprung des Slave-Koordinatensystems weist.

Die Beschleunigung im körperfesten Koordinatensystem des Slaves lässt sich durch Be-

Höhe (m)   Wing rock

800
600   S & L   S-Kurve
400
200
  0
45.2

45.1   S & L

Breite (°)

45   Kurve

44.9   8.6 8.8   9   9.2 9.4 9.6 9.8 10 10.2
                              Länge (°)

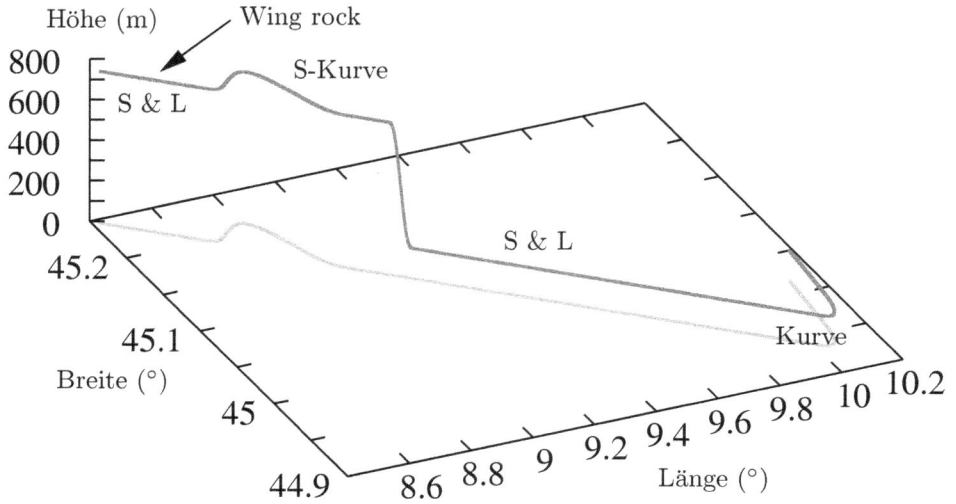

Abbildung 9.4: *Flugtrajektorie, die in den Simulationen verwendet wurde.*

rechnung der zweifachen Ableitung dieses Zusammenhanges ermitteln, man erhält

$$\dot{\vec{r}}_{bS}^{i} = \dot{\vec{r}}_{b}^{i} + \dot{\mathbf{C}}_{b}^{i}\vec{l}^{b}$$

$$\vec{v}_{ibS}^{i} = \vec{v}_{ib}^{i} + \mathbf{C}_{b}^{i}\mathbf{\Omega}_{ib}^{b}\vec{l}^{b}$$

$$\dot{\vec{v}}_{ibS}^{i} = \dot{\vec{v}}_{ib}^{i} + \dot{\mathbf{C}}_{b}^{i}\mathbf{\Omega}_{ib}^{b}\vec{l}^{b} + \mathbf{C}_{b}^{i}\dot{\mathbf{\Omega}}_{ib}^{b}\vec{l}^{b}$$

$$\vec{a}_{ibS}^{i} = \vec{a}_{ib}^{i} + \mathbf{C}_{b}^{i}\mathbf{\Omega}_{ib}^{b}\mathbf{\Omega}_{ib}^{b}\vec{l}^{b} + \mathbf{C}_{b}^{i}\dot{\mathbf{\Omega}}_{ib}^{b}\vec{l}^{b}$$

$$\vec{a}_{ibS}^{b} = \vec{a}_{ib}^{b} + \mathbf{\Omega}_{ib}^{b}\mathbf{\Omega}_{ib}^{b}\vec{l}^{b} + \dot{\mathbf{\Omega}}_{ib}^{b}\vec{l}^{b}$$

$$\vec{a}_{ibS}^{b} = \vec{a}_{ib}^{b} + \vec{\omega}_{ib}^{b} \times \vec{\omega}_{ib}^{b} \times \vec{l}^{b} + \dot{\vec{\omega}}_{ib}^{b} \times \vec{l}^{b} \ . \tag{9.33}$$

Die Terme, in denen sich die in Referenzkoordinatensystem und Slave anfallenden Beschleunigungen unterscheiden, sind in Abb. 9.3 veranschaulicht.

9.4.2   Ergebnisse

Zur Erzeugung der dem Slave zur Verfügung gestellten Lage- und Geschwindigkeitsinformationen wurde ein Master-GPS/INS-System basierend auf einer inertial-grade-IMU simuliert. Die Verwendung eines GPS/INS-Systems als Referenzsystem kann zu Problemen führen, wenn nach einem GPS-Ausfall Sprünge in den Navigationsinformationen des Masters auftreten, siehe [40]. Daher wurde für die hier durchgeführten Simulationen von einer kontinuierlichen GPS-Verfügbarkeit ausgegangen. Eine Beschreibung von Verfahren zur Berücksichtigung von GPS-Ausfällen in einem solchen Transfer-Alignment-Szenario ist in [43] zu finden.

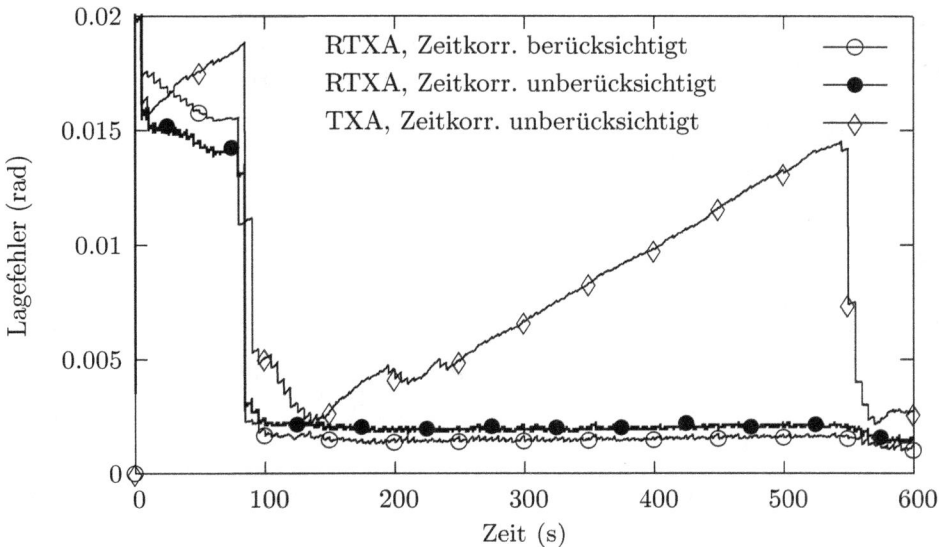

Abbildung 9.5: *Gesamtlagefehler des Slaves, Datenrate 0.2 Hz, 10 °/h-Slave-IMU.*

Die in den Simulationen verwendete Flugtrajektorie ist in Abb. 9.4 dargestellt. Zu Beginn wurde für fünfundzwanzig Sekunden geradeaus geflogen ('straight & level', S & L), dann folgte ein wing-rock-Manöver. Dieses Manöver dauerte zwei Sekunden, der maximale Rollwinkel betrug dabei sechzig Grad. Anschließend folgten fünfzig Sekunden Geradeausflug, bevor hundertdreisig Sekunden lang Kurven geflogen wurden, an die sich fünf Minuten Geradeausflug anschlossen. Das abschließende Manöver war eine scharfe neunzig-Grad-Kurve.

Für die Inertialsensorik des Slave wurden eine 10 °/h- und eine 2 °/h-IMU angenommen, die zur Erzeugung der Sensordaten verwendeten Rauschprozessmodelle wurden anhand von Flugversuchsdaten ermittelt. Neben der Sensorgüte ist ein weiterer Faktor von entscheidender Bedeutung, nämlich die Datenrate, mit der der Master Geschwindigkeits- und Lageinformationen zur Verfügung stellt. Typische Datenraten liegen nach [70] hierbei im Bereich von 1/6 Hz bis 12.5 Hz.

Ein erstes Simulationsergebnis ist in Abb. 9.5 dargestellt, das den über fünfundzwanzig Simulationsläufe gemittelten Gesamtlagefehler des Slaves bei einer 10 °/h-Slave-IMU und einer Master-Slave-Datenrate von 0.2 Hz für verschiedene Alignment-Verfahren zeigt. Aufgrund des Geradeausflugs ist der Yaw-Winkel zunächst nicht beobachtbar. Die geringe Datenrate, mit der der Master Geschwindigkeits- und Lageinformationen zur Verfügung stellt, führt dazu, dass die Rapid-Transfer-Alignment-Verfahren von dem wing-rock-Manöver nicht profitieren können. Daher nimmt der Lagefehler erst ab, als bei 75 Sekunden der Kurvenflug beginnt. Offensichtlich führt die Berücksichtigung der Zeitkorrelationen des vibrationsinduzierten Inertialsensorrauschens beim Rapid Trans-

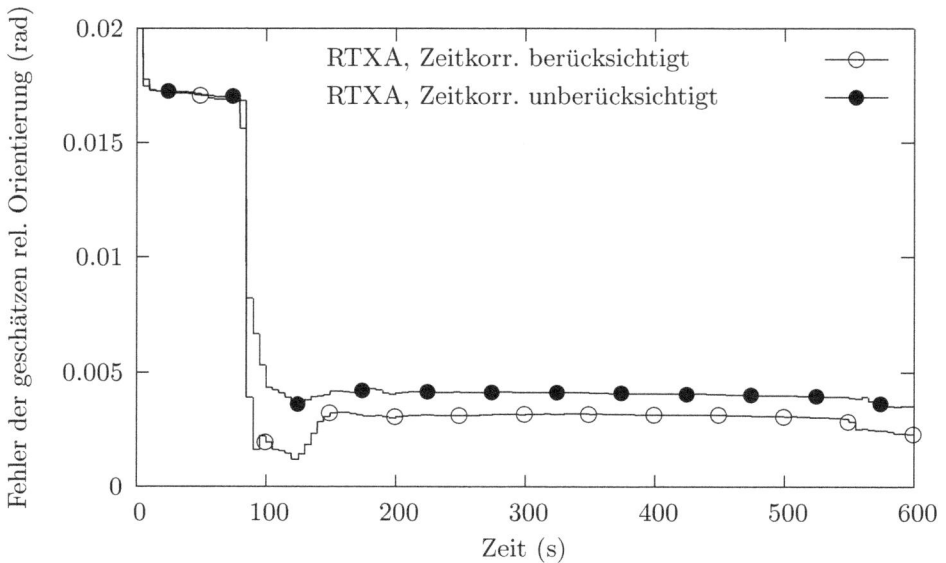

Abbildung 9.6: *Fehler der geschätzten relativen Orientierung von Master und Slave, Datenrate 0.2 Hz, $10\,°/h$-Slave-IMU.*

fer Alignment zu einer Verbesserung der Lageschätzung. Zum Vergleich sind auch die Ergebnisse eines konventionellen Alignment-Verfahrens dargestellt. Hierbei fällt auf, dass zum Einen die Konvergenz der Lageschätzung beim Kurvenflug etwas langsamer ausfällt, zum Anderen wachsen beim anschließenden Geradeausflug aufgrund der Unbeobachtbarkeit des Yaw-Winkels die Lagefehler wieder an. Dieser Anstieg der Lagefehler wird bei den Rapid-Transfer-Alignment-Verfahren nicht beobachtet. Aufgrund der von diesen Algorithmen geschätzten relativen Orientierung zwischen Master und Slave profitiert hier die Yaw-Winkelschätzung des Slaves von der Yaw-Winkelschätzung des Masters. Da für den Master sehr hochwertige Inertialsensoren angenommen wurden die darüber hinaus auch nicht der gleichen extremen Vibrationsumgebung ausgesetzt sind, wächst der Yaw-Winkelfehler des Masters während des Geradeausfluges kaum an.

Abb. 9.6 zeigt den Fehler der von den Rapid-Transfer-Alignment-Verfahren geschätzten Orientierung von Master und Slave. Auch hier führt die Berücksichtignug der Zeitkorrelationen zu einer Verbesserung des Schätzergebnisses.

Die gleiche Aussage lässt sich für die Schätzung der Drehratensensorbiase treffen. Abb. 9.7 zeigt für die verschiedenen Alignmentverfahren die Gesamtfehler der Drehratensensorbiasschätzung. Während ohne Berücksichtigung der Zeitkorrelationen das konventionelle Transfer-Alignment-Verfahren ähnliche Ergebnisse liefert wie das Rapid-Transfer-Alignment-Verfahren, liefert letzteres bei Berücksichtigung der Zeitkorrelationen eine deutlich schnellere und präzisere Biasschätzung.

Schließlich wurden diese Simulationen unter Annahme einer $2\,°/h$-Slave-IMU wiederholt,

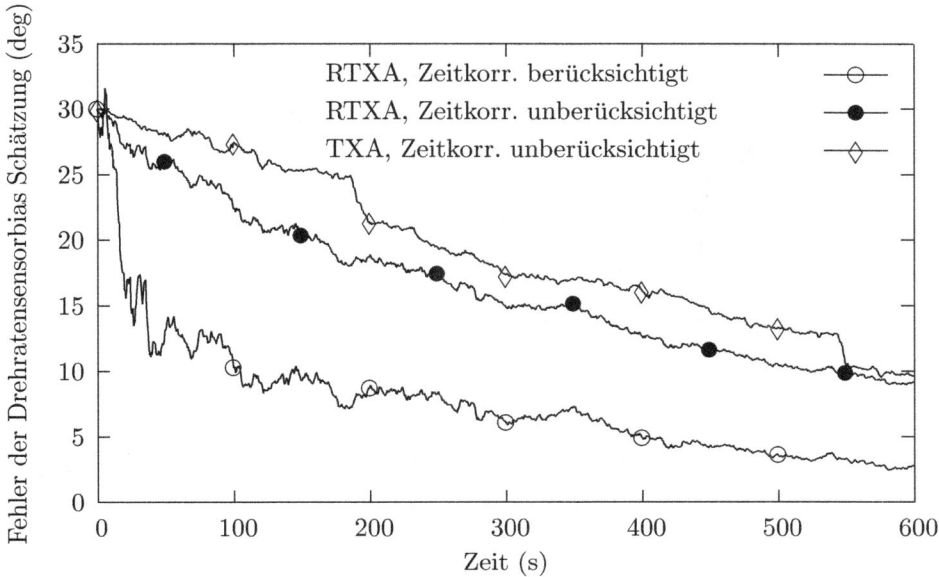

Abbildung 9.7: *Fehler der geschätzten Drehratensensorbiase bei verschiedenen Transfer-Alignment-Verfahren.*

Abb. 9.8 zeigt die von den verschiedenen Verfahren erzielten, mittleren Gesamtlagefehler. Prinzipiell ergeben sich die gleichen Resultate wie bei der $10\,°/\text{h}$-Slave-IMU, die Unterschiede zwischen den einzelnen Alignment-Verfahren fallen jedoch geringer aus, insbesondere das beim konventionellen Alignment beobachtete Anwachsen des Lagefehlers während des Geradeausflugs ist verlangsamt.

Abschließend wurden Simulationen durchgeführt, bei denen eine Datenrate von $5\,\text{Hz}$ für die vom Master zur Verfügung gestellten Informationen angenommen wurde, siehe Abb. 9.9. Mit dieser größeren Messdatenrate sind die Rapid-Transfer-Alignment-Verfahren in der Lage, von dem kurzen wing-rock-Manöver zu profitieren, wohingegen die Lageschätzung bei Verwendung eines konventionellen Transfer-Alignment-Verfahrens nach wie vor erst mit Beginn des Kurvenfluges konvergiert.

Schließlich sein noch darauf hingewiesen, dass neben der Berücksichtigung der Zeitkorrelationen des vibrationsinduzierten Rauschens die Erweiterung des Zustandsvektors des Alignment-Filters zur Schätzung von Skalenfaktoren und Misalignment der Inertialsensoren zu einer Verbesserung der Schätzergebnisse führen kann, siehe [42].

9.5 Adaptive Schätzung der Rauschprozessmodelle

Voraussetzung für die Berücksichtigung der Zeitkorrelationen des vibrationsinduzierten Rauschens ist, dass geeignete Rauschprozessmodelle zu Verfügung stehen. Häufig hängt

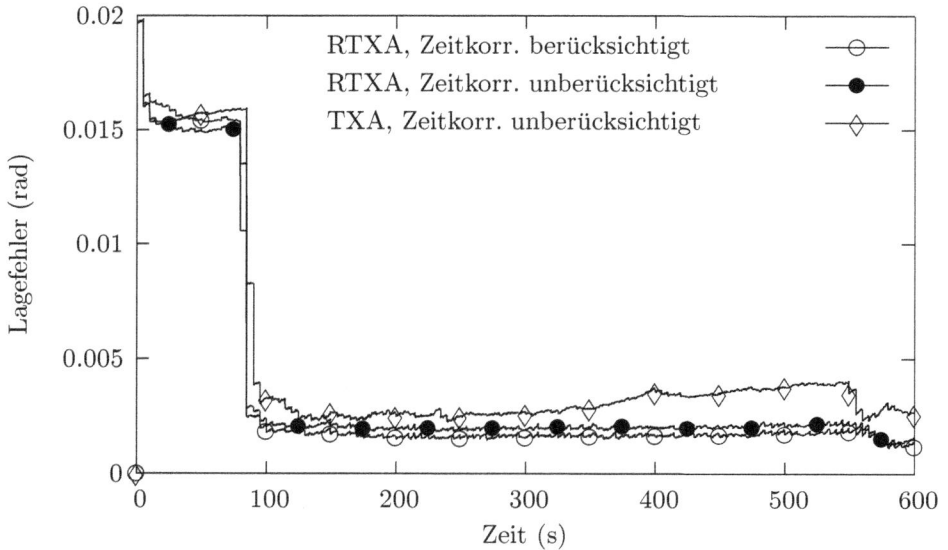

Abbildung 9.8: *Gesamtlagefehler des Slaves, Datenrate 0.2 Hz, 2 °/h-Slave-IMU.*

das vibrationsinduzierte Rauschen von der Flugsituation ab, so dass sich eine adaptive Schätzung dieser Rauschprozessmodelle anbietet.

Da sich in numerischen Simulationen gezeigt hat, dass die Kreuzkorrelationen des vibrationsinduzierten Inertialsensorrauschens vernachlässigt werden können und eine Modellierung als Prozess zweiter Ordnung bereits gute Ergebnisse liefert, kann für jeden Inertialsensor ein Rauschprozessmodell der Form

$$w_k = a_1 w_{k-1} + a_2 w_{k-2} + n_k \quad , \quad E[n_k^2] = \sigma_n^2 \tag{9.34}$$

angesetzt werden. Die adaptive Schätzung der Rauschprozessmodelle besteht daher in der Bestimmung der Parameter a_1, a_2 und σ_n^2. Erschwert wird diese Schätzung dadurch, dass neben dem vibrationsinduzierten Rauschen natürlich auch die Trajektoriendynamik in die Inertialsensordaten eingeht. Eine direkte Schätzung dieser Parameter anhand der Inertialsensordaten z.B. durch Anwendung der Yule-Walker-Gleichung ist daher nicht möglich.

9.5.1   Identifikation anhand von Messwertdifferenzen

Um den Einfluss der Trajektoriendynamik zu minimieren, können zeitliche Differenzen der Inertialsensordaten gebildet werden. Diese zeitlichen Differenzen können näherungsweise durch

$$u_k = w_k - w_{k-1} \tag{9.35}$$

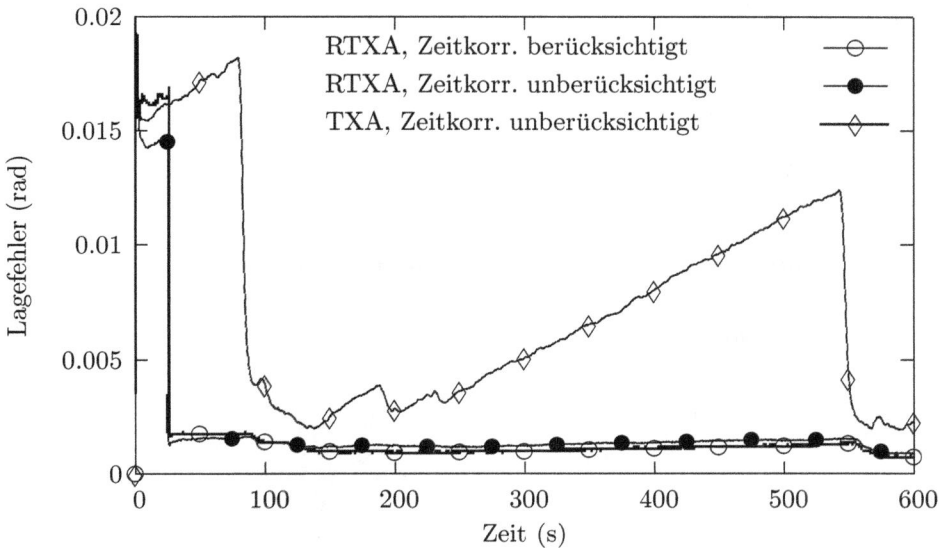

Abbildung 9.9: *Gesamtlagefehler des Slaves, Datenrate 5 Hz, 10 °/h-Slave-IMU.*

beschrieben werden. Hierbei wurde angenommen, dass die Differenzenbildung die Trajektoriendynamik zum größten Teil eliminiert.

Nun können für unterschiedliche zeitliche Verschiebungen rekursiv Korrelationen

$$E[u_k u_{k-i}] = r(i) \quad , \quad i \in [0, 1, 2] \tag{9.36}$$

dieser Inertialsensordatendifferenzen geschätzt werden:

$$r_k(i) = (1 - \frac{1}{\alpha}) r_{k-1}(i) + \frac{1}{\alpha} u_k u_{k-i} \tag{9.37}$$

Je größer der Parameter α in Gl. (9.37) gewählt wird, desto rauschärmer sind die geschätzten Korrelation; andererseits wird eine Änderung der Zeitkorrelationsstruktur entsprechend langsamer erkannt.

Um den Zusammenhang zwischen den Korrelationen $r(0), r(1)$ und $r(2)$ und den Parametern a_1, a_2 sowie σ_n^2 herzuleiten, wird zunächst die z-Transformierte von Gl. (9.34)
berechnet:

$$\begin{aligned}
w(z) &= a_1 z^{-1} w(z) + a_2 z^{-2} w(z) + n(z) \\
w(z) &= \frac{n(z)}{1 - a_1 z^{-1} - a_2 z^{-2}}
\end{aligned} \tag{9.38}$$

Damit ergibt sich durch z-Transformation von Gl. (9.35)

$$u(z) = (1 - z^{-1})w(z)$$
$$= \frac{(1 - z^{-1})n(z)}{1 - a_1 z^{-1} - a_2 z^{-2}}$$

$$u(z)(1 - a_1 z^{-1} - a_2 z^{-2}) = (1 - z^{-1})n(z) \quad . \tag{9.39}$$

Die Rücktransformation von Gl. (9.39) ins Zeitdiskrete liefert

$$u_k - a_1 u_{k-1} - a_2 u_{k-2} = n_k - n_{k-1}$$

$$u_k = a_1 u_{k-1} + a_2 u_{k-2} + n_k - n_{k-1} \quad . \tag{9.40}$$

Mit

$$E[u_k n_k] = E[(a_1 u_{k-1} + a_2 u_{k-2} + n_k - n_{k-1})n_k]$$
$$= a_1 \underbrace{E[u_{k-1})n_k]}_{0} + a_2 \underbrace{u_{k-2}n_k}_{0} + E[n_k^2] - \underbrace{E[n_{k-1}n_k]}_{0}$$
$$= \sigma_n^2 \tag{9.41}$$

und

$$E[u_k n_{k-1}] = E[(a_1 u_{k-1} + a_2 u_{k-2} + n_k - n_{k-1})n_{k-1}]$$
$$= a_1 E[u_{k-1}n_{k-1}] + a_2 \underbrace{u_{k-2}n_{k-1}}_{0} + \underbrace{E[n_k n_{k-1}]}_{0} - E[n_{k-1}^2]$$
$$= (a_1 - 1)\sigma_n^2 \tag{9.42}$$

folgt

$$r(0) = E[(a_1 u_{k-1} + a_2 u_{k-2} + n_k - n_{k-1})u_k]$$
$$= a_1 r(1) + a_2 r(2) + E[n_k u_k] - E[n_{k-1}u_k]$$
$$r(0) = a_1 r(1) + a_2 r(2) + (2 - a_1)\sigma_n^2 \quad . \tag{9.43}$$

Analog findet man

$$r(1) = E[(a_1 u_{k-1} + a_2 u_{k-2} + n_k - n_{k-1})u_{k-1}]$$
$$= a_1 r(0) + a_2 r(1) + \underbrace{E[n_k u_{k-1}]}_{0} - E[n_{k-1}u_{k-1}]$$
$$r(1) = a_1 r(0) + a_2 r(1) - \sigma_n^2 \tag{9.44}$$

und

$$r(2) = E[(a_1 u_{k-1} + a_2 u_{k-2} + n_k - n_{k-1}) u_{k-2}]$$
$$= a_1 r(1) + a_2 r(0) + \underbrace{E[n_k u_{k-2}]}_{0} - \underbrace{E[n_{k-1} u_{k-2}]}_{0}$$
$$r(2) = a_1 r(1) + a_2 r(2) \quad . \tag{9.45}$$

Die Gl. (9.43)–(9.44) stellen ein nichtlineares Gleichungssystem für die gesuchten Parameter dar, das zwei Lösungen besitzt. Eine nähere Betrachtung dieser Lösungen zeigt, dass die zur Bestimmung der gesuchten Parameter benötigten Zusammenhänge durch

$$a_1 = \frac{r(0) + 2r(1) + r(2)}{r(0) + r(1)} \tag{9.46}$$

$$a_2 = \frac{r(0)r(2) - r(1)r(0) - 2r(1)^2}{r(0)(r(0) + r(1))} \tag{9.47}$$

$$\sigma_n^2 = \frac{r(0)^2 + r(0)r(2) - 2r(1)^2}{r(0)} \tag{9.48}$$

gegeben sind.

Bei der Übernahme der geschätzten Parameter in den Filteralgorithmus sind jedoch zusätzliche Vorsichtsmaßnahmen notwendig. Die Varianz σ_w^2 des Rauschprozesses Gl. (9.34) ist gegeben durch

$$\sigma_w^2 = \frac{\sigma_n^2(1 - a_2)}{(1 - a_2)(1 - a_1^2 - a_2^2) - 2a_1^2 a_2} \quad . \tag{9.49}$$

Für $a_2 = \pm(a_1 + 1)$ sowie für $a_2 = -1$ geht diese Varianz gegen unendlich. Die Varianz des vibrationsinduzierten Rauschens ist zwar endlich, während der Konvergenz des Verfahrens zu neuen Modellparametern z.B. nach Beginn einer neuen Flugphase können die geschätzten Parameter jedoch die angegebenen Bedingungen zumindest näherungsweise erfüllen. Würden in dieser Situation die geschätzten Parameter in den Filteralgorithmus übernommen, kann dies bis zum Scheitern des Datenfusionsalgorithmus führen.

9.5.2   Ergebnisse

Die Leistungsfähigkeit des dargestellten Verfahrens zur Schätzung der Rauschprozessparameter wurde in numerischen Simulationen untersucht. Hierzu wurden zunächst anhand von Flugversuchsdaten typische Trajektoriendynamiken identifiziert. Zu den so gewonnenen Daten wurden bekannte, zeitkorrelierte Rauschprozesse addiert, die identifiziert werden sollten. Die Rauschprozesse wurden dabei typischen Vibrationsumgebungen nachempfunden. Der Vorteil dieser Vorgehensweise besteht darin, dass aufgrund der bekannten Rauschprozessmodelle die Korrektheit der Parameterschätzung sehr einfach überprüft werden kann.

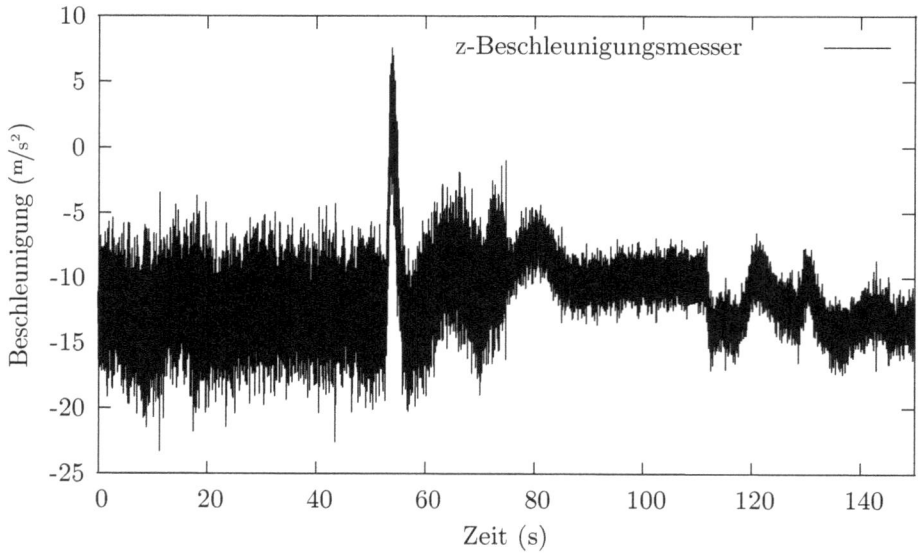

Abbildung 9.10: *Synthetisch erzeugte Messwerte des z-Beschleunigungssensors, bestehend aus Trajektoriendynamik und vibrationsinduziertem Rauschen.*

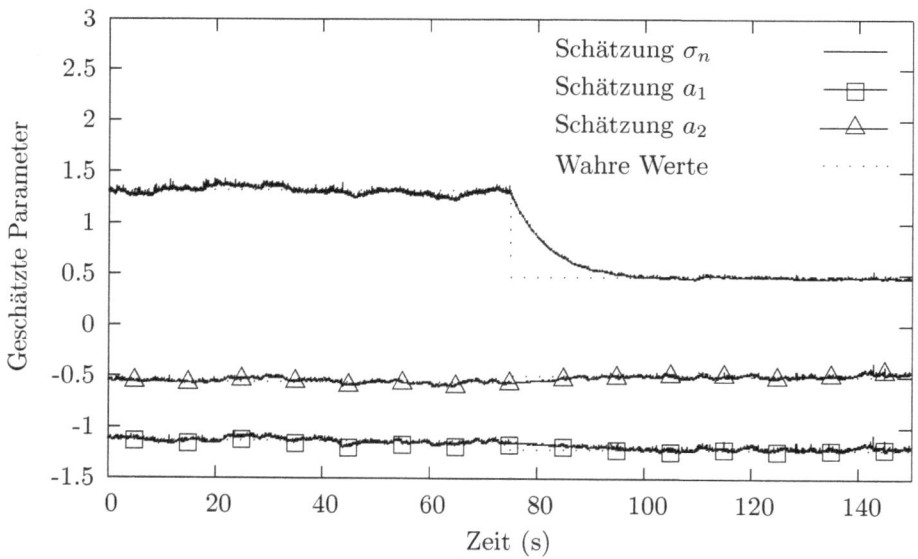

Abbildung 9.11: *Schätzung der Parameter des Rauschprozessmodells.*

Abb. 9.10 zeigt von den so erzeugten Inertialsensordaten exemplarisch die Messwerte des z-Beschleunigungsmessers, die deutlich den Einfluss von Gravitation, Trajektoriendynamik und vibrationsinduziertem Rauschen erkennen lassen.

Abb. 9.11 zeigt die von dem vorgeschlagenen Verfahren gelieferten Schätzungen der Rauschprozessmodellparameter. Offensichtlich stimmen die Schätzungen trotz der signifikanten Trajektoriendynamik sehr gut mit den wahren Werten überein. Für die zweite Hälfte des Simulationszeitraumes wurden veränderte Modellparameter angenommen, diese Änderung wird von dem Schätzalgorithmus zügig erfasst.

Dieses Identifikationsverfahren bietet daher zusammen mit dem modifizierten Filteralgorithmus zur effizienten Berücksichtigung von Zeitkorrelationen die Möglichkeit, die Leistungsfähigkeit von Rapid-Transfer-Alignment-Verfahren signifikant zu steigern.

10 Anwendungsbeispiel unbemanntes Fluggerät

Das Interesse an unbemannten Fluggeräten, engl. unmanned aerial vehicles (UAV), ist in den letzten Jahren stetig gestiegen. Im militärischen Bereich wurden Systeme entwickelt, die eine Nutzlast von mehreren hundert Kilogramm tragen, in sehr großen Höhen fliegen und viele Stunden in der Luft bleiben können. Beispiele hierfür wären der Global Hawk und der Predator. Für eine Reihe von Anwendungen sind aber auch sehr kleine Fluggeräte interessant, sogenannte mini und micro aerial vehicles (MAV). Die Grenze zwischen UAV und MAV ist nicht eindeutig definiert; häufig wird bei einem Fluggerät, dessen Abmessungen unter einem Meter liegen von einem mini aerial vehicle gesprochen. Ist das Fluggerät kleiner als fünfzehn Zentimeter, handelt es sich um ein micro aerial vehicle.

Die nächsten Abschnitte beschäftigen sich mit einem VTOL-MAV, das in Abb. 10.1 zu sehen ist. VTOL-MAVs [1] besitzen die Fähigkeit zu schweben, was insbesondere bei Überwachungs- und Aufklärungsaufgaben vorteilhaft sein kann. Entscheidend bei dem Einsatz eines solchen MAVs ist eine leichte Handhabbarkeit. Gerade schwebeflugfähige MAVs weisen jedoch anders als viele Flächenflügler eine inhärente Instabilität auf. Daher ist ein sinnvoller Einsatz eines VTOL-MAV nur möglich, wenn zumindest eine automatische Lage- und Höhenregelung vorhanden ist. Während Höheninformationen vergleichsweise einfach mit einem Baro-Altimeter gewonnen werden können, gestaltet sich die Schätzung der Lage des Fluggerätes ungleich schwieriger. In der Literatur findet man verschiedene Ansätze zur Lageschätzung. Mit mindestens drei GPS-Empfängern bzw. einem Mehr-Antennen-Empfänger können Lageinformationen ausschließlich anhand von GPS-Messungen gewonnen werden. Hierzu müssen zwingend GPS-Trägerphasenmessungen genutzt und deren Mehrdeutigkeitswerte festgelegt werden können. Die Genauigkeit der Lagebestimmung ist dabei mit abhängig von dem Abstand der GPS-Antennen zueinander, aufgrund der geometrischen Gegebenheiten des hier betrachteten MAVs scheidet dieser Ansatz somit aus. Ein anderer Ansatz besteht in der Nutzung der Bilder einer oder mehrerer mitgeführter Kameras. Die Ergebnisse entsprechender Bildverabeitungsalgorithmen dienen dann zur Verbesserung der Navigationslösung oder sogar als alleinige Stützung eines Inertialnavigationssystems, siehe [115],[127],[109],[126]. Bildverarbeitungsalgorithmen sind jedoch sehr rechenaufwändig, so dass eine Bildverarbeitung an Bord des MAV hohe Ansprüche an den Navigationscomputer stellt. Eine Alternative hierzu ist die Durchführung der Bildverarbeitung mit einer Bodenstation, die dort errechneten Ergebnisse können wieder an das MAV übertragen werden. Dazu muss jedoch die kontinuierliche Verfügbarkeit einer Funkverbindung sichergestellt sein, da bei einer solchen Systemarchitektur mit dem Verlust des

---

[1]VTOL steht für vertical take-off and landing.

Abbildung 10.1: *VTOL-MAV im Flug, Abmessung von Rotormittelpunkt zu Rotormittelpunkt 54 cm. Mit freundlicher Genehmigung der microdrones GmbH.*

Übertragungskanals auch der Verlust der Navigationsinformationen verbunden ist, was unweigerlich einen Absturz zur Folge hat. In der Praxis wird sich eine solche unterbrechungsfreie Datenverbindung nur mit größerem Aufwand realisieren lassen, daher sollen im Folgenden die benötigten Lageinformationen mit einem GPS/INS-System ermittelt werden.

Typische GPS/INS-Systeme für UAVs sind in [68],[131],[67] beschrieben, dort werden mehrere GPS-Antennen genutzt, um auch bei Manövern die Verfügbarkeit einer ausreichenden Anzahl von Satelliten zu gewährleisten. Trotz dieser Maßnahmen kann nicht davon ausgegangen werden, dass bei einem UAV oder MAV in jeder Situation GPS-Messungen verfügbar sind, z.B. beim Flug in Gebäuden oder in Häuserschluchten. Üblicherweise werden bei einem GPS/INS-System GPS-Ausfälle anhand der inertialen Navigationslösung überbrückt. Bei MAVs ist das nicht möglich, da aus Gewichts-, Platz- und Kostengründen MEMS-Inertialsensoren geringer Güte verwendet werden müssen. Dadurch wachsen ohne geeignete Stützinformationen die Navigationsfehler so schnell mit der Zeit an, dass eine Stabilisierung des MAVs nach kürzester Zeit nicht mehr möglich ist.

Um dieses Problem zu lösen, werden in [69],[93],[33] Navigationssystemarchitekturen verwendet, die sich deutlich von den bisher diskutierten GPS/INS-Systemen unterscheiden. Die GPS-Positions- oder Geschwindigkeitsmessungen werden hierbei zur Abschätzung der trajektorienbedingten Beschleunigung verwendet. Diese geschätzte Beschleunigung wird von den Beschleunigungen, die von den Beschleunigungsmessern geliefert werden, subtrahiert. Was verbleibt ist eine Messung der Schwerebeschleunigung, die dazu verwendet werden kann, Roll- und Pitchwinkel zu stützen. Der bei der Kompensation der trajektorienbedingten Beschleunigung benötigte Yaw-Winkel wird entweder durch Einsatz eines Magnetometers ermittelt, oder anhand der GPS-Geschwindigkeit und aerodynamischer Eigenschaften des Fluggeräts bestimmt; letzteres ist nur bei Flächenflüglern möglich. Fällt bei diesem Integrationsansatz nun GPS aus, so kann die trajektorienbedingte Beschleunigung zwar nicht mehr kompensiert werden, die Beschleunigungsmesserdaten sind aber dennoch von der Schwerebeschleunigung dominiert und können weiterhin zur Stützung von Roll- und Pitchwinkel herangezogen werden. Der wesentliche Nachteil dieses Integrationsansatzes besteht darin, dass vorhandene GPS-Informationen nur suboptimal genutzt werden: Eine Kalibration der Beschleunigungsmesserbiase findet nicht statt. Gerade bei der Verwendung von MEMS-Sensoren geringer Güte kann das aber ein massives Problem sein. Die Biase dieser Sensoren sind meist stark temperaturabhängig, so dass z.B. bei Zimmertemperatur ermittelte Biase bei Kälte im Freien nicht mehr gültig sind. Da diese Temperaturabhängigkeit von Sensor zu Sensor deutlich variieren kann, müsste jeder einzelne Sensor vermessen werden, um bei diesem Integrationsansatz in Verbindung mit einer Temperaturmessung die sich ändernden Biase näherungsweise kompensieren zu können.

Daher soll im Folgenden ein anderer Weg beschritten werden. Zum Einsatz kommt ein GPS/INS-System, das dem in Abschnitt 8.2 beschriebenen Loosely Coupled System stark ähnelt. Bei GPS-Ausfall läuft der Strapdown-Algorithmus jedoch nicht einfach ungestützt weiter. Stattdessen wird auf ein anderes Filter umgeschaltet, das die Lage anhand der Drehratensensordaten extrapoliert und Beschleunigungsmesserdaten zur Lagestützung verwendet. Diese Vorgehensweise vereint die Vorteile eines herkömmlichen GPS/INS-Systems und die des im vorherigen Abschnitt beschriebenen Ansatzes: Sind GPS-Messungen vorhanden, werden sämtliche Inertialsensoren, auch die Beschleunigungsmesser, kontinuierlich kalibriert. Ohne GPS-Empfang wird durch Messung der Schwerebeschleunigung die Langzeitgenauigkeit der Lageschätzung sichergestellt. Der Umschaltvorgang zwischen den Filtern gestaltet sich problemlos, da zur Initialisierung des einen Filters die Lage- und Drehratensensorbiasschätzung des anderen Filters samt zugehöriger Varianzen verwendet werden können, so dass die Konvergenzphase praktisch entfällt.

In den nächsten Abschnitten werden Besonderheiten des GPS/INS-Systems des VTOL-MAVs sowie der Überbrückung von GPS-Ausfällen näher betrachtet.

10.1 Beobachtbarkeit des Yaw-Winkels

Bei einem auf MEMS-Sensoren geringer Güte basierenden GPS/INS-System sind gegenüber den in Abschnitt 8.2 entwickelten Gleichungen massive Vereinfachungen möglich. So können die Erddrehrate, die Transportrate und Coriolis-Terme sowohl in der Strapdown-Rechnung als auch im Kalman-Filter-Systemmodell problemlos vernachlässigt werden. Aufgrund der geringen Abmessungen ist eine Berücksichtigung der Relativposition von GPS-Antenne und Inertialsensorik ebenfalls nicht notwendig. Die geringe Güte der Inertialsensoren und die Schwebeflugfähigkeit des MAVs führen jedoch auch zu Problemen, die bei anderen Systemen nicht beachtet werden müssen. Dies soll anhand des Kalman-Filter-Systemmodells aufgezeigt werden, das sich nach den angesprochenen Vereinfachungen wie folgt darstellt:

$$
\begin{pmatrix}
\Delta x_n \\
\Delta x_e \\
\Delta x_d \\
\Delta v_n \\
\Delta v_e \\
\Delta v_d \\
\alpha \\
\beta \\
\gamma \\
\Delta b_{a,x} \\
\Delta b_{a,x} \\
\Delta b_{a,x} \\
\Delta b_{\omega,x} \\
\Delta b_{\omega,y} \\
\Delta b_{\omega,z}
\end{pmatrix}^{\textstyle\cdot}
=
\left(
\begin{array}{cccccc}
000 & & 000 & 000 & 000 & \\
000 & \mathbf{I} & 000 & 000 & 000 & \\
000 & & 000 & 000 & 000 & \\
000 & 000 & 0 & f_d & -f_e & 000 \\
000 & 000 & -f_d & 0 & f_n & -\mathbf{C}_b^{\hat{n}}\ 000 \\
000 & 000 & f_e & -f_n & 0 & 000 \\
000 & 000 & & 000 & 000 & \\
000 & 000 & & 000 & 000 & -\mathbf{C}_b^{\hat{n}} \\
000 & 000 & & 000 & 000 & \\
000 & 000 & & 000 & 000 & 000 \\
000 & 000 & & 000 & 000 & 000 \\
000 & 000 & & 000 & 000 & 000 \\
000 & 000 & & 000 & 000 & 000 \\
000 & 000 & & 000 & 000 & 000 \\
000 & 000 & & 000 & 000 & 000
\end{array}
\right)
\begin{pmatrix}
\Delta x_n \\
\Delta x_e \\
\Delta x_d \\
\Delta v_n \\
\Delta v_e \\
\Delta v_d \\
\alpha \\
\beta \\
\gamma \\
\Delta b_{a,x} \\
\Delta b_{a,x} \\
\Delta b_{a,x} \\
\Delta b_{\omega,x} \\
\Delta b_{\omega,y} \\
\Delta b_{\omega,z}
\end{pmatrix}
+ \mathbf{G}\vec{w} \quad (10.1)
$$

Der Zusammenhang zwischen Lagefehlern und Geschwindigkeitsfehlern wird durch die kreuzproduktbildende Matrix der in das Navigationskoordinatensystem umgerechneten, gemessenen specific force f_n, f_e und f_d beschrieben. Offensichtlich führt hierbei ein Lagefehler γ nur zu Geschwindigkeitsfehlern, wenn Beschleunigungen in horizontaler Richtung vorliegen, f_n oder f_e also von Null verschieden ist. Andernfalls ist der Lagefehler γ des Yaw-Winkels von den restlichen Zustandsgrößen entkoppelt und somit unbeobachtbar. Dies lässt sich anschaulich leicht erklären: Betrachtet man das Schweben an einer festen Position oder einen unbeschleunigten, geradlinigen Flug, so kann das Fluggerät in Gedanken um die lokale Vertikale gedreht werden, ohne dass dies einen Einfluss auf die Messungen der Beschleunigungsmesser oder den Geschwindigkeitsvektor des Fluggerätes hätte. Diese Drehung um die lokale Vertikale, also eine Änderung des Yaw-Winkels, kann daher nicht mit den Stützinformationen des GPS-Empfängers in Verbindung gebracht werden. Zwar detektieren die Drehratensensoren natürlich eine Änderung des Yaw-Winkels, da bei der Integration der Drehratensensordaten ohne die Möglichkeit zur Stützung aber die Lagefehler mit der Zeit anwachsen, wächst in diesem Szenario ohne weitere Maßnahmen der Yaw-Winkelfehler unbeschränkt an. Zusätzlich wächst die Varianz des Yaw-Winkelschätzfehlers ebenfalls unbeschränkt an, so dass auch das Auftreten numerischer Probleme nur eine Frage der Zeit ist.

Bei einem Flächenflügler kann ausgenutzt werden, dass ein solches Fluggerät nur vorwärts fliegen kann, die Bewegungsrichtung stimmt daher näherungsweise mit der Richtung der x-Achse des körperfesten Koordinatensystems überein. Damit kann anhand des vom GPS-Empfänger gelieferten Geschwindigkeitsvektors auf den Yaw-Winkel geschlossen und so ein unbeschränktes Anwachsen des Yaw-Winkelfehlers verhindert werden.

Diese Vorgehensweise ist bei einem VTOL-MAV nicht anwendbar. Daher wurde als zusätzlicher Sensor ein Magnetometer in das Navigationssystem integriert.

10.1.1 Stützung mit Erdmagnetfeldmessungen

Ein Magnetometer liefert Messungen des Erdmagnetfeldvektors

$$\vec{h}^b = \left(h_x^b, h_y^b, h_z^b\right)^T$$

in körperfesten Koordinaten. Dreht man das Magnetometer um eine Achse parallel zu den Feldlinien des Erdmagnetfeldes, so ändern sich die Messwerte des Magnetometers dabei nicht; eine solche Drehung ist daher anhand der Magnetometerdaten nicht beobachtbar. Allgemein gilt, dass für die vollständige Bestimmung der relativen Orientierung zweier Koordinatensysteme zwei nicht-parallele Vektoren in Koordinaten beider Koordinatensysteme benötigt werden[2]. Geht man davon aus, dass der Erdmagnetfeldvektor in Koordinaten des Navigationssystems bekannt ist, so liegt mit den in körperfesten Koordinaten anfallenden Messungen des Magnetometers nur ein Vektor in Koordinaten beider Koordinatensysteme vor. Daher ist eine Bestimmung des Yaw-Winkels nur möglich, wenn Roll- und Pitchwinkel zumindest näherungsweise gegeben sind. Im Endeffekt ist diese Forderung äquivalent zu der Forderung nach einem zweiten Vektor, der sowohl in körperfesten Koordinaten als auch in Navigationskoordinaten bekannt ist. Dieser zweite Vektor ist sowohl bei dem GPS/INS-Filter als auch bei dem im vorigen Abschnitt erwähnten Filter zur Überbrückung von GPS-Ausfällen letztendlich durch den Gravitationsvektor gegeben. Bei einem Kompass wird die Forderung nach einem bekannten Roll- und Pitchwinkel mechanisch gelöst, indem eine horizontale Lage der Nadel erzwungen wird. Die Nadel richtet sich somit parallel zur Horizontalkomponente des Erdmagnetfeldes aus. Geht man davon aus, dass das Fluggerät ebenfalls horizontal ausgerichtet wäre, so könnte der Yaw-Winkel anhand von

$$\psi = -\arctan 2(h_y^b, h_x^b) \tag{10.2}$$

bestimmt werden. Befinden sich die x- und y-Achsen des körperfesten Koordinatensystems nicht in der Horizontalebene, so führt die Verwendung von Gl. (10.2) sehr schnell zu massiven Fehlern: Abb. 10.2 zeigt den Yaw-Winkelfehler der sich ergibt, wenn bei einem Roll- und Pitchwinkel von jeweils zwanzig Grad der Yaw-Winkel trotzdem anhand von Gl. (10.2) berechnet wird. Hierbei wurde von einem Erdmagnetfeld von

$$h^n = (h_n, h_e, h_d)^T = (20536.76, 239.1, 43465.33)^T \text{ nT}$$

ausgegangen, wie es laut [8] bei neunundvierzig Grad nördlicher Breite und acht Grad östlicher Länge vorliegt. Bei dem hier betrachteten VTOL-MAV sind Roll- und Pitchwinkel von zwanzig Grad und mehr je nach Agressivität der Manöver und Wind eher die Regel als die Ausnahme. Die Magnetometerdaten könnten daher ohne Kenntnis von Roll- und Pitchwinkel nicht genutzt werden. Natürlich wäre ohne Kenntnis von Roll- und Pitchwinkel auch eine Stabilisierung des MAV nicht möglich, auf deren Notwendigkeit zur Interpretation der Magnetometerdaten wird meist jedoch nicht hingewiesen.

---

[2]Die Bestimmung der relativen Orientierung zweier Koordinatensysteme anhand von zwei Vektoren, die in Koordinaten beider Koordinatensysteme bekannt sind, wird Waaba's Problem genannt.

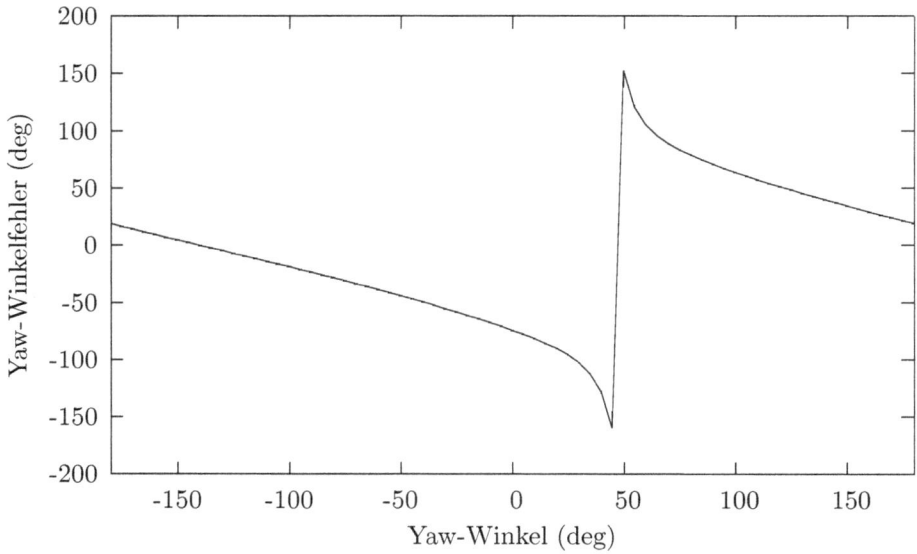

Abbildung 10.2: *Yaw-Winkelfehler, der sich abhängig vom Yaw-Winkel ergibt, wenn vorlie-gende Roll- und Pitchwinkel von jeweils zwanzig Grad bei der Berechnung des Yaw-Winkels vernachlässigt werden.*

Im Folgenden soll die Messgleichung hergeleitet werden, die für Verarbeitung einer Erd-magnetfeldmessung im Navigationsfilter benötigt wird.

Der Zusammenhang zwischen der in körperfesten Koordinaten anfallenden Erdmagnet-feldmessung und dem in Koordinaten des Navigationskoordinatensystems bekannten Erdmagnetfeldvektor lässt sich anhand von

$$\tilde{\vec{h}}^{\,b} = \mathbf{C}_b^{n,T}\,\vec{h}^{\,n} + \vec{v}_m \tag{10.3}$$

beschreiben, $\vec{v}_m$ ist hierbei das Messrauschen. Aus dem bereits aus Abschnitt 8.2 be-kannten Zusammenhang

$$\mathbf{C}_b^{\hat{n}} = (\mathbf{I} + \mathbf{\Psi}_n^{\hat{n}})\mathbf{C}_b^{\hat{n}}$$

folgt

$$\mathbf{C}_b^{n,T} = \mathbf{C}_b^{\hat{n},T}(\mathbf{I} + \mathbf{\Psi}_n^{\hat{n}})\,. \tag{10.4}$$

Durch Einsetzen erhält man so

$$\tilde{\vec{h}}^{\,b} = \mathbf{C}_b^{\hat{n},T}(\mathbf{I} + \mathbf{\Psi}_n^{\hat{n}})\vec{h}^{\,n} + \vec{v}_m$$
$$= \mathbf{C}_b^{\hat{n},T}\vec{h}^{\,n} + \mathbf{C}_b^{\hat{n},T}\mathbf{\Psi}_n^{\hat{n}}\vec{h}^{\,n} + \vec{v}_m$$
$$= \mathbf{C}_b^{\hat{n},T}\vec{h}^{\,n} - \mathbf{C}_b^{\hat{n},T}[\vec{h}^{\,n}\times]\vec{\psi}_n^{\hat{n}} + \vec{v}_m \ . \tag{10.5}$$

Die Messgleichung, die den Zusammenhang zwischen der Erdmagnetfeldmessung und den Lagefehlern beschreibt, ist damit gegeben durch

$$\tilde{\vec{h}}^{\,b} - \mathbf{C}_b^{\hat{n},T}\vec{h}^{\,n} = -\mathbf{C}_b^{\hat{n},T}[\vec{h}^{\,n}\times]\vec{\psi}_n^{\hat{n}} + \vec{v}_m \ . \tag{10.6}$$

Leider ist das Erdmagnetfeld unter anderem in der Nähe metallischer Objekte gestört. Diese Verzerrungen können zu Fehlern von mehreren Grad bei der Lagebestimmung führen. Obwohl der Yaw-Winkel zur Berechnung der Systemmatrix des Navigationsfilters benötigt wird, gefährdet auch ein Yaw-Winkelfehler von z.B. fünfzehn Grad die Funktionsfähigkeit des Navigationsfilters noch nicht. Roll- oder Pitchwinkelfehler von fünfzehn Grad können jedoch nicht toleriert werden, da dadurch das MAV in einer Lage stabilisiert würde, die sich von der eigentlich gewünschten Lage deutlich unterscheidet. Um diesem eventuell negativen Einfluss der Magnetometerdaten auf Roll- und Pitchwinkel zu begegnen, können in der Messgleichung (10.6) die Lagefehler $\vec{\psi}_n^{\hat{n}}$ zu

$$\vec{\psi}_n^{\hat{n}} = (0, 0, \gamma) \tag{10.7}$$

gesetzt werden. Dadurch wird für die Verarbeitung der Magnetometerdaten angenommen, dass Roll- und Pitchwinkel perfekt bekannt sind. Die endgültige Form der Messgleichung ergibt sich zu

$$\tilde{\vec{h}}^{\,b} - \mathbf{C}_b^{\hat{n},T}\vec{h}^{\,n} = -\mathbf{C}_b^{\hat{n},T}\begin{pmatrix} h_e \\ -h_n \\ 0 \end{pmatrix}\gamma + \vec{v}_m \ . \tag{10.8}$$

Damit wird die Erdmagnetfeldmessung nur zur Stützung des Yaw-Winkels herangezogen, eine Beeinflussung von Roll- und Pitchwinkel findet nicht statt.

10.2 Stabilisierung bei GPS-Ausfall

Liegt ein GPS-Ausfall vor, so wird von dem GPS/INS-Filter auf ein anderes Filter umgeschaltet, das nur die Lage des Fluggeräts und die Drehratensensorbiase schätzt. Aufgrund der geringen Güte der Inertialsensoren muss dieses Umschalten bereits wenige Sekunden nach Verfügbarkeit der letzten GPS-Messung erfolgen. Geschwindigkeitsinformationen können dann ebenso wie Positionsinformationen in horizontaler Richtung natürlich nicht mehr geliefert werden. Höheninformationen stehen durch Einsatz des Baro-Altimeters auch bei einem GPS-Ausfall noch zur Verfügung. Das Filter, das nun während eines GPS-Ausfalls zum Einsatz kommt, soll im Folgenden kurz beschrieben werden.

10.2.1   Systemmodell des Lagefilters

Auch für das Filter, das während eines GPS-Ausfalls Lageinformationen liefert, wurde eine error-state-space-Formulierung gewählt. Als Stützinformationen, d.h. als im Messschritt zu verarbeitende Messungen, dienen die Daten der Beschleunigungssensoren und des Magnetometers. Der Zustandsvektor dieses Lagefilters enthält drei Lagefehler und drei Fehler der Drehratensensorbiase. Das Systemmodell ist gegeben durch

$$
\begin{pmatrix} \Delta \vec{\psi}_n^{\hat{n}} \\ \Delta \vec{b}_\omega \end{pmatrix}^{\bullet} = \begin{pmatrix} \mathbf{0} & -\mathbf{C}_b^{\hat{n}} \\ \mathbf{0} & \mathbf{0} \end{pmatrix} \begin{pmatrix} \Delta \vec{\psi}_n^{\hat{n}} \\ \Delta \vec{b}_\omega \end{pmatrix} + \begin{pmatrix} -\mathbf{C}_b^{\hat{n}} & \mathbf{0} \\ \mathbf{0} & \mathbf{I} \end{pmatrix} \begin{pmatrix} \vec{n}_\omega \\ \vec{n}_{b_\omega} \end{pmatrix} \ . \tag{10.9}
$$

Man erkennt, dass es sich hierbei um eine Untermenge des GPS/INS-Filters handelt. Die Drehratensensorbiase wurden als random-walk-Prozesse modelliert, da die Biase von MEMS-Drehratensensoren oftmals eine deutliche Drift aufweisen. Beschleunigungsmesserbiase sind anhand der bei GPS-Ausfall zur Verfügung stehenden Messwerte unbeobachtbar und können daher nicht in den Zustandsvektor des Filters aufgenommen werden.

Grundlage der Verarbeitung der Messungen des Magnetometers ist genau wie beim GPS/INS-Filter die Messgleichung (10.8). Die Verarbeitung der Beschleunigungsmessungen ähnelt der Verarbeitung der Magnetometerdaten stark, die benötigte Messgleichung wird im Folgenden bestimmt.

10.2.2   Stützung mit Beschleunigungsmessungen

Voraussetzung für die Lagestützung mit Messungen der Beschleunigungsmesser ist, dass die Daten der Beschleunigungsmesser von der Schwerebeschleunigung dominiert sind. Mit der Schwerebeschleunigung in Koordinaten des Navigationskoordinatensystems

$$
\vec{g}_l^n = (0, 0, g) \tag{10.10}
$$

können die Messungen der Beschleunigungmesser daher durch

$$
\tilde{\vec{f}}_{ib}^b = -\mathbf{C}_b^{n,T} \vec{g}_l^n + \vec{n}_a \tag{10.11}
$$

beschrieben werden. Der Fehler bei dieser Annahme, d.h. die trajektorienbedingte Beschleunigung, wird dabei dem Messrauschen $\vec{n}_a$ zugeschlagen. Durch Einsetzen von Gl. (10.4) erhält man

$$
\begin{aligned}
\tilde{\vec{f}}_{ib}^b &= -\mathbf{C}_b^{\hat{n},T}(\mathbf{I} + \mathbf{\Psi}_n^{\hat{n}})\vec{g}_l^n + \vec{n}_a \\
\tilde{\vec{f}}_{ib}^b + \mathbf{C}_b^{\hat{n},T} \vec{g}_l^n &= -\mathbf{C}_b^{\hat{n},T} \mathbf{\Psi}_n^{\hat{n}} \vec{g}_l^n + \vec{n}_a \\
\tilde{\vec{f}}_{ib}^b + \mathbf{C}_b^{\hat{n},T} \vec{g}_l^n &= \mathbf{C}_b^{\hat{n},T} [\vec{g}_l^n \times] \vec{\psi}_n^{\hat{n}} + \vec{n}_a \ .
\end{aligned} \tag{10.12}
$$

Anhand der Beschleunigungsmesserdaten kann nicht auf den Yaw-Winkelfehler γ geschlossen werden, dies zeigt sich bei Berechnung des Kreuzproduktes:

$$[\vec{g}_l^n \times]\vec{\psi}_n^{\hat{n}} = \begin{pmatrix} 0 & -g & 0 \\ g & 0 & 0 \\ 0 & 0 & 0 \end{pmatrix} \begin{pmatrix} \alpha \\ \beta \\ \gamma \end{pmatrix} = \begin{pmatrix} -g\beta \\ g\alpha \\ 0 \end{pmatrix} \tag{10.13}$$

Die endgültige Messgleichung ergibt sich damit zu

$$\tilde{\vec{f}}_{ib}^b + \mathbf{C}_b^{\hat{n},T} \vec{g}_l^n = \mathbf{C}_b^{\hat{n},T} \begin{pmatrix} 0 & -g \\ g & 0 \\ 0 & 0 \end{pmatrix} \begin{pmatrix} \alpha \\ \beta \end{pmatrix} + \vec{n}_a \; . \tag{10.14}$$

Dieses Filter nutzt die bezüglich der Lagebestimmung vorliegende Komplementarität von Beschleunigungs- und Drehratensensordaten aus: Mit den Drehratensensoren werden die höherfrequenten Anteile von Rotationen erfasst. Die Extrapolation der Lage anhand der Drehratensensordaten ist jedoch nur kurzzeitgenau, da z.B. aufgrund der Drehratensensorbiase und deren Drift vor allem die niederfrequenten Anteile von Rotationen nicht korrekt ermittelt werden. Eine einzelne Beschleunigungsmessung hingegen mag deutlich von der Trajektoriendynamik beeinflusst sein, so dass eine direkte Berechnung von Roll- und Pitchwinkel nach Gl. (3.5) zu groben Fehlern führen würde. Die höherfrequenten Anteile von Rotationen werden bei vorliegender Trajektoriendynamik von den Beschleunigungsmessern daher nur unzureichend erfasst. Längerfristig betrachtet wird aber sehr wohl die Schwerebeschleunigung dominant sein, schon allein da das Fluggerät nicht beliebig lange beschleunigen kann. Die Beschleunigungssensoren liefern folglich Informationen über die niederfrequenten Rotationsanteile. Zusammenfassend lässt sich sagen, dass die temporär vorliegenden trajektorienbedingten 'Fehler' der Beschleunigungmessungen mit Hilfe der Drehratensensoren überbrückt werden, der Einfluss von Messfehlern der Drehratensensoren wie Drehratensensorbiase und Rauschen wird anhand der Beschleunigungsmesserdaten kompensiert, die – mit einer geringen Gewichtung im Lagefilter verarbeitet – somit die Langzeitgenauigkeit der Lageschätzung sicherstellen.

10.3 Systemsimulation

Um die Leistungsfähigkeit des VTOL-MAV-Navigationssystems zu untersuchen, sind numerische Simulationen unabdingbar. Hierbei ist es von entscheidender Bedeutung, dass die Dynamik des Fluggeräts zumindest näherungsweise nachgebildet wird: Für das bei GPS-Ausfall verwendete Lagefilter wird die Annahme gemacht, dass die Beschleunigungsmesser im Wesentlichen die Schwerebeschleunigung messen. Diese Annahme ist bei vorliegender Trajektoriendynamik nicht vollständig korrekt. Ob dies zu Problemen bei der Lageschätzung führen kann, muss für die zu erwartenden, trajektorienbedingten Beschleunigungen überprüft werden.

Die Struktur der VTOL-MAV-Simulation ist in Abb. 10.3 dargestellt. Ausgehend von den vorliegenden Beschleunigungen und Drehraten werden die Lage, Geschwin-

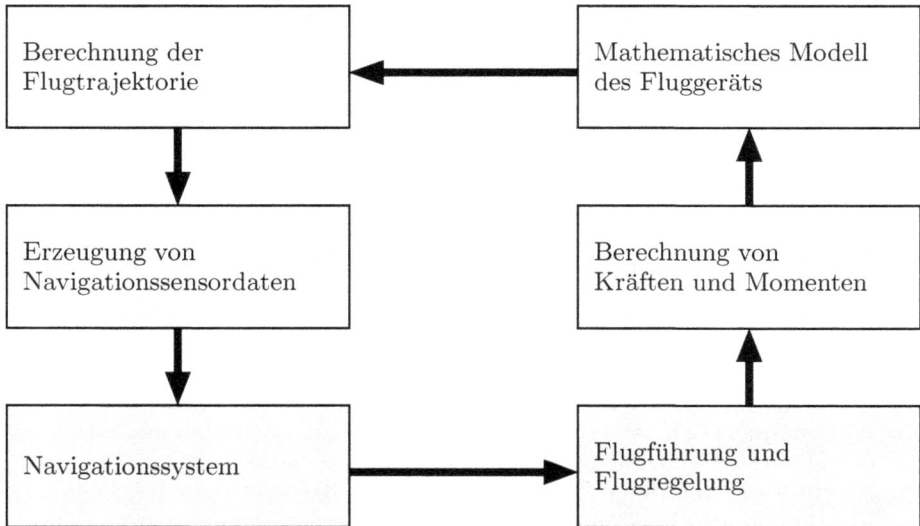

Abbildung 10.3: *Blockdiagramm der VTOL-MAV-Simulation.*

digkeit und Position des MAV in der Zeit propagiert. Basierend auf dieser Flugtrajektorie werden unter Verwendung entsprechender Fehlermodelle die Daten eines GPS-Empfängers, eines Baro-Altimeters, eines Magnetometers und von MEMS-Inertialsensoren generiert. Diese synthetischen Navigationssensordaten werden dann der VTOL-MAV-Navigationssystemalgorithmik zur Verfügung gestellt, die daraus eine Navigationslösung berechnet. Diese Navigationslösung wird zum Einen mit der idealen Referenz verglichen, was die Berechnung von Navigationsfehlern erlaubt. Zum Anderen dient diese Navigationslösung als Eingangsgröße für die Flugführungs- und Flugregelungsalgorithmen, die unter Berücksichtigung einer vorgegebenen Solltrajektorie entsprechende Stellgrößen zu den Motoren des Fluggeräts berechnen. Ein Modell, das den Zusammenhang zwischen den Motorstellgrößen und den resultierenden Auftriebskräften beschreibt, wird zur Berechnung der Kräfte und Momente verwendet, die wiederum als Eingangsgrößen für ein mathematisches Modell des MAV dienen. Anhand dieses mathematischen Modells werden schließlich die aufgrund der angreifenden Kräfte und Momente resultierenden Beschleunigungen und Drehraten ermittelt, was die Simulationsschleife schließt.

Im Folgenden soll auf die prinzipielle Funktionsweise des MAV eingegangen und das mathematische Modell des Fluggeräts beschrieben werden.

10.3.1   Funktionsprinzip des Fluggeräts

Das VTOL-MAV besitzt, wie in Abb. 10.4 dargestellt, vier Rotoren, von denen zwei Rotoren in Uhrzeigersinn und zwei Rotoren im Gegenuhrzeigersinn drehen. Dadurch wird erreicht, dass sich bei gleicher Drehzahl aller Rotoren alle Drehmomente aufheben. Würden alle Rotoren die gleiche Drehrichtung besitzen, würde sich das MAV ständig um die z-Achse drehen. Dem könnte zwar prinzipiell begegnet werden, indem zwei Rotoren so verkippt werden, dass deren Schub dieser Drehung entgegenwirkt. Eine solche Vorgehensweise ist aus verschiedenen Gründen jedoch nicht praktikabel. So würde man entweder bei unterschiedlichen Nutzlasten unterschiedliche Verkippungen benötigen oder müsste in Kauf nehmen, dass beim rotationsfreien Schwebeflug die verkippten Rotoren mit einer anderen Drehzahl drehen als die nicht verkippten, was ineffizient ist. Daher wird diese Alternative hier nicht weiter betrachtet.

Um eine Drehung um die z-Achse zu kommandieren, wird beispielsweise die Drehzahl der im Gegenuhrzeigersinn drehenden Rotoren erhöht und die Drehzahl der im Uhrzeigersinn drehenden Rotoren verringert. Der Gesamtauftrieb kann so beibehalten werden, die Drehmomente der Rotoren heben sich jedoch nicht mehr auf, was zu der gewünschten Drehung führt.

Eine positive Rollwinkeländerung wird durch die Erhöhung der Drehzahl des linken Rotors und Verringerung der Drehzahl des rechten Rotors erreicht, eine positive Pitchwinkeländerung wird dementsprechend durch Erhöhung der Drehzahl des vorderen und Verringerung der Drehzahl des hinteren Rotors kommandiert.

Eine Translation kann nur erreicht werden, indem ein von Null verschiedener Roll- oder Pitchwinkel eingenommen wird. Bei einem negativen Pitchwinkel beispielsweise beginnt ein Vorwärtsflug, da der in z-Richtung des körperfesten Koordinatensystems anfallende Schubvektor eine Horizontalkomponente besitzt. Eine Höhenänderung schließlich wird durch eine kollektive Erhöhung bzw. Verringerung der Drehzahlen aller Rotoren erreicht.

Nach diesen Betrachtungen ist klar, dass die insgesamt sechs Freiheitgrade des VTOL-MAV, d.h. drei Lagewinkel und drei Positionskoordinaten, nicht unabhängig voneinander vorgegeben werden können. Schließlich werden Position und Lage anhand von nur vier Stellgrößen, den Drehzahlen der Rotoren, beeinflusst. Das VTOL-MAV gehört damit zu der Klasse der unteraktuierten Systeme.

10.3.2   Mathematisches Modell

In diesem Abschnitt soll ein mathematisches Modell des VTOL MAV entwickelt werden. Da Transportrate, Erddrehrate, Coriolis-Terme und die Krümmung der Erde aufgrund der geringen Güte der Inertialsensoren und des begrenzten Aktionsradius vernachlässigt werden können, wird ein erdfestes Koordinatensystem mit den Achsen Norden, Osten und Unten eingeführt. Dieses Koordinatensystem wird als ein inertiales Koordinatensystem, d.h. unbeschleunigt und nicht rotierend, betrachtet und daher mit dem Index i gekennzeichnet. Dieses Koordinatensystem unterscheidet sich aber bezüglich der Richtung der Koordinatenachsen von dem in Abschnitt 3.1 eingeführten, bisher verwendeten Inertialkoordinatensystem.

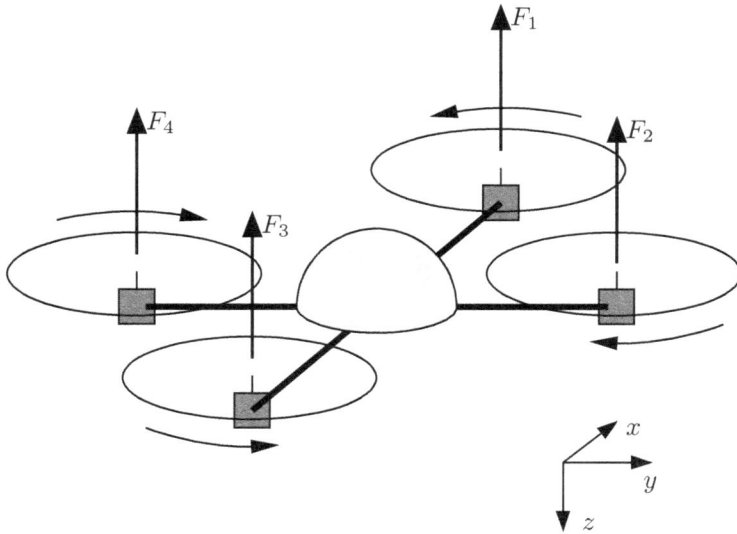

Abbildung 10.4: *Funktionsweise des VTOL-MAV.*

Translation

Für die translatorischen Bewegungen des MAV sind die Beschleunigungen aufgrund des Schubes der Rotoren und die Schwerebeschleunigung entscheidend. Die von den Rotoren erzeugten Auftriebskräfte werden mit F_1 bis F_4 bezeichnet, siehe Abb. 10.4. Damit erhält man für die Beschleunigung des MAVs

$$
\begin{aligned}
\dot{\vec{v}}^i_{ib} &= \mathbf{C}^i_b \vec{a}^b_{ib} + \vec{g}^i \\
&= \mathbf{C}^i_b \frac{1}{m} \sum_{n=1}^{4} \vec{F}^b_n + \vec{g}^i \\
&= \frac{1}{m} \mathbf{C}^i_b \begin{pmatrix} 0 \\ 0 \\ -F_1 - F_2 - F_3 - F_4 \end{pmatrix} + \begin{pmatrix} 0 \\ 0 \\ g \end{pmatrix} .
\end{aligned}
\tag{10.15}
$$

Hierbei bezeichnet m die Masse des Fluggeräts. Offensichtlich ist die Richtung, in der das Fluggerät beschleunigt, wesentlich von der in der Richtungskosinusmatrix $\mathbf{C}^i_b$ gespeicherten Lage bestimmt.

Rotation

Das mathematische Modell des MAV muss auch einen Zusammenhang zwischen den Auftriebskräften der Rotoren und den resultierenden Drehraten herstellen. Erzeugen die

Rotoren des MAVs unterschiedliche Auftriebskräfte, so bewirken diese ein Drehmoment $\vec{M}$. In Koordinaten des Inertialkoordinatensystems ist dieses Drehmoment gleich der zeitlichen Ableitung des Drehimpulses $\vec{L}$:

$$\vec{M}^i = \frac{\partial \vec{L}^i}{\partial t} \tag{10.16}$$

Analog zum Impuls, der als Produkt von Masse und Geschwindigkeit gegeben ist, erhält man den Drehimpuls als Produkt von Trägheitsmoment und Winkelgeschwindigkeit:

$$\vec{L}^i = \mathbf{J}^i \vec{\omega}^i_{ib} \tag{10.17}$$

Da die Auftriebskräfte der Rotoren in körperfesten Koordinaten anfallen und auch das Trägheitsmoment in körperfesten Koordinaten einfacher zu formulieren ist, soll das Drehmoment ebenfalls in körperfesten Koordinaten betrachtet werden:

$$\vec{M}^b = \mathbf{C}^b_i \vec{M}^i \tag{10.18}$$

$$= \mathbf{C}^b_i \frac{\partial \vec{L}^i}{\partial t} \tag{10.19}$$

Mit

$$\vec{L}^i = \mathbf{C}^i_b \vec{L}^b \tag{10.20}$$

erhält man für die zeitliche Ableitung des Drehimpulses

$$\frac{\partial \vec{L}^i}{\partial t} = \dot{\mathbf{C}}^i_b \vec{L}^b + \mathbf{C}^i_b \dot{\vec{L}}^b$$

$$= \mathbf{C}^i_b \mathbf{\Omega}^b_{ib} \vec{L}^b + \mathbf{C}^i_b \dot{\vec{L}}^b \tag{10.21}$$

und damit

$$\vec{M}^b = \mathbf{\Omega}^b_{ib} \vec{L}^b + \dot{\vec{L}}^b \ . \tag{10.22}$$

Liegt nur ein rotierender Körper mit dem Trägheitsmoment $\mathbf{J}^b_F$ vor, so erhält man mit

$$\vec{L}^b = \mathbf{J}^b_F \vec{\omega}^b_{ib} \tag{10.23}$$

durch Einsetzen in Gl. (10.22) die Eulerschen Kreiselgleichungen

$$\vec{M}^b = \mathbf{\Omega}^b_{ib} \mathbf{J}^b_F \vec{\omega}^b_{ib} + \mathbf{J}^b_F \dot{\vec{\omega}}^b_{ib} \ , \tag{10.24}$$

die häufig nur in ausmultiplizierter Form angegeben werden.

Bei dem VTOL-MAV liegen fünf rotierende Körper vor, das eigentliche Fluggerät und die vier Rotoren mit den zugehörigen Läufern der Motoren. Bezeichnet $\mathbf{J}_F^b$ das Trägheitsmoment des Fluggeräts ohne Rotoren und Läufer der Motoren sowie $\mathbf{J}_R^b$ das Trägheitsmoment eines Rotors mit zugehörigem Läufer, so ergibt sich

$$\vec{L}^b = \mathbf{J}_F^b \vec{\omega}_{ib}^b + \sum_{n=1}^{4} \mathbf{J}_R^b \vec{\omega}_{ir,n}^b$$

$$= \left(\mathbf{J}_F^b + 4\mathbf{J}_R^b \right) \vec{\omega}_{ib}^b + \sum_{n=1}^{4} \mathbf{J}_R^b \vec{\omega}_{br,n}^b \ . \tag{10.25}$$

Hierbei ist $\vec{\omega}_{ib}^b$ die Drehrate des Fluggeräts, $\vec{\omega}_{br}^b$ ist die Drehrate eines Rotors gegenüber dem körperfesten Koordinatensystem.

Bezeichnet man den Abstand zwischen Rotormittelpunkt und Ursprung des körperfesten Koordinatensystems im Zentrum des Fluggeräts mit $\vec{l}$, so erhält man mit dem Drehmoment

$$\vec{M}^b = \sum_{n=1}^{4} \vec{l}_n^b \times \vec{F}_n^b \tag{10.26}$$

und den Gl. (10.22) und (10.25) als Endergebnis

$$\sum_{n=1}^{4} \vec{l}_n^b \times \vec{F}_n^b = \mathbf{\Omega}_{ib}^b \left[\left(\mathbf{J}_F^b + 4\mathbf{J}_R^b \right) \vec{\omega}_{ib}^b + \sum_{n=1}^{4} \mathbf{J}_R^b \vec{\omega}_{br,n}^b \right]$$

$$+ \left(\mathbf{J}_F^b + 4\mathbf{J}_R^b \right) \dot{\vec{\omega}}_{ib}^b + \sum_{n=1}^{4} \mathbf{J}_R^b \dot{\vec{\omega}}_{br,n}^b \ . \tag{10.27}$$

Gleichung (10.27) kann nach $\dot{\vec{\omega}}_{ib}^b$ aufgelöst werden und stellt damit eine Differentialgleichnug zur Verfügung, anhand derer die Drehrate des Fluggeräts in Abhängigkeit von den Auftriebskräften der Rotoren berechnet werden kann.

Die darin auftretenden Trägheitsmomente können bestimmt werden, indem man das Fluggerät in Elementarkörper zerlegt und deren Träggheitsmomente der entsprechenden Literatur entnimmt. Alternativ hierzu kann das Fluggerät in Massepunkte m_i zerlegt werden, die sich an den Positionen (x_i, y_i, z_i) im körperfesten Koordinatensystem befinden. Das Trägheitsmoment ist dann durch

$$\mathbf{J}^b = \begin{pmatrix} \sum_i m_i(y_i^2 + z_i^2) & -\sum_i m_i x_i y_i & -\sum_i m_i x_i z_i \\ -\sum_i m_i x_i y_i & \sum_i m_i(x_i^2 + z_i^2) & -\sum_i m_i y_i z_i \\ -\sum_i m_i x_i z_i & -\sum_i m_i y_i z_i & \sum_i m_i(x_i^2 + y_i^2) \end{pmatrix} \tag{10.28}$$

gegeben.

Für die Berechnung der tatsächlichen Flugtrajektorie im Rahmen der Systemsimulation ist ein detailliertes mathematisches Modell nach Gl. (10.27) sinnvoll, hierzu wurden sogar noch weitere experimentell bestimmte Kräfte ergänzt, die vor allem bei größeren Fluggeschwindigkeiten auftreten oder bei Drehungen um die z-Achse aufgrund der Interaktion der Rotoren mit der viskosen Luft relevant sind. Für den Reglerentwurf ist ein einfacheres Modell des MAV jedoch besser geeignet.

Zunächst kann angenommen werden, dass die als Deviatoren bezeichneten Nebendiagonalelemente des Trägheitsmomentes verschwinden:

$$\mathbf{J}_F^b = \begin{pmatrix} J_x & 0 & 0 \\ 0 & J_y & 0 \\ 0 & 0 & J_z \end{pmatrix} \tag{10.29}$$

Dies ist gleichbedeutend mit einem perfekt symmetrischen Aufbau des Fluggeräts. Zusätzlich kann das Trägheitsmoment der Rotoren vernachlässigt werden. Geht man davon aus, dass das Drehmoment aufgrund der Drehung der Rotoren in der viskosen Luft proportional zur Differenz der Auftriebskräfte der im Uhrzeigersinn und der entgegen dem Uhrzeigersinn drehenden Rotoren ist, so erhält man

$$\vec{M}^b \approx \mathbf{\Omega}_{ib}^b \mathbf{J}_F^b \vec{\omega}_{ib}^b + \mathbf{J}_F^b \dot{\vec{\omega}}_{ib}^b$$

$$\begin{pmatrix} (F_4 - F_2)l \\ (F_1 - F_3)l \\ (F_1 + F_3 - F_2 - F_4)lc \end{pmatrix} = \begin{pmatrix} \omega_{ib,y}^b \omega_{ib,z}^b (J_z - J_y) \\ \omega_{ib,x}^b \omega_{ib,z}^b (J_x - J_z) \\ \omega_{ib,x}^b \omega_{ib,y}^b (J_y - J_x) \end{pmatrix} + \begin{pmatrix} J_x \dot{\omega}_{ib,x}^b \\ J_y \dot{\omega}_{ib,y}^b \\ J_z \dot{\omega}_{ib,z}^b \end{pmatrix} . \tag{10.30}$$

Die Proportionalitätskonstante für die Drehung um die z-Achse ist hierbei mit c bezeichnet. Die Differentialgleichung, die den Zusammenhang zwischen Auftriebskräften und Drehraten beschreibt, ist damit gegeben durch

$$\dot{\omega}_{ib,x}^b = \omega_{ib,y}^b \omega_{ib,z}^b \frac{J_y - J_z}{J_x} + \frac{(F_4 - F_2)l}{J_x} \tag{10.31}$$

$$\dot{\omega}_{ib,y}^b = \omega_{ib,x}^b \omega_{ib,z}^b \frac{J_z - J_x}{J_y} + \frac{(F_1 - F_3)l}{J_y} \tag{10.32}$$

$$\dot{\omega}_{ib,z}^b = \omega_{ib,x}^b \omega_{ib,y}^b \frac{J_x - J_y}{J_z} + \frac{(F_1 + F_3 - F_2 - F_4)lc}{J_z} . \tag{10.33}$$

Für den Reglerentwurf ist es sinnvoll, nicht direkt die Auftriebskräfte der Rotoren als Stellgrößen zu definieren, sondern geeignete Linearkombinationen der Auftriebskräfte zu wählen. Eine mögliche Definition von Stellgrößen u_1 bis u_4 ist

$$u_1 = F_1 + F_2 + F_3 + F_4 \tag{10.34}$$

$$u_2 = F_4 - F_2 \tag{10.35}$$

$$u_3 = F_1 - F_3 \tag{10.36}$$

$$u_4 = F_1 + F_3 - F_2 - F_4 . \tag{10.37}$$

Hierbei bezieht sich u_1 auf den Gesamtauftrieb, beeinflusst also das Steigen und Sinken des Fluggeräts. Eine Drehung um die x-Achse und damit eine Rollwinkeländerung wird durch u_2 kommandiert, u_3 bestimmt die Drehung um die y-Achse und damit – bei vernachlässigbarem Rollwinkel – den Pitchwinkel. Eine Drehung um die z-Achse wird über die Stellgröße u_4 geregelt, diese wird zur Erzwingung des gewünschten Yaw-Winkels benötigt. Insgesamt erhält man für den Reglerentwurf folgendes Modell des VTOL-MAV:

$$\dot{\vec{v}}_{ib}^i = \vec{g}^i - \frac{1}{m}\mathbf{C}_b^i \vec{e}_z^b u_1 \tag{10.38}$$

$$\dot{\omega}_{ib,x}^b = \omega_{ib,y}^b \omega_{ib,z}^b \frac{J_y - J_z}{J_x} + \frac{l}{J_x} u_2 \tag{10.39}$$

$$\dot{\omega}_{ib,y}^b = \omega_{ib,x}^b \omega_{ib,z}^b \frac{J_z - J_x}{J_y} + \frac{l}{J_y} u_3 \tag{10.40}$$

$$\dot{\omega}_{ib,z}^b = \omega_{ib,x}^b \omega_{ib,y}^b \frac{J_x - J_y}{J_z} + \frac{lc}{J_z} u_4 \tag{10.41}$$

Während für modellbasierte Regler die Kopplung der drei die Rotation bestimmenden Differentialgleichungen einfach berücksichtigt werden kann, muss für den Entwurf von Single-Input-Single-Output-Reglern wie dem PID-Regler diese Kopplung vernachlässigt werden.

10.3.3   Einfluss der Trajektoriendynamik

Anhand des mathematischen Modells des VTOL-MAVs kann auch der Einfluss trajektorienbedingter Beschleunigungen auf das bei GPS-Ausfall verwendete Lagefilter analysiert werden. Mit Gl. (10.15) und der Abkürzung

$$a_{thrust} = \frac{1}{m}\left(F_1 + F_2 + F_3 + F_4\right) \tag{10.42}$$

kann die Beschleunigung des Fluggeräts wie folgt formuliert werden:

$$\vec{a}_{ib}^i = -\begin{pmatrix} \sin\phi\sin\psi + \cos\phi\sin\theta\cos\psi \\ -\sin\phi\cos\psi + \cos\phi\sin\theta\sin\psi \\ \cos\phi\cos\theta \end{pmatrix} a_{thrust} + \begin{pmatrix} 0 \\ 0 \\ g \end{pmatrix} \tag{10.43}$$

Es soll angenommen werden, dass sich das MAV auf einer konstanten Höhe bewegt. Damit muss gelten:

$$0 = -\cos\phi\cos\theta \cdot a_{thrust} + g$$
$$a_{thrust} = \frac{g}{\cos\phi\cos\theta} \tag{10.44}$$

Solange die Luftreibung, die die Beschleunigung des Fluggeräts bremst, vernachlässigbar ist, erhält man die Beschleunigung des Fluggeräts zu

$$\vec{a}_{ib}^{\,i} = - \begin{pmatrix} \sin\phi\sin\psi + \cos\phi\sin\theta\cos\psi \\ -\sin\phi\cos\psi + \cos\phi\sin\theta\sin\psi \\ 0 \end{pmatrix} \frac{g}{\cos\phi\cos\theta} \, . \tag{10.45}$$

Die Beschleunigungsmesser messen diese Beschleunigung zusammen mit der Schwerebeschleunigung. Geht man von idealen Beschleunigungssensoren aus und beachtet, dass die Schwerebeschleunigung als scheinbare Beschleunigung nach oben gemessen wird, so erhält man

$$\begin{aligned} \vec{f}_{ib}^{\,b} &= \mathbf{C}_b^{i,T}\,\vec{a}_{ib}^{\,i} + \mathbf{C}_b^{i,T}(0,0,-g)^T \\ &= \begin{pmatrix} -\sin\theta \\ \sin\phi\cos\theta \\ \frac{\cos\phi^2\cos\theta^2-1}{\cos\phi\cos\theta} \end{pmatrix} \cdot g + \begin{pmatrix} \sin\theta \\ -\sin\phi\cos\theta \\ -\cos\phi\cos\theta \end{pmatrix} \cdot g \\ &= \begin{pmatrix} 0 \\ 0 \\ -\frac{g}{\cos\phi\cos\theta} \end{pmatrix} \, . \end{aligned} \tag{10.46}$$

Das bedeutet, dass sich während einer Beschleunigungsphase bei vernachlässigbarer Luftreibung die aufgrund der Schräglage einkoppelnde Schwerebeschleunigung und die trajektorienbedingte Beschleunigung für den x- und den y-Beschleunigungsmesser gerade aufheben. Während einer solchen Beschleunigungsphase werden folglich systematisch fehlerhafte Stützinformationen verarbeitet, eine verschwindende Beschleunigung in x- oder y-Richtung wird mit einem Roll- bzw. Pitchwinkel von Null Grad in Verbindung gebracht. Das bedeutet aber auch, dass dieser systematische Fehler nicht größer als der vorliegende Roll- bzw. Pitchwinkel ausfällt. Da die Beschleunigungsmessungen vom Lagefilter mit einer niedrigen Gewichtung verarbeitet werden können und sich die bremsende Wirkung der viskosen Luft ziemlich schnell bemerkbar macht, werden die Beschleunigungsphasen anhand der Drehratensensordaten problemlos überbrückt.

10.3.4   Schätzung von Modellparametern

Für die Höhenregelung des VTOL-MAV ist es wichtig, denjenigen Wert der Motorstellgröße zu kennen, bei dem das Fluggerät gerade schwebt. Dieser Wert ist von vielen Parametern abhängig und daher vor dem Flug nur sehr grob bestimmbar: Das Abfluggewicht ist abhängig von der Nutzlast, die Dichte der Luft variiert wetterabhängig und in Abhängigkeit von der Höhe des Abflugortes. Zusätzlich lässt im Laufe des Fluges die Akkuspannung nach, so dass gegen Ende des Fluges zum Schweben eine größere Motorstellgröße benötigt wird als zu Beginn. Daher wird bei dem Fluggerät der zum Schweben benötigte Wert der Motorstellgröße von einem Kalman-Filter geschätzt. Prinzipiell könnte hier auch ein Höhenregler mit Integralanteil zum Einsatz kommen. Dabei treten jedoch eine Reihe von Schwierigkeiten auf; in der Startphase soll die zum Schweben benötigte Motorstellgröße schnell gefunden werden, später sollen nur noch vorsichtige

Änderungen erfolgen. Damit ist es praktisch unmöglich, den Integralanteil des Reglers so zu wählen, dass sowohl während der Startphase als auch im weiteren Flugverlauf gute Ergebnisse resultieren. Hinzu kommt, dass sich ein großer Integralanteil, der für einen zügigen Start benötigt wird, destabilisierend auf die Höhenregelung auswirken kann.

Im Folgenden sollen zwei Kalman-Filter zur Schätzung der zum Schweben benötigten Motorstellgröße entworfen und verglichen werden. Dabei wird davon ausgegangen, dass eine vorliegende Schräglage des Fluggerätes durch die im vorigen Abschnitt ermittelten Kosinusterme von Roll- und Pitchwinkel kompensiert wird, so dass sich das Fluggerät für das Filter so darstellt, als wäre es horizontal ausgerichtet. Die aktuelle Motorstellgöße soll mit s_k bezeichnet werden, die zum Schweben benötigte Motorstellgröße sei s_{hov}. Der Zusammenhang zwischen Motorstellgröße und Drehzahl kann näherungsweise als linear angenommen werden,

$$\omega_{br} = c_1 s_k,\tag{10.47}$$

während die Auftriebskraft näherungsweise proportional zum Quadrat der Drehzahl ist. Damit erhält man

$$u_1 = F_1 + F_2 + F_3 + F_4 = c_2 c_1^2 s_k^2\ .\tag{10.48}$$

Die Beschleunigung des MAVs nach Unten, a_d, ist somit gegeben durch

$$a_{d,k} = -\frac{1}{m}\left(c_2 c_1^2 s_k^2 - c_2 c_1^2 s_{hov}^2\right)\tag{10.49}$$

Diese Beschleunigung kann anhand der Inertialsensoren und der Fluggerätlage ermittelt werden.

Filter A

Gl. (10.49) kann daher als Grundlage für den Entwurf eines ersten Kalman Filters mit dem Zustandsvektor

$$\vec{x}_k = \begin{pmatrix} x_1 \\ x_2 \end{pmatrix} = \begin{pmatrix} s_{hov}^2 \\ \frac{c_2 c_1^2}{m} \end{pmatrix}\tag{10.50}$$

dienen, das im weiteren als Filter A bezeichnet wird. Dieses Filter schätzt das Quadrat der gesuchten Motorstellgröße s_{hov}, da der Zusammenhang zwischen der Messgröße a_d und s_{hov}^2 weniger nichtlinear ist als der Zusammenhang zwischen a_d und s_{hov}. Dennoch liegt eine nichtlineare Messgleichung vor, die Messmatrix muss durch Linearisierung gefunden werden. Man erhält als linearisiertes Messmodell

$$a_{d,k} = \begin{pmatrix} x_{2,k} & -s_k^2 + x_{1,k} \end{pmatrix} \begin{pmatrix} s_{hov}^2 \\ \frac{c_2 c_1^2}{m} \end{pmatrix} + v_k\ ,\tag{10.51}$$

wobei v_k das Messrauschen bezeichnet. Das Systemmodell des Filters ist sehr einfach, beide Komponenten des Zustandsvektors können als random-walk-Prozesse modelliert werden.

Filter B

Wenn man ausnutzt, dass die Motorstellgröße s_{hov} per Definition gerade die Schwerebeschleunigung g kompensiert, lässt sich dieses Schätzproblem sogar als lineares Schätzproblem formulieren: Gl. (10.49) kann umgeschrieben werden zu

$$a_{d,k} = -\frac{c_2 c_1^2 s_k^2}{m} + g$$

$$a_{d,k} - g = -s_k^2 \cdot \frac{c_2 c_1^2}{m} . \tag{10.52}$$

Addiert man auf der rechten Seite das Messrauschen hinzu, so kann Gl. (10.52) als Messgleichung eines Kalman-Filters, Filter B, mit nur einer einzigen Zustandsvariable x_1 verstanden werden:

$$\vec{x}_k = (x_1)_k = \left(\frac{c_2 c_1^2}{m}\right)_k \tag{10.53}$$

Da bei der zum Schweben benötigten Motorstellgröße die Vertikalbeschleunigung verschwindet, kann man anhand der geschätzten Zustandsvariable $\hat{x}_{1,k}$ und Gl. (10.52) die gesuchte Motorstellgröße s_{hov} bestimmen:

$$-g = -s_{hov}^2 \cdot \frac{c_2 c_1^2}{m}$$

$$\hat{s}_{hov} = \sqrt{\frac{g}{\hat{x}_1}} \tag{10.54}$$

Vergleich der Filter

Die beiden Filter wurden in numerischen Simulationen verglichen. Dabei zeigte sich, dass Filter A eine deutlich größere Trajektoriendynamik in vertikaler Richtung und einen deutlich längeren Beobachtungszeitraum benötigt als Filter B, um die Motorstellgröße s_{hov} zu schätzen. Abb. 10.5 zeigt die bei einer solchen numerischen Simulation als Messwert zur Verfügung gestellte Vertikalbeschleunigung, hier liegt sicherlich eine größere Dynamik vor, als in der Praxis erwartet werden kann. Trotz dieser großen Dynamik hat Filter A die zum Schweben benötigte Motorstellgröße auch nach hundert Sekunden nur unzureichend geschätzt, siehe Abb. 10.6, wohingegen Filter B innerhalb weniger Sekunden eine brauchbare Schätzung liefert.

Die Ursache hierfür ist in der Nichtlinearität der Messgleichung von Filter A zu suchen: Solange die Zustandsschätzung des Filters noch grob falsch ist, ist auch der Linearisierungspunkt für die Berechnung der Messmatrix grob falsch. Damit werden die Messwerte nicht korrekt verarbeitet, was eine zügige Konvergenz der Zustandsschätzung verhindert. Bei dem hier betrachteten VTOL-MAV wird daher ausschließlich Filter B zur Schätzung der zum Schweben benötigten Motorstellgröße eingesetzt.

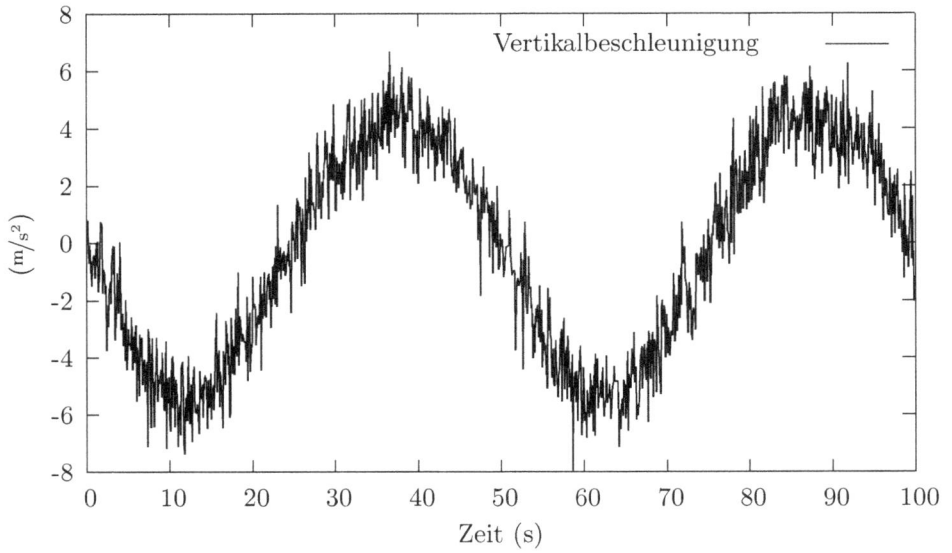

Abbildung 10.5: *Für den simulativen Vergleich von Filter A und Filter B generierte Vertikalbeschleunigung.*

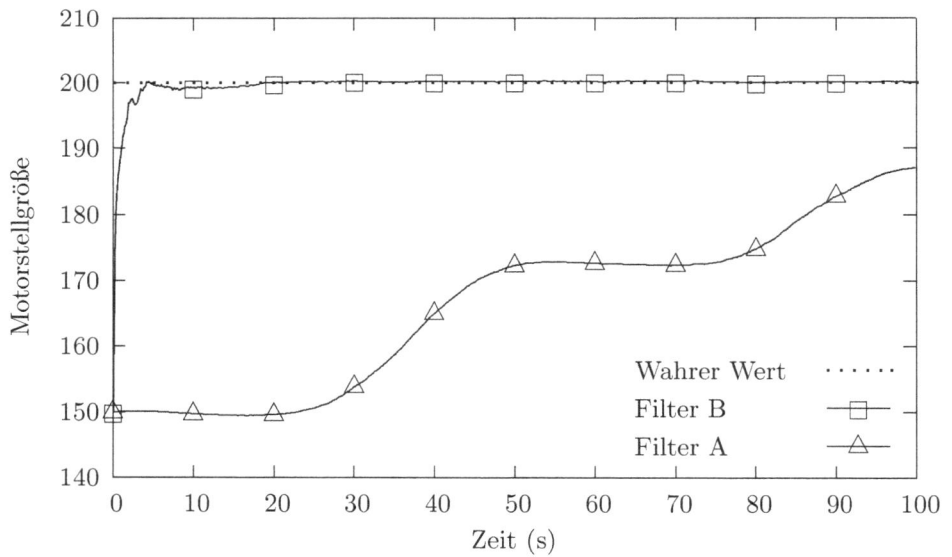

Abbildung 10.6: *Schätzung der zum Schweben benötigten Motorstellgröße.*

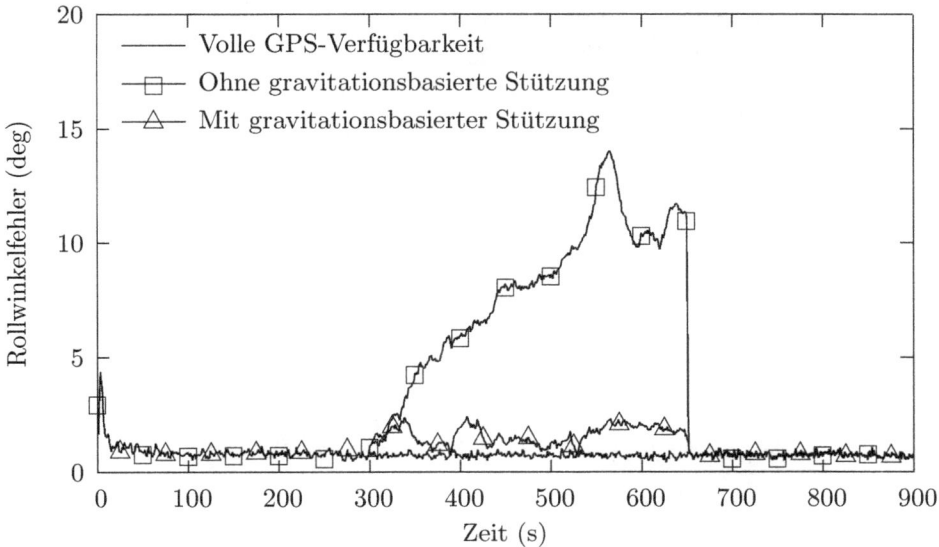

Abbildung 10.7: *Mittlere Rollwinkelfehler bei fünfundzwanzig Simulationsläufen.*

10.3.5 Ergebnisse der Gesamtsystemsimulation

Die Leistungsfähigkeit des integrierten VTOL-MAV-Navigationssystems wurde in numerischen Simulationen analysiert. Hierzu wurden einige Wegpunkte vorgegeben, die unter Verwendung einer geeigneten Flugführungsalgorithmik nacheinander angeflogen wurden. Die von den Flugregelungsalgorithmen benötigten Navigationsinformationen wurden dabei von dem integrierten Navigationssystem zur Verfügung gestellt. Die vom Navigationssystem verarbeiteten, synthetischen Navigationssensordaten wurden anhand von Fehlermodellen generiert, die den im Fluggerät vorhandenen Sensoren nachempfunden waren.

Die über fünfundzwanzig Simulationsläufe gemittelten Roll- und Pitchwinkelfehler sind für verschiedene Szenarien in Abb. 10.7 und Abb. 10.8 zu sehen. Es ist zu erkennen, dass bei kontinuierlicher GPS-Verfügbarkeit nach einer kurzen Konvergenzphase des Filters Lageinformationen gleichbleibender Qualität resultieren.

Zusätzlich sind noch die Lagefehler dargestellt die resultieren, wenn im Zeitraum von dreihundert bis sechshundertfünfzig Sekunden keine GPS-Informationen verarbeitet werden können. Bei einer Überbrückung des GPS-Ausfalls durch rein inertiale Navigation wachsen die Lagefehler kontinuierlich an. Hierbei ist es nur eine Frage der Zeit, wann keine sinnvolle Stabilisierung des Fluggeräts mehr möglich ist. Wird jedoch während des GPS-Ausfalls auf das Lagefilter umgeschaltet, das die beschriebene, gravitationsvektorbasierte Stützung verwendet, kann eine Lagegenauigkeit aufrechterhalten werden, die zwar schlechter ist als bei GPS-Verfügbarkeit, aber zur Stabilisierung des Fluggeräts immer noch ausreicht. Vor allem bei den Rollwinkelfehlern ist der Einfluss

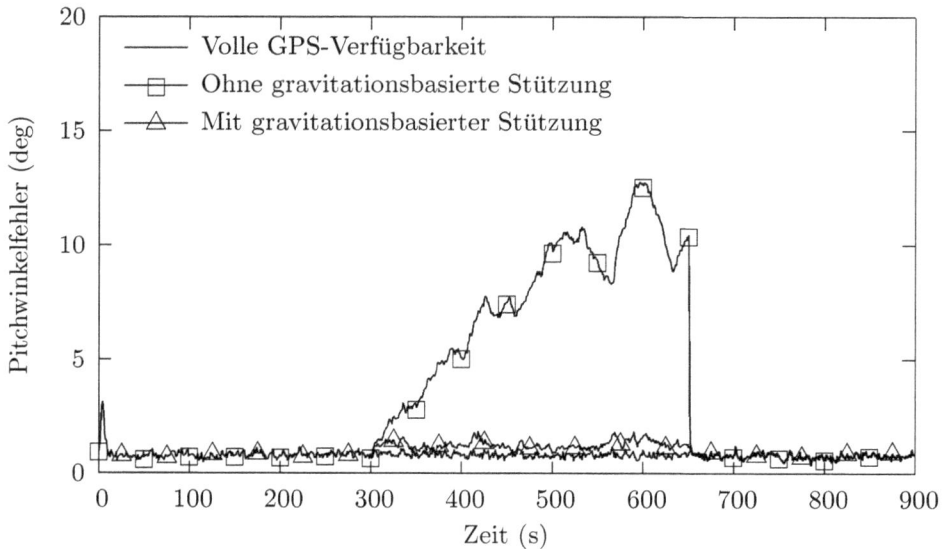

Abbildung 10.8: *Mittlere Pitchwinkelfehler bei fünfundzwanzig Simulationsläufen.*

der Trajektoriendynamik zu erkennen, dieser ist jedoch nicht ausreichend, um die Funktionsfähigkeit des Gesamtsystems zu gefährden.

10.4   Experimentelle Verifikation

Die in den numerischen Simulationen mit synthetischen Sensordaten erzielten Ergebnisse konnten in Flugversuchen bestätigt werden. Dazu wurden das Lagefilter und das GPS/INS-Filter auf dem Mikrocontroller des VTOL-MAV implementiert. Hierbei ist eine effiziente Umsetzung der Algorithmen von entscheidender Bedeutung, da die zur Verfügung stehende Rechenleistung begrenzt ist. So ist die Kovarianzmatrix des Schätzfehlers beispielsweise eine sysmmetrische Matrix, d.h. es genügt, die obere Dreiecksmatrix zu berechnen. Dadurch werden zum Einen eine Vielzahl von Multiplikationen eingespart, zum Anderen wird dadurch die Symmetrie der Kovarianzmatrix sichergestellt, die bei vollständiger Berechnung aufgrund von Rundungsfehlern verloren gehen kann. Diese Vorgehensweise kann als Vorstufe eines Square-Root-Filters betrachtet werden, Square-Root-Filter sind mathematisch äquivalent zu einem gewöhnlichen Kalman-Filter, aber numerisch deutlich robuster. Bei diesen Filtern wird die Kovarianzmatrix in eine Dreiecksmatrix und in eine Diagonalmatrix zerlegt. Weiteres Einsparungspotential bietet die schwach besetzte Transitionsmatrix, da Multiplikationen mit Null nicht ausgeführt werden müssen.

Bei dem im Folgenden betrachteten Flugversuch wurde zu Testzwecken ausschließlich das Lagefilter verwendet. Damit beweist dieser Flugversuch, dass eine Stablisierung

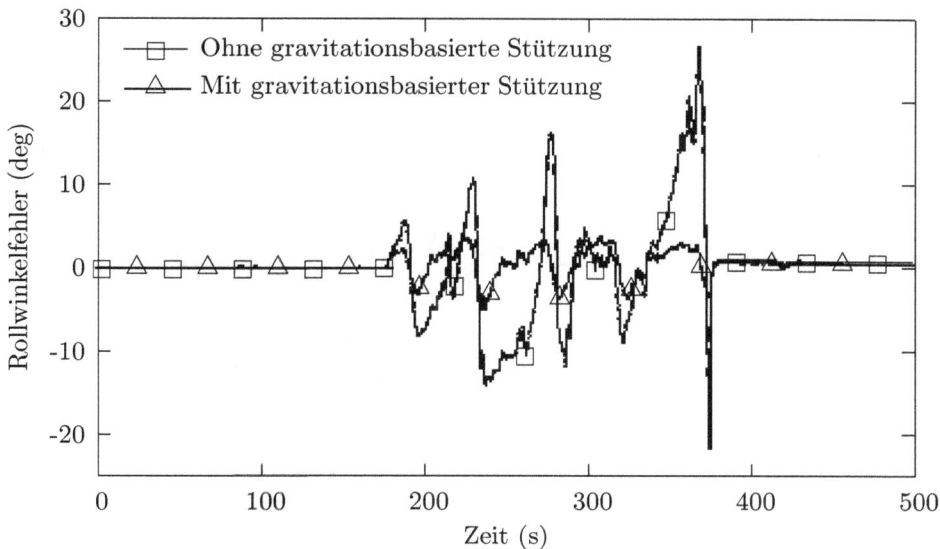

Abbildung 10.9: *Veränderung der Rollwinkelschätzung bei einem GPS-Ausfall von 175 bis 375 Sekunden gegenüber der Rollwinkelschätzung mit kontinuierlicher GPS-Verfügbarkeit.*

des Fluggeräts, wie aufgrund der numerischen Simulationen erwartet, auch ohne GPS-Messungen gelingt.

Während dieses Flugversuchs wurden alle Navigationssensordaten, auch die des GPS-Empfängers, auf eine Speicherkarte aufgezeichnet. Somit konnten anschließend offline diese Sensordaten mit verschiedenen Navigationsalgorithmen verarbeitet werden. Absolute Aussagen bezüglich der vorliegenden Lagefehler können natürlich nicht getroffen werden, da eine ideale Referenz fehlt. Die Verschlechterung der Lagegenauigkeit bei GPS-Ausfall kann hingegen ermittelt werden. Dazu wurde zunächst unter Verwendung des GPS/INS-Filters die Navigationslösung berechnet, die sich bei einer kontinuierlichen GPS-Verfügbarkeit ergibt. Diese Navigationslösung wurde dann als näherungsweise Referenzlösung verwendet. Schließlich wurde in den Navigationssensordaten ein künstlicher GPS-Ausfall von 175 bis 375 Sekunden erzwungen. Die Veränderung der Roll- und Pitchwinkelschätzung gegenüber der näherungsweisen Referenzlösung ist sowohl für das mit gravitationsvektorbasierter Stützung arbeitende Lagefilter als auch für eine rein inertiale, ungestützte Überbrückung des GPS-Ausfalls in Abb. 10.9 und Abb. 10.10 dargestellt.

Es liegt nahe, diese Veränderung der Lagewinkel als zusätzliche Lagefehler zu interpretieren. Damit decken sich die anhand realer Flugversuchsdaten ermittelten Ergebnisse sehr gut mit den Simulationsergebnissen aus Abschnitt 10.3.5.

Zusammenfassend lässt sich sagen, dass ein integriertes Navigationssystem für ein VTOL-MAV resultiert, das unter allen zu erwartenden Szenarien Navigationsinforma-

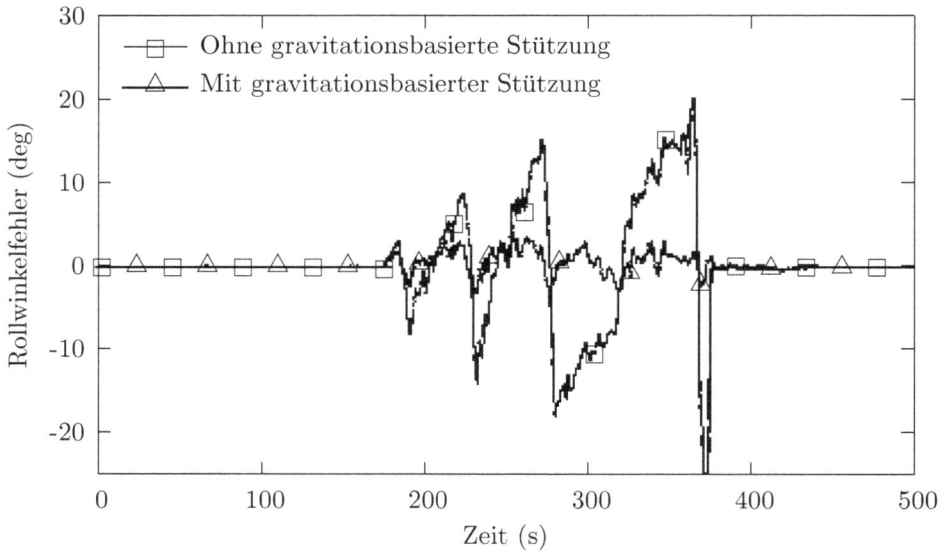

Abbildung 10.10: *Veränderung der Pitchwinkelschätzung bei einem GPS-Ausfall von 175 bis 375 Sekunden gegenüber der Pitchwinkelschätzung mit kontinuierlicher GPS-Verfügbarkeit.*

tionen liefern kann, die zur Lage- und Höhenregelung des Fluggeräts geeignet sind. Natürlich kann ein solches Navigationssystem auch bei anderen Anwendungen wie Flächenflüglern oder fahrbaren Robotern eingesetzt werden.

10.4.1   Kalibration der Beschleunigungsmesser

Im Endeffekt werden sowohl beim GPS/INS-Filter als auch bei dem Lagefilter die Roll- und Pitchwinkel durch die Beschleunigungssensordaten beeinflusst. Ein Beschleunigungsmesserbias ruft daher unmittelbar einen entsprechenden Lagefehler hervor. Da das GPS/INS-Filter durch die Verarbeitung von GPS-Messungen die Beschleunigungsmesserbiase sehr zügig schätzen kann, stellt dies bei GPS-Verfügbarkeit kein Problem dar. Stehen jedoch keine GPS-Informationen zur Verfügung, können die Beschleunigungsmesserbiase nicht geschätzt werden und die Roll- und Pitchwinkelschätzung des Lagefilters bleibt dauerhaft mit einem Offset behaftet. Aufgrund der Temperaturempfindlichkeit der MEMS-Sensoren sind aber zum Beispiel bei Zimmertemperatur bestimmte Kalibrationsparameter bei Kälte im Freien nicht mehr gültig, bei einem Temperatursprung von zwanzig Grad können sich die Beschleunigungsmesserbiase um $1\,\mathrm{m/s^2}$ und mehr ändern. Daher ist es von Vorteil, über eine schnelle und einfache Möglichkeit zur Kalibration der Beschleunigungsmesser zu verfügen.

In [34] wird ein Verfahren zur Kalibration von Zweiachs- und Dreiachs-Magnetometern vorgeschlagen. Das im Folgenden beschriebene Verfahren zur Kalibration der Beschleunigungsmessertriade ist diesem Verfahren sehr ähnlich.

Es wird ein deterministisches Beschleunigungsmesserfehlermodell der Form

$$
\begin{pmatrix} \tilde{f}_x \\ \tilde{f}_y \\ \tilde{f}_z \end{pmatrix} = \begin{pmatrix} \frac{1}{s_x} & 0 & 0 \\ 0 & \frac{1}{s_y} & 0 \\ 0 & 0 & \frac{1}{s_z} \end{pmatrix} \begin{pmatrix} f_x \\ f_y \\ f_z \end{pmatrix} + \begin{pmatrix} b_x \\ b_y \\ b_z \end{pmatrix} \tag{10.55}
$$

angenommen, die stochastischen Sensorfehler werden nicht betrachtet. Die gemessene specific force ist mit $\tilde{f}_x$, $\tilde{f}_y$, und $\tilde{f}_z$ bezeichnet, die wahre specific force mit f_x, f_y und f_z. Bei s_x, s_y und s_z handelt es sich um Skalenfaktoren, b_x, b_y und b_z sind die Beschleunigungsmesserbiase, diese Größen sollen bestimmt werden. Aufgelöst nach der wahren specific force ergibt sich

$$
\begin{pmatrix} f_x \\ f_y \\ f_z \end{pmatrix} = \begin{pmatrix} s_x & 0 & 0 \\ 0 & s_y & 0 \\ 0 & 0 & s_z \end{pmatrix} \begin{pmatrix} \tilde{f}_x - b_x \\ \tilde{f}_y - b_y \\ \tilde{f}_z - b_z \end{pmatrix} . \tag{10.56}
$$

Während der Kalibration soll das Fluggerät in verschiedene Lagen gebracht werden, so dass bei jedem Beschleunigungsmesser die Schwerebeschleunigung einkoppeln kann. Dabei wird eine Beschleunigung des Fluggerätes nach Möglichkeit vermieden. Somit kann ausgenutzt werden, dass die Quadratsumme der gemessenen specific force in den drei Raumrichtungen bei korrekt kalibrierten Sensoren gerade dem Quadrat der Schwerebeschleunigung enspricht:

$$
\begin{aligned}
g^2 &= f_x^2 + f_y^2 + f_z^2 \\
&= s_x^2 (\tilde{f}_x - b_x)^2 + s_y^2 (\tilde{f}_y - b_y)^2 + s_z^2 (\tilde{f}_z - b_z)^2 \\
&= s_x^2 (\tilde{f}_x^2 - 2\tilde{f}_x b_x + b_x^2) + s_y^2 (\tilde{f}_y^2 - 2\tilde{f}_y b_y + b_y^2) \\
&\qquad\qquad + s_z^2 (\tilde{f}_z^2 - 2\tilde{f}_z b_z + b_z^2)
\end{aligned} \tag{10.57}
$$

Es lässt sich ein Zustandsvektor definieren, der Produkte der gesuchten Biase und Skalenfaktoren enthält, die dann linear mit dem Quadrat der Schwerebeschleunigung zusammenhängen:

$$
g^2 = \begin{pmatrix} \tilde{f}_x^2 & -2\tilde{f}_x & \tilde{f}_y^2 & -2\tilde{f}_y & \tilde{f}_z^2 & -2\tilde{f}_z & 1 \end{pmatrix} \begin{pmatrix} s_x^2 \\ s_x^2 b_x \\ s_y^2 \\ s_y^2 b_y \\ s_z^2 \\ s_z^2 b_z \\ s_x^2 b_x^2 + s_y^2 b_y^2 + s_z^2 b_z^2 \end{pmatrix} . \tag{10.58}
$$

Fasst man das Quadrat der Schwerebeschleunigung als Pseudo-Messwert und die die Beschleunigungsmessungen enthaltende Matrix als Messmatrix auf und ergänzt noch einen Messrauschterm, so liegt mit Gleichung (10.58) ein lineares Messmodell in der bei einem Kalman-Filter üblichen Form vor. Diese Gleichung bildet damit die Grundlage eines Kalman-Filters zur Kalibration der Beschleunigungssensoren. Das Systemmodell kann sehr einfach gewählt werden, die Komponenten des Zustandsvektors können

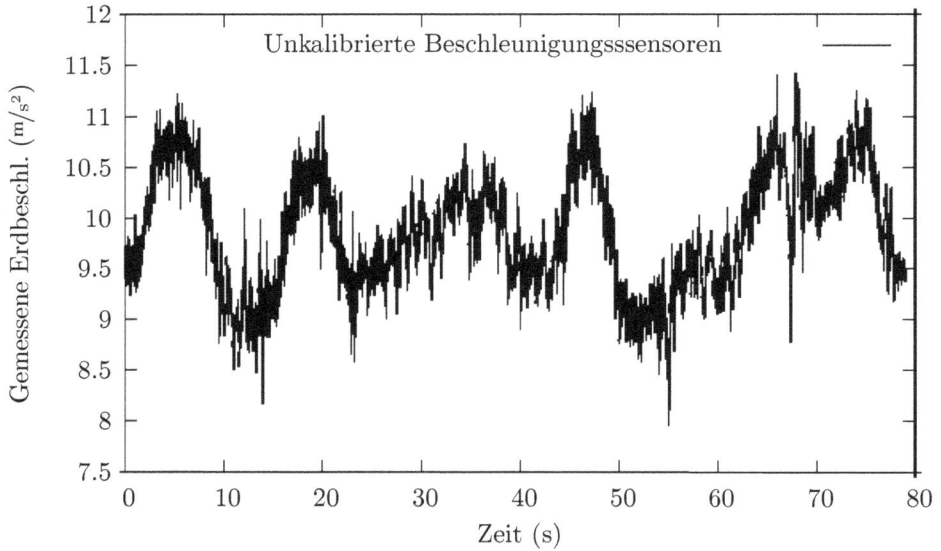

Abbildung 10.11: *Schwerebeschleunigung bei Variation der Fluggerätlage, berechnet anhand der unkalibrierten Beschleunigungssensoren.*

als konstant angenommen werden. Genau wie bei dem Filter zur Schätzung der zum Schweben benötigten Motorstellgröße wird hier durch die Schätzung von Produkten der interessierenden Größen die Nichtlinearität des Schätzproblems umgangen, die bei einer direkten Schätzung von Biasen und Skalenfaktoren zu massiven Problemen geführt hätte. Bezeichnet man die Komponenten des Zustandsvektors mit x_1 bis x_7, so kann anhand der vom Kalman-Filter gelieferten Zustandsschätzung über die Gleichungen

$$\hat{s}_x = \sqrt{\hat{x}_1} \tag{10.59}$$

$$\hat{b}_x = \frac{\hat{x}_2}{\hat{x}_1} \tag{10.60}$$

$$\hat{s}_y = \sqrt{\hat{x}_3} \tag{10.61}$$

$$\hat{b}_y = \frac{\hat{x}_4}{\hat{x}_3} \tag{10.62}$$

$$\hat{s}_z = \sqrt{\hat{x}_5} \tag{10.63}$$

$$\hat{b}_z = \frac{\hat{x}_6}{\hat{x}_5} \tag{10.64}$$

auf die zu bestimmenden Skalenfaktoren und Biase geschlossen werden.

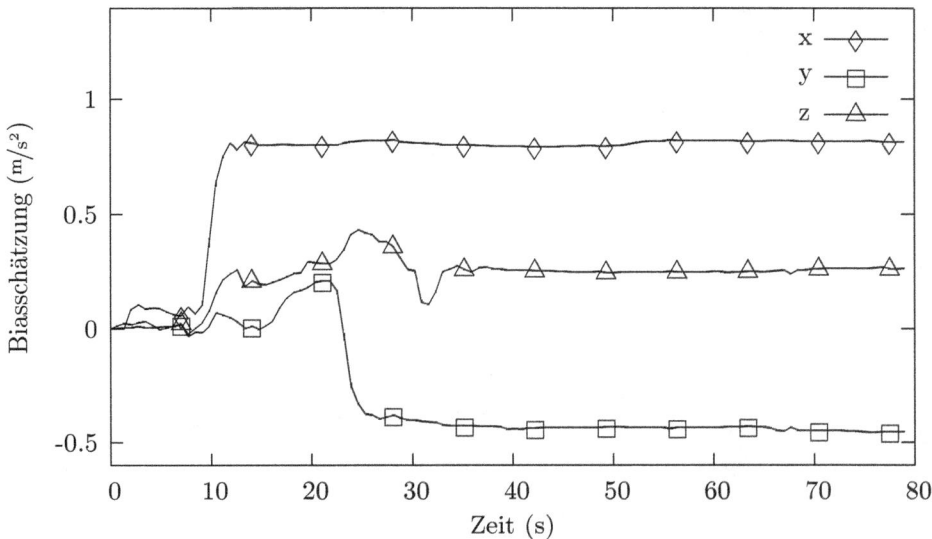

Abbildung 10.12: *Geschätzte Beschleunigungsmesserbiase, ermittelt mit dem Kalibrationsfilter.*

10.4.2 Ergebnisse

Das vorgeschlagene Verfahren zur Kalibration der Beschleunigungsmesser wurde experimentell auf seine Tauglichkeit getestet. Dazu wurden die Daten der unkalibrierten Beschleunigungssensoren aufgezeichnet, während das Fluggerät von Hand in verschiedene Lagen gebracht wurde, um ein Einkoppeln der Schwerebeschleunigung in die sensitiven Achsen der Beschleunigungsmesser zu ermöglichen.

Abb. 10.11 zeigt die Schwerebeschleunigung, die anhand der unkalibrierten Beschleunigungsmesser berechnet wurde. Man erkennt, dass die berechnete Schwerebeschleunigung teilweise deutlich von ihrem Nominalwert 9.81 m/s² abweicht. Da die Beschleunigungssensoren unterschiedliche Biase und Skalenfaktoren aufweisen, ist die berechnete Schwerebeschleunigung lageabhängig, was die Variation der berechneten Schwerebeschleunigung erklärt.

Anschließend wurden die Daten der unkalibrierten Beschleunigungssensoren dem auf Gl. (10.58) basierenden Kalibrationsfilter zur Verfügung gestellt. Abb. 10.12 zeigt exemplarisch die dabei geschätzten Beschleunigungsmesserbiase, die nach kurzer Zeit auf konstante Werte konvergieren.

Abb. 10.13 zeigt die Standardabweichungen der Komponenten des Zustandsvektors, die auch die Beschleunigungsmesserbiase enthalten. Offensichtlich ist die Konvergenz einer Biasschätzung auf einen konstanten Wert auch mit der Abnahme der zugehörigen Standardabweichung verbunden. Diese findet statt, sobald die Lage des Fluggeräts so

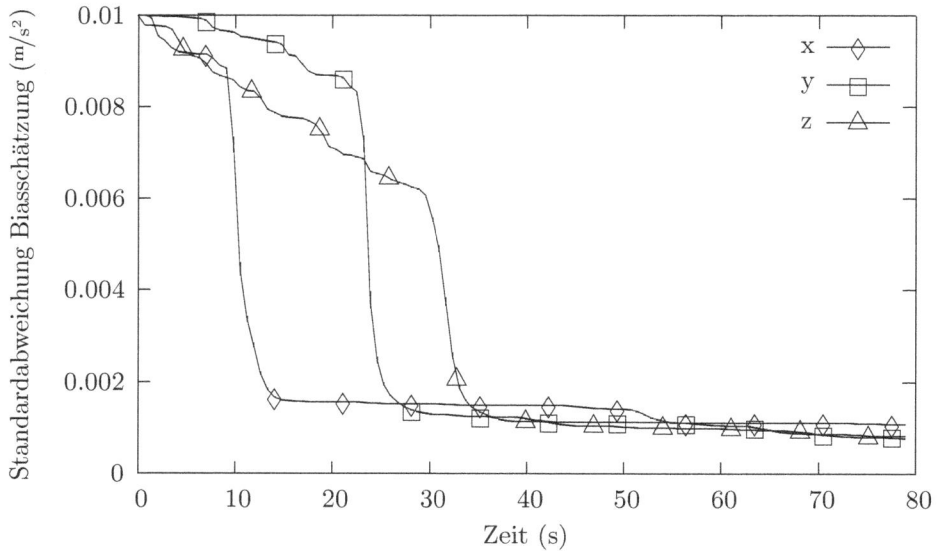

Abbildung 10.13: *Standardabweichung der Komponenten des Zustandsvektors des Kalibrationsfilters, die auch die Beschleunigungsmesserbiase enthalten.*

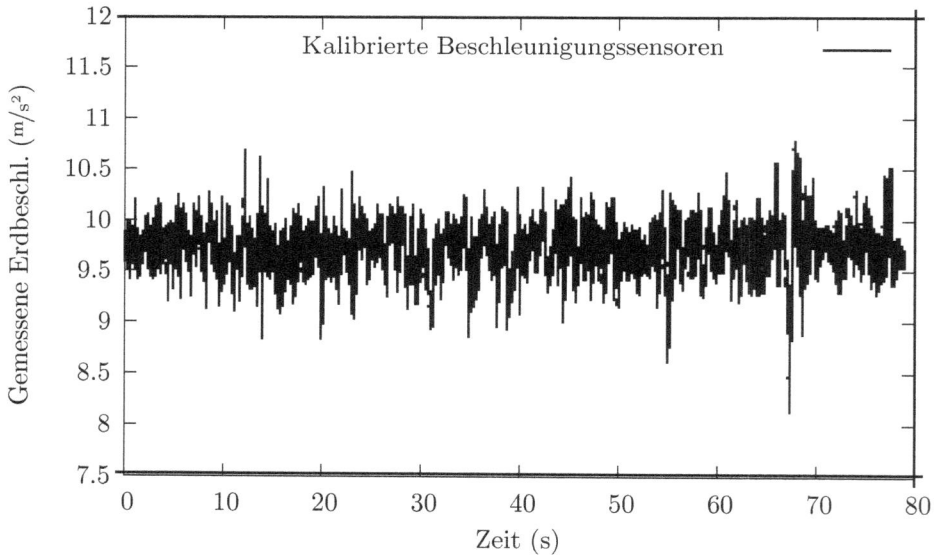

Abbildung 10.14: *Schwerebeschleunigung bei Variation der Fluggerätlage, berechnet anhand der kalibrierten Beschleunigungssensoren.*

variiert wurde, dass die Schwerebeschleunigung in die entsprechende Beschleunigungs-messerachse positiv und negativ eingekoppelt hat; ohne diese Einkopplung sind die Biase und Skalenfaktoren unbeobachtbar.

Die ermittelten Kalibrationsparameter wurden verifiziert, indem die während der Ka-librationsphase gemessenen Beschleunigungen mit Hilfe dieser Kalibrationsparameter korrigiert wurden. Die korrigierten Beschleunigungen wurden erneut zur Berechnung der Schwerebeschleunigung herangezogen, die so berechnete Schwerebeschleunigung ist in Abb. 10.14 zu sehen. Man erkennt, dass die berechnete Schwerebeschleunigung gut mit ihrem Nominalwert übereinstimmt, auch die bei den unkalibrierten Beschleuni-gungssensoren beobachteten, lagebedingten Variationen sind verschwunden.

Damit ist die Praxistauglichkeit dieses Verfahrens für eine schnelle, einfache Kalibrati-on der Beschleunigungssensoren bewiesen. Üblicherweise wird zur Kalibration von Be-schleunigungsmessern eine exakt horizontal ausgerichtete Fläche verwendet, diese wird hier nicht benötigt, da einige möglichst unbeschleunigte Dreh- und Schwenkbewegungen des Fluggeräts genügen.

A   Sherman-Morrison-Woodbury-Formel

Gegeben ist eine Matrix $\mathbf{A}$ der Dimension $n \times n$ sowie zwei Matrizen $\mathbf{B}$ und $\mathbf{C}$ jeweils der Dimension $n \times m$ und eine Matrix $\mathbf{D}$ der Dimension $m \times m$.

Unter der Voraussetzung, dass entsprechende Matrizen invertierbar sind, lautet die Sherman-Morrison-Woodbury-Formel:

$$(\mathbf{A} + \mathbf{B}\mathbf{D}\mathbf{C}^T)^{-1} \quad = \quad \mathbf{A}^{-1} - \mathbf{A}^{-1}\mathbf{B}(\mathbf{D}^{-1} + \mathbf{C}^T\mathbf{A}^{-1}\mathbf{B})^{-1}\mathbf{C}^T\mathbf{A}^{-1} \quad \text{(A.1)}$$

Dieser Zusammenhang ist auch als Matrix-Inversions-Lemma bekannt. Häufig findet man auch eine etwas vereinfachte Darstellung, die sich aus Gl. (A.1) durch Einsetzen von $\mathbf{D} = \mathbf{I}$ ergibt.

$$(\mathbf{A} + \mathbf{B}\mathbf{C}^T)^{-1} \quad = \quad \mathbf{A}^{-1} - \mathbf{A}^{-1}\mathbf{B}(I + \mathbf{C}^T\mathbf{A}^{-1}\mathbf{B})^{-1}\mathbf{C}^T\mathbf{A}^{-1} \quad \text{(A.2)}$$

Eine weitere nützliche Matrizenidentität ist gegeben durch

$$(\mathbf{A} + \mathbf{B}\mathbf{C}^T)^{-1}\mathbf{B} \quad = \quad \mathbf{A}^{-1}\mathbf{B}(I + \mathbf{C}^T\mathbf{A}^{-1}\mathbf{B})^{-1} \,. \quad \text{(A.3)}$$

Ein Beweis für Gl. (A.2) und Gl. (A.3) ist in [90] zu finden. Mit Hilfe dieser Zusammenhänge kann z.B. die Invers-Kovarianz-Form des Kalman-Filters aus der Standardform hergeleitet werden und umgekehrt.

Invers-Kovarianz-Form des Kalman-Filters

Mit den Substitutionen

$$\mathbf{A} = \mathbf{R}_k$$
$$\mathbf{B} = \mathbf{I}$$
$$\mathbf{C}^T = \mathbf{H}_k\mathbf{P}_k^-\mathbf{H}_k^T$$

folgt aus Gl. (A.3)

$$\left(\mathbf{H}_k \mathbf{P}_k^- \mathbf{H}_k^T + \mathbf{R}_k\right)^{-1} = \mathbf{R}_k^{-1} \left(\mathbf{I} + \mathbf{H}_k \mathbf{P}_k^- \mathbf{H}_k^T \mathbf{R}_k^{-1}\right)^{-1} \tag{A.4}$$

■

Setzt man die Kalman-Gain-Matrix

$$\mathbf{K}_k = \mathbf{P}_k^- \mathbf{H}_k^T \left(\mathbf{H}_k \mathbf{P}_k^- \mathbf{H}_k^T + \mathbf{R}_k\right)^{-1} \tag{A.5}$$

in die Kovarianzmatrix-Update-Gleichung

$$\mathbf{P}_k^+ = \mathbf{P}_k^- - \mathbf{K}_k \mathbf{H}_k \mathbf{P}_k^- \tag{A.6}$$

ein, erhält man

$$\mathbf{P}_k^+ = \mathbf{P}_k^- - \mathbf{P}_k^- \mathbf{H}_k^T \left(\mathbf{H}_k \mathbf{P}_k^- \mathbf{H}_k^T + \mathbf{R}_k\right)^{-1} \mathbf{H}_k \mathbf{P}_k^- \tag{A.7}$$

Mit Gl. (A.4) ergibt sich

$$\mathbf{P}_k^+ = \mathbf{P}_k^- - \mathbf{P}_k^- \mathbf{H}_k^T \mathbf{R}_k^{-1} \left(\mathbf{I} + \mathbf{H}_k \mathbf{P}_k^- \mathbf{H}_k^T \mathbf{R}_k^{-1}\right)^{-1} \mathbf{H}_k \mathbf{P}_k^- \ . \tag{A.8}$$

Mit den Substitutionen

$$\begin{aligned} \mathbf{A}^{-1} &= \mathbf{P}_k^- \\ \mathbf{B} &= \mathbf{H}_k^T \mathbf{R}_k^{-1} \\ \mathbf{C}^T &= \mathbf{H}_k \end{aligned}$$

folgt aus Gl. (A.2) und Gl. (A.8)

$$\begin{aligned} \mathbf{P}_k^+ &= \mathbf{P}_k^- - \mathbf{P}_k^- \mathbf{H}_k^T \mathbf{R}_k^{-1} \left(\mathbf{I} + \mathbf{H}_k \mathbf{P}_k^- \mathbf{H}_k^T \mathbf{R}_k^{-1}\right)^{-1} \mathbf{H}_k \mathbf{P}_k^- \\ &= \left((\mathbf{P}_k^-)^{-1} + \mathbf{H}_k^T \mathbf{R}_k^{-1} \mathbf{H}_k\right)^{-1} \ . \end{aligned} \tag{A.9}$$

■

Erweitern von Gl. (A.5) mit $\mathbf{I} = \mathbf{P}_k^+ (\mathbf{P}_k^+)^{-1}$ und $\mathbf{I} = (\mathbf{R}_k^{-1} \mathbf{R}_k)$ führt auf

$$\begin{aligned} \mathbf{K}_k &= (\mathbf{P}_k^+ (\mathbf{P}_k^+)^{-1}) \mathbf{P}_k^- \mathbf{H}_k^T (\mathbf{R}_k^{-1} \mathbf{R}_k) \left(\mathbf{H}_k \mathbf{P}_k^- \mathbf{H}_k^T + \mathbf{R}_k\right)^{-1} \\ &= \mathbf{P}_k^+ (\mathbf{P}_k^+)^{-1} \mathbf{P}_k^- \mathbf{H}_k^T \mathbf{R}_k^{-1} \mathbf{R}_k \mathbf{R}_k^{-1} \left(\mathbf{I} + \mathbf{H}_k \mathbf{P}_k^- \mathbf{H}_k^T \mathbf{R}_k^{-1}\right)^{-1} \\ &= \mathbf{P}_k^+ (\mathbf{P}_k^+)^{-1} \mathbf{P}_k^- \mathbf{H}_k^T \mathbf{R}_k^{-1} \left(\mathbf{I} + \mathbf{H}_k \mathbf{P}_k^- \mathbf{H}_k^T \mathbf{R}_k^{-1}\right)^{-1} \end{aligned} \tag{A.10}$$

Mit dem Zusammenhang

$$\left(\mathbf{P}_k^+\right)^{-1} = \left(\mathbf{P}_k^-\right)^{-1} + \mathbf{H}_k^T \mathbf{R}_k^{-1} \mathbf{H}_k \tag{A.11}$$

aus Gl. (A.9) erhält man so

$$
\begin{aligned}
\mathbf{K}_k &= \mathbf{P}_k^+ \left(\left(\mathbf{P}_k^-\right)^{-1} + \mathbf{H}_k^T \mathbf{R}_k^{-1} \mathbf{H}_k\right) \mathbf{P}_k^- \mathbf{H}_k^T \mathbf{R}_k^{-1} \left(\mathbf{I} + \mathbf{H}_k \mathbf{P}_k^- \mathbf{H}_k^T \mathbf{R}_k^{-1}\right)^{-1} \\
&= \mathbf{P}_k^+ \left(\mathbf{I} + \mathbf{H}_k^T \mathbf{R}_k^{-1} \mathbf{H}_k \mathbf{P}_k^-\right) \left(\mathbf{P}_k^-\right)^{-1} \mathbf{P}_k^- \mathbf{H}_k^T \mathbf{R}_k^{-1} \left(\mathbf{I} + \mathbf{H}_k \mathbf{P}_k^- \mathbf{H}_k^T \mathbf{R}_k^{-1}\right)^{-1} \\
&= \mathbf{P}_k^+ \left(\mathbf{I} + \mathbf{H}_k^T \mathbf{R}_k^{-1} \mathbf{H}_k \mathbf{P}_k^-\right) \mathbf{H}_k^T \mathbf{R}_k^{-1} \left(\mathbf{I} + \mathbf{H}_k \mathbf{P}_k^- \mathbf{H}_k^T \mathbf{R}_k^{-1}\right)^{-1} \\
&= \mathbf{P}_k^+ \left(\mathbf{H}_k^T \mathbf{R}_k^{-1} + \mathbf{H}_k^T \mathbf{R}_k^{-1} \mathbf{H}_k \mathbf{P}_k^- \mathbf{H}_k^T \mathbf{R}_k^{-1}\right) \left(\mathbf{I} + \mathbf{H}_k \mathbf{P}_k^- \mathbf{H}_k^T \mathbf{R}_k^{-1}\right)^{-1} \\
&= \mathbf{P}_k^+ \mathbf{H}_k^T \mathbf{R}_k^{-1} \left(\mathbf{I} + \mathbf{H}_k \mathbf{P}_k^- \mathbf{H}_k^T \mathbf{R}_k^{-1}\right) \left(\mathbf{I} + \mathbf{H}_k \mathbf{P}_k^- \mathbf{H}_k^T \mathbf{R}_k^{-1}\right)^{-1} \\
\mathbf{K}_k &= \mathbf{P}_k^+ \mathbf{H}_k^T \mathbf{R}_k^{-1} \tag{A.12}
\end{aligned}
$$

∎

Durch Multiplikation der Kalman-Filter-Zustandsvektor-Update-Gleichung

$$\hat{\tilde{x}}_k^+ = \hat{\tilde{x}}_k^- - \mathbf{K}_k \left(\mathbf{H}_k \hat{\tilde{x}}_k^- - \tilde{y}_k\right)$$

von links mit $\left(\mathbf{P}_k^+\right)^{-1}$ und Einsetzen von Gl. (A.12) erhält man

$$
\begin{aligned}
\left(\mathbf{P}_k^+\right)^{-1} \hat{\tilde{x}}_k^+ &= \left(\mathbf{P}_k^+\right)^{-1} \hat{\tilde{x}}_k^- - \left(\mathbf{P}_k^+\right)^{-1} \mathbf{P}_k^+ \mathbf{H}_k^T \mathbf{R}_k^{-1} \left(\mathbf{H}_k \hat{\tilde{x}}_k^- - \tilde{y}_k\right) \\
\left(\mathbf{P}_k^+\right)^{-1} \hat{\tilde{x}}_k^+ &= \left(\left(\mathbf{P}_k^+\right)^{-1} - \mathbf{H}_k^T \mathbf{R}_k^{-1} \mathbf{H}_k\right) \hat{\tilde{x}}_k^- + \mathbf{H}_k^T \mathbf{R}_k^{-1} \tilde{y}_k
\end{aligned}
$$

Mit Gl. (A.11) folgt

$$
\begin{aligned}
\left(\mathbf{P}_k^+\right)^{-1} \hat{\tilde{x}}_k^+ &= \left(\mathbf{P}_k^-\right)^{-1} \hat{\tilde{x}}_k^- + \mathbf{H}_k^T \mathbf{R}_k^{-1} \tilde{y}_k \\
\hat{\tilde{x}}_k^+ &= \left(\mathbf{P}_k^+\right)^{-1} \left(\left(\mathbf{P}_k^-\right)^{-1} \hat{\tilde{x}}_k^- + \mathbf{H}_k^T \mathbf{R}_k^{-1} \tilde{y}_k\right) \tag{A.13}
\end{aligned}
$$

Die Gleichungen (A.11) und (A.13) stellen den Messschritt der Invers-Kovarianz-Form des Kalman-Filters dar.

B   Differentiation von Spuren von Matrizen

Bei der Minimierung von Kostenfunktionen im Rahmen der Herleitung von Minimum-Varianzschätzern ist es häufig notwendig, die Ableitung der Spur einer Matrix nach einer Matrix zu berechnen.

Die wichtigsten Zusammenhänge sind dabei gegeben durch

$$\frac{d\,Spur(\mathbf{B})}{d\,\mathbf{B}} = \mathbf{I} \tag{B.1}$$

$$\frac{d\,Spur(\mathbf{B}^i)}{d\,\mathbf{B}} = i \cdot \mathbf{B}^{i-1,T} \tag{B.2}$$

$$\frac{d\,Spur(\mathbf{A}\mathbf{B}^{-1}\mathbf{C})}{d\,\mathbf{B}} = -(\mathbf{B}^{-1}\mathbf{C}\mathbf{A}\mathbf{B}^{-1})^T \tag{B.3}$$

$$\frac{d\,Spur(\mathbf{A}^T\mathbf{B}\mathbf{C}^T)}{d\,\mathbf{B}} = \frac{d\,Spur(\mathbf{C}\mathbf{B}^T\mathbf{A})}{d\,\mathbf{B}} = \mathbf{A}\mathbf{C} \tag{B.4}$$

$$\frac{d\,Spur(\mathbf{A}\mathbf{B}\mathbf{C}\mathbf{B}^T)}{d\,\mathbf{B}} = \mathbf{A}^T\mathbf{B}\mathbf{C}^T + \mathbf{A}\mathbf{B}\mathbf{C} \tag{B.5}$$

$$\frac{d\,Spur(\mathbf{A}\mathbf{B}\mathbf{C}\mathbf{B})}{d\,\mathbf{B}} = \mathbf{A}^T\mathbf{B}^T\mathbf{C}^T + \mathbf{C}^T\mathbf{B}^T\mathbf{A}^T\,. \tag{B.6}$$

Ferner gilt

$$Spur(\mathbf{B}) = Spur(\mathbf{B}^T) \tag{B.7}$$

$$Spur(\mathbf{A}\mathbf{B}) = Spur(\mathbf{B}\mathbf{A})\,. \tag{B.8}$$

C   MATLAB-Code zum Beispiel Abschnitt 7.3.5

Im Folgenden ist der MATLAB-Code der Filter, die zum Schätzen der Schwingung eines Pendels verwendet wurden, angegeben. Die Filter verfügen jeweils über eine Initialisierungsfunktion, die einmal zu Beginn aufgerufen werden muss. Der Propagationsschritt und der Messschritt sind ebenfalls in separaten Funktionen realisiert. Diese Funktionen können von einem Scheduler entsprechend aufgerufen werden.

Initialisierungsschritt des Partikelfilters

```
function pf = pf_filter_init(init_angle)
    pf.num = 300;                           % Anzahl der Partikel
    pf.X = zeros(2,pf.num);                 % Partikel anlegen
    pf.w = 1/pf.num*ones(1,pf.num);         % Gewichte
    pf.Q = [(1/180*pi)^2, 0;                % Systemrauschen definieren
                0,     (1e-4)^2];
    pf.cholQ = chol(pf.Q);
    pf.R = 0.1^2;                           % Varianz der Messungen
    pf.Xs = [init_angle/180*pi;0];          % Initialer Zustand
    pf.Ps = [(init_angle/180*pi)^2,0;       % Initiale Unsicherheit
                0,     (10/180*pi)^2];

    % Ziehen der Partikel entsprechend initialem Zustand/Unsicherheit
    cholP = chol(pf.Ps);
    for k=1:pf.num
        pf.X(:,k) = cholP*randn(2,1) + pf.Xs;
    end
end
```

Propagationsschritt des Partikelfilters

```
function pf = pf_filter_propagation(pf,pend,dt)
    % Propagation der Partikel entsprechend dem Systemmodell
    % und dem Systemrauschen
    for k=1:pf.num
        tmp = pf.X(1,k);
        pf.X(1,k) = pf.X(1,k) + pf.X(2,k)*dt ...
                                    + randn(1)*pf.cholQ(1,1);
        pf.X(2,k) = pf.X(2,k) - pend.g/pend.length*sin(tmp)*dt ...
```

```
                                    + randn(1)*pf.cholQ(2,2);

        if (pf.X(1,k) > pi) % Winkelbereich auf +/- 180° beschränken
            pf.X(1,k) = pf.X(1,k) - 2*pi;
        end
        if (pf.X(1,k) < -pi)
            pf.X(1,k) = pf.X(1,k) + 2*pi;
        end

    end
end
```

Bei der Eingangsvariable `dt` handelt es sich um die Zeitschrittweite, `pend.g` ist die Schwerebeschleunigung und `pend.length` ist die Länge des Pendels.

Messwertverarbeitung und Resampling beim Partikelfilter

```
function pf = pf_filter_estimation(pf,pend,y)
    for k=1:pf.num
        pf.w(k) = exp(-1/2*(y - pend.length*sin(pf.X(1,k)))^2/pf.R);
    end
    pf.w = pf.w/sum(pf.w);

    peff = 1/sum(pf.w.^2); % Anzahl der effektiven Partikel bestimmen
    if (peff<0.7*pf.num)   % Resampling notwendig ?
        top(1) = pf.w(1);
        for k=1:pf.num-1   % Intervallgrenzen festlegen
            top(k+1) = top(k) + pf.w(k+1);
        end

        pf.resampled = zeros(2,pf.num);
        for k=1:pf.num
            zf = rand(1);  % gleichverteilte Zufallszahl ziehen
            for j=1:pf.num % zugehöriges Intervall suchen
                if (top(j)>zf)
                    pf.resampled(:,k) = pf.X(:,j); % Partikel
                    break;                         % reproduzieren
                end
            end
        end
        pf.X = pf.resampled;
    end
end
```

Bei der Eingangsvariable y handelt es sich um den Messwert.

Initialisierungsschritt des Kalman-Filters

```matlab
function kf = kf_filter_init(init_angle)
   kf.Q = [(1/180*pi)^2, 0;              % Systemrauschen definieren
              0,      (1e-4)^2];
   kf.R = 0.1^2;                         % Varianz der Messwerte
   kf.X = [init_angle/180*pi;0];         % Initialer Zustand
   kf.P = [(init_angle/180*pi)^2,0;      % Initiale Unsicherheit
              0,      (10/180*pi)^2];
end
```

Propagationsschritt des Kalman-Filters

```matlab
function kf = kf_filter_propagation(kf,pend,dt)
   % Zustandsschätzung propagieren
   tmp = kf.X(1);
   kf.X(1) = kf.X(1) + kf.X(2)*dt;
   kf.X(2) = kf.X(2) - pend.g/pend.length*sin(tmp)*dt;

   % Jacobi-Matrix der Systemmodell-DGL berechnen
   Phi = [1                            , dt;
           -pend.g/pend.length*cos(tmp)*dt,  1];

   % Kovarianzmatrix des Schätzfehlers propagieren
   kf.P = Phi*kf.P*Phi' + kf.Q;
end
```

Messwertverarbeitung des Kalman-Filters

```matlab
function kf = kf_filter_estimation(kf,pend,y)
   y_pred = pend.length*sin(kf.X(1)); % Messwert-Vorhersage
   H = [pend.length*cos(kf.X(1)), 0]; % Messmatrix

   K = kf.P*H'*inv(H*kf.P*H' + kf.R); % Kalman Gain Matrix
   kf.X = kf.X - K*(y_pred - y);       % Zustandsschätzung updaten
   % Update der Kovarianzmatrix des Schätzfehlers (Joseph's Form)
   kf.P = (eye(2) - K*H)*kf.P*(eye(2) - K*H)' + K*kf.R*K';
end
```

Symbolverzeichnis

Abkürzungen

AAIM	Aircraft Autonomous Integrity Monitoring
ADR	Accumulated deltarange
BOC	Binary offset carrier
BPSK	Binary phase-shift keying
C/A	Coarse/Acquisition
CDMA	Code division multiple access
CS	Galileo Commercial Service
DCM	Direction cosine matrix, Richtungskosinusmatrix
DGPS	Differential-GPS
DOP	Dilution of precision
ECEF	Earth-centered Earth fixed
EGNOS	European geostationary navigation overlay service
EKF	Erweitertes Kalman-Filter (extended Kalman filter)
E5, E6	Galileo Frequenzen
FOG	Fiber optic gyroscope
GCC	Galileo Control Center
GDOP	Geometric dilution of precision
GJU	Galileo Joint Undertaking
GPS	Global positioning system
GSS	Galileo Sensor Station
GSSS	GPS space segment simulator
HDOP	Horizontal dilution of precision
HIL	Hardware-in-the-loop
ICD	Interface control document
IEKF	Iterated extended Kalman filter
IMM	Interacting Multiple Model
IMU	Inertial measurement unit
INS	Inertial navigation system
IOC	Integrated optics circuit
IOV	In-orbit validation
L1,L2,L5	GPS-Trägerfrequenzen
MAV	Mini / Micro aerial vehicle
MEMS	Micro electro-mechanical system
MMAE	Multiple Model Adaptive Estimator
OS	Galileo Open Service
OOSM	Out-Of-Sequence Measurement
P-Code	Precise Code

PDOP   Position dilution of precision
PLL   Phase lock loop
PRN   Pseudorandom noise
PRS   Galileo Public Regulated Service
PSR   Pseudorange
RAIM   Receiver Autonomous Integrity Monitoring
RLG   Ring laser gyroscope
RMS   Root-mean-square
SA   Selective availability
SBAS   Satellite-based augmentation system
SAASM   Selective availability anti-spoofing module
SAR   Galileo Search- and Rescue Service, synthetic aperture radar
SDA   Strapdown-Algorithmus
SIS   Signal in space
SoL   Galileo Savety-of-Life Service
SPKF   Sigma-Point-Kalman-Filter
TCC   Galileo telemetry, tracking and command station
TEC   Total electron count
UAV   Unmanned aerial vehicle
ULS   Galileo uplink station
VDOP   Vertical dilution of precision
VSIMM   Variable Structure Interacting Multiple Model
VTOL   Vertical take-off and landing
WAAS   Wide area augmentation system
WGN   White gaussian noise

Indizes

A GPS-Antenne
b Körperfestes Koordinatensystem
e Erdfestes Koordinatensystem
h Horizontales Koordinatensystem
i Inertialkoordinatensystem
n Navigationskoordinatensystem
S Satellit
$(...)_k$ Zeitpunkt t_k
$(\vec{...})^n$ Vektor in Koordinaten des n-KS.
$(\vec{...})^n_{eb}$ b-KS. bezüglich e-KS., gegeben in Koordinaten des n-KS.
$(\tilde{...})$ Gemessene Größe
$(\hat{...})$ Geschätzte Größe
$(\bar{...})$ Gemittelte Größe
$(...)_n$ Komponente in Nordrichtung
$(...)_e$ Komponente in Ostrichtung
$(...)_d$ Komponente in Richtung der Vertikalen

$(...)_x$	Komponente in Richtung der x-Achse
$(...)_y$	Komponente in Richtung der y-Achse
$(...)_z$	Komponente in Richtung der z-Achse
$[(...)\times]$	kreuzproduktbildende Matrix von (...)

Lateinische Buchstaben

$\vec{a}$	Beschleunigung
a	Quaternionenkomponente, große Halbachse des Erdellipsoids
$\mathbf{A}$	Gewichtungsmatrix oder Änderung einer DCM
$\vec{b}$	Bias
b	Quaternionenkomponente, kleine Halbachse des Erdellipsoids
$\mathbf{B}_k$	Steuermatrix
$\mathbf{B}$	Steuermatrix, kontinuierlich
C	Kapazität
$\mathbf{C}$	Richtungskosinusmatrix, Kovarianzmatrix oder Gewichtungsmatrix
c	Lichtgeschwindigkeit oder Quaternionenkomponente
c_{ii}	Koeffizient der Richtungskosinusmatrix
c_g	Gruppengeschwindigkeit
c_p	Phasengeschwindigkeit
d	Quaternionenkomponente
$\mathbf{D}$	Gewichtungsmatrix
e	Exzentrizität des Erdellipsoids
ϵ_0	Dielektrizitätskonstante
$E[...]$	Erwartungswert
f	Frequenz, Abflachung des Erdellipsoids, specific force
F	Kummulative Wahrscheinlichkeit oder Kraft
$\mathbf{F}$	Systemmatrix
$G(s)$	Übertragungsfunktion im Laplace-Bereich
G_a	Antennengewinn
$\mathbf{G}_k$	Einflussmatrix
$\mathbf{G}$	Einflussmatrix, kontinuierlich
g , $\vec{g}_l$	Schwerebeschleunigung
h	Höhe über dem WGS84-Erdellipsoid
$\vec{h}$	Erdmagnetfeld
$\mathbf{H}$	Messmatrix
$\mathbf{I}$	Einheitsmatrix
I	Intensität, Strom oder Inphasen-Komponente
j	Imaginäre Einheit
$\mathbf{J}$	Trägheitsmoment
$\mathbf{K}$	Kalman-Gain-Matrix
K	Kostenfunktion
$\vec{l}$	Hebelarm zwischen GPS-Antenne und IMU

L	Länge des Lichtweges oder Anzahl der Komponenten eines erweiterten Zustandsvektors
$\vec{L}$	Drehimpuls
m	Koeffizient der Misalignment-Matrix, Mittelwert oder Masse
$\vec{M}$	Drehmoment
$\mathbf{M}$	Misalignment-Matrix
$\mathbf{M}_b$	Beobachtbarkeitsmatrix
$\vec{n}, n$	Stochastische Störung
N	Trägerphasenmehrdeutigkeit oder Rauschleistung
p	Wahrscheinlichkeitsdichte
P	Leistung oder Wahrscheinlichkeit
$\mathbf{P}$	Kovarianzmatrix der Zustandsschätzung
$\mathbf{q}$	Quaternion
Δq	Ladungsänderung
Q	Ladung oder Quadraturkomponente
$\mathbf{Q}_k$	Kovarianzmatrix des Systemrauschens
$\mathbf{Q}$	Spektrale Leistungsdichte des Systemrauschens
$\vec{r}$	Ortsvektor oder Quaternion
$\vec{r}_A$	Position der GPS-Antenne
$\vec{r}_S$	Satellitenposition
$\vec{r}_{SA}$	Vektor von der GPS-Antenne zum Satellit
r	Spektrale Leistungsdichte oder Korrelationsfunktion
R_n, R_e	Krümmungsradien in Nord- und Ostrichtung
R_0	Durchschnittlicher Krümmungsradius
R	Widerstand
$\mathbf{R}$	Kovarianzmatrix des Messrauschens
$\mathbf{R}_t$	Spektrale Leistungsdichte des Messrauschens
s	Komplexe Variable, Motorstellgröße oder Skalenfaktor
S	Spektrale Leistungsdichte
t	Zeit
$T, \delta T, \delta t$	Zeitliche Verschiebung oder Abtastzeit
u	Eingangsgrößen oder Inertialsensordatendifferenzen
$U(s)$	Laplace-Transformierte von $u(t)$ oder Spannung
$\vec{v}$	Geschwindigkeit oder Messrauschen
$\vec{w}$	Systemrauschen
x, y, z	Koordinatenachsen oder Ausgangsgrößen
$\vec{x}, \Delta\vec{x}$	Zustandsvektor
$X(s)$	Laplace-Transformierte von $x(t)$
$\vec{y}$	Vektor der Messwerte
$\vec{z}$	Eigenvektor

Griechische Buchstaben

α, β, γ	Lagefehler
$\vec{\chi}$	Sigma Punkt
Δ, δ	Fehler, Änderung, Intervall oder Fehlausrichtung
δt_U	Uhrenfehler des GPS-Empfängers
$\vec{\eta}$	Weißes Rauschen
λ	Geographische Länge, Wellenlänge oder Eigenwert
$\vec{\mu}$	Weißes Rauschen
∇	Nabla-Operator
$\vec{\omega}$	Drehrate
ω	Kreisfrequenz
Ω	Erddrehrate
$\boldsymbol{\Omega}$	Kreuzproduktbildende Matrix eines Drehrate
ψ	Yaw-Winkel
$\vec{\psi}$	Vektor der Lagefehler α, β, γ
$\boldsymbol{\Psi}$	Kreuzproduktbildende Matrix der Lagefehler
$\Delta\phi$	Phasenverschiebung
$\boldsymbol{\Phi}$	Transitionsmatrix
Φ	Trägerphase
ϕ	Rollwinkel
τ	Zeitdifferenz, zeitliche Verschiebung
φ	Geographische Breite oder Phase
ρ	Pseudorange
$\vec{\sigma}$	Orientierungsvektor
$\Delta\vec{\sigma}_c$	Coning-Term
σ	Standardabweichung oder Betrag des Orientierungsvektors
θ	Pitchwinkel
$\Delta\theta$	Winkelinkrement

Literaturverzeichnis

[1] Beidou (big dipper). http://www.globalsecurity.org/space/world/china/beidou.htm.

[2] Galileo, europäisches satellitennavigationssystem. http://www.esa.int/esaNA/galileo.html.

[3] Galileo open service sis icd. http://ec.europa.eu/enterprise/policies/satnav/galileo/files/galileo_os_sis_icd_revised_2_en.pdf.

[4] Glonass interface control document. http://www.glonass-ianc.rsa.ru/.

[5] Gps system description. ftp://tycho.usno.navy.mil/pub/gps/gpssy.txt.

[6] International gps service. http://igscb.jpl.nasa.gov/index.html.

[7] Is-gps-200e, navstar gps interface control document. http://www.gps.gov/technical/icwg/IS-GPS-200E.pdf.

[8] National geophysical data center. http://www.ngdc.noaa.gov/geomagmodels/struts/calcPointIGRF.

[9] Novatel oem4 user's guide, volume 1, 2001.

[10] C. Acar. *Robust Micromachined Vibratory Gyroscopes*. PhD thesis, University of California, Irvine, 2004.

[11] F. Aronowitz. Fundamentals of the ring laser gyro. *RTO AGARDograph 339, Optical Gyros and their Application*, pages 3–1 – 3–45, 1999.

[12] M.S. Arulampalam, S. Maskell, N. Gordon, and T. Clapp. A tutorial on particle filters for online nonlinear/non-gaussian bayesian tracking. *IEEE Transactions on Signal Processing*, 50(2):174 – 188, 2002.

[13] J. Beser, S. Alexander, R. Crane, S. Rounds, and J. Wyman. Trunav^{TM} a low-cost guidance/navigation unit integrating a saasm-based gps and mems imu in a deeply coupled mechanization. *Proceedings of the ION GPS 2002*, pages 545 – 555, 24-27 September 2002. Portland, OR, USA.

[14] J.W. Betz. The offset carrier modulation for gps modernization. *Proceedings of the ION 1999 National Technical Meeting*, 1999.

[15] H.A. Blom and Y. Bar-Shalom. The interacting multiple model algorithm for systems with markovian switching coefficients. *IEEE Transactions on Aerospace and Electronic Systems*, 33(8):780 – 783, 1988.

[16] J.E. Bortz. A new mathematical formulation for strapdown inertial navigation. *IEEE Transactions on Aerospace and Electronic Systems*, 7(1):61 – 66, 1971.

[17] R.G. Brown. A baseline gps raim scheme and a note on the equivalence of three raim methods. *Journal of the Institute of Navigation*, 39(3):301 – 316, 1992.

[18] R.G. Brown and P.Y.C. Hwang. *Introduction to Random Signals and Applied Kalman Filtering*. John Wiley & Sons, New York, 1997.

[19] A.E. Bryson Jr. and L.J. Henrikson. Estimation using sampled data containing sequentially correlated noise. *Journal of Spacecraft*, 5(6):662–665, 1968.

[20] N.A. Carlson. Federated filter for distributed navigation and tracking applications. *Proceedings of the ION 58th Annual Meeting*, pages 340–353, 2002. June 24 - 26, 2002, Albuquerque, NM, USA.

[21] C.K. Chui and G. Chen. *Kalman Filtering with Real-Time Applications*. Springer Verlag, Berlin, 1999.

[22] P.M. Djuric, J.H. Kotecha, J. Zhang, Y. Huang, T. Ghirmai, M.F. Bugallo, and J. Miguez. Particle filtering. *IEEE Signal Processing Magazine*, pages 19 – 38, 2003.

[23] K. Dutton, B. Barraclough, and S. Thompson. *The Art of Control Engineering*. Pearson Education Limited, Harlow, 1997.

[24] B. Eissfeller. *Ein dynamisches Fehlermodell für GPS Autokorrelationsempfänger*. PhD thesis, Universität der Bundeswehr München, 1997.

[25] B. Eissfeller. Das europäische satellitennavigationssystem galileo. *Fachtagung der ITG Satellitennavigationssysteme, Universität Bern*, 2004.

[26] J. Farrell and M. Barth. *The Global Positioning System & Inertial Navigation*. McGraw-Hill, New York, 1999.

[27] J.A. Farrell, T.D. Givargis, and M.J. Barth. Real-time differential carrier phase gps-aided ins. *IEEE Transactions an Control Systems Technology*, 8(4):709 – 720, July 2000.

[28] J.L. Farrell. Carrier phase processing without integers. *Proceedings of the Institute of Navigation 57th Annual Meeting 2001*, pages 423 – 428, June 11-13 2001. Albuquerque, NM, USA.

[29] N. Fliege. *Systemtheorie*. B.G. Teubner, Stuttgart, 1991.

[30] O. Föllinger. *Laplace- und Fourier-Transformation*. Hüthig Buch Verlag, Heidelberg, 1993.

[31] O. Föllinger. *Regelungstechnik*. Hüthig Buch Verlag, Heidelberg, 1994.

[32] H. Fruehauf and S. Callaghan. Saasm and direct p(y) signal acquisition. *GPS World*, Juli 2002.

[33] D. Gebre-Egziabher, G.H. Elkaim, J.D. Powell, and B.W. Parkinson. A gyro-free quaternion-based attitude determination system suitable for implementation using low cost sensors. *IEEE Position Location and Navigation Symposium 2000*, pages 185 – 192, 2000. 13-16 March , San Diego, CA, USA.

[34] D. Gebre-Egziabher, G.H. Elkaim, J.D. Powell, and B.W. Parkinson. A non-linear two-step estimation algorithm for calibrating solid-state strapdown magnetometers. *International Conference on Integrated Navigation Systems*, 2001. May 2001, St. Petersburg, Russia.

[35] Gelb, A. *Applied Optimal Estimation, 14th printing*. The M.I.T. Press, Cambridge, Massachusetts, and London, England, 1996.

[36] W.R. Graham and K.J. Shortelle. Advanced transfer alignment for inertial navigators (a-train). *Proceedings of the Institute of Navigation Technical Meeting*, pages 113 – 124, 1995.

[37] W.R. Graham, K.J. Shortelle, and C. Rabourn. Rapid alignment prototype (rap) flight test demonstration. *Proceedings of the Institute of Navigation Technical Meeting*, pages 557 – 568, 1998.

[38] M.S. Grewal and A.P. Andrews. *Kalman Filtering: Theory and Practice*. Prentice Hall, New Jersey, 1993.

[39] M.S. Grewal, L.R. Weill, and A.P. Andrews. *Global Positioning Systems, Inertial Navigation and Integration*. John Wiley & Sons, New York, 2001.

[40] P.D. Groves. Transfer alignment using an integrated ins/gps as the reference. *Institute of Navigation: Proceedings of the 55th Annual Meeting*, pages 731 – 738, 1999.

[41] P.D. Groves. Performance analysis and architectures for ins-aided gps tracking loops. *Proceedings of the ION National Technical Meeting 2003*, pages 611 – 622, 2003.

[42] P.D. Groves and J.C. Haddock. An all-purpose rapid transfer alignment algorithm set. *Proceedings of the ION National Technical Meeting 2001*, pages 160 – 171, January 2001. Long Beach, California, USA.

[43] P.D. Groves, C.J. Langrish, and D.C. Long. Alignment and integration of weapon ins/gps navigation systems. *NATO RTO, Emerging Military Capabilities Enabled by Advances in Navigation Sensors*, October 2002. Istanbul.

[44] P.D. Groves and D.C. Long. Adaptive tightly-coupled, a low cost alternative anti-jam ins/gps integration technique. *Proceedings of the ION National Technical Meeting 2003*, January 2003. Anaheim, California, USA.

[45] X. Gu and A. Lipp. Dgps positioning usinge carrier phase for precision navigation. *IEEE Position Location and Navigation Symposium*, pages 410 – 417, 1994.

[46] D. Gustafson, J.R. Dowdle, and K.W. Flueckinger. A high anti-jam gps-based navigator. *Proceedings of the ION National Technical Meeting 2000*, pages 495 – 503, 26-28 January 2000. Anaheim, CA, USA.

[47] F. Gustafsson, F. Gunnarsson, N. Bergman, U. Forssell, J. Jansson, R. Karlsson, and P.-J. Nordlund. Particle filters for positioning, navigation, and tracking. *IEEE Transactions on Signal Processing*, 50(2):425 – 437, 2002.

[48] U.D. Hanebeck and K. Briechle. New results for stochastic prediction and filtering with unknown correlations. *Proceedings of the IEEE Conference on Multisensor Fusion and Integration for Intelligent Systems (MFI'2001)*, pages 147–152, 2001.

[49] U.D. Hanebeck and K. Briechle. A tight bound for the joint covariance of two random vectors with unknown but constrained cross-correlation. *Proceedings of the IEEE Conference on Multisensor Fusion and Integration for Intelligent Systems (MFI'2001)*, pages 85–90, 2001.

[50] I. Hartmann. *Lineare Systeme*. Springer-Verlag, Berlin, 1976.

[51] R. Hatch. The synergism of gps code and carrier measurements. *Proceedings of the Third International Symposium on Satellite Doppler Positioning*, pages 1213 – 1231, February 8-12 1982. Las Cruces, USA.

[52] M. Heikkinen. Geschlossene formeln zur berechnung räumlicher geodätischer koordinaten aus rechtwinkligen koordinaten. *Zeitschrift für Vermessungswesen*, 5:207 – 211, 1982.

[53] B. Hofmann-Wellenhof, H. Lichtenegger, and J. Collins. *GPS Theory and Practice*. Springer, Wien, 1997.

[54] M.B. Ignagni. Efficient class of optimized coning compensation algorithms. *Journal of Guidance, Control and Dynamics*, 19(2):424 – 429, 1996.

[55] M.B. Ignagni. Duality of optimal strapdown sculling and coning compensation algorithms. *Navigation: Journal of the Institute of Navigation*, 45(2):85 – 95, 1998.

[56] Tsui J.B.-Y. *Fundamentels of Global Positioning System Receivers*. John Wiley & Sons, New York, 2000.

[57] C. Jekeli. *Inertial Navigation Systems with Geodetic Applications*. Walter de Gruyter, Berlin, 2001.

[58] P.J. Jonge and C.C.J.M. Tiberius. *The LAMBDA method for integer ambiguity estimation: implementation aspects*. LGR-Series Publications of the Delft Geodetic Computing Centre No. 12, TU Delft, 1996.

[59] S.J. Julier and J.K. Uhlmann. A general method for approximating nonlinear transformations of probability distributions, 1996.

[60] S.J. Julier and J.K. Uhlmann. A non-divergent estimation algorithm in the presence of unknown correlations. *Proceedings of the 1997 American Control Conference*, 1997.

[61] S.J. Julier and J.K. Uhlmann. Unscented filtering and nonlinear estimation. *Proceedings of the IEEE*, 92(3):401–422, 2004. Providence, Rhode Island, USA.

[62] J.E. Kain and J.R. Cloutier. Rapid transfer alignment for tactical weapon applications. *Proceedings of the AIAA Guidance, Navigation and Control Conference*, pages 1290 – 1300, 1989.

[63] Rudolph Emil Kalman. A new approach to linear filtering and prediction problems. *Transactions of the ASME–Journal of Basic Engineering*, 82(Series D):35–45, 1960.

[64] K.D. Kammermeyer and K. Kroschel. *Digitale Signalverarbeitung*. B.G. Teubner, Stuttgart, 1998.

[65] E.D. Kaplan. *Understanding GPS: Principles and Applications*. Artech House, Boston, 1996.

[66] S.P. Karatsinides. Enhancing filter robustness in cascaded gps-ins integrations. *IEEE Transactions on Aerospace and Electronic Systems*, 30(4):1001 – 1008, October 1994.

[67] J. Kim, S. Sukkarieh, and S. Wishart. Real-time navigation, guidance and control of a uav using low-cost sensors. *International Conference of Field and Service Robotics (FSR'03)*, pages 95 – 100, 2003. Yamanashi, Japan.

[68] J.-H. Kim and S. Sukkarieh. Flight test results of gps/ins navigation loop for an autonomous unmanned aerial vehicle (uav). *ION GPS 2002*, pages 510 – 517, 2002. 24 – 27 September, Portland, OR, USA.

[69] D.B. Kingston and R.W. Beard. Real-time attitude and position estimation for small uavs using low-cost sensors. *AIAA 3rd Unmanned Unlimited Systems Conference and Workshop*, 2004.

[70] H.A. Klotz and C.B. Derbak. Gps-aided navigation and unaided navigation on the joint direct attack munition. *Position Location and Navigation Symposium*, pages 412 – 419, 1998.

[71] J. Kouba and P. Heroux. Gps precise point positioning using igs orbit products. http://www.geod.nrcan.gc.ca/publications/papers/abs3_e.php.

[72] A. Kourepenis, J. Borenstein, J. Connelly, R. Elliott, P. Ward, and M. Weinberg. Performance of mems inertial sensors. *IEEE Position Location and Navigation Symposium*, pages 1 – 8, 1998.

[73] V. Krebs. *Nichtlineare Filterung*. Oldenbourg, 1980.

[74] C. Kreye, B. Eissfeller, and T. Lück. Improvements of gnss receiver performance using deeply coupled ins measurements. *Proceedings of the ION GPS 2000*, pages 844 –854, 19-22 September 2000. Salt Lake City, UT, USA.

[75] H. Kronmüller. *Digitale Signalverarbeitung*. Springer-Verlag, Berlin, 1991.

[76] K. Kroschel. *Statistische Nachrichtentheorie.* Springer Verlag, 1996.

[77] K. Krumvieda, P. Madhani, C. Cloman, E. Olson, J. Thomas, P. Axelrad, and W. Kober. A complete if software gps receiver: A tutorial about the details. *ION GPS 2001*, 11 - 14 September 2005.

[78] T.D. Larsen, N.A. Andersen, O. Ravn, and N.K. Poulsen. Incorporation of time delayed measurements in a discrete-time kalman filter. *37th Conference on Decision and Control, CDC'98*, 1998.

[79] S.-W. Lee and F. van Graas. A preliminary simulation result of integrating a leo satellite for carrier phase differential positioning systems. *Proceedings of the Institute of Navigation National Technical Meeting 1998*, pages 449 – 457, January 21-23 1998. Long Beach, CA, USA.

[80] H. Lefèvre. *The Fibre-Optic Gyroscope.* Artech House, Inc., Boston, 1993.

[81] R. Leonardson and S. Foote. Simma accelerometer for inertial guidance and navigation. *IEEE Position Location and Navigation Symposium*, 10(4):152 – 160, 20-23 April 1998.

[82] Z.H. Lewantowicz. Architectures and gps/ins integration: Impact on mission accomplishment. *IEEE Aerospace and Electronics Systems Magazine*, 7:16 – 20, 1992.

[83] Z.H. Lewantowicz and D.W. Keen. Graceful degradation of gps/ins performance with fewer than four satellites. *Proceedings of the Institute of Navigation National Technical Meeting*, pages 269 – 276, January 1991.

[84] D. Li and J. Wang. Kalman filter design strategies for code tracking loop in ultra-tight gps/ins/pl integration. *Proceedings of the ION National Technical Meeting 2006*, 2006.

[85] P.S. Maybeck. *Stochastic Models, Estimation and Control*, volume 1. Academic Press, New York, 1979.

[86] P.S. Maybeck. *Stochastic Models, Estimation and Control*, volume 2. Academic Press, New York, 1982.

[87] K.D. McDonald. Gps modernization. *ION 61st Annual Meeting*, pages 36 – 53, 27-29 June 2005.

[88] R.K. Mehra. On the identification of variances and adaptive kalman filtering. *IEEE Trans. Automat. Contr.*, AC-15:175 – 184, 1970.

[89] J. Metzger. *Optimierung des Akquisitions- und Tracking-Verhaltens zentraler und modularer Terrainnavigationssysteme.* Dissertation, Universität Karlsruhe, Karlsruhe, Deutschland, 2006.

[90] G. Minkler and J. Minkler. *Theory and Application of Kalman Filtering.* Magellan Book Company, Palm Bay, Florida, 1993.

[91] R. Mönikes, A. Teltschik, J. Wendel, and G.F. Trommer. Post-processing gnss/ins measurements using a tightly coupled fixed-interval smoother performing carrier phase ambiguity resolution. *IEEE/ION PLANS 2006*, 24.-27. April 2006.

[92] A. Mohamed and K.P. Schwarz. Adaptive kalman filtering for ins/gps. *IAG Journal of Geodesy*, 73(4):193 – 203, 1999.

[93] M. Musial, C. Deeg, V. Remuß, and G. Hommel. Orientation sensing for helicopter uavs under strict resource constraints. *First European Micro Air Vehicle Conference and Flight Competition EMAV 2004*, 2004. 13 – 14 July, Braunschweig, Germany.

[94] N.S. Nise. *Control Systems Engineering*. John Wiley & Sons, Inc., New York, 2000.

[95] S.H. Oh, J.W. Kim, S.W. Moon, D.H. Hwang, C. Park, and S.J. Lee. Development of the agps/ins integration system using the triple difference technique. *Proceedings of the ION GPS 2002*, pages 518 – 526, September 24-27 2002. Portland, OR, USA.

[96] Y. Oshman and M. Koifman. Robust, imm-based, tightly-coupled ins/gps in the presence of spoofing. *Proceedings of the AIAA Guidance, Navigation and Control Conference*, 16. -19. August 2004.

[97] B.W. Parkinson and J.J. Jr. Spilker. *Global Positioning System: Theory and Applications Vol. I*. American Institute of Aeronautics and Astronautics, Inc., Washington, DC, 1996.

[98] M.G. Petovello, M.E. Cannon, G. Lachapelle, J. Wang, C.H.K. Wilson, O.S. Salychev, and V.V. Voronov. Development and testing of a real-time gps/ins reference system for autonomous automobile navigation. *Proceedings of the ION GPS 2001*, pages 2634 – 2641, 11-14 September 2001. Salt Lake City, UT, USA.

[99] R.E. Phillips and G.T. Schmidt. Gps/ins integration. *NATO AGARD Lecture Series on System Implications and Innovative Applications of Satellite Navigation, LS-207, Paris, France*, 1996.

[100] W.H. Press, S.A. Teukolsky, W.T. Vetterling, and B.P. FLannery. *Numerical Recipes in C*. Cambridge University Press, Cambridge, 1992.

[101] J. Rankin. An error model for sensor simulation gps and differential gps. *IEEE Position Location and Navigation Symposium*, pages 260–266, 1994.

[102] H. Rauch, F. Tung, and C. Striebel. Maximum likelihood estimates of linear dynamic systems. *AIAA Journal*, 3(8):1445 – 1450, 1965.

[103] L. Ries, L. Lestarquit, E. Armengou-Miret, F. Legrand, W. Vigneau, C. Bourga, P. Erhard, and JL. Issler. A software simulation tool for gnss2 boc signals analysis. *ION GPS 2002*, pages 2225 – 2239, 24 - 27 September 2002.

[104] B. Ristic, S. Arulampalam, and N. Gordon. *Beyond the Kalman Filter: Particle Filters for Tracking Applications*. Artech House Publishers, 2004.

[105] R.M. Rogers. Weapon imu transfer alignment using aircraft positions from actual flight tests. *Position Location and Navigation Symposium*, pages 328 – 335, 1996.

[106] C.C. Ross and T.F. Elbert. A transfer alignment algorithm study based on actual flight test data from a tactical air to ground weapon launch. *Position Location and Navigation Symposium*, pages 431 – 438, 1994.

[107] P.G. Savage. Strapdown inertial navigation integration algorithm design part 2: Velocity and position algorithms. *Journal of Guidance, Control, and Dynamics*, 21(2):208 – 221, 1998.

[108] B.M. Scherzinger. Precise robust positioning with inertial/gps rtk. *Proceedings of the ION GPS 2000*, pages 155 – 162, September 19-22 2000. Salt Lake City, UT, USA.

[109] C. Schlaile, J. Wendel, and G.F. Trommer. Stabilizing a four-rotor helicopter using computer vision. *First European Micro Air Vehicle Conference and Flight Competition EMAV 2004*, 2004. 13 – 14 July, Braunschweig, Germany.

[110] C. Seidel. *Optimierungsstrategien für faseroptische Rotationssensoren: Einfluss der spektralen Eigenschaften der Lichtquelle*. PhD thesis, Universität Karlsruhe, 2004.

[111] S.W. Shepperd. Quaternion from rotation matrix. *AIAA Journal of Guidance and Control*, 1(3):223 – 224, 1978.

[112] K.J. Shortelle and W.R. Graham. Advanced alignment concepts for precision-guided weapons. *Proceedings of the Institute of Navigation Technical Meeting*, pages 131 – 142, 1995.

[113] K.J. Shortelle, W.R. Graham, and C. Rabourn. F-16 flight tests of a rapid transfer alignment procedure. *Position Location and Navigation Symposium*, pages 379 – 386, 1998.

[114] D. Simon. *Optimal State Estimation*. John Wiley & Sons, Inc., 2006.

[115] B. Sinopoli, M. Micheli, G. Donato, and T.J. Koo. Vision based navigation for an unmanned aerial vehicle. *IEEE International Conference on Robotics and Automation*, 2:1757 – 1764, 2001.

[116] D. Sobel. *Longitude*. Walker & Co, New York, 1996.

[117] D.H. Titterton and J.L. Weston. *Strapdown inertial navigation technology*. Peter Peregrinus Ltd./IEE, London, 1997.

[118] B. Todorovic, M. Stankovic, and C. Moraga. On-line learning in recurrent neural networks using nonlinear kalman filters. *Proceedings of the 3rd IEEE International Symposium on Signal Processing and Information Technology*, pages 802–805, 14-17 December 2003.

[119] G.F. Trommer. Felder und Wellen. Vorlesungsbegleitendes Manuskript.

[120] R. Unbehauen. *Systemtheorie*. Oldenbourg Verlag, München, 1997.

[121] F. van Graas and J.L. Farrell. Gps/ins - a very different way. *Proceedings of the Institute of Navigation 57th Annual Meeting 2001*, pages 715 – 721, June 11-13 2001. Albuquerque, NM, USA.

[122] F. van Graas and S.-W. Lee. High-accuracy differential positioning for satellite-based systems without using code-phase measurements. *Navigation: Journal of the Institute of Navigation*, 42(4):605 – 618, 1995.

[123] B. Vik. *Nonlinear Design and Analysis of Integrated GPS and Inertial Navigation Systems*. Dissertation, Norwegian University of Science and Technology, Trondheim, Norway, 2000.

[124] J. Wendel and G.F. Trommer. Enhancement of a tightly coupled gps/ins system for high precision attitude determination of land vehicles. *Proceedings of the Institute of Navigation 58th Annual Meeting*, 2003. June 23-25, Albuquerque, New Mexico, USA.

[125] J. Wendel and G.F. Trommer. Improved gps/ins integration in vibration environments. *DGON Symposium Gyro Technology*, pages 301 – 311, 2003. September 16-17, Stuttgart, Germany.

[126] S. Winkler, H.-W. Schulz, M. Buschmann, T. Kordes, and P. Vörsmann. Horizon aided low-cost gps/ins integration for autonomous micro air vehicle navigation. *First European Micro Air Vehicle Conference and Flight Competition EMAV 2004*, 2004. 13 – 14 July, Braunschweig, Germany.

[127] S. Winkler, H.-W. Schulz, M. Buschmann, T. Kordes, and P. Vörsmann. Improving low-cost gps/mems-based ins integration for autonomous mav navigation by visual aiding. *ION GNSS 17th International Technical Meeting of the Satellite Division 2004*, pages 1069 – 1075, 2004. 21 – 24 September, Long Beach, CA, USA.

[128] C. Working. A culminating advance in the theory and practice of data fusion, 1997.

[129] Y. Xu and L. Liping. Single observer bearings-only tracking with the unscented kalman filter. *International Conference on Communications, Circuits and Systems*, 2:901–905, 27-29 June 2004.

[130] C. Yang. Joint acquisition of cm and cl codes for gps l2 civil (l2c) signals. *ION 61st Annual Meeting*, pages 553 – 562, 27 - 29 June 2005.

[131] C.-S. Yoo and I.-K. Ahn. Low cost gps/ins sensor fusion system for uav navigation. *The 22nd Digital Avionics Systems Conference 2003*, 2, 2003.

[132] Z. Zhao, X.R. Li, and V.P. Jilkov. Best linear unbiased filtering with nonlinear measurements for target tracking. *IEEE Transactions on Aerospace and Electronic Systems*, 40(4):1324 – 1336, October 2001.

Index

Lineare Systeme
    zeitdiskret, 16
    Zustandsdifferentialgleichung, 7
Loosely Coupled System, 188

Magnetometer, 279
Matrix
    Determinante, 10
    Differentiation der Spur, 133
    Exponentialfunktion, 8
    Jacobi-, 24
    Potenz-, 13
    Transitions-, 9, 126
Momente einer ZV, 119
Multiple Model Adaptive Estimator, 172

Nichtlinearität eines Schätzproblems, 235
Nordsuche, 79
Normalverteilung, *siehe* Gaußverteilung
Numerische Integration, 19

Partikelfilter, 178
Phase Lock Loop, 99

RAIM, 234
Random Walk, 71, 72
Rauschen
    Erzeugung, 122
    weiß, 124
    zeitkorreliert, 125
Resampling, 180

Schuler-Oszillationen, 76
Schwerebeschleunigung, 31
Sculling, 58
Sigma-Point-Kalman-Filter, 145, 235
Smoother, 249
spektrale Leistungsdichte, 123
stationär, 123
Stichprobenformel, 126
stochastischer Prozess, 122
Strapdown-Algorithmus, 45

Taylor-Reihe, 24, 101, 142, 148, 153
Tightly Coupled System, 189
Trägheitsmoment, 287

Transfer Alignment
    konventionell, 253
    rapid, 254
Transportrate, 48

Übertragungsfunktion, 5
Uhrenfehler, 100
Ultra-Tight Integration, 189
Unmanned aerial vehicle, 275
Unscented Filter, *siehe* Sigma-Point-Kalman-Filter

Varianz, 119
Verbundwahrscheinlichkeitsdichte, 119

Wahrscheinlichkeitsdichte, 117
WGS84-Erdmodell, 30
Wiener-Khintchine-Relation, 124

z-Transformation, 17
Zufallsvariable, 117